W0258720

Volkstümliche Namen
der Arzneimittel, Drogen
Heilkräuter und Chemikalien

Eine Sammlung der im Volksmunde gebräuchlichen
Benennungen und Handelsbezeichnungen

Elfte
verbesserte und vermehrte Auflage

bearbeitet von

G. Arends

Springer-Verlag Berlin Heidelberg GmbH
1930

Alle Rechte vorbehalten.

ISBN 978-3-662-27994-6   ISBN 978-3-662-29502-1 (eBook)
DOI 10.1007/978-3-662-29502-1

Softcover reprint of the hardcover 11th edition 1930

Vorwort zur zehnten Auflage.

Die vorliegende Sammlung volkstümlicher Arzneimittelnamen ist hervorgegangen aus dem im Jahrbuch des Pharmazeutischen Kalenders vom Jahre 1886 enthaltenen Synonymenverzeichnis und dessen späteren durch Dr. E. Geisler veranlaßten Ergänzungen. Auch eine größere handschriftliche Sammlung des Herrn Apotheker Seybold wurde in Benutzung gezogen. Endlich wurde auch die gedruckte Literatur, soweit diese zuverlässig erschien, berücksichtigt.

Die solcherweise auf rund 6000 Namen angewachsene Sammlung wurde dann einer Anzahl namhafter praktischer Apotheker, deren Wohnsitze gleichmäßig über alle Provinzen, Regierungsbezirke und Kreise der deutschen Bundesstaaten sowie in Luxemburg und der Schweiz verteilt waren, zur Prüfung, Berichtigung und Ergänzung übermittelt. Hierdurch sowie durch weitgehende Benutzung des Synonymenlexikons von G. Arends war die Sammlung auf mehr als 13000 erläuterte Arzneimittelnamen angewachsen. In der im Jahre 1902 erschienenen dritten Auflage hat diese Zahl noch eine weitere Erhöhung erfahren.

Das Material für diese dritte Auflage hatte noch Herr Dr. Holfert, welcher die ersten beiden Ausgaben des Buches veranstaltet hat, gesammelt. Nach dessen Tode vollendete der Unterzeichnete das begonnene Werk und gab dann in den Jahren 1905, 1908, 1911, 1914, 1919 und 1921 die vierte, fünfte, sechste, siebente, achte und neunte, wiederum stark vermehrte Auflage desselben heraus.

Um das Buch auch dem Drogen- und Chemiekalienhandel dienstbar zu machen, wurde ihm eine große Anzahl volkstümlicher Namen und Handelsbezeichnungen von technischen Drogen und Chemiekalien sowie von viel gebrauchten Farben eingefügt. Die nunmehr vorliegende zehnte Auflage des Buches enthält rund 20000 einzelne volkstümliche Bezeichnungen.

Jüngere, auf dem Arzneimittel- und Drogenmarkt noch nicht sehr bewanderte Fachgenossen haben in den Fällen, wo für eine Bezeichnung mehrere Drogen hintereinander angegeben sind, nicht selten augenommen, daß jene Hintereinanderstellung der einzelnen Namen eine gewisse Reihenfolge in der Auswahl der in Frage kommenden Drogen usw. bedeuten solle. Das ist aber ein Irrtum. Es muß vielmehr in allen solchen Fällen auf die beabsichtigte Wirkung, die Anwendungsweise (ob innerlich oder äußerlich), auf die Gebräuche der betreffenden Gegend und auf anderes mehr Rücksicht genommen und dadurh die Auswahl der in Frage kommenden volkstümlichen Mittel getroffen werden. Die richtige Anwendung dieses Buches bedingt demnach das Vorhandensein einiger Kenntnisse von Land und Leuten, von der Wirkung und Anwendungsweise der darin aufgeführten Arzneimittel, sowie eine gewisse Schulung im Verkehr mit dem Volke. Es empfiehlt sich deshalb, die Anfänger im Berufe dazu anzuhalten, daß sie in zweifelhaften Fällen den Rat der Älteren einholen; nur dann kann das Buch den Nutzen schaffen, der von ihm erwartet wird.

In seiner heutigen Bearbeitung bietet das Buch die volkstümlichen Bezeichnungen für Arzneimittel, Drogen, Chemikalien u. dgl. aus allen Gauen Deutschlands sowie aus Holland, Luxemburg, Österreich, der Tschechoslowakei deutscher Sprache und der Schweiz. Möge dasselbe weiterhin Jungen und Alten ein zuverlässiger Berater sein.

Chemnitz, im Oktober 1926.

G. Arends.

Vorwort zur elften Auflage.

Das Buch hat eine weitgehende Durcharbeitung und viele Verbesserungen erfahren. Mehr als 900 Neuangaben von volkstümlichen Arzneimittelnamen wurden gegenüber der zehnten Auflage aufgenommen, daneben eine große Anzahl von Arzneipflanzennamen, ohne daß dabei die etwa von den Pflanzen herkommende Droge besonders genannt worden wäre. Es hat sich in der Praxis nämlich vielfach gezeigt, daß es in zahlreichen Fällen schon wertvoll ist, zu wissen, um welche Pflanze es sich bei volkstümlichen Bezeichnungen handelt. Der erfahrene Arzneimittelhändler kann dann ohne weiteres erraten, welche Droge etwa gemeint ist. Dabei habe ich neben anderer Literatur und einer großen Menge mir wieder zugegangener Privatmitteilungen auch die wertvollen Vorträge von H. Schulz über die „Wirkung und Anwendung der deutschen Arzneipflanzen" sowie das illustrierte Kräuterbuch von H. Marzell benutzt.

Chemnitz, im Juli 1930.

G. Arends.

A.

A bis Z: Spec. ad long. vitam.
Aacht: Sambucus Ebulus.
Aak: Herb. Eupatorii.
Aalbeeren: Fruct. Ribis nigr.
Aalbesinge: Fruct. Myrtilli.
Aalessenz: Tinct. Aloës.
Aalfett: Ol. Jecor. Aselli.
—, festes: Adeps.
Aalkraut: Herb. Mariveri. Herb. Saturejae.
Aalöl: Ol. Olivarum album. Ol. Jecoris.
Aalquappenöl: Ol. Jecor. Asell.
Aalquappenpflaster: Empl. Cerussae.
Aalraupenfett: Ol. Jecor. Asell.
Aalraupengrätenpulver: Conchae.
Aalraupenöl: Ol. Jecoris Aselli.
Aalraupenpflaster: Empl. Ceruss.
Aalraupenwasser: Aq. Petrosel.
Aalraute: Herb. Rutae.
Aalrautenöl: Ol. Rutae.
Aapenbeeren: Johannisbeeren.
Aarauer Balsam: Bals. vulnerar. viride.
Aarde = Erde.
Aardnotenolie: Ol. Arachidis.
Aardolie: Ol. Petrae.
Aardwas: Ceresin.
Aastropfen: Tinct. Asae foet. gegen Fieber: Tinct. Chinoïdini.
Abaloniakörner: Sem. Paeoniae.
Abandöl: Ol. Chamomill. infus.
Abandsalbe: Ungt. flavum.

Abbißkraut: Herb. Succisae.
Abbißwurzel: Rad. Succisae.
Abbißwürze: Rad. Succisae.
Abbitt: Rad. Succisae.
A-b-c-Anispulver: Pulv. contra Pediculos.
A-b-c-Balsam: Ungt. Elemi.
A-b-c-Kraut: Herb. Acmellae.
A-b-c-Salbe: Ungt. Elemi.
Abedillendock: Linim. sapon. camph.
Abelatsalbe: Ungt. flavum.
Abelatspiritus: Liqu. Ammon. cst.
Abele, Abeln: Herb. Anagallidis.
Abelenknospen: Gemm. Populi.
Abelkensalbe: Ungt. Populi.
Abelmoschkörner: Sem. Abelmoschi.
Abendblatt: Charta amylacea.
Abendmaie: Colchicum autumnale.
Abendsalbe: Ungt. flavum.
Aberesche: Fruct. Sorborum.
Aberraute: Herb. Abrotani.
Aberwurzel: Rad. Carlinae.
Abführbeeren: Fruct. Rhamni.
Abführlatwerge: Elect. e Senna.
Abführlimonade: Potio citrata.
Abführmus: Electuar e Senna.
Abführöl: Ol. Ricini.
Abführpillen: Pilulae laxantes.
—, **schwarze:** Pilul. aloët. ferrat.
Abführpulver: Pulv. laxans. Pulv. Liquir. comp. Tub. Jalap. pulv. Pulv. Magn. c. Rheo.

Abführquetschen: Pulpa Tamar.
Abführrinde: Cort. Frangulae.
Abführsaft: Sir. Rhei. Sir. Sennae c. Manna.
Abführsalz: Magnes. sulfurica.
Abführtee: Cort. Frangulae. Spec. laxant. Spec. Lignor.
Abführtropfen: Tinct. Rhei aquos.
Abführtrank: Inf. Sennae comp.
Abführwurzel, gelbe: Rhiz. Rhei.
Abgestorben: Tinct. odontalgic.
Abgezogener Balsam: Bals. Peruvian. Mixt. oleos. balsam. Ol. Terebinthinae.
Abgezogenes Wasser: Aq. destill.
Abgunst: Rad. Succisae.
Abheu: Herb. Hederae.
Abidantia: Linim. sapon. camph.
A bis Z: Species amarae.
Abit: Rad. Succisae.
Abkraut: Herb. Eupatoriae. Herb. Abrotani.
Abkrautwurzel: Rhiz. Imperat.
Ablissrosi: Paeonia officinalis.
Abnehmkraut: Herb. Siderit. Herb. Galeopsid. Herb. Marrubii. Herb. Viol. tricol. Herb. Stachydis.
Abnehmtropfen: Acid. mur. dil.
Aboquint: Fruct. Colocynthid.
Aborraute: Herb. Abrotani.
Abrahamsalbe: Ungt. exsiccans.
Abrahamsbaumsamen: Sem. Agnicasti.
Abrandkraut: Herb. Abrotani.
Abraute: Herb. Abrotani.
Abräste: Herb. Senecion. vulg.
Abreschen: Fructus Sorbi.
Abrusbohnen: Sem. Jequirity.
Abschblüten: Flor. Acaciae.
Abschbeerensaft: Succ. Sorbor.
Abschensaft: Succ. Sorborum.
Abschlag: Herb. Abrotani.

Abstrenzewurzel: Rad. Imperator.
Absynthelixir: Tct. Absinth. cps.
Abzehrungskräuter: Herb. Galeopsidis.
Abzug, grüner: Unguent. Populi. Ol. Hyoscyami.
Acajusamen: Anacardia.
Accasiapflaster: Empl. oxycroc.
Accidentienpflaster: Empl. oxycroceum.
Accistorschreiberpflaster: Empl. oxycroceum.
Accith: Acid. critricum.
Acebalsam od. -Salbe: Ungt. Elemi.
Achatstein: Succin. raspatum.
Achelblätter: Fol. Uvae Ursi.
Achelkraut: Fol. Uvae Ursi.
Achelkummup: Empl. Lith. cps.
Acheln: Hirudines.
Achervionli: Herb. Viol. tricol.
Acherwinde: Herb. Convolv. arv.
Achillenblüten: Flor. Millefolii.
Achillesblüten: Flor. Millefolii.
Achilleskraut: Herb. Millefolii. Herb. Ptarmicae.
Achiolt: Orleana.
Achionpflaster: Empl. Lith. cps.
Achionsalbe: Empl. Lith. cps.
Achiumpflaster: Empl. Litharg.
Achlagummi: Empl. Lith. cps.
Achtenstauden: Flor. Sambucci.
Achtenstaudenbeeren: Fruct. Sambuci. Fruct. Ebuli.
Achterkorn. Secale cornutum.
Achterkummup: Empl. Lith. cps.
Achtermikumkum: Epl. Lith. cps.
Achtstein: Succin. raspatum.
—, schwarzer: Succin. nigrum.
Achtsteinessenz: Tinct. Succini.
Achtsteinöl: Oleum Succini.
Achtsteintropfen: Tinct. Succini.
Achtungspulver: Kal. sulfuric.

Ackelkraut: Herb. Pulsatillae.
Acken: Fruct. Ebuli.
Ackerbohnen: Sem. Fabae.
Ackerbrand: Sem. Melampyri.
Ackercichorie: Rad. Taraxaci c. herb.
Ackerdokele: Papaver. Rhoeas.
Ackerdoppen: Gallae.
Ackerfliederbeeren: Frct. Ebuli.
Ackergauchheil: Herb. Anagall.
Ackergras: Rhiz. Graminis.
Ackergrasblüten: Flor. Cerastii.
Ackergraswurzel: Rhiz. Graminis.
Ackergünsel: Herb. Chamaepit.
Ackerhanfneßle: Herb. Galeopsidis.
Ackerhirse: Sem. Milii solis.
Ackerholderbeeren: Frct. Ebuli.
Ackerhornkrautblüten: Flores Cerastii.
Ackerkämmich: Herb. u. Sem. Agrostemmae.
Ackerkanne: Herb. Equiset. arv.
Ackerklapper: Herb. Rhinanthi.
Ackerklee: Herb. Trifol. arvens.
Ackerkraut: Herb. Agrimoniae.
Ackerkümmel: Herb. u. Sem. Agrostemmae.
Ackerlattigblätter: Fol. Farfar.
Ackerlei: Herb. Aquilegii.
Ackerleinblüten: Flor. Cerastii.
Ackerleinkraut: Herb. Linariae.
Ackerma: Herb. Agrimoniae.
Ackermagenwurzel: Rhiz. Calami.
Ackermännerkraut: Herb. Agrimoniae.
Ackermannskraut: Hb. Anchusae.
Ackermannssaft: Sir. Rhamni.
Ackermannstropfen: Tct. Calami.
Ackermannswurzel: Rhiz. Calami. Rhiz. Graminis.
—, rote: Rad. Alkannae.
Ackermäntele: Herb. Alchemillae.

Ackermelisse: Herb. Calaminth.
Ackermengenkraut: Herb. Agrimoniae.
Ackermennig: Herb. Agrimon.
Ackermieskraut: Herb. Polygoni avic.
Ackerminze: Herb. Agrimoniae.
Ackern: Glandes Querus. Gallae.
Ackernelken: Herb. od. Flor. Agrostemmae.
Ackernept: Fol. Menth. arv.
Ackerpferdeschwanz: Herb. Equiseti arv.
Ackerpflaumen: Fruct. Acaciae.
Ackerraute: Herb. Fumariae.
Ackerrittersporn: Flores Calcatrippae.
Ackerrollenblüten: Flor. Rhoeados.
Ackerröschen: Herb. Adonidis.
Ackersalat: Herb. Lactucae.
Ackerschachtelhalm, Ackerschachdla, Ackerschaften: Herb. Equiseti.
Ackerschellenkraut: Herb. Pulsatillae.
Ackerschnallen: Flor. Rhoeados.
Ackerschwertel: Rhiz. Iridis.
Ackerschwertsiegwurz: Bulbus Victorialis.
Ackersenf: Sem. Sinapis.
Ackersenfkraut: Herba Erysimi.
Ackersteinklee: Herb. Meliloti.
Ackersteinsamen: Sem. Milii sol.
Ackerveieli, -veyeli, -viönli: Herba Viol. tricolor.
Ackerveilchen: Herb. Viol. tricol.
Ackerwau: Herb. Resedae.
Ackerwurzel: Rad. Angelicae. Rhiz. Calami. Rhiz. Gramin. Rhiz. Iridis.
Ackerzichorie: Rad. Taraxaci e. herba.

Ackstollenpflaster: Empl. Litharg.
Acktenbeeren: Fruct. Ebuli.
Acrobatische Potasche: Kali dichromic.
Actelnbeeren: Fruct. Ebuli.
Adachbeeren: Fruct. Ebuli.
Adam und Eva: Bulb. Victorial. long. et rotundae.
Adamsäpfel: Fruct. Citri.
Addensalbe: Ungt. flavum.
Adebarfett: Adeps.
Adebarsaft: Sirup. Liquiritiae.
Adebarstoff: Plv. contr. pedicul.
Adelgras: Herb. Plantag.
Adeli, Adenkelcher: Viola tricolor.
Adelmannstropfen: Tinct. Gingivalis balsam.
Adelöl: Ol. Hyoscyami.
Adelpflaster: Empl. stictic. Croll. Empl. Litharg. comp.
Adelsbeeren: Fruct. Sorbi.
Adenbeeren: Fruct. Ebuli.
Adenz: Rhiz. Imperator.
Adenziamoras: Tinct. amara.
Aderkraut: Herb. Plantaginis.
Adermennig: Herb. Agrimoniae.
Aderminkraut: Herb. Agrimon.
Aderminze: Fol. Menthae crisp.
Adermuffer: Spir. Coloniensis.
Adernsalbe: Ungt. flavum. Ungt. Rosmarini comp.
Aderntee: Herb. Centaurii.
Aderöl: Ol. Hyoscyami.
Aderpulver: Pulv. pro equis rbr.
Adersalbe: Linim. ammoniat. Ol. Lauri. Ungt. Populi. Ol. Hyoscyami.
—, durchdringende: Ungt. Rosmarini comp.
—, goldene: Ungt. flavum.
—, weiße: Linim. ammoniat.
Aderschmiere: Linim. ammon.
Adertee: Rad. Althaeae.

Adesalbe: Ungt. flavum.
Adewurzel: Rad. Althaeae.
Adigsalbe: Ungt. leniens. Ungt. flavum.
Adipastmoschuspulver: Pulv. antispasmod. Pulv. temp. rubr.
Adischmadigum: Pulv. antispasmodicus.
Adlerbeeren: Fruct. Sorbi.
Adlerblumen: Flor. Calcatripp.
Adlereier: gestoßene: Conchae.
Adlerholz: Lignum Aloës. Lign. Guajaci.
Adlermennig: Herb. Agrimoniae.
Adlerpflaster: Empl. stict. Croll. Empl. Litharg. comp.
Adlervitriol: Ferrum sulfuricum.
Admiralitätstropfen: Tinct. Valerian. (compos).
Admiraliumtropfen: Tinct. Valerian. (compos.)
Admiralsalbe: Ungt. ctr. pedicul.
Adomeren: Herb. Agrimoniae.
Adonisblüten: Flor. Adonidis.
Adoniskraut: Herb. Adonidis.
Adopsade, gelbe: Mixt. vulner. acid.
—, weiße: Aqua vulner. spir.
Adoposanzenwasser: Aqua vulnerar. spirituos.
Adragant: Tragacantha.
Advokatenpisse: Mixt. vuln. acid.
Aegyptisch s. Egyptisch.
Aelerwurz: Rad. Helenii.
Aenes, Aenis: Fruct. Anisi.
—, langer: Fruct. Anethi.
—, runder: Fruct. Pimpinellae.
—, schwarzer: Sem. Nigellae.
Aenkeli: Hb. Viol. tricol. Hb. Pinguicul. Hb. Auricul.
Aeschöl: Ol. Jecor. Aselli.

Afeeholz: Rad. Gentianae. alb.
Rad. Dictamni.
Affelkraut: Herb. Chelidonii.
Affelkugeln: Globuli ad erysip.
Affenbeere: Fruct. Oxycoccos.
Affenbohnen: Anacardia.
Affenhaar: Paleae Cibotii.
Affenholz: Rad. Gentianae. alb.
Affenköpfe: Anacardia.
Affennüsse: Anacardia.
Affenöhrli: Herb. Viol. odor.
Affenrot: Tinct. aromatica.
Affenweiß: Spirit. aethereus.
Affodillblüten: Flor. Narcissi.
Affodillmännlein: Bulb. Asphod.
Affodillwurz: Rad. Asphodeli.
Affolderzwiebeln: Bulb. Asphod.
Affolter: Viscum album.
Affrusch: Herb. Abrotani.
Aflbladl: Tussilago Farfara.
Aflblätter: Herb. Rumicis.
Aflkraut: Herb. Chelidonii. Herb.
Plantag.
Aftekersalbe: Ungt. Veratr. alb.
Afterkorn: Secale cornutum.
Aftermistel: Viscum album.
Aftersalbe: Ungt. flavum. Ungt.
Linariae. Ungt. Plumbi. Ungt.
Populi.
Agalei: Flor. Aquilegiae.
Agallochumholz: Lign. Aloës.
Lign. Guajaci.
Agalungen: Lign. Aloës. Lign.
Guajaci.
Aganzwurzel: Rhiz. Galangae.
Agapfelwurzel: Rad. Angelicae.
Agaralge: Agar-Agar.
Agarik: Agaricus albus.
Agartang: Agar-Agar.
Agathekraut: Geran. Roberti-
anum.
Agatstein: Succinum raspatum.
Agello: Empl. Litharg. comp.

**Agemöntli, Agemündli, Ager-
monde:** Herb. Agrimoniae.
Agenholz: Rad. Gentianae.
Agentowurzel: Rad. Aristoloch.
rotund.
Ager = Acker.
Ageratkraut: Herb. Agerati.
Agermönli: Agermundli: Herb.
Agrimon.
Ägesteräuge = Hühneraugen.
Ägesteraugenbalsam: Collod. sali-
cylat.
Agiswasser: Spirit. theriacalis.
Aglarwurzel: Rad. Ononidis.
Agley: Herb. Aquilegiae.
Agleyblüten: Flores Aquilegiae.
Agloi: Flor. Aquilegiae.
Agmundblätter: Herb. Argrimo-
niae.
Agrichenpflaster: Empl. oxycroc.
Agrimoniasalz: Kali carb. dep.
Agtstein: Succinum raspatum.
Agtsteinessenz: Tinct. Succini.
Agtsteinöl: Ol. Succini.
— gegen Zahnweh: Kreosot. dil.
Agtsteinsalbe, harte: Cerat. Cetac.
flav. Cerat. res. Pini.
—, weiche: Ungt. flavum.
Agtsteinsäure: Acidum succinic.
Agtsteintropfen: Ol. Succini. Tct.
Succini. Tct. Valer. aeth.
Agtstifte: Kali causticum fusum.
Agulkenwurzel: Rad. Angelicae.
Ägyptsalbe: Oxym. Aerugin.
Ägidienwurzel: Rad. Angelicae.
Ägypterkraut: Herb. Melitoti.
Ägyptia: Oxymel Aeruginis.
Ägyptisch. Balsam: Oxymel
Aeruginis.
— Erde: Bolus rubra.
— Heusamen: Sem. Foenugraec.
— Jacobus: Oxym. Aeruginis.
— Salbe: Oxym. Aeruginis.

Ägyptisch. Schafskopf: Oxymel Aerug.
Ahlheerblätter: Fol. Ribis. nigr.
Ahlbeerkraut: Folia Fragariae.
Ahlbeeren: Fruct. Ribis nigr.
Ahlfranken: Stipit. Dulcamarae.
Ahlfrankenschalen: Cort. Aurant.
Ahlhornsbeeren: Fruct, Ebuli.
Ahlkirschrinde: Cort. Prun. Pad.
Ahlran: Aloë.
Ahlwe: Aloë.
Ahnblatt: Herb. Sedi.
Ahornblätter: Fol. Aceris.
Ahornrinde: Cortex Aceris.
Ahornstabwurzel: Tub. Ari.
Ahornwurzel: Rad. Taraxaci.
Ahrand, schwarzer: Styrax.
—, **weißer:** Olibanum.
Ajaxpolka: Tinct. Arnicae dil. 1 : 10 c. Aqua.
Ajaxpolkatropfen: Tinct. Valerian. (comps.)
Aigelbeeren: Fruct. Myrtilli.
Aisensalbe: Empl. Litharg.comp.
Ajuin: Bulb. Scillae.
Akazie, gäli oder gelbe: Flor. Cytisi Laburni.
Akaziengummi: Gummi arabic.
Akazienöl: Oleum viride. Ol. Chamomill. inf.
Akazienpech: Gummi arabicum.
Akazienrinde: (zum Waschen): Cort. Quillayae.
Akebosade, braune: Mixt. vulnerar. acid.
—, **weiße:** Aq. vulnerar. spirit.
Akeikus: Agaricus albus.
Akelei: Herb. Aquilegiae.
Akereistein: Zincum sulfuricum.
Akerkoffie: Gland. Quercus tost.
Akers: Gland. Quercus.
Aklei: Herb. Aquilegiae.
Aklensampulver: Sem.Nigell.plv.

Akmellenkraut: Herb. Acmellae.
Akoposalöl: Aq. vulnerar. spirit. Mixt. vulner. acid.
Akranikawurzel: Rad. Arnicae.
Akstein: Succinum.
Aktelnbeeren: Fruct. Ebuli.
Aktenmus: Succus Sambuci.
Akzehbalsam: Ungt. Elemi.
Akzehsalbe: Ungt. Elemi.
Akzidenzienpflaster: Emplastr. oxycroceum.
Akzistorschreiber-Pflaster: Empl. oxycroceum.
Alabaderstein: Gips.
Alabasterpulver: Alumen plumos.
Alabipulver: Tub. Jalapae pulv.
Alan-Gilan: Ol. Ylang-Ylang.
Alandbeerblätter: Folia Ribis nig.
Alantasterblüten: Flor. Helenii.
Alantblüten: Flores Helenii.
Alantextrakt: Extr. Helenii.
Alantrinde: Cort. Mezerei.
Alantsalbe: Ungt. flavum.
Alantwurzel: Rhiz. Galangae. Rad. Helenii.
Alappawurzel: Tubera Jalapae.
Alappen: Tub. Jalapae.
Alappenharz: Resina Jalapae.
Alauge: Alumen.
Alaun, doppelter: Alumen natron.
—, **gebrannter:** Alum. ustum.
—, **kalzinierter:** Alumen ust.
—, **konzentrierter:** Alumin. sulf.
—, **kubischer:** Alumen Roman.
—, **löslicher:** Alumin. sulfuric.
—, **neapolitanischer:** Alumen crudum.
—, **römischer:** Alumen Roman.
Alaunbeize: Liqu. Alumin. acetic.
Alaunerde, essigsaure: Alumin. acetic.
Alaungeist: Acid. sulfuric. dil.

Alaunspiritus: Acid. sulfur. dil. (eigentlich das Produkt der trockenen Destillation von Kalialaun).

Alaunzucker: Sacchar. alumin.

Albabam, Albar = Pappel.

Albedaksalbe: Lin. sap. camph.

Alberbaumknospen: Gemmae Populi.

Alber(Albern-)knöpfe: Gemmae Populi.

Alberpotzenpomade: Ungt. Pop.

Alberschalkpulver: Lac. Lunae.

Albersprossensalbe: Ungt. Populi.

Albraunöl: Ol. Sesami.

Album graecum: Calc. phosphoric. crud. Bolus alba. Conchae praep.

Alchemillenkraut: Herba Alchemillae.

Alchymistenkraut: Herb. Alchemillae.

Alchymistisches Salz: Acid. boric.

Aldegan od. Aldeyan: Orleana.

Aldehydgrün: Anilinum viride.

Alde-Loröl: Ungt. flav. c. Ol. Lauri.

Aldemint: Herb. Alchemillae. Herb. Agrimoniae.

Alegirwurzel: Rad. Bistortae.

Alembrothsalz: Hydrarg. bichlor. ammoniat.

Alempotzensalbe: Ungt. Populi.

Älerwurzel: Rad. Helenii.

Alet: Alumen.

Aletwurzel: Rad. Helenii.

Aletwürze: Rad. Helenii.

Alewien: Aloë.

Alexanderblätter: Fol. Sennae.

Alexanderfußwurzel: Rad. Pyrethri.

Alexanderpetersiliensamen: Frct. Phellandrii.

Alexanderzalf: Ungt. Elemi.

Alexiswurzel: Rad. Gentianae.

Alfrank: Stipit. Dulcamarae.

Alfranken: Stipites Dulcamarae.

Alfrankenblüten: Flor. Caprifol.

Alfrankenextrakt: Extr. Dulcamarae.

Alfrankenschalen: Cort. Aurant.

Alfrankenstengel: Stipit. Dulcam.

Algarotpulver: Stib. chlor. bas.

Algophon: Spir. Sinap. c. Chlorof.

Algt: Lichen Islandicus.

Alhandal od. Alhandel: Colocynthides.

Alhannawurzel: Rad. Alcannae.

Alhenna: Rad. Alcannae.

Alhern od. Alhornbeeren: Fruct. Sambuci.

Alhornbirnkraut: Succ. Sambuci.

Alhornblumen: Flor. Sambuci.

Alhornöl: Ol. Papaveris. Ol. Arachidis.

Alhornsaft: Succ. Sambuci.

Alibus-Salibus: Mixt. vulner. acid.

Alikantische Seife: Sapo venet.

Alinseife: Sapo venetus.

Aliquantum Polytantum: Ungt. contra pediculos.

Alizari: Rad. Rubiae tinct.

Alizarinsäure: Alizarinum.

Alkahest: Kal. carbonic. pur.

Alkali zum Backen: Ammon. carbonicum.

—, ätzendes: Kal. causticum.

—, brausendes: Ammon. carbor.

—, flüchtiges: Liqu. ammon. caustici.

—, trockenes: Ammon. carbonic.

—, volatile: Liq. Am. caust. Ammon. carbonic.

Alkanel: Ammon. carbonicum.

Alkanetwortel: Rad. Alcannae.

Alkengibeeren: Fruct. Alkekeng.

Alkermes: Fruct. Phytolaccae. Coccionellae.

Alkermesbeeren: Fruct. Phytolaccae.

Alkermesblätter: Fol. Phytolacc.

Alkermeskörner: Coccionellae. Fruct. Phytolacc.

Alkermessaft: Sir. Coccionell. Sir. Althaeae. Sir. Rhoead.

— **zum Färben:** Solut. Coccionellae. Succus ruber.

Alkermeswurzel: Rad. Alcannae.

Alkoholeisenvitriol: Ferr. sulfur. praecipit.

Allanderwurzel: Rhiz. Galangae.

Alldurchdringendöl: Ol. Petrae. Ol. Hyoscyam.

Alleberpulver: Rhiz. Veratr. plv.

Allegirwurzel: Rad. Bistortae.

Allegro: Ungt. Hydrarg. cin. ven.

Alle-Loröl: Ungt. flavum c. Ol. Lauri.

Alleluja(-klee): Herb. Acetosellae.

Allemannshorn: Bulb. Victor.

Allerfrauenheil: Herb. Alchemillae

Allerhandgewürz: Frct. Amomi.

Allerheiligendreikräuter: Spec. hierae picr.

Allerheiligenholz: Lign. Guajaci.

Allerheilblümchentropfen: Mixt. oleos. balsamic.

Allerlehr: Elect. e. Senna.

Allerlei: Pulv. Magnes. c. Rheo. Sirup. Rhei.

Allerleiblüten: Pulvis fumal.

Allerlei Duft: Spirit. Coloniens.

Allerleigeblütspulver: Plv. herbar.

Allerleigewürz: Fruct. Amomi. Pulv. aromaticus.

Allerleilust: Electuar. e. Senna. Sir. Rhei. Sir. Rhoeados. Sirup. simplex. Sir. Violar.

— **fürs Vieh:** Elect. Theriacale.

Allerleilustblumen: Flor. Rhoead.

Allerleilustwurzel: Rad. Liquir.

Allerleipulver: Pulv. pro equis. Pulv. Magnes. c. Rheo.

Allermännchen: Bulb. Victorial.

Allermannhatnichts: Bulb. Victor.

Allermannsgewürz: Frct. Amomi.

Allermannsharnisch: langer oder männlicher: Blb. Victor. long.

—**, runder oder weiblicher:** Bulb. Victorialis rotund.

Allermannspeteröl: Ol. Hyperici. Ol. Petrae.

Allermeisterpulver: Rhiz. Imperat. plv. Plv. pro equis.

Allermenschenärgernis: Bulbus Victorialis long.

Allermenschenmeister: Bulb. Victorialis long.

Allertstein: Zincum sulfuricum.

Allerwelttheilkraut: Hb. Veronicae.

Allerwelttheilwurzel: Rad. Caryophyllatae.

Allerweltstee: Spec. pectoral.

Alles: Aloë.

Alles fürs Daumenlutschen: Tinct. Aloës.

Alles in alles: Bals. Copaivae c. Tinct. Catechu.

Allesmartpflaster: Empl. fusc.

Alleweh: Aloë.

Allgemeinflußtropfen: Tinct. Aloës comp. Tinct. carmin. Tinct. Succini.

Allgemeinheilpflaster: Empl. adhaesivum. Empl. fuscum.

Allguskraut: Herb. Chenopodii.

Allirantenwurzel: Rad. Alcannae.

Allmerpotzensalbe: Ungt. Populi.

Allmodengewürz: Fruct. Amomi.

Allraunwurzel: Rad. Mandragorae. Rad. Bryoniae. Rad. Gentianae. Rhiz. Galangae.

Alluhsalbe: Ungt. Zinci.
Allwisekathrine: Aloë.
Almbatzen: Gemmae Populi.
Almbatzensalbe: Ungt. Populi.
Almei: Lapis calaminaris. Zinc. oxydat. crd.
Almeisalbe: Ungt. calaminare. Ungt. Zinci.
Almensprossen: Gemmae Populi.
Almer = Pappel.
Almerrinde: Cort. Frangulae.
Almerssprossensalbe: Ungt. Populi.
Almey: Zincum oxydat. venale.
Almgraupen: Lichen Islandic.
Almidon: Amylum.
Almkamille: Herb. Achill. moschatae.
Almodi: Fruct. Pimentae.
Alo: Alumen.
Aloë und Benzoe: Tinct. Benzoes comp.
Aloëbitter: Tinct. Aloës comp.
Aloëgummi: Aloë.
Aloëholz: Lignum Aloës.
Aloëpillen: Pilul. aloët. ferrat.
Aloësalbe: Ungt. digestivum.
Aloësäure: Acid. chrysaminicum.
Aloëstein: Aloë.
Alpafranken: Stip. Dulcamar.
Alpenaugenwurz: Rad. Caryophyllat.
Alpenbaldrian: Rad. Valerian.
Alpenbalsam: Fol. Rhododendr.
Alpenbalsamkraut: Fol. Rhododendri.
Alpenbärenwurzel: Rad. Meu.
Alpenerle: Folia Betulae.
Alpenkiefer: Turiones Pini.
Alpenknoblauch: Bulb. Victorial. long.
Alpenkräutertee: Herb. Galeop. sid. Spec. pectorales.

Alpenlauchwurzel: Bulb. Victorialis.
Alpenmelisse: Herb. Calaminthae.
Alpenmehl: Lycopodium.
Alpenranken: Stipit. Dulcamar.
Alpenrose: Rhododendron.
Alpenrosenschmier, grüne: Ungt. Populi.
—, weiße: Ungt. rosatum.
Alpenrußsalbe: Ungt. Populi.
Alpensprossensalbe: Unguent. Populi.
Alpentee: Herb. Galeopsidis.
Alpenthymian: Herb. Calaminthae.
Alpenveilchenwurzel: Tub. Cyclamin.
Alpenwegerich, -wägerich: Herba Plantaginis.
Alperschollstein: Lap. Belemnites.
Alpkraut: Herb. Eupatorii.
Alpkrautstengel: Stip. Dulcam.
Alpranken: Stipit. Dulcamarae.
Alprauchkraut: Herb. Fumar.
Alpraute: Herb. Abrotani.
Alprollenkraut: Herb. Trollii.
Alpschoß: Lap. Belemnites.
Alraunmännchen: Rad. Mandragorae.
Alraunrübe: falsche: Rad. Mandragorae.
Alraunwurzel: Rad. Mandragorae Rad. Bryoniae. Rad. Gentianae. Rhiz. Galangae.
Alraupenöl: Ol. Jecoris Aselli.
Alrautenöl: Ol. Rutae. Ol. Jecoris.
Alrone: Tubera Ari.
Alröschenwurzel: Rad. Hellebor. nigr.
Alrune: Rad. Mandragorae.

Alrunke: Rad. Mandragorae. Rad. Bryoniae. Rad. Gentianae. Rhiz. Galangae.

Alrunkenwurzel: Rad. Mandragorae.

Alsam, Alsani, Alsch, Alsei, Alsen: Herb. Absinthii.

Älsch: Herb. Absinthii.

Alsei: Herb. Absinthii.

Alsem, Alsemknoppen: Herb. Absinthii.

Alsois: Herb. Veronicae.

Alst: Herb. Absinthii.

Altamon: Stib. sulfurat. nigr.

Alte Eh: Ungt. flavum. Rad. od. Sirup Althaeae.

Altefrauhaltwort: Rad. Aristoloch. pulv.

Altekanalwurzel: Rad. Alcannae.

Altekermes: Sir. Coccionellae. Sir. Rhoeados.

Altekolonder: Spirit. coloniens.

Altekosaken: Mixt. vulner, acid.

Altelorie, feste: Ungt. flav. Ol. Lauri aa.

—, flüssige: Ol. viride.

Altemoni: Stib. sulfurat. nigrum.

Altepussade, braune: Mixt. vulner. acid.

—, weiße: Aq. vulnerar. spir.

Alterschwede: Spec. ad. long. vit. Tinct. Aloës comp.

Alterweiberstrauß: Herb. Hepaticae.

Alteschadensalbe: Empl. Litharg. molle. Ungt. Cerussae. Ungt. exsiccans. Ungt. flavum. Ungt. Plumbi.

Alteschewell: Liq. Natri hypochloros.

Alteschmiere: Ungt. flavum.

Altesweib: Herb. Ballotae.

Alteumprobulgum: Ugt. nervin.

Alteundneuemuttertropfen: Aq. aromat. rubra. Tinct. carminativa. Tinct. Cinnam. Tinct. Rhei aquosa.

Altgesichtmitrand: Herb. Antirrhini.

Altee, flüssige: Oleum viride.

Altheeblätter: Fol. Althaeae.

Altheebutter: oder **-fett:** Ungt. flav.

Altheeklappensaft: Sir. Rhoeados.

Altheekuchen: Pasta gummosa.

Altheeloröl: festes: Ol. Lauri c. Ungt. flav.

—, flüssiges: Ol. viride.

Altheemoos: Carragen.

Altheeöl: Ol. mixtum.

Altheepasta: Pasta gummosa.

Altheepopuleum: Ungt. flav. Ungt. Populi aa.

Altheesalbe: Ungt. flavum.

—, ungefärbte: Ungt. Rosmar. comp.

Altheewurzel: Rad. Althaeae.

Altheilsalbe: Ungt. flavum.

Altorselsalbe: Ol. Tereb. sulfur.

Alt-Pirmeß: Tinct. carminativ.

Altschadenpflaster: Empl. Cerussae. Empl. fuscum. Empl. Litharg. molle. Empl. Resinae Pini.

—, braunes: Empl. fuscum. camphor.

Altschadensalbe: Empl. Litharg. molle. Ungt. Cerussae. Ungt. exciccans. Ungt. flavum. Ungt. Plumbi.

Altschadenspiritus: Aq. vulnerar. spir.

Altschadenspiritus, schwarzer: Aq. phagadaen. nigr.

Altschadenwasser, braunes: Mixt. vulnerar. acid.

Altschadenwasser, gelbes: Aq. phagadaen. flav.

—, schwarzes: Aqua phagadaenica nigra.

—, weißes: Aqua Plumbi.

Altstein: Zinc. sulfur. pur.

Altweiberschmekete: Herb. Origani.

Altwurzblüten: Flor. Helenii.

Altwurzel: Rad. Helenii.

Aluin: Alumen.

Aluminat: Alumin. sulfuricum.

Alwe: Aloë.

Alweitee: Fol. Salviae.

Alwendrinischer Petersiliensamen: Sem. Phellandr.

Alwinekathrine: Aloë.

Alwisekathrine: Aloë.

Alzkirschenrinde: Cort. Pruni Padi.

Amachtsblumen: Flor. Paeoniae.

Amachtsbohnen: Semen Paeoniae.

Amandelen: Amygdalae.

Amandelöl: Ol. Amygdalar.

Amangenstein: Lap. calaminar.

Amaranth: Anilin violett.

Amarillstein: Lap. Smiridis.

Amazonenstein: Lap. ischiatic.

Ambeißenwürze: Rad. Torment.

Amber: flüssiger: Ambra liquida.

—, gelber: Succin. raspat.

—, grauer: Ambra grisea.

—, weißer: Cetaceum.

Amber = Himbeere.

Ambergänsefuß: Herb. Chenopod.

Ambergries: Ambra.

Amberholz: Lign. Santali alb.

Amberkraut: Herb. Mariveri.

Amberwurz: Radix Carlinae. Rhiz. Zingiberis.

Ambockkraut: Herb. Mari veri.

Ambra, gelbe: Succinum rasp.

Ambra, weiße: Cetaceum.

Ambrafett: Ambra grisea.

Ambragries: Ambra grisea.

Ambrosiakraut: Herb. Chenopodii.

Ameiseneieröl: Ol. Papaveris.

Ameisengeist: Spir. Formicar.

Ameisenkraut: Herb. Serpylli.

Ameisenöl: Ol. Amygdalar. Ol. Lumbricor. Ol. Lini. Spir. Formicar.

Ameisenpulver: Pulv. contra Insect. Sem. Nigellae plv.

Ameisensalbe: Ungt. contra pediculos.

Ameldonk: Amylum Solani.

Amelemehl: Amylum pulv.

Amelung: Amylum pulv.

America: Tinct. Arnicae.

Amerikan. Balsam: Balsam. Peruvian. Ol. Tereb. sulfur.

— Eiermoos: Carragheen.

— Öl: Ol. Ricini.

— Pflanzenpapier: Emplastrum anglicum.

— Salep: Amylum Marantae.

— Verfangpulver: Pulv. Liquirit. comp.

Amiant: Alumen plumosum.

Amidam: Amylum pulv.

Amidon: Amylum pulv.

Amidongummi: Dextrin.

Amidonzucker: Glykose.

Amillon: Amylum pulv.

Ammelmehl: Amylum pulv.

Ammeltenspiritus: Spir. Formicar.

Ammenpulver: Pulv. galactop. Plv. Magnes. c. Rheo.

Ammeosfrüchte: Fruct. Ammeos.

Ammerad: Ammoniacum.

Ammerey: Fruct. Amomi.

Ammeyfrüchte: Fruct. Ammeos.

Ammisamen: Fruct. Ammeos.
Ammonia: Liquor. Ammonii. caust.
Ammoniak: Liq. Ammon. caust.
— **zum Backen:** Ammon. carbonic.
Ammoniakalaun: Alum. ammoniacale.
Ammoniakalessig: Liq. Ammonii acetic.
Ammoniaksalz: Ammon. chloratum.
Ammoniakborax: Ammon. boric.
Ammoniakeisen: Ammon. chlor. ferratum.
Ammoniakeisenalaun: Ferr. sulf. ammon.
Ammoniaklakritzen: Troch. Ammon. chlor.
Ammoniaklaugensalz: Ammon. carbonic.
Ammoniakliniment: Linim. ammoniat.
Ammoniaksalbe: Liniment. ammoniat.
Ammoniaksalpeter: Ammon. nitric.
Ammoniaksalz: Ammon. carb.
Ammoniakseife: Linim. ammon.
Ammoniakspiritus: Liquor. amm. caust. spirit.
Ammoniakvitriol: Ammon. sulfur.
Ammoniakweinstein: Kaliumammonium tartaricum.
Ammoniakmeersel: Linim. ammoniatum.
Ammoniazeep: Linim. ammoniat.
Ammonium: Ammon. carbonic.
—, **blausaures:** Ammon. cyanat.
—, **blutsaures:** Ammon. rhodanatum.
—, **mildes:** Ammon. carbonicum.

Ammonium, zuckersaures: Ammon. oxalicum.
— **zum Backen:** Ammon. carbon.
Ammonsöl: Ol. Amygdalarum.
Amomen: Fruct. Amomi.
Amonsamen: Fruct. Pimentae.
Ampfer: Herb. Rumicis.
Ampfer: Herba Rumicis.
Ampferklee: Herb. Acetosellae.
Ampferkraut: Herba Rumicis.
Ampferwurz: Rad. Lapathi acut.
Amradersalbe: Ungt. Hydrarg. ciner. dil.
Amselbaumrinde: Cort. Frangul.
Amselbeeren: Frct. Rhamn. cath.
Amselkirschen: Fructus Rhamni. catharticae.
Amselkirschrinde: Cort. Frangul.
Amselkraut: Herb. Polygalae.
Amselspiritus: Spir. Formicar.
Amsterdamsche Pleister: Empl. adhaesiv. nigr.
Amsterdamwurzel: Rad. Gentian.
Amtmannpaschketropfen: Tinct. Chinoïdin.
Amtmannsöl: Ol. Tereb., Ol. Lini, Spir. camph. aa.
Amulettenpflaster: Empl. Galbani crocat.
Amyant: Alumen plumosum.
Amylessigäther: Amyl. acetic.
Anackersaft: Tinct. Arnicae.
Arnais: Fruct. Anisi.
Anaktonienwasser: Aq. vulnerar. spirituos.
Ananasöl: Amylium butyricum.
Ananastinktur: Tinct. odontalg.
Anatron: Fel Vitri.
Anatto: Orleana.
Anbertropfen: Ol. Junip. lign.
Anbeth: Succinum.
Anbißblüten: Flor. Scabiosae.
Anbißwurzel: Rad. Succisae.

Anblickskörner: Sem. Milii.
Anderflacke, Anderflackete:
Herba Rumic. obtusif.
Andernwurzel: Rhiz. Filicis.
Andlauerpulver: Pulv. laxans.
Andorn, großer: Herb. Stachyd.
Andorn, schwarzer: Herb. Bal-
lotae.
—, stinkender: Herb. Ballotae.
—, weißer: Herb. Marrubii.
Andornwurzel: Rad. Ononidis.
Andromachi: Elect. Theriacale.
Anegulkenwurzel: Rad. Angel.
Aneis: Fruct. Anisi.
Anemonenkraut: blaues, Herba
Pulsatillae.
Änetsamen: Fruct. Anethi.
Angebranntes Mennigflaster:
Empl. fusc. camphor.
Angelbeeren: Fruct. Myrtilli.
Angelikawurzel: Rad. Angelic.
Angelwassalbe: Ungt. cereum.
Angerblumen: Flor. Bellidis.
Flor. Millifolii.
Angerkraut: Herb. Polygoni.
Angerröserl: Flor. Bellidis.
Angesichtskörner: Sem. Milii.
Angewandten Papolium: Ungt.
Populi.
Angewandten Plumbicum: Ungt.
Plumbi.
Angilkenwurzel: Rad. Angelic.
Anginasalbe: Ungt. Rosmar. cps.
Angioneurosin: Nitroglycerin.
Angrünsalbe: Ungt. Populi.
Ungt. Rosmar. cps.
Angstaberli, Angstablut: Herb.
Solani.
Angstlerkraut: Herb. Euphra-
siae.
Anguine: Lanolinum.
Angulkenwurzel: Rad. Angelic.
Angurienkörner: Sem. Citrulli.

Angusturienrinde: Cort. Angos-
turae.
Anhaltertropfen: Tinct. Cinnam.
Tinct. aromat. acid.
Anhaltischpulver: Bol. rubr. et
Lign. Santal. rubr. $\overline{aa}$.
Anhaltsgeist: Spir. Anhaltin.
Pharm. Württ. 1847. Mixt.
oleos. balsam. Spirit. Colo-
niens. Spir. Angel. comp.
Anhaltspulver, rotes: Cort. Cin.
nam. pulv. Pulv. temper. rubr.
—, weißes: Pulb. temperans.
Anhaltstropfen: Tct. aromatic.
acid. Tinct. Cinnamomi.
Anhalts- oder Anhangswasser:
Aq. Anhaltin. Aq. aromat.
Aq. vuln. spir. Spir. theriac.
Anijs = Anis.
Anijspoeder: Fruct. Anisi pulv.
Pulv. Liquirit. comp.
Anilblau: Indigo.
Anilinsalbe: Ungt. Paraffini.
Animarhei: Tct. Rhei aquosa.
Anis: Fruct. Anisi.
—, langer: Fruct. Foeniculi.
—, schwarzer: Sem. Nigellae.
Anisade: Liq. Ammon. anisatus.
Anisammoniak: Liq. Ammon.
anis.
Anisbutter: Ungt. Rosmar. cps.
Ungt. Anisi.
Anisdrop: Succ. Liquirit. anisat.
Cachou.
Anisfenchel: Semen Foeniculi.
Anisgeist: Liq. Ammon. anisat.
Spirit. Anisi.
Anisholzrinde: Cort. Evonymi.
Aniskerbel: Herb. Cerefolii.
Aniskern: Fruct. Anisi.
Anislaxir: Pulv. Jalapae dil.
Anisliquor: Liq. ammon. anis.
Anispilz: Fung. suaveolens.

Anisspiritus: Liquor Ammon. anisat. Spirit. Anisi.

Anissaft: Sir. Anisi stellat.

Anissalmiak: Liq. Ammon. anis. Cachou.

Anisschwamm: Bolet. suaveol.

Anistropfen: Liq. Ammon. anis. Ol. Anisi. Spir. Anisi.

Aniswurzel: Rad. Consolid. Rhiz. Veratri. Pulv. ctr. pedic.

Aniswurzelpulver: Rad. Helenii pulv.

Aniswurzelsalbe: Ungt. contra pediculos.

Anjobenpulver: Rad. Angelicae plv.

Ankenballe: Herb. Calthae palustr.

Ankenbälli: Herba Troll. Europ. Herba Cypripedii.

Ankenblume: Herba Calthae palustris. Herb. Taraxaci. Herb. Ranunculi pratens.

Ankern: Gland. Quercus. Gallae.

Ankerwurzel: Rhiz. Pseudacori.

Anlaufpulver: Brunstpulver.

Annamirl: Herb. Pulmonariae.

Annatto: Orleana.

Annepotanne: Ungt. Hydrarg. cin. dil.

Annienholz: Lign. Santali.

Anodyne: Spir. aethereus.

Anotta: Orleana.

Anotte: Orleana.

Ansatz, bitterer: Spec. amarae.

Anschlika: Rad. Angelicae.

Anschußpflaster: Empl. Fusc.

Anschußpulver: Plv. ad erysip.

Anschußwasser: Aq. vuln. spir.

Anserine: Herb. Millefolii. Herb. Anserinae.

Ansprungsalbe: Ungt. leniens. Ungt. Zinci. Ungt. Linariae.

Antensnepel: Arum maculat.

Antewer: Rhiz. Veratri. Rad. Hellebori alb.

Anthosblüten: Flor. Rosmarin.

Anthosöl: Oleum Rosmarini.

Antichlor: Natr. subsulfurosum.

Antifebrin: Acetanilidum.

Antihysterisches Wasser: Aqua foetid.

Antimodium: Stib. sulfur. nigr.

Antimon: Stibium metallic.

—, weißer: Kal. stibicum.

Antimonasche: Stibium oxydat.

Antimonblumen: Stibium oxyd.

Antimonbutter: Liq. Stib. chlor.

Antimonglas: Stib. sulfur. nigr.

Antimonialpulver: Calcium phosphoricum stibiatum. Pulvis antimonialis.

Antimonialtropfen: Vinum stib.

Antimonium: Stib. sulfur. nigr.

Antimonkalk: Stibium oxydat.

Antimonöl: Liq. Stibii chlorat.

Antimonoxyd, gelbes, graues, weißes: Stibium oxydat.

Antimonpulver: Stib. sulf. nigr.

Antimonweinstein: Tartarus stibiatus.

Antimonzinnober: Cinnabaris antimonialis (rotes Schwefelquecksilber).

Antispasmodische Tropfen: Tinct. Valer. aeth.

Antispasmorius: Plv. antispasm.

Antlaßrosen: Flor. Paeoniae.

Anton, schwarzer: Herb. Ballot.

—, weißer: Herb. Marrubii.

Antonblumen: Flor. Paeoniae.

Antonibalsam: Aq. aromatica.

—, brauner: Tinct. anticholerica.

Antoniblüten: Flor. Jasmini. Flor. Paeoniae.

Antonienkraut, Antonskraut:
Herba Epilobii angust.
Antonikraut: Herb. Prunellae.
Herb. Epilobii.
Antonisalbe: Ungt. Veratri alb.
Antonitee: Herb. Marrubii.
Antoniuskörner: Sem. Paeoniae.
Antoniuspulver: Flor. Cinae plv.
Antoniustee: Herb. Betonicae.
Antonskörner: Sem. Paeoniae.
Anwachsbutter: Ungt. Linar.
Ungt. potab. rubr. Ungt. Rosmarini comp.
Anwachskuchen: Terra sigill.rbr.
Anwachsöl: Ol. Hyoscyami. Ol.
Juniperi. Ol. Terebinth. Ol.
Chamomill. Ol. viride.
Anwachspflaster: Empl. oxycroc.
Anwachspulver: Pulv. temperans.
Anwachssalbe: Ungt. flavum.
Ungt. Rosmarini comp.
Anwachstropfen: Tinct. carmin.
Tinct. Chinae cp.
Anznodron: Kal. permanganic.
Appallaris: Lap. Calaminaris.
Apalloniakörner: Sem. Paeoniae.
Apfelblümle: Flor.Chamomill.vlg.
Apfelblüte: rote, Flor. Granati.
—, **weiße:** Flor. Acaciae.
Äpfelbutter: Ungt. flavum.
Apfelessig: Acetum c. Spir. Rubi,
Id. 15 : 1.
Apfelkraut: Herb. Hepaticae.
Herb. Marrubii.
Apfelöl: Ol. Papaveris. Amyl.
valerianic.
Äpfelquitten: Fruct. Cydoniae.
Apfelsalbe: rote: Ugt. Hydr. rubr.
—, **gelbe:** Ungt. flavum.
—, **weiße:** Ungt. leniens. Ungt.
rosatum. Ungt. Zinci.
— **mit rotem Zippelmores:** Ungt.
Hydrarg. oxyd. rubr. dil. 1:50.

Apfelsinenöl: Ol. Bergamottae.
Apfelsinenpflaster: Empl. Lith.
comps.
Apfelsinenpulver: Pulv. refrigerans Dan.
Apfelsinensaft: Sir. Aurant. cort.
Apfelsinenschalen: Cort. Aurantii
dulc.
Aphrodisiacum: Tct. Cannabis,
homoeopath.
Apiswurzel gegen Bienen (Läuse):
Pulv. pediculor.
Apokolik, gelber: Empl. Lith.
comps.
—, **weißer:** Empl. Lith. simpl.
Apollonienkörner: Sem. Paeon.
Apollonienkraut: Herba Aconiti.
Apollonienkraut: Herb. Hyoscyamie.
Apollonienwurzel: TuberaAconiti.
Apollopulver: Tragacanth. plv.
Apollowurzel: Rad. Paeoniae.
Apoplektikus: Spirit. aromatic.
Apopuleum: Ungt. Populi.
Apostelkraut: Herb. Adiant. aur.
Apostelöl: Oxymel Aeruginis.
Apostelpflaster: Cerat. Aeruginis.
Empl. fusc. camph.
Apostelsalbe: Ungt. Aerugin.
Ungt. basilic. Ungt. Populi.
Apostemkraut: Herb. Taraxaci.
Herb. Scabiosae.
Apostemwurzel: Rad. Taraxaci.
Apostole: Empl. Cerussae. Empl.
Litharg. comp.
Apostolenpflaster: Empl. Ceruss.
Apostolk, weißer: Empl. Litharg.
Apotheke: Spirit. sapon. camph.
Apothekenbock: Spirit. sapon.
camph.
Apothekerstod: Spir. sap. camph.
Apothekenwurzel: Rhiz. Gram.
Apothekergras: Rhiz. Gramin.

Apothekerrosen: Flor. Rosae.
Apothekersalbe, rote: Ungt. Hydrarg. oxyd. rbr.
Apothekerseife: Sapo medicat.
Appelquint: Fruct. Colocynthid.
Appellone: Physalis Alkekengi.
Appelstaal: Tinct. Ferri pomati.
Apperanten (Iltiswitterung): Castoreum.
Appetitstropfen: Tct. Chin. comp. Elix. Aurant. comp.
Appich: Herb. Hederae.
Appichsamen: Fruct. Apii.
Appichwurzel: Radix Apii.
Aprikosentee: Flor. Acaciae.
Aprilblumen: Anemone nemorosa.
Aprilglöckchen: Flor. Convallar.
Aprilwurzel: Rad. Sarsaparillae.
Aquariumrinde: Cort. Quillayae.
Arabisch. Borke: Cort. Chinae.
— **Gummi:** Gummi arabicum.
— **Rinde:** Cort. Chinae.
— **Rüben:** Rad. Bryoniae.
— **Wasser:** Aq. aromatic.
Aragunische Erde: Catechu.
Arand, schwarzer: Styrax.
—, **weißer:** Olibanum.
Aranserschalen: Cort. Aurant.
Aranswurzel: Tubera Ari.
Arapesara: Mixt. vulner. acid.
Ararobapulver: Chrysarobinum.
Ararut: Amylum Maranthae.
Ararutapulver: Amylum Maranth.
Araunbussade: Aq. vulner. spir.
Arbeitspulver: Plv. Magn. c. Rheo.
Arbelkraut: Herb. Fragariae.
Arbennüsse: Sem. Cembrae.
Arbusensamen: Sem. Cucurbit.
Arcaebalsam: Ungt. Elemi.
Arcaesalbe: Ungt. Elemi.
Arcanbalsam: Ol. Tereb. sulf.
Arcanumduplicatum: Kali sulfuric.

Arcetspastillen: Troch. natri bicarbon.
Archel: Orseille.
Archenbeeren: Fruct. Ebuli.
Arche Noah: Tub. Aconiti.
Archidiakonuspflaster: Empl. Litharg. comp.
Archiolt: Orleana.
Archiotta: Orleana.
Arerpussarer: Aqua vulner. spirit. Mixt. vulner. acid.
Argamundakraut: Herba Agrimoniae.
Argelblüten: Fol. Arghel.
Argelfrüchte: Fructus Angelicae.
Argelkleinwurzel: Rad. Angelic.
Argelpussade (weiße): Aq. vulneraria spirituosa.
Argenmöndli: Herb. Agrimon.
Arimenblumen: Herb. Centaur.
Arinkenblumen: Herb. Centaur.
Arkebusade, braune: Mixt. vuln. acida.
—, **weiße:** Aq. vulner. spirituos.
Arkebusadepflaster: Empl. Litharg. simpl.
Armagnac: Spir. Vini Cognac.
Armdarmjammerpulver: Plv. epilept. niger.
Arme lui's pleister: Charta resinosa.
Arme man's Kruid: Herba Gratiolae.
Armenici: Liq. ammon. caust.
Armendill: Rhiz. Tormentillae.
Armenischgummi: Ammoniac.
Armenreinholzwurzel: Rad. Ononidis.
Armer Heinrich: Herb. Chenop.
Armer Mann: Herb. Gratiolae.
Armholzöl: Ol. Juniper. lign.
Armholzwasser: Spir. Angel. cps.
Armspiritus: Tinct. Arnicae dil.

Armsünderbock: Empl. Litharg.
Armsünderfett: Adeps suillus. Ungt. flavum.
Armsünderfleisch: Mumia.
Armsünderkraut: Herb. Antirrh.
Armsünderpulver: Plv. contra pediculos.
— **fürs Vieh:** Pulv. pro equis niger.
Armsünderschädel: Conchae.
Armsünderschmalz: Adeps. Ungt. flavum.
Armsündertropfen: Essent. dulcis. Tinct. Chinoidini.
Armutsplage: Sang. hirci pulv.
Arnenwurzel: Tubera Ari.
Arnikasalbe: Ungt. Linariae.
Arnikaspiritus: Tinct. Arnicae.
Arnikatropfen: Tinct. Arnicae.
Arnikawasser: Tinct. Arnicae c. aqua 1 + 9.
Arnis: Fruct. Arnisi vulg.
Arnotta: Orleana.
Aromat. Kräuter: Spec. aromat.
Aromat. Salbe: Ungt. Rosmar. cp.
— **Spiritus:** Spiritus odoratus.
Aronakraut: Herb. Ari.
Aronenkraut: Herb. Ari.
Aronholzwurzel: Rad. Aristoloch.
Aronkindle: Arum macul.
Aronstab: Tubera Ari.
Aronstabwurzel: Tubera Ari.
Aronwurzel: Tubera Ari.
Arösselbeeren: Fruct. Sorbi.
Arquebusade: Aqua vulneraria spirituosa.
—, **braune:** Mixt. vulner. acid.
—, **weiße:** Aq. vulner. spirituos.
Arrestatsalbe: Ungt. flavum.
Arrowroot: Amylum Marantae.
Arschkritzeln: Fruct. Cynosbati.
Arsenalwurzel: Rhiz. Imperator.
Arsenglas, rotes: Arsenium bi-sulfuratum.

Arsenik, grauer: Arsenicum crud.
—, **künstl. gelber:** Arsenicum tri-sulfuratum.
—, **natürl. gelber:** Auripigment. Arsenicum citrinum nativum.
—, **schwarzer:** Arsenicum.
—, **weißer:** Acid. arsenicosum.
Arsenikal: Ammon. arsenicic.
Arsenikalblau: Cobalt. aluminat.
Arsenikblau: Cobaltum aluminat.
Arsenikblüte: Acidum arsenicos.
Arsenikgelb: Auripigment.
Arsenikglas: Acidum arsenicos.
Arsenikmehl: Acid. arsenicos. plv.
Arsenkobalt: Cobaltum nativum.
Arstgucken: Pulsatilla vulg.
Arteawurzel Rad. Altheae.
Artefis: Rad. Cichorii.
Artelkleesamen: Flores Hyperici.
Artelkleewurzel: Rad. Angelic.
Arten: Herb. Marrubii.
Artischokensamen: Fruct. Cardui mariae.
Artischokenwurzel: Rad. Carlin.
Arunkeli: Herb. Ranunculi arv.
Aruten: Herb. Abrotani.
Arutenkraut: Herba Abrotani.
Arvennüsse: Sem. Cembrae.
Arzeesalbe: Ungt. Elemi.
Arzneiwurzel: Rad. Alkannae. Rad. Gentianae.
Asafoetidaöl: Tinct. Asae foet. c. Ol. Papaver 1 : 30.
Asam: Asa foetida.
Asangöl: Tinct. Asae foetidae.
Asangwasser: Aq. foetida.
Asant, stinkender: Asa foetida.
—, **süßer:** Benzoë.
—, **wohlriechender:** Benzoë.
Asanttropfen: Tinct. Asae foetid.
Asbest: Alumen plumosum.
Aschafischfett: Ol. Jecor. Aselli.
Aschblatt: Herb. Absinthii.

Aschblei: Graphites.
Asche, blaue (Bergblau): Coerul. montan.
—, grüne (Berggrün): Viride montanum.
Aschenfett: Ol. Jecor. Aselli.
Äschenfett: Adeps. Ol. Jecoris.
Aschenkali: Kal. carb. crud.
Aschenöl: Ol. Jecoris Aselli.
Äschenöl: Ol. Jecor. Asell.
Aschenrinde: Cortex Fraxini.
Aschensalz: Kali carbonicum.
Aschenweibel: Herb. Burs. Past.
Aschenwurzel: Rad. Dictamni.
Äschenwurzel: Rad. Dictamni.
Ascherwurzel: Rad. Carlinae. Rad. Dictamni.
Aschfett: Ol. Jecoris Asclli.
Äschfischöl: Ol. Jecor. Aselli.
Aschiotte: Orleana.
Aschmannssalbe: Ungt. Zinci c. Bals. Peruvian. 10:1.
Aschnitzkraut: Herba Alchemill.
Aschwurzel: Rad. Dictamni.
Aschzinn: Bismutum.
Aseptin: Acidum boricum.
Asiatischer Balsam, Äußerlicher: Bals. Peruvian.
—, innerlicher: Elix. Proprietat. sine acido.
—Lebensbalsam: Mixt. oleos. bals.
— Tabak: Fol. Nicotianae.
Asienawurzel: Rad. Gentianae.
Aspalatholz: Lign. Aloës.
Asperulakraut: Herba Asperulae.
Asphaltöl: Benzin.
Asphodill: Bulb. Asphodeli.
Asphodillwurzel: Bulbus Asphodeli.
Aspic: Flor. Lavandulae.
Aspis: Argent. nitric. Alumen. plumos.
Aspoltern: Herb. Resedae.

Assach: Ammoniacum.
Asseln: Millepedes.
Asslepflaster: Ungt. diachyl. comp.
Assodil (wurz): Rad. Asphodeli.
Assolter: Viscum album.
Asthmapapier: Charta nitrata.
Asthmatropfen: Liq. Am. anis. Spir. aeth. nitrosi.
Astrandwurz: Rhiz. Imperatoriae.
Astraksikus: Mel. boraxatum.
Astrenzwurzel: Rhiz. Imperat.
Astridiwurzel: Rhiz. Imperator.
Atch: Sambucus Ebulus.
Ateri-Beri: Atropa Belladonna.
Athemkraut: Herb. Pulmonar.
Äther, blasenziehender: Aether cantharidatus.
—, essigsaurer: Aether aceticus.
—, salpetrigter: Spirit. nitrico-aether.
—, salzsaurer: Spirit. muriatico-aether.
—, vegetabilisch: Aether acetic.
Äthernaphtha: Aether aceticus.
Ätherweingeist: Spir. aether.
Atipaschmoschuspulver: Pulv. antispasmodic., Pulvis temperans ruber.
Atlasbeeren: Fruct. Sorbi.
Atol: Aloë.
Atrocksaft: Sir. Papaveris.
Attichbeeren: Fruct. Ebuli.
Attichbeerensaft: Succus Ebuli. (Sambuci).
Attichblumen: Flor. Sambuci.
Attichkraut: Fol. Athaeae.
Attichlatwerge: Elect. theriac.
Attichmus: Succus Sambuci.
Attichsaft: Succus Sambuci.
Attichsalze: Succ. Sambuci.
Attichsamen: Fruct. Foeniculi.
Attichsamenöl: Ol. Foeniculi.

Attichsulz: Succ. Ebuli. Succ. Sambuci.

Attichwurzel: Rad. Carlinae. Rad. Ebuli. Rad. Taraxaci. Rad. Pimpinell.

Attig siehe Attich.

Ätzammoniak: Liq. Am. caust.

Ätzbaryt: Baryta caustica.

Ätzendes Laugensalz: Kali od. Natr. causticum.

Ätzflüssigkeit: Liq. corrosivus.

Ätzkali: Kali causticum.

Ätznatron: Natr. causticum.

Ätzsalz: Kali causticum.

Ätzsilber: Argent. nitric. fus.

Ätzsoda: Natr. causticum.

Ätzstein: blauer: Cupr. sulfur.

—, göttlicher: Zinc. sulfuricum.

—, weißer: Kali causticum.

Ätzwasser: Acid. nitric. crud.

Audernwurzel: Rhiz. Filicis.

Aueröl: Ol. Olivarum.

Auferhaltungstropfen: Tinct. aromat.

Auferstehungstropfen: Tinctura aromatic.

Auffenblatt: Herb. Uvulariae.

Aufgelöstes Nix: Aq. ophthalm.

Aufhaltschmiere: Ungt. Canthar.

Auflattig: Flor. Farfarae.

Auflattigsaft: Sir. Althaeae.

Auflattigsalbe: Ungt. flavum.

Aufliegssalbe: Ungt. boricum.

Auflingsalbe: Ungt. boricum.

Aufmunterungstropfen: Tinct. aromat. Tinct. Valer. aeth.

Aufziehöl: Ol. Chamomillae infus.

Aufziehpulver: Plv. pro vaccis.

Auga = Augen.

Augelbeeren: Fruct. Myrtilli.

Augenbalsam, roter: Ungt. Hydrarg. rubr. dilut.

Augenbalsam St. Yves: Ungt. ophthalm. comp.

—, weißer: Ungt. Zinci.

Augenblümchen: Flor. Bellidis. Herb. Anagallid. Herb. Euphrasiae.

Augenblüte: Herb. Anagallid.

Augendienst: Herb. Euphrasiae.

Augendistel: Herb. Euphrasiae.

Augenessenz: Tinct. Foeniculi comp.

Augengrau: Tutia praeparata.

Augenkalomel: Hydrarg. chlorat. v. hum. p.

Augenkirschen: Ungt. ophthalm.

Augenkraut: Herb. Chelidonii. Herb. Euphrasiae.

Augenkräuter: Spec. resolvent.

Augenkurierstein: Zinc. sulfur.

Augenkügelchen: Troch. santonini. Troch. laxant. Pil. laxant.

Augenlicht, gelbes: Ungt. ophth. flav.

—, graues: Ungt. ophthalm. gris.

—, rotes: Ungt. Hydrarg. rubr. dil.

—, weißes: Ungt. Zinci.

Augenlichtsalbe: Ungt. Zinci.

Augenlidsalbe: Ungt. Zinci. Ungt. ophthalmic.

Augenmehl: Zinc. oxydat.

Augenmilch: Aq. ophthalmica.

Augenmilchkraut: Herb. Tarax.

Augenmilchwurz: Rad. Tarax.

Augennichts: Nihilum album (Zinc. oxyd. crud.). Ungt. Zinci. Zinc. sulfur.

—, weißes zum Auflösen: Zinc. sulfuricum.

—, rotes: Ungt. ophthalmic. rubr.

Augennichtspflaster: Emplastr. Cerussae.

Augennichtssalbe: Ungt. Zinci.
Augenöl: Ol. Jecoris Aselli. Ol. Amygdalar. Paraffin. liquid. puriss.
Augenpappeln: Flor. Malv. arb.
Augenpillen: Pilulae laxantes.
Augensalbe: bamberger: Ungt. ophth. St. Yves.
—, **Heuschkels:** Ungt. Zinci.
—, **Hufelands:** Ungt. ophth. rubr.
—, **Rosensteins:** Ungt. Zinci.
—, **rote:** Ungt. Hydrarg. rubr. dil.
—, **St. Yves:** Ugt. ophthalm. comp.
—, **Ungers:** Ungt. Hydrarg. rubr. dil.
—, **weiße:** Ungt. Zinci.
Augensamen: Sem. Cydoniae.
Augenschuppen: Acid. boricum.
Augenschwamm: Fung. Samb.
Augenspiritus, himmlischer: Tinct. Foeniculi comp.
Augenstein, blauer: Cupr. aluminat.
—, **runder:** Lapid. Cancrorum.
—, **weißer:** Zincum sulfuricum.
Augentabak: Pulv. sternutator. virid. od. albus.
Augentee: Fol. Farfarae (äußerlich). Herb. Viol. tricol. Spec. Lignor.
Augentropfen: Tct. Foenic. cps.
Augentrost: Herb. Euphrasiae.
Augentrostwasser: Aq. Tiliae.
Augenwasser: Aq. Foeniculi.
—, **gelbes:** Collyrium adstring. luteum.
— **Horstsches:** Collyrium adstringens.
—, **weißes:** Aqua Rosae.
—, **zusammenziehendes:** Collyr. adstr. luteum.

Augenwurzel: Rad. Valerianae. Rad. Caryophyll.
—, **große:** Rad. Levistici.
Augenwurzkraut: Herb. Oreosell.
Augenzier: Rad. Anchusae.
Augenzierwurzel: Rad. Anchus.
Augenzug: Empl. Drouoti.
Augenzugpflaster: Empl. Drouoti.
Augsburger Augenbalsam: Ungt. ophthalm. rubr.
— **Balsam:** Mixt. oleos. bals. Tinct. Chinae comp.
— **Lebensessenz:** Tinct. Aloës. comp.
— **Pillen:** Pilulae laxantes.
— **Tee:** Species pectorales.
— **Tropfen:** Elixir. Proprietatis. Tinct. Aloes comp.
Augstablust: Herb. Euphrasiae.
Augstenzieger: Herb. Euphrasiae.
Augurienkörner: Sem. Cucurb.
Augustblumen: Flor. Stoechad.
Augustinerpillen: Pil. laxantes.
Augustinuskraut: Hb. Euphras.
Auri: Aurin.
Aurian: Herb. Centaurii.
Auriankraut: Herba Centaurii.
Aurikeln: Flor. Primulae.
Aurin, roter: Herb. Centaurii.
— **weißer** od. **wilder:** Herb. Gratiolae. Rad. Angelicae.
Aurinkraut: Herba Centaurii.
Aurinken: Herb. Centaurii.
Aurinwurzel, wilde: Rhiz. Gratiolae.
Auripigment: Arsenium citrium nativum.
Aus der hintersten und vordersten Büchse: Ol. Terebinth. c. Ol. Petrae rubr.
Aus der schwarzen Büchse: Pulv. pro equis.

Aus 2 Flaschen: Ol. Terebinth. c. Ol. Hyoscyami.

Ausgang u. Eingang: Ungt. Plumbi.

Ausländischmoos: Lich. Island.

Ausschlagsalbe, graue: Ungt. sulfurat. gris.

Ausschlagsalbe, gelbe: Ungt. sulfurat.

—, rote: Ungt. Hydrarg. rubr. dilut.

—, schwarze: Ungt. contra scabiem F. M. B. Ungt. Picis.

—, weiße: Ungt. Hydrarg. alb. dil.

Ausschußpflaster: Empl. fusc.

Äußerlich: Liq. Ammon. caust.

Äußerlichdreikreuz: Zinc. sulfuric.

Äußerlicher Lebensbalsam: Liniment. terebinthinat.

Austerdreck: Conchae praep.

Austermuschel: Conchae praep.

Austerschale: Conchae praep.

Australien: Conchae praep.

Auszehrungskräuter: Herb. Galeopsid.

Auszehrungstee: Spec. pectorales.

Auszugöl: Ol. viride. Ol. Chamom. infus. Ol. Hyoscyami.

Auszugsalbe: Empl. oxycroceum.

Auszugspiritus: Spiritus.

Autenrieths Umschlag: Ungt. Plumbi tannic. Ungt. Tartari stibiat.

Auundwehpflaster: Empl. Cantharid. ord.

Avanzenpulver: Sem. Sabadill. pulv.

Avanzenschalen: Cort. Aurant.

Avenariusschlägel: Herb. Scabiosae.

Averoon: Herba Abrotani.

Avignonkörner: Fruct. Rhamni.

Avinersalbe: Ungt. Rosmar. cps.

Axtrax: Liq. Plumbi subacet.

Azijn = Essig.

Azurstein: Lapis Lazuli.

B.

Baach = Bach, Wasser.

Baachbombel: Herb. Beccabungae. Herb. Anagallidis.

Baachholder: Spiraea aruncus.

Baachminz: Herba Menth. aquatic.

Baachnägala: Herb. Pulmonariae.

Baachrösla: Herb. Epilobii. Rad. Caryophyllatae.

Baai (groene): Ol. Lauri.

Babbelcher: Veronica Beccabunga

Babbelruesblumen: Flor. Paeoniae.

Babbla, Babbala: Malven u. Huflattich.

Babenkerne: Sem. Cucurbitae.

Babylonsafran: Rhiz. Curcumae.

Bachbangenkraut: Herba Beccabungae. Herb. Veronicae.

Bachblumen: Flor. Calthae.

Bachblumenkraut: Herba Beccabungae.

Bachbohnenkraut: Herba Beccabungae.

Bachbumbeli: Herb. Beccabung.

Bachbungen: Herb. Beccabung.

Bacheisenhut: Herb. Aconiti.

Bachgläsli: Fol. Trifol. fibrin.

Bachholder: Flor. Sambuci.

Bachholderwurz: Rad. Valerianae.

Bachkohl: Herb. Beccabungae.
Bachkraut: Herb. Pulmonariae.
Bachkresse: Herb. Nasturtii.
Bachmannpflaster: Empl. Drouot.
Bachnelkenwurz: Rad. Caryophyllatae.
Bachonersamen: Sem. Paeoniae.
Bachschaumkraut: Herb. Scrophulariae.
Bachtobler Tee: Spec. laxant.
Backäpfel: Boletus cervinus.
Bäckengras: Herb. Lycopodii.
Backfischbein: Ossa Sepiae.
Backnatron: Natr. bicarbonic.
Backkraut: Herb. Pulmonariae.
Backöl: Ol. Citri dilutum. Ol. aromat. (Gewürzöl).
Backpulver: Natr. bicarbonic. c. Tartar. dep.
Backsalz: Ammon. carbonicum.
Backspäne: Lign. Fernambuci.
Badasilessig: Acet. Sabadillae.
Badekraut: Herb. Majoranae. Herba Origani vulg. Herb. Serpylli.
Badekrautwurzel: Rad. Levistici.
Badekugeln: Tart. ferr. in glob.
Badenesli: Flor. Primulae.
Badenga, Badengala: Flor. Primulae. Herb. Pulmonariae.
Badennechtli: Flor. Primulae.
Badenöchli: Herb. od. Flor. Anthyllidis.
Badenken: Flor. Primulae.
Badeschwefel: Kal. sulfuratum.
Badestahl: Ferr. sulfuricum.
Badewurzel: Rhiz. Calami. Rad. Levistici.
Badian: Fruct. Anisi stellati.
Badkraut: Herb. Origani. Herb. Serpylli. Herb. Majoranae.
Badkrautwurzel: Rhiz. Calami. Rad. Levistici.

Bagengala: Flor. Primulae.
Bagenzkraut: Herb. Ledi pal.
Baggerwurzel: Rhiz. Graminis.
Bagonerkörner: Sem. Paeoniae.
Bahamaholz: Lign. Fernambuci.
Bahiapulver: Chrysarobin.
Bahnholzblätter: Herba Ligustri.
Bajonettstangen: Rhiz. Calami.
Baisselbeeren: Fruct. Berberid.
Bakatenwurzel: Lign. Quassiae.
Bakelaar: Fruct. Lauri.
Bakkruid: Herb. Primulae.
Baulastienblüten: Flor. Granati.
Balderjahn: Rad. Valerianae.
Baldgreis-Kraut: Herb. Erigeron. Herb. Senecionis.
Baldrat: Cetaceum.
Baldrian: Rad. Valerianae.
—, virginischer: Rad. Serpentar.
Baldrianäther: Tinct. Valerian. aeth.
Baldrianliquor: Tct. Valer. aeth.
Baldriantropfen: Tinct. Valer.
—, ätherische: Tinct. Valer. aeth.
Balherundetropfen: Elix. Aurant. comp.
Ballablätter: Herb. Plantaginis.
Ballalätsch: Herb. Plantaginis.
Ballenblätter: Herb. Plantaginis.
Ballenfätsch: Herb. Plantaginis.
Ballenkraut: Herb. Plantaginis.
Balleranpulver: Cetac. sacchar.
Ballerosen: Flor. Paeoniae.
Ballhausens Magentropfen: Tinct. Aloës comp. Tinct. amara.
Ballo: Elixir e succo Liquir.
Ballotenkraut: Herb. Ballotae.
—, sibirisches: Herba Ballotae.
Ballrat: Cetaceum.
Balluster: Cort. Granati.
Balmen: Cort. Salicis.
Balsam: Tinct. Benzoës. comp.

Balsam, abgezogener (innerlich): Tct. Aloës comp.

— —, **äußerlich:** Bals. Peruvian. Mixt. oleos. balsam. Ol. Terebinthinae. Tinct. Benzoës cpt. Ol. ligni Juniperi.

—, **acre:** Ungt. Elemi.

—, **ägyptischer:** Balsam. de Mecca. Ungt. Aeruginis.

—, **Amerikanischer, mit Silbertropfen:** Ol. Trebinth. sulf. Tinct. Chinoidin.

—, **arcae:** Ungt. Elemi.

—, **arkanischer:** Ungt. Elemi.

—, **asiatischer:** Elix. proprietat.

— —, **äußerlich:** Bals. peruv.

—, **azeh:** Ungt. Elemi.

—, **bankafka:** Bals. Copaivae.

—, **Batavia:** Bals. Copaivae.

—, **Brasilianischer:** Bals. Copaiv.

—, **Bilfingers:** Linimentum sapon. camphoratum.

—, **burr:** Tinct. Benzoës comp.

—, **C:** Ungt. Elemi.

—, **cephalicum:** Mixt. oleos. bals.

—, **chemischer:** Bals. Fioraventi.

—, **chines.** Bals. Fioraventi.

—, **compavia:** Bals. Copaivae.

—, **dicker:** Ol. Lini sulfurat., Ol. Tereb. sulfurat.

—, **fifeifa:** Bals. Copaivae.

—, **Friarischer:** Tct. Benz. comp.

—, **göttlicher:** Mixt. oleos. bals. Tinct. Benzoës comp.

—, **güldener:** Tinct. Pini comp.

—, **grüner:** Tacamahaca.

—, **Harlemer:** Ol. Tereb. sulfur.

—, **Hoffmannscher:** Mixtura oleoso-balsamica.

—, **Jerusalemer:** Tinct. Benzoës comp.

—, **indischer:** Bals. peruvian.

—, **Inkumsöl:** Bals. peruvian.

Balsam, italienischer: Bals. peruvian.

—, **Kampher:** Bals. Copaivae.

—, **karpathischer:** Bals. carpathicum.

—, **karthagenischer:** Bals. Tolutan.

—, **kleiner:** Herb. Pulegii.

—, **konstantinopolitanischer:** Bals. de Mecca.

—, **Lamperts:** Tinct. Benzoës comp.

—, **litauischer:** Ol. Rusci.

—, **Lockwitzer:** Bals. Locatelli.

— **Material, Matrial:** Ol. Terebinth.

—, **mekkanisch:** Bals. de Mecca.

—, **Mercurius:** Ol. Terebinth.

—, **mirabile:** Ol. Spicae. Ol. ligni Juniperi.

—, **oleoser:** Mixt. oleoso-balsam.

—, **orientalisch:** Bals. de Mecca.

—, **peruvianischer:** Bals. peruv.

—, **saurer:** Mixt. sulfurica acid.

—, **Schwarzburger:** Ol. Lini sulfurat.

—, **schwarzer:** Bals. peruv.

—, **schwedischer:** Tinct. Aloes comp.

—, **Seehofer:** Tinct. Aloes comp.

—, **sonsonatischer:** Bals. peruv. alb.

—, **syrischer:** Bals. de Mecca.

—, **türkischer:** Opodeldoc.

—, **ungarischer:** Aq. aromatic. Therebinthina veneta. Mixt. oleoso-bals. Tinct. Aloes comp.

—, **venetianischer:** Tereb. laricina.

—, **verschossener:** Bals. Nucistae.

— **von Gilead:** Bals. de Mecca.

— **von Jericho:** Bals. de Mecca.

— **von Mecca:** Bals. de Mecca.

—, **weißer:** Mixt. oleoso-balsam.

Balsam, Wiener: Tinct. Benzoës comp.

Balsamakree: Ungt. Elemi.

Balsamäna: Herb. Balsaminae.

Balsam Arzee: Ungt. Elemi.

Balsamarznei: Ungt. Elemi.

Balsamarztsalbe: Ungt. Elemi.

Balsambankafka: Bals. Copaiv.

Balsambaum: Summit. Thujae.

Balsambilfinger: Spirit. sapon. camph.

Balsamblöader, -Blättla: Flor. u. Herb. Tanaceti.

Balsamblümli: Flor. Lavandulae.

Balsambukatellersalbe: Ungt. contr. pediculos.

Balsamburr: Tinct. Benz. comp.

Balsamcommendator: Tinct. Benzoës comp.

Balsamcumpavia: Bals. Copaiv.

Balsamfifeifa: Bals. Copaivae.

Balsamgarbe: Herb. Agerati.

Balsamicamixtur: Mixt. oleo.-bals.

Balsaminensalbe: Ungt. rosat.

Balsaminentee: Flor. Malvae. (eigentl. Impatiens noli me tangere).

Balsaminkumsöl: Bals. peruv.

Balsaminmomordicaöl: Ol. Hyperici. Ol. Arachidis.

Balsaminmomordicasaft: Sir. Aurant. flor.

Balsaminmomordicatee: Fol. Malvae.

Balsaminsaft: Sir. Aurant. flor.

Balsaminstengel: Stip. Dulcam.

Balsamische Pillen: Pilulae polychr. Becheri.

Balsamkommbeimich: Bals. Copaivae.

Balsamkraut: Fol. Menth. crisp. Herb. Tanaceti.

Balsamkrautöl: Ol. Menth. crisp. Ol. Hyoscyami.

Balsamkurali: Spir. sap. camph.

Balsamlocatelli: Ungt. leniens.

Balsammaterial: Ol. Terebinth.

Balsammerkurialöl: Tinct. Aloës comp.

Balsammerkurius: Ol. Terebinthinae.

Balsamminze: Herb. Balsamitae.

Balsammirabile: Ol. Spicae.

Balsammomordicaöl: Ol. Hyperici. Ol. Arachidis.

Balsamöl: Bals. peruvian.

Balsampappelpomade: Ungt. Populi.

Balsampavian: Bals. Copaivae.

Balsampflaster: Empl. fusc. Cerat. Myristicae. Empl. aromatic.

Balsamrainfarn: Herba Balsamit.

Balsamsaft: Sir. balsamicus. Ph. Württ. Sir. Papaveris.

Balsamsalbe: braune: Ungt. basilicum fuscum.

—, **flüssige:** Ol. Lini sulfuratum.

—, **gelbe:** Ungt. basilicum.

Balsamsalvolatile: Mixt. oleos. bals. c. Liq. Ammon. caust. āā.

Balsamsilber: Ol. Lini sulfurat. Ol. Tereb. sulfurat.

— **mit Anis:** Ol. Anisi sulfurat.

Balsamsulfuris: Ol. Lini sulfur.

— **mit Anis:** Ol. Anisi sulfur.

— **mit Sadebaum:** Ol. Tereb. sulf. c. Ol. Philosoph. āā.

Balsamsülver: Ol. Tereb. sulfur.

Balsamsulfuröl: Ol. Lini sulfurat.

Balsamtee: Rad. Valerianae. Fol. Menth. crisp.

Balsamtropfen: Mixt. oleoso-bals. Ol. Tereb. sulfurat. Tinct. Aloës cps. Tinct. Benz. cps.

Balsamum aromaticum: Mixt. oleos. bals.

Balsamum cephalicum: Mixt. oleoso-bals.

Balsamum embryonum: Aq. aromat. spirituos.

Balsamwasser: Aq. aromatica.

Balsamzopfer: Ol. Tereb. sulfurat.

Balsem = Balsam.

Balsemazeh: Ungt. Elemi.

Balsterjahn: Rad. Valerianae.

Baltaswurzel: Rad. Valerianae.

Balzensalvers: Ol. Lini sulfurat.

Bambagelli: Flor. Chrysanthemi.

Bamberger Augensalbe: Ungt. ophthalmic. St. Yves.

Bambuschwurzel: Rad. Taraxaci.

Bandaseife: Ol. Nucista.

Banditenessig: Acet. aromatic.

Banditenkraut: Hrb. Card. bened.

Banditenwurzelpulver: Stib. sulfurat. nigr.

Bändli: Cort. Salicis.

Bandpflaster zum Heilen: Leucoplast, Empl. adhaes. ext. Empl. fuscum.

—, zum Ziehen: Empl. Cantharid. perp. ext., Empl. Plumbi comp. ext.

Bandrosen: Flor. Rosae.

Bandweide: Cort. Salicis.

Bandwisch: Herb. Equiseti.

Bandwischkraut: Herb. Equiseti.

Bandwurmblüte: Flor. Koso.

Bandwurmnüsse: Sem. Arecae.

Bandwurmpulver: Kamala. Flor. Kusso, Sem. Arecae pulv.

Bandwurmrinde: Cort. Granati.

Bandwurmwurzel: Rhiz. Filicis. Rad. Pannae.

Bangele: Herba Sphondylii.

Bangenkraut: Herb. Conii. Herb. Sphondylii.

Bangenkrautsamen: Fruct. Conii.

Banilie: Fruct. Vanillae.

Banknotenöl: Ol. Bergamottae.

Banschen: Succ. Liquiritae.

Bar = Bär.

Baraber = Rhabarber.

Barbara: Rhiz. Rhei.

Barbaras Kraftwurzel: Bulb. Victorialis.

Barbarasaft: Sir. Rhei.

Barbarastauden: Fol. Uvae Ursi.

Barbarawurzel: Rhiz. Rhei.

Barbelsalbe: Ungt. Tartar. stib.

Barchenschmalz: Adeps.

Bardenwurzel: Rad. Lapathi.

Bardigala: Flor. Primulae.

Bärbalsam: Bals. peruvianum.

Bärenbalsam: Bals. Peruvian.

Bärenbeerenblätter: Fol. Uvae Ursi.

Bärendill: Rad. Mëu.

Bärendreck: Succ. Liquiritiae.

Bärenfenchel: Meum Athamanticum, Rad. Mëu. Rd. Peucedani.

Bärenfett: Adeps.

Bärenfußwurzel: Rad. Hellebor. vir.

Bärengalle: Aloë.

Bärenklau: Fol. Heraclei. Herb. Agrimoniae. Herb. Lycopodii.

Bärenklauenblätter: Fol. Uvae Ursi.

Bärenklee: Herb. Meliloti.

Bärenkleeblüten: Flor. Meliloti.

Bärenkraut: Fol. Uvae Ursi.

Bärenkrautblumen: Flor. Verbasci.

Bärenkümmel: Fruct. Anethi.

Bärenlauch: Bulb. Allii ursini.

Bärenleber: Spongiae tostae.

Bärenmoos: Herb. Adianti aur.

Bärenmundwurzel: Rad. Pyrethri.

Bährenöhrchen: Flor. Primulae.
Bährenöhrli: Flor. Primulae.
Bärenpflaster: Empl. Canth. perp.
Bärenpulver: Lycopodium.
Bärensaft: Succus Liquiritiae.
Bärensalbe: Ungt. flavum.
Bärensamen: Lycopodium.
Bärensanikelblüten: Flor. Primulae.
Bärenstein: Succinum raspat.
Bärentalpe: Herb. Sphondylii.
Bärentappe: Herb. Sphondylii.
Bärentappsamen: Lycopodium.
Bärentatze: Succus Liquiritiae.
Bärentee: Fol. Uvae Ursi.
Bärentraube: Fol. Uvae Ursi.
Bärentraubenblätter: Fol. Uv. Ursi.
Bärenwickel: Herb. Vincae.
Bärenwurzel: Rad. Carlinae. Rad. Mëu. Rad. Hellebori vir. Rad. Heraclei.
Bärenzahn: Herb. Teraxaci.
Bärenzahnkraut: Herb. Taraxaci.
Bärenzahnwurzel: Rad. Taraxaci.
Bärenzucker: Succ. Liquiritiae.
Bärfett: Adeps.
Bärfenchel: Rad. Mëu.
Bärfink: Fol. Uvae Ursi.
Bärhainige Schweinepulver: Calc. phosphor. crud.
Barilla: Natr. carbon. crud.
Barillen: Flor. Paeoniae.
Barillenöl: Ol. Lavandulae.
Barillenrosen: Flor. Paeoniae.
Barillenwurzel: Rad. Paeoniae. Rad. Sarsaparill.
Barkel: Ol. Petrae.
Bärklee: Herb. Meliloti.
Barklers: Fruct. Lauri pulv. gr.
Barkussalbe: Ungt. basilic. flav.
Bärlappkraut: Herba Lycopodii.
Bärlappsamen: Lycopodium.
Bärlauchwurzel: Bulb. Allii ursini.

Bärmde: Herb. Absinthii. Bärmde wird in manchen Gegenden auch Hefe genannt.
Barmelwurzel: Rad. Valerian.
Bärmutterfett: Adeps.
Bärmutterkümmel: Fruct. (Herb.) Mëu.
Bärmutterwurzel: Rad. Mëu. Rad. Carlinae. Rad. Levistici.
Barmwurz: Herb. Genistae.
Barnabaterpflaster: Emplastr. Litharg. comp.
Barngrundsalv: Ungt. basilic.
Barras: Resin. Pini.
Barrenstein: Succinum raspat.
Barsenitza: Ungt. Elemi comp.
Barsfett: Ol. Jecoris Aselli.
Bärsfett: Ol. Jecor. Aselli.
Bartelschmiere: Ungt. mixtum. Ungt. Populi.
Bartengele: Flor. Paeoniae.
Barthun: Herb. Abrotani.
Barthunkraut: Herb. Abrotani.
Bartmoos: Muscus arboreus.
Barttatze: Herb. Heraclei.
Bartzenkraut: Herb. Cicutae.
Barwara: Rhiz. Rhei.
Bärwinde: Fol. Malvae.
Barwinkelsimmergrün: Herb. Vincae.
Barwurzel: Rad. Mëu.
Bärwurzel: Rad. Mëu. Rad. Carlinae.
Bärwurzgleiß: Rad. Mëu.
Baryt: Baryum oxydat.
Barytgelb: Baryum chromic.
Barytweiß: Baryum sulfur. praecipit.
Barzenkrautsame: Fruct. Phellandr.
Basalspiritus: Aq. vulner. spir.
Baschienen: Fruct. Myrtilli.
Baschierperkraut: Fol. Fragar.

Bäseligrasblüten: Flor. Napi.

Bäseliraps: Flor. Napi.

Bäsilga: Herb. Basilici.

Basilgramkraut: Herb. Basilici.

Basilienblüten: Flores Basilici. Flor. Silenae.

Basilienkraut: Herb. Basilici.

Basilienquendel: Herb. Calaminthae.

Basilik: Herb. Basilici.

Basilikumblüten: Flores Basilici.

Basilikumpflaster: Cerat. Res. Pini. Empl. stypticum.

Basilikumkraut: Herba Basilici.

Basilikumsalbe: gelbe: Ungt. basilic. flav.

—, schwarze: Ungt. basilic. fusc.

Bäsinge: Fruct. Myrtilli.

Basselbeeren: Fruct. Berberidis. Fruct. Sorbi.

Basselbuttersalbe: Ungt. Rosmarini comp.

Bast = Rinde.

Bastardsafran: Flor. Carthami.

Bastelfelberrinde: Cort. Salicis.

Bastensalbe: Ungt. cereum.

Bastjes: Cort. Frangulae.

Bastlertropfen: Tinct. anticholerica.

Batchenblumen: Flor. Paeoniae.

Batekenblumen: Flor. Primulae.

Batenkenblüten: Flores Betonicae. Flor. Primulae, Flor. Paeoniae.

Batettenblumen: Flor. Primulac.

Bathengel: Flor. Primulae. Herb. Chamaedryos. Herb. Scordii.

Bathengelkraut: Herb. Chamaedryos.

Bathengensamen: Sem. Paeoniae.

Bathengenwurzel: Rad. Paeoniae.

Bathenkenblumen: Flor. Paeoniae.

Bathgenblumen: Flor. Paeoniae. Flor. Primulae.

Bathgenwurzel: Rad. Paeoniae.

Bathumbucketellersalbe: Ungt. contra pediculos.

Batonienblüten: Flor. Betonicae.

Bättigras: Rhiz. Graminis.

Bättliwurz: Rhiz. Graminis.

Batteriesalz: Ammon. chlorat. techn.

Batungen: Herb. Betonicae.

Bätzelakraut: Herb. Bursae Past.

Bauchbersterinde: Cort. Frangulae.

Bauchmiezelkraut: Herba Trifolii arvensis.

Bauchmiezeltee: Herb. Trifolii arvens.

Bauchwehkraut: Herb. Millefol. Fol. Menth. pip.

Bauchwehstupp für Ferkel: Tannalbin od. Tannoform.

Bauerficköl: Ol. compositum. ext.

Bauernbeifuß: Herb. Absinthii.

Bauernboretsch: Herb. Anchus.

Bauernheilkraut: Herb. Siderit.

Bauernkraut: Herb. Anchusae. Herb. Ledi palustris.

Bauernkrautwurzel: Radix Anchusae.

Bauernkümmel: Sem. Nigellae.

Bauernlöffelkraut: Herb. Doserae.

Bauernmedizin: Herb. Absinth.

Bauernrocken: Flor. Carthami.

Bauernrosen: Flor. Rhoeados.

Bauernschminke: Lithospermum.

Bauernsenf: Herb. Burs. Pastor.

Bauernspindel: Flor. Carthami.

Bauerntabak: Fol. Nicotian.

Bauernveilchen: Flor. Cheiri.

Bauernwermut: Herb. Absinthii.

Bäukbeeren: Fruct. Myrtilli.

Bäumchenhohlwurz: Rad. Aristolochiae cavae.

Baumannstropfen: Tinct. Chinoidini. Spir. Angelicae comp. Tinct. aromat.

Baum des Lebens: Summit. Thujae.

Baumfarn: Rhiz. Polypodii.

Baumfarnwurzel: Rhiz. Polypodii.

Baumflechte: Lichen Pulmonar.

Baumharz: Cerat. Resin. Pini. Resina Pini.

—, arabisches: Gummi arabicum.

Baumholderblumen: Flores Sambuci.

Bäumlekraut: Herb. Mercurialis.

Baumlilien: Flor. Caprifolii.

Bäumlikraut: Herba Anthrisci.

Baumlungenkraut: Lich. Pulmon.

Baummalven: Flor. Malvae arb.

Baummalvenblüten: Flor. Malvae arbor.

Baummoos: Lichen Pulmonar.

Baumöl: Ol. Olivarum comm.

Baumölsalbe: Ungt. basilic. Ungt. cereum.

Baumrosen: Flor. Malvae arbor.

Baumwachs: Cera arborea. Cerat. Resinae Pini.

Baurach: Kali nitricum.

Baurenrocken: Flor. Carthami.

Bayern u. Franzosen: Herb. Pulmonariae.

Baynilla: Fruct. Vanillae.

Bayonettestangenwurzel: Rhiz. Calami.

Baysalz: Sal marinum.

Beaderling: Petersilie.

Bebern: Fruct. Myrtilli.

Beccabungablätter: Herb. Beccabungae.

Bechelten, schwarze: Fruct. Lauri.

Becherlkraut: Herb. Hyoscyami.

Becherltee: Fruct. Papaveris.

Bechermoos: Lichen Pyxidatus.

Bechet: Orleana.

Bechnerrinde: Cort. Frangulae.

Bedeckungspflaster: Empl. Lithargr. simplex.

Bedeckungspflastersalbe: Empl. Litharg. simpl. Ungt. diachylon.

Bedeguar: Fung. Cynosbati.

Bedranwurzel: Rad. Pyrethri. Rad. Valerianae.

Bedwas: Cera flava. Cera Japonic. Cerat. Resin. Pini.

Beelzebub: Linim. sapon. camph. Ol. Lini sulfurat. Pulv. contra. pediculos.

Beemser Tropfen: Tinct. bezoard.

Beenderaarde: Ebur ustum. Conchae.

Beenderkool: Ebur ustum.

Beendermeel: Calc. phosph. crud.

Beenderolie: Ol. animale.

Beenöl: Ol. Behen. Ol Ricini.

Beeredruifbladen: Fol. Uvae Ursi.

Beerenbalsam: Ol. Junip. empyr.

Beerengrün: Succus viridis.

Beerenholzrinde: Cort. Frangulae.

Beerenkraut: Herba Agrimoniae.

Beerenstrauch: Sambucus nigra.

Beerkraut: Herb. Agrimoniae.

Beerlappsamen: Lycopodium.

Beerlingskraut: Hrb. Card. bened.

Beersaat: Fruct. Foeniculi.

Beersaatwurzel: Rad. Foeniculi.

Beerwurzel: Rad. Mëu.

Beesinge: Fruct. Myrtilli.

Beetwachs: Cera arborea.

Beginnenkörner: Sem. Paeoniae.

Behenöl: Ol. Ricini. Ol. Behen.

Behnwell: Rad. Consolidae.

Beibißkraut: Herb. Artemisiae.

Beibißwurzel: Rad. Artemisiae.

Beibs: Herb. Artemisiae.

Beienichrutblues: Flor. Ulmariae.

Beifuß: Herb. Artemisiae.
—, bitterer: Herb. Absinthii.
—, pontischer: Herba Absinthii pontici.
—, roter: Herba Artemisiae.
—, türkischer: Herba Chenopodii botryos.
—, weißer: Herba Artemisiae.
Beifußöl: Ol. Hyoscyami.
Beifußsaft: Ol. Hyoscyami.
Beifußsalbe: Ungt. Linariae.
Beifußtinctur: Tinct. Artemisiae.
Beifußwurzel: Rad. Artemisiae.
Beilkraut: Herb. Coronillae.
Beinblumen: Flor. Calthae.
Beinbruch: Conchae praep. Talcum.
Beinbruchpflaster: Empl. ad. rupturas.
Beinbruchwurzel: Rad. Consol.
Beinheil: Rad. Consolidae.
Beinholzblätter: Herb. Ligustri.
Beinikraut: Herb. od. Flor. Ulmariae.
Beinköllenblumen: Flor. Verbasci.
Beinpflaster: Empl. Lith. comp.
Beinsalbe, englische: Ungt. Zinci.
—, rote: Ungt. Hydrarg. oxyd. rubr. dil.
—, weiße: Ungt. exsiccans. Ungt. Zinci.
Beinschwarz: Ebur ustum.
Beinweide: Cort. Lonicerae.
Beinweidenblätter: Herb. Ligustri.
Beinwell: Rad. Consolidae.
Beinwellwurzel: Rad. Consolidae.
Beinwohl: Rad. Consolidae.
Beinwürze: Rad. Consolidae.
Beinwurzel: Rad. Consolidae.
Beipoß: Herb. Artemisiae.
Beipoßwurzel: Rad. Artemisiae.
Beisam: Moschus.
Beiselbeeren: Fruct. Berberidis.

Beissete Hausschmiere: Ungt. contra scabiem.
Beiswurz: Rad. Pulsatillae.
Beißbeeren: Fruct. Capsici.
Beißwurzkraut: Herb. Pulsatillae.
Beißschoten: Fruct. Capsici.
Beiweich: Herb. Artemisiae.
Beiweichkraut: Herb. Artemisiae.
Beiweichwurzel: Rad. Artemisiae.
Beiwes: Herb. Artemisiae.
Beiwidli: Cort. Lonicerae.
Beiwürze: Rad. Consolidae.
Beiwurzel: Rad. Gentianae.
Beizekraut: Herb. Abrotani. Herb. od. Rhiz. Imperator.
Beizewurz: Rhiz. Imperatoriae.
Beizmannstropfen: Tinct. Chinoidini. Spir. Angel. comp.
Bekerzwam: Fungus Sambuci.
Belinispiritus: Spir. Rosmarini.
Bellen: Strobuli Lupuli.
Bellenknospen: Gemm. Populi.
Belsamine: Herb. Balsamin.
Belze: Spirit. sapon. camph.
Belzwachs: Cerat. Resinae Pini.
Bemerellenblätter: Fol. Nicotinae.
Benakraut: Herb. Serpylli.
Benderspflaster: Empl. fuscum.
Benediktendistel: Herb. Cardui bened.
Benediktenkörner: Sem. Paeoniae. Sem Cardui bened.
Benediktenkraut: Herb. Card. benedicti.
Benediktennägeleinwurz: Rad. Caryophyllatae.
Benediktenöl: Ol. viride. Ol. Hyoscyami.
Benediktenrinde: Cort. Ligni Guajaci.
Benediktenrosen: Flor. Paeoniae.
Benediktenrosenwurzel: Rad. Paeoniae.

Benediktenwurzel: Rad. Cario-
phyllat.
Benediktfleckblumen: Herb. Car-
dui bened.
Benediktinerkörner: Semen Paeo-
niae.
Benediktinerkorallen: Semen Pae-
oniae.
Benediktinerpflaster: Empl. fusc.
camph.
Benediktuspulver: Herb. Card.
bened. pulv.
Benediktwürze: Rad. Caryophyll.
Benedixentee: Herb. Card. bened.
Benedixkraut: Herb. Cardui be-
nedicti.
Benedixöl: Ol. Ricini.
Benedixtropfen: Tinct. amara.
Tinct. Chinoïdini.
Benedixwurzel: Rad. Caryophyl-
latae.
Benganellaschoten: Fruct. Vanill.
Bengelkraut: Herb. Mercurialis.
Bengelwurzel: Rad. Mëu.
Benilleschoten: Fruct. Vanillae.
Benjoin: Benzoë.
Beningrosen: Flor. Paeoniae.
Beninienrosen: Flor. Paeoniae.
Bensenöl: Ol. Rosmarini.
Bensisamen: Fruct. Petroselini.
Sem. Hyoscyami.
Benzoëblumen: Acid. benzoic.
sublimat.
Benzoëessig: Acet. cosmeticum.
Acet. aromat.
Benzoësalz: Acid. benzoic.
Benzon: Benzinum Petrolei.
Berberbeeren: Fruct. Berberid.
Berberbeerstrauchrinde: Cort.
Berberidis radicis.
Berberitzen: Fruct. Berberidis.
Berberitzenrinde: Cort. Berber.
Berberitzensaft: Sir. Berberidis.

Berbersche Borke: Cort. Chinae.
Berbisbeeren: Fruct. Berberid.
Berbisrinde: Cort. Berberid. rad.
Berebotöl: Ol. Bergamottae.
Berenburger Kruiden: Spec.
amarae.
Bergalraun: Bulb. Victor. long.
Bergalrunke: Bulb. Victor. long.
Bergbalsam: Ol. Petrae rubr.
—, **weißer:** Ol. Petrae album.
Bergbasilie: Herb. Acinos.
Bergbetonienblüten: Flor. Arnicae.
Bergblau: Cupr. carbonic. basic.
nativ. (Coerul. montan.)
Bergbuchs: Herb. Vitis Idaeai.
Bergbuchsbaum: Herb. Vitis
Idaei.
Bergdotterblume: Flor. Arnicae.
Bergdroß: Fol. Betulae.
Bergengeli: Flor. Primulae.
Bergenkraut: Herb. Verbasci.
Bergenkrautblumen: Flor. Ver-
basci.
Bergenzian: Rad. Gentianae.
Bergeppich: Herb. Oreoselini.
Bergeppichkraut: Hb. Oreoselini.
Bergeröl: Ol. Jecoris Aselli.
Bergersalbe: Ungt. flavum.
Bergfenchel: Fruct. Seseli.
Bergfieberwurzel: Rad. Gentian.
Bergflachs: Alumen plumosum.
Herb. Lini mont.
Bergfleisch: Alumen plumosum.
Berggamander: Herb. Chamae-
dryos.
Berggamänderli: Herb. Chamae-
dryos.
Berggelb: Ochrea (Oker).
Berggilge: Herb. Viol. calcar.
Bergglas: Fel Vitri.
Berggrün: Cupr. carbonic. nativ.
(Viride montanum).
Bergguhr: Lac lunae.

Berggünsel: Herb. Ajugae.
Berghaarstrang: Herb. Oreosel.
Berghaarstrangkraut: Herb.Oreoselini.
Berghirschwurz: Rad. Peucedani.
Bergholz: Alumen plumosum.
Berghopfen: Herb. Marrubii. Herb. Origani cretic.
Berghopfenöl: Ol. Origani cret.
Berghopfenrinde: Cort. Mezerei.
Berghoppe: Herb. Origani cret.
Bergkalaminthe: Herb. Calaminthae.
Bergknabenöl: Ol. Bergamottae.
Bergkordienkraut: Herb. Chamaedryos.
Bergkork: Alumen plumosum.
Bergkümmel: Fruct. Cumini. Fruct. Anethi.
Berglaserkraut: Herb. Laserpitii.
Berglasur: Coerul. montanum. (Bergblau).
Berglätschen: Fol. Farfarae.
Berglattich: Fol. Prenanthis.
Berglattlech: Fol. Prenanthis.
Berglauch: Bulb. Victorial. long.
Berglauch, fleckiger: Bulb. Victorialis long.
Berglawendel: Herb. Origani cretici. Herb. Serpylli.
Bergleder: Alumen plumosum.
Berglilie: Herb. Violae calcar.
Berglordefer: Liq. Fer. sesquichl.
Bergmännchen: Herb. Pulsatill.
Bergmannstee: Spec. pectoral c. fructib.
Bergmannstropfen: Tinct.aromat. Tinct. Corallior. Tinct. Chinioidin. Essent. dulcis.
Bergmehl: Infusorienerde.
Bergmelisse: Herb. Calaminthae.
Bergmilch: Talcum pulv.

Bergminze: Fol. Menth. crispac. Herb. Calaminth. Herb. Thymi.
Bergminzenöl: Ol. Menthae crispae.
Bergnaphtha: Ol. Petrae crud.
Bergöl, rotes: Ol. Petrae rubr.
—, **weißes:** Ol. Petrae alb.
—, **schwarzes:** Ol. animal. foet. Ol. Rusci. Ol. Tereb. sulf.
Bergpapier: Alumen plumosum.
Bergpech: Asphalt.
Bergpechöl: Ol. Asphalti.
Bergpeterle: Herb. Oreoselini.
Bergpetersilie: Herb. Oreoselini.
Bergpfeffer: Fruct. Mezerei.
Bergpolei: Herb. Teucrii.
Bergrhabarber: Rad. Rhapontic.
Bergrhapontikawurzel: Rhiz. Rhei. monach. Rhiz. Rhaponticae.
Bergringelblumen: Flor. Arnicae.
Bergrosen: Flor. Rhododendri.
Bergrösli: Flor. Rhododendri. Flor. Rosae rubr.
Bergrot: Ferr. oxyd. rubr. (Caput mortuum.)
Bergruhrkraut: Herb. Gnaphal.
Bergrute: Herb. Thalictri.
Bergsalz: Sal. Gemmae.
Bergsanikel, großer: Fol.Digitalis.
Bergsanikel, kleiner: Herb. Gratiolae.
Bergscharte: Herb. Serratulae.
Bergschwefel: Lycopodium.
Bergsinau: Herba Alchemillae.
Bergteer: Asphaltum. Ol. Petrae. nigrum.
Bergtropfen: Ol. Petrae alb.
Bergveyeli: Herb. Violae calcar.
Bergviönli: Herb. Violae calcar.
Bergviole: Herb. Violae calcar.
Bergwegebreit: Flor. od. Herb. Arnicae.

Bergwermut: Herb. Artemisiae. Herb. Absinthii pontici.

Bergwiesenscharte: Herb. Serratulae.

Bergwindenkraut: Herb. Soldanellae alpinae.

Bergwinkel: Herb. Vincae.

Bergwinkelkraut: Herb. Vincae.

Bergwohlverlei: Flor. Arnicae.

Bergwolle: Alum. plumos. Asbest.

Bergwurz: Absinthium.

Bergwurzel: Rad. Arnicae. Rad. Gentianae. Rhiz. Tormentill.

Bergwurzkraut: Herb. Absinthii.

Bergwurzelzwang: Rhiz. Rhei.

Bergziger: Lac Lunae.

Bergzinnober: Cinnabaris nativa.

Beritzen: Fol. Uvae Ursi.

Berklas: Fruct. Lauri.

Berlinerblausäure: Acid. hydrocyanicum.

Berliner Lebensessenz: Tinct. Aloës comp.

Berlinersalz: Natr. bicarbonic.

Berlinertee: Spec. laxant. St. Germ.

Berlizenspflaster: Ungt. Elemi. comp.

Bern = Birnen.

Bernagie: Herb. Borraginis.

Bernbommistel: Viscum album.

Bernhardinerdistelkraut: Herb. Card. benedicti.

Bernhardinerkraut: Herb. Cardui benedicti.

Bernhardinerkugeln: Globuli camphorati.

Bernhardinersalbe: Ungt. sulfurat. comp.

Bernhardskraut: Herb. Cardui benedicti.

Bernittenstein: Zinc. sulfuric.

Bernitzkenbeeren: rote: Fruct. Vitis Idaei.

Bernitzkekraut: Fol. Uvae Ursi.

Bernkraut: Herb. Cardui bened.

Bernsilberöl: Ol. Tereb. sulfurat.

Bernstein, schwarzer: Asphaltum.

Bernsteinblumen: Acid. succinic.

Bernsteingruß: Succinum rasp.

Bernsteinkohle: Coloph. Succini.

Bernsteinsalbe: Ungt. basilic.

—, harte: Cerat. Resinae Pini.

Bernsteinsalz: Acidum succinic.

Bernsteintropfen: Liqu. amon. succin.

Bernsteinwasser: Acid. Succinic. c. Ol. aeth. mixt.

Bernwurzdistel: Herb. Cardui bened.

Beroertewater: Aqua aromatica.

Bersilicium = Basilicium.

Berstelkraut, Berstkraut: Herba Conii.

Berstelkrautsamen: Fruct. Conii.

Bertholdspflaster: Empl. fusc. camph.

Bertholletsalz: Kali chloricum.

Bertram, deutscher: Herba Ptarmicae.

—, falscher: Herba Ptarmicae.

—, wohlriechender: Herb. Agerati.

Bertramblumen: Flor. Chamom. Roman. Flor. Pyrethri.

Bertramessig: Acetum Pyrethri.

Bertramgarbe: Herb. Ptarmicae.

Bertramkraut, wildes: Herb. Ptarmicae.

Bertramtinktur: Tinct. Pyrethri.

Bertramwurzel: Rad. Pyrethri.

Berufkraut: Herb. Sideritidis. Herb. Senecionis (auch Erigeroa-Arten).

Berufundbeschreikraut: Herb. Sideritidis.

Beruf, Verruf- und Widerruf: Herb. Sideritid., Herb. Marrubii und Herb. Mariveri (gemischt!). Herb. Senecionis.

Beruhigungspulver: Pulv. epileptic. March. Pulv. Magn. c. Rheo. Pulv. temperans.

Beruhigungssaft: Sir. Chamomilae. Sir. Papaver. Sir. Sennae. c. Manna. Sir. Valerianae.

Beruhigungstropfen: Tinct. Valerian.

Beschatennät: Sem. Myristicae.

Beschreikraut: Herb. Conyzae. Herb. Sideritidis. Herb. Veronicae.

Besemkraut: Herb. Artemisiae.

Besenginster: Herb. Spartii. Herb. Genistae.

Besenginsterblüten: Flor. Spartii scoparii.

Besenhaide: Herb. Ericae. Herb. Spartii.

Besenkraut: Hrb. Abrotani. Hrb. Artemisiae. Herb. Spartii.

Besenkrautblumen: Flor. Spartii scoparii.

Besenöl: Tinct. Castorei.

Besenwurzel: Rad. Artemisiae.

Besjeszalf: Ungt. Zinci.

Besinge: Fruct. Myrtilli.

Besmetblome: Herb. Adoxae Moschat.

Besnijdenisolie: Ol. Amygdalar.

Besondere Tropfen: Tinct. Jodi. dil. 1 : 30.

Besseltropfen: Tinct. bezoardica.

Bessen = Beeren.

Bestuscheffs Nerventropfen: Tct. Ferr. chlor. aeth.

Betalpen: Herb. Lycopodii.

Betakraut: Herb. Betonicae.

Betanikentee: Fol. Ribis.

Bethanienkörner: Sem. Paeoniae.

Bethanienrosen: Flor. Paeoniae.

Bethengel: Herb. Chamaedryos.

Bethengelkraut: Herb. Chamaedryos.

Betonerde: Liquor. Alumin. acet.

Betonienblüten: Flor. Betonicae. Flor. Lami. Flor. Primulae.

Betonienkerne: Sem. Paeoniae.

Betonienkraut: Herb. Betonicae.

Betonienpflaster: Empl. Melilot.

Betoniensamen: Sem. Paeoniae.

Betonikablumen: Flor. Paeoniae.

Betonikakraut: Herb. Betonicae.

Betscheletee: Flor. Sambuci.

Bettchlore: Terebinth. commun.

Bettelläuse, Bettelmannsläuse: Fruct. Caucalis grandifl., Fruct. Bardanae, auch die Samen von Orlaya grandiflora.

Bettelsalbe: Ungt. contra pediculos.

Bettlerkraut: Herb. Clematidis. Herb. Berberidis.

Bettlerkrautblüten: Flor. Clematidis.

Bettlerläusekraut: Hrb. Xanthii.

Bettlermantel: Herb. Alchemill.

Bettlersalbe: Ungt. contra pediculos. Ungt. Rosmar. cps.

Bettlerschmiere: Ungt. contra pediculos.

Bettlerseil: Herb. Convolvuli.

Bettpisserkraut: Herb. Taraxaci.

Bettseicherkraut: Herb. Taraxaci.

Bettseiger: Herba Taraxaci. Herb. Millefolii.

Bettscheißerkraut: Herb. Taraxaci.

Bettstroh: Herb. Galii. Herb. Centaurii.

Bettstrohunserliebenfrauen: Herb. Galii. Hrb. Serpylli.

Bettwachs: Cera arborea. Cera flava. Cerat. res. Pini.

Bettzwillingstinktur: Tct. Benzoes.

Betwas: Cera arborea.

Beuken = Birken.

Beulenbrand: Ustilago Maidis.

Beulenharz: Terebinthina. Res. Pini.

Beulzalf: Ungt. laurinum.

Beuteldieb: Herb. Burs. Past.

Beutelkraut: Herb. Bursae pastoris.

Beutelschneiderkraut: Herb. Bursae pastoris.

Bever = Biber.

Bevernaardwortel: Rad. Pimpinellae.

Bewekpflaster: Cerat. Resin. Pini. Empl. saponatum.

Beweksalbe: Ungt. basil. nigr. Ungt. Elemi.

Bewellblätter: Fol. Uvae Ursi.

Bewellwurz: Rad. Consolid.

Bezetten, blaue: Bezetta coerulea.

—, rote: Bezetta rubra.

Bezoarpulver: Pulv. epileptic. Bezoardic. minerale.

Bezoartropfen: Tct. carminativa.

Bezoarwurzel: Rad. Bardan. Rad. Contrajervae.

Bezordicpulver: Conchae praep.

Bhang: Herba Cannabis ind.

Bibcheressenz: Tinct. Pimpinell.

Biberfett: Adeps c. Tinct. Cast.

Bibergalltropfen: Tinct. Castorei.

Bibergeil: Castoreum.

Bibergeilfett: Adeps c. Tct. Cast.

Bibergeilöl: Tinct. Castorei camph.

Bibergeist: Tinct. Castorei.

Biberhödleinkraut: Herb. Ficariae.

Biberhödchen: Herb. Ficariae. Herb. Chelidon majus.

Biberklee: Fol. Trifol. fibr. Herb. Pyrolae.

Biberkraut: Fol. Trifol. fibr. Herb. Centaurii.

Bibernelkenwurzel: Rad. Pimpinellae.

Bibernelle: Rad. Pimpinellae.

—, falsche oder italienische: Rad. Sanguisorbae.

Bibernellessenz: Tinct. Pimpinell.

Bibernellwurzel: Rad. Pimpin.

Biberöl: Ol. Ricini.

Bibertropfen: Tinct. Castorei.

Biberwurzel: Rad. Aristolochiae. cavae.

Bibes: Herb. Artemisiae.

Biboth: Herb. Artemisiae.

Bibs: Herb. Artemisiae.

Bibswurzel: Rad. Artemisiae.

Bicarmel: Natr. bicarbonic.

Bickbeeren: Fruct, Myrtilli.

Bickelbeeren: Fruct. Myrtilli.

Bickelbeerblätter: Herb. Vitis. Id.

Bickensalbe: Ugt. ophthalm. rubr.

Biebes: Herb. Artemisiae.

Biebeskraut: Herb. Artemisiae.

Biederhall: Conchae praep.

Biefeskraut: Herb. Artemisiae.

Biefoth: Herb. Artemisiae.

Bielefelder Pulver: Kal. bromat. plv.

Bielefeldtropfen: Tinct. Chinae comp.

Bienblätter: Fol. Melissae.

Bienenhaide: Herb. Sedi.

Bienenharz: Benzoë.

Bienenhütel: Flor. Lamii.

Bienenklee: Flor. Trifolii albi.

Bienenkraut: Herb. Melissae. Herb. Thymi. Herb. Serpylli.

Bienenkrautgeist: Spirit. Melissae comp.

Bienenkrautsalbe: Ungt. contra pediculos.
Bienenkrautsamen: Fruct. Apii.
Bienenpulver: Pulv. ctr. pedic.
Bienensalbe: Ungt. ctr. Pedicul.
Bienensauge: Flor. Lamii. Fol. Melissae.
Bienenschmalz: Ungt. cereum.
Bienenspeck: Cera flava. Cetaceum.
Bienenstaubblüten: Flor. Lamii.
Bienetzaugensalbe: Ungt. ophthalm. comp.
Bierebäumeniwintergrün: Herb. Pyrolae. Viscum alb.
Bierfink: Fol. Uvae Ursi.
Biergist: Hefe, Faex medicinal.
Bierhefe, Bierhebe: Faex medicinalis.
Bierhopfen: Strobuli Lupuli.
Bierkräuter: Rad. Helenii, Rad. Liquirit., Carrageen aa.
Bierkraut: Carrageen.
Bierlucht: Sulfur in Filis, Schwefelband.
Biermersch: Herb. Absinthii.
Bierpulver: Natr. bicarbonicum.
Bierstein: Natr. bicarbonicum.
Biertram: Herb. Dracunculi.
Biesters Magentropfen: Tinct. chinae. comp. Tinct. amara.
Biewalcher: Herb. Burs. Past.
Biewelkraut: Herb. Aristoloch.
Bijonenblumen: Flor. Paeoniae.
Biffingerbalsam: Linim. sapon. camph.
Biliner Pastillen: Pastilli Natr. bicarbon.
Biliner Salz: Natr. bicarbonicum.
Billeche: Betula alba.
Billerkraut: Herb. Melissae.
Billigenkraut: Herb. Hyperici.
Billingrinde: Cort. Quillayae.

Billkörner: Sem. Hyoscyami.
Billsamen: Sem. Hyoscyami.
Bilsenbohnenkraut: Fol. Hyoscyami.
Bilsenkörner: Sem. Hyoscyami.
Bilsenkraut: Fol. Hyoscyami.
—, indianisches, peruvianisches: Folia Nicotianae.
Bilsenöl: Ol. Hyoscyami.
Bilsensamen: Sem. Hyoscyami.
Bilsen tolle: Fol. Hyoscyami.
Bimbambolium: Ungt. flav. Ol. Lauri aa. pts. Ungt. Populi.
Bimbaum: Rad. Taraxaci c. herba.
Bimbernell: Rad. Pimpinellae.
Biminellwurzel: Rad. Pimpinallae.
Bimpaul: Rad. Taraxaci c. herba.
Bims: Lapis Pumicis.
Bimselkraut: Folia Hyoscyami.
Bimsenöl: Ol. Rosmarini.
Bimsenstein: Lapis Pumicis.
Bimsmehl: Lapis Pumicis pulv.
Binderwurzel: Rad. Gentianae.
Bingelkraut: Herb. Mercurialis.
Bingelwurzel: Rad. Pimpinellae.
Bingenrosen: Flor. Paeoniae. Flor. Rhoeados.
Bingeskörner: Sem. Paeoniae.
Binnenstein: Lapis Pumicis.
Binsenöl: grünes: Ol. Hyoscyam.
—, weißes: Ol. Rosmarini.
Binsenpfeffer: Cubebae.
Binsenpulver: Rhiz. Veratri pulv.
Binsensteintropfen: Tct. Castor.
Birasöl: Ol. Petrae. Ol. Lumbricor.
Birche = Birke.
Birkenbalsam: Oleum Rusci. Ol. Terebinth. sulfurat.
Birkenblüte: Viscum album.
Birkenholzöl: Ol. Rusci.
Birkenlaub: Fol. Betulae.
Birkenmischling: Viscum alb.

Birkenöl: Ol. Rusci. Ol. Olivar. alb.

Birkensaft: Mel. depurat. Sir. Mannae. Sir. simplex.

Birkentee: Rhiz. Tormentill. Fol. Betulae.

Birkenteer: Ol. Rusci.

Birkenwasser: Aq. Tiliae.

Birkwurzel: Rhiz. Tormentill.

Birnbaumeichenkraut: Herb. Pyrolae.

Birnbaummistel: Viscum alb.

Birnenöl: Amyl. acetic.

Birnenrot: Succus ruber.

Birnkraut: Herb. Pyrolae.

Birnquitten: Fruct. Cydoniae.

Birrenäspel: Viscum album.

Bisam: Moschus.

Bisamblumen: Flor. Violae tricol.

Bisamgänsefuß: Herb. Chenopodii.

Bisamgamander: Herb. Ivae moschat.

Bisamgarbe: Herb. Ivae mosch.

Bisamkörner: Sem. Abelmosch.

Bisamkraut: Herb. Ivae mosch.

Bisammalven: Sem. Abelmosch.

Bisammalvensamen: Sem. Abelmoschi.

Bisamnüsse: Sem. Myristicae.

Bisampappelsamen: Sem. Abelmosch.

Bisamsalbe: Ol. Nucistae.

Bisamsamen: Sem. Abelmosch.

Bisamscharfgarbe: Herb. Ivae Moschat.

Bisamstrauch: Sem. Abelmosch.

Bisamtinktur oder Tropfen: Tct. Moschi.

Bisamwasser: Spir. Lavand. cps.

Bisamwurzel: Rad. Sumbul.

Bischoffessenz: Tinct. episcopal.

Bischoffextrakt: Tinct. episcop.

Bischoffrosen: Flor. Rosae.

Bischoffrosenblätter: Flor. Rosae.

Bischofftee: Spec. pect. c. fruct.

Biselbloama: Herb. Taraxaci.

Bisengwurzel: Rad. Sumbuli.

Bismarckpulver: Chinin. valer.

Bisquit mer: Ossa Sepiae.

Bissangli: Taraxacum off.

Bissanliwurzel: Rad. Taraxaci.

Biswabrawurz: Rhiz. Bistortae.

Bißkraut: Herb. Pulsatillae.

Bißwurzkraut: Herb. Pulsatillae.

Bitscherlingsamen: Fruct. Conii.

Bitteraal: Aloe.

Bitteragaric: Agaricus albus.

Bitteralsem: Herb. Absinthii. Herb. Abrotani.

Bitteramselkraut: Herb. Polygal. amarae.

Bitteransatz: Species amarae.

Bitteräpfel: Fruct. Colocynthid.

Bitterbast: Lign. Quassiae.

Bitterbeifuß: Herb. Absinthii.

Bitterblatt: Fol. Trifol. fibrin.

Bitterbohnen: Sem. Lupini.

Bitterdistelkraut: Herb. Cardui bened.

Bittererde: Magnesia usta.

Bitterfieberwurz: Rad. Gentian.

Bittergallenmagentropfen: Tinct. Aloës comp. Tinct. amara. Tinct. carminat.

Bitterholz: Lignum Quassiae.

—, jamaikanisches: Lign. Quassiae surinamense.

Bitterholzrinde: Lign. Quassiae.

Bitterklee: Fol. Trifolii fibrin.

Bitterkleeessenz: Tinct. amara.

Bitterkleesalz zum Einnehmen: Magnes. sulfur.

— z. Fleckenreinigen: Kali bioxalic.

Bitterkraut: Herb. Absinthii. Hb. Centaurii. Hb. Meliss.

Bitterkraut, römisches: Herb. Absinthi. pontici.

— **zum Ansetzen:** Spec. amarae.

Bitterkresse: Herb. Cochleariae.

Bitterkressech: Herb. Cochleariae.

Bitterkreuzwurzel: Rad. Gentianae.

Bitterlingkraut: Herb. Persicariae.

Bittermagenpulver: Cort. Chinae. pulv.

Bittermandelessenz: Ol. Amygd. amar. aeth. (blausäurefrei!). Benzaldehyd. dil.

Bittermandelöl, künstliches: Benzaldehyd (ungiftig!). Nitrobenzolum (giftig!).

Bittermandeltropfen: Aqua Amygd. amarar. diluta.

Bitterpulver: Species ad long. vit. Magnes sulfuric.

Bitterrinde: Cort. Chinae.

—, **mexikanische:** Cort. Copalchi.

Bittersäure: Acidum picrinum.

Bittersalz: Magnesia sulfurica.

—, **englisches, Saidschützer, Seidlitzer:** Magnes. sulfuric.

Bitterspäne: Lign. Quassiae.

Bitterstiele: Stipit. Dulcamara.

Bittersüß: Stipites Dulcamarae.

Bittersüßstengel: Stipit. Dulcamarae.

Bittertee: Species amarae. Herb. Absinth. Rad. Gentian.

Bittertropfen: Tinct. amara.

Bitterweh: Species amarae.

Bitterweide: Cort. Salicis.

Bitterweidenrinde: Cort. Salicis.

Bitterweinstein: Magnes. tartaric.

Bitterwurzel: Rad. Gentianae.

Bittre Beeren: Fruct. Rhamni.

Bittrer Geist (Kneipp): Tinct. Trifol. fibr.

Biwelkrüt: Herb. Aristolochiae.

Bixbeeren: Fruct. Myrtilli.

Blaar = Blase, blaartrekkend = blasenziehend.

Blaaskersen, Blaskruidkersen: Fruct. Alkekengi.

Blachblumen: Flor. Bellidis.

Blackenwurz: Rad. Lapathi.

Blackfischbein: Ossa Sepiae.

Blackpulver: Pulv. (Spec.) encaust.

Bläder: Fol. Farfarae.

Bladscha: Rad. od. Herb. Petasititis.

Blag = blau.

Blagen Schwefel: Sulfur gris.

Blagen Spiritus: Spirit. coerul.

Blagen Stein: Cupr. sulfuricum.

Blagge: Rad. Bardanae.

Blähhalspulver: Carbo Spongiae. Pulv. strumalis.

Blähhalssalbe: Ungt. Kalii jodat. Ungt. Populi.

Blähhalstropfen: Tinct. strumal. Spirit. strumalis.

Blähungspulver: Pulv. Liquir. comp. Plv. Magn. c. Rheo.

Blähungstropfen: Tct. carminat. Tinct. Rhei aquos., Spir. Menth. pip.

Blähungtreibendes Wasser: Aq. carminativa. Aq. Chamomillae comp. Aqua Menth. crisp.

Blaidt: Herb. oder Flor. Arnicae.

Blainblumen: Flor. Baleidis.

Blaispulver: Lycopodium mixt.

Blackbalein: Ossa Sepiae.

Bläkhalstropfen: Spirit. strumalis.

Blanc de balaine: Cetaceum.

—, **d'Espagne:** Bismut. subnitric.

—, **fixe:** Barium sulfuric.

— **mineral:** Barium sulfuric.

Blankenheimer Tee: Herb. Galeopsidis.

Blanker Spiritus: Spir. dilut.
Blanke Tropfen: Acid.sulfur.dilut.
Blasenbeeren: Fruct. Alkekengi.
Fruct. Rhamni. cath.
Blasenharz: Colophonium.
Blasengrün: Succus viridis.
Blasengrünbeeren: Fruct. Rhamni cathart.
Blasenkirschen: Fruct. Alkekeng.
Blasenkraut: Fol. Uvae ursi.
Blasenpapier = Pergamentpapier.
Blasenpech: Resina Pini.
Blasenpflaster: Empl. Cantharid.
Blasenpuppen: Fruct. Alkekeng.
Blasensteinsäure: Acid. uricum.
Blasentangasche: Carbo Ligni.
Blasentee: Fol. Uvae Ursi. Herb. Equiseti. Herb. Herniariae.
Blasenzug: Empl. Cantharidum.
Blasiuskalk: Kal. ferrocyan. flav.
Blatsche: Herb. Acetosae.
Blätter, orientalische: Fol. Sennae.
Blättererde: Kalium aceticum.
Blätterflechte: Lich. Islandicus.
Blatterholzrinde: Cort. ligni Guajaci.
Blatterkraut: Herb. Ficariae.
Blätterlack: Lacca in tabulis.
Blatternholz: Lignum Guajaci.
Blatternpflaster: Empl. Tartar. stibiat.
Blatternsalbe: Ungt. Cantharid. Ungt. Tartar. stibiat.
Blättertraganth: Tragacantha.
Blätterwurzel: Rhiz. Tormentill.
Blatterzeltwurzel: Rhiz. Filicis.
Blatterzugblüten: Flor. Clematidis.
Blatterzugkraut: Hrb. Clematid.
Blattgold: Aurum foliatum.
Blattgrün: Chlorophyll.
Blattkraut: Herb. Polygoni.
Blattlos: Herb. Herniariae.

Blättrige Weinsteinerde: Kal. aceticum.
Blattsilber: Argent. foliatum.
Blattwurz: Rhiz. Tormentillae.
Blattwurzel: Rhiz. Tormentillae.
Blattzinn: Stann. foliat. (Stanniol).
Blatzblumen: Flor. Rhoeados.
Blatzblumenblätter: Fol. Digitalis.
Blau, Ätzstein: Cupr. sulfuric.
— **Berliner:** Coerul. berolin.
— **Bremer:** Coeruleum montan. (Bergblau).
— **Doste:** Herb. Origani.
— **Dürrwurz:** Herb. Erigeron.
— **Dunst:** Herb. Origani.
— **Elster:** Herb. Aconiti.
— **Entwendung:** Ungt. Hydrarg. cin. dilut.
— **Erlanger:** Coerul. berolin.
— **Galizienstein:** Cupr. sulfuric.
— **Geist:** Spirit. coeruleus.
— **Glöckel:** Flor. Malvae vulg.
— **Hamburger:** Coeruleum montan. (Bergblau).
— **Haukstein:** Cupr. sulfuricum.
— **Himmelstein:** Cupr. sulfuric.
— **Kali:** Kal. ferrocyanatum.
— **Kasseler:** Coeruleum montan. (Bergblau).
— **Knoblauch:** Asa foetida.
— **Leithner:** Cobalt. aluminat.
— **Mercurius:** Ugt. Hydr. cin.
— **Neuwieder:** Coeruleum montan. (Bergblau).
— **Nichts:** Stib. sulfurat. nigr.
— **Öskensaft:** Sir. Violarum.
— **Pariser:** Coeruleum parisiense.
— **Pomade:** Ungt. Hydr. cin.
— **preußisches:** Coerul. berolin.
— **Salbe:** Ungt. Hydrarg. cin.
— **Salvolatile:** Spirit. coeruleus.
— **Stärke:** Ultramarin.

Blau, Stein: Cupr. sulfuricum.
— **Thenards:** Cobalt. aluminat.
— **Tropfen:** Tinct. Guajaci comp.
— **Turnbulis:** Coerul. berolin.
— **für Töpfer:** Cobalt. oxydat.
— **Umwand:** Ungt. Hydr. ciner.
— **Vernets:** Cuprum sulfurat.
— **Vitriol:** Cupr. sulfuricum.
— **Williamsons:** Coerul. berol.in.
— **Wolkensalbe:** Ungt. Hydrarg. ciner.
— **Zwirnsamen:** Sem. Lini.
Blauantimon: Stib. sulfurat. nigr.
Blaubeeren: Fruct. Myrtilli.
Blaudsche Pillen: Pilul. Ferri carbon.
Bläue, flüssige: Solutio Indici.
Blauelsterkraut: Herb. Aconiti.
Bläuepulver: Ferr. cyanat. Ultramarin.
Bläuepulver: englisches: Coeruleum montan. (Bergblau).
Blaues Nichts: Stib. sulfurat. nigr.
Blauhimmelstern: Flor. Boraginis.
Blauholz: Lignum Campechian.
Blauhuder: Herb. Hederae.
Blaulilienwurz: Rhiz. Iridis.
Bläuli: Flor. Gentianae.
Blaumalven: Fol. Malvae.
Blaumützchen: Flor. Cyani.
Blauösken: Flor. Violae tricolor.
Blaupappeln: Fol. Malvae.
Blaupräparierter Dubstein: Cupr. aluminat.
Blaupulver: Ultramarin.
Blausäure: (zum Härten oder Löten): Kal. ferrocyanat. flav.
Blausalz: Kal. ferrocyanat. flav.
Blausamenwirbel: Radix Cichorei.
Blausaures Kali: Kalium ferrocyanat. flav.
Blauselkenpulver: Cort. Chinae pulv.

Blauspäne: Lign. Campechian.
Blauspiritus: Spirit. coeruleus.
Blaustein: Cuprum sulfuricum.
Blausteinwasser: Liquor. stypt.
Blautinktur: Sol. Pyoktanini 5%.
Blautpflaster: Empl. oxycroc.
Blauveilchensaft: Sir. Violar.
Blauvögschen: Flor. Viol. odor.
Blauvölkensaft: Sir. Violarum.
Blauwand: Ungt. Hydrarg. ciner.
Blauwasser: Aq. coerulea.
— **zum Waschen:** Solutio Indici dil.
Blauwsteentjes: Kupfersulfatstifte.
Blauwurzel: Rad. Pimpinellae.
Bledium: Stib. sulfurat. nigr.
Bleek = bleich.
Bleekersdrank: Tinct. anticholerica.
Bleekwater: Liq. Natr. hypochlor.
Bleewittplaster: Empl. Cerussae.
Blei, falsches: Graphites.
Bleiasche: Lithargyrum.
Bleibalsam: Liq. Plumb. subac.
Bleibepulver: Ferr. sulfuric. et Rhiz. Calami pulv. mixt.
Bleicerat: Ungt. Plumbi.
Bleichasche, blanke: Natr. carb. crud.
—, **echte:** Kali carbonic. crud.
Bleichflüssigkeit: Liquor. Natr. hypochloros. Hydrogen. peroxyd. techn.
Bleichkalk: Calcaria chlorata.
Bleichpulver: Calcaria chlorat.
— **englisches, Tennants:** Calcaria chlorata.
Bleichsalz: Calcaria chlorata.
Bleichschellack: Lacca alba.
Bleichsoda: Liq. Natr. hypochlor.
Bleichsuchtpillen: Pilul. Blaudii.

Bleichsuchtpulver: Ferr. oxyd. sacch.

Bleichsuchttropfen: Tinct. Ferri pomati.

Bleichsuchtwein: Vinum ferrat.

Bleichwasser: Aqua chlorata. Liq. Natri hypochlorosi. Hydrogen. peroxyd. techn.

Bleierz: Plumbago.

Bleiessenz: Liq. Plumb. subacet.

Bleiessig: Liq. Plumb. subacet.

Bleiessigsalbe: Ungt. Plumbi.

Bleiessigsalz: Plumbum acetic.

Bleiextrakt: Liq. Plumb. subacet.

— **Goulardsches:** Liq. Plumbi subacet.

Bleigeist: Acid. aceticum dilut.

Bleigelb: Lithargyrum.

Bleiglätte: Lithargyrum.

Bleiglättenessig, Bleiglättenextrakt: Liq. Plumbi subacet.

Bleiglättpflaster: Empl. Litharg.

Bleiglättsalbe: Ungt. Plumbi.

Bleikristalle: Plumb. nitricum.

Bleiöl: Liq. Plumb. subacet.

Bleipflaster: Empl. Litharg. spl.

Bleipflastersalbe: Ungt. diachyl.

Bleirot: Minium.

Bleisafran: Minium.

Bleisalbe: Ungt. Plumbi.

Bleisalz: Plumb. aceticum.

Bleisäure: Plumb. hyperoxydat.

Bleisiccatif: Plumb. oleinic.

Bleispiritus: Acid. acetic. dilut.

Bleistein: Graphites.

Bleiwasser: Aqua Plumbi.

Bleiweiß: Cerussa.

—, **gelbes:** Lithargyrum.

—, **Kremnitzer:** Cerussa.

—, **schwarzes:** Graphites. Plumbago.

Bleiweißkugeln: Globuli camphorati.

Bleiweißpflaster: Empl. Cerussae.

Bleiweißsalbe: Ungt. Cerussae.

Bleiweißwasser: Aqua Plumbi.

Bleiwurzel: Rad. Plumbaginis.

Bleizucker: Plumbum acetic.

Blende: Sem. Fagopyri.

Bleschblomen: Flor. Calendul.

Bleu du lumière: Anilinum.

— **de Lyon:** Anilinum.

Blie = Blei.

Bliewater: Aqua Plumbi.

Bliewit: Cerussa.

Blii: Herb. Anserinae.

Blindbaumholz: Lignum Aloës.

Blindendingspflaster: Empl. Litharg. comp.

Blindgeboren: Sem. Strychni.

Blindlingspulver: Lac. Lunae.

Blindschleichenblut: Sang. Hirci.

Blinksel: Borax.

Blitzpulver: Lycopodium. Colophon. pulv.

Blockfischbein: Ossa Sepiae.

Blödwurz: Herb. Oreoselini.

Blödwurzelkraut: Hrb. Oreoselini.

Bloed = Blut.

Blohmen = Blumen.

Bloot = Blut.

Blootkraut: Herb. Scrofulariae.

Blös: Cobalt. silicilic. kalinum (Smalte).

Bloßpflaster: Empl. Cantharid.

Blot = Blut.

Blöth = Blüte.

Blotigel: Hirudines.

Blotstecher: Hirudines.

Blotsuger: Hirudines.

Bloze: Tubera od. Herb. Aconiti.

Blu = blau.

Blubutter: Ungt. Hydrarg. ciner.

Blum: Macis.

Blümchenwasser: Aq. aromat.

Blumeletabak: Plv. sternut. vir.

Blumen, ewige: Flor. Stoechados.
Blumenessenz: Spir. coloniensis.
Tinct. fumalis.
Blumenkopfminze: Herb. Men-
thae crisp.
Blumenschwefel: Sulfur sublim.
Blumenstaub: Lycopodium.
Blumentee: Spec. pectorales.
Spec. resolvent. Thea nigr.
Flor. Malvae.
Blümlischnupf: Plv. sternut. vir.
Blümlitabak: Pulv. sternut. vir.
Blunkenpulver: Pulv. pro equis.
Bluscht = Blüte.
Bluschwater: Solut. Acid. borici.
Blutauge: Comarum palustre.
Blutbalsamtropfen: Tinct. Ferri
acetic. aeth.
Blutblumen: Flor. Arnicae. Flor.
Carthami. Flor. Rhoeados.
Blutbrechwurz: Rhiz. Torment.
Blutbruch: Herb. Hederae.
Blut Christi: Aq. aromat. rubr.
Bluteisenstein: Lap. Haematitis.
Blüten, allerlei: Pulv. fumalis.
Blütenduft: Tinct. fumalis.
Blütenstaub: Boletus cervinus plv.
Plv. Canthar. comp.
Blutfieberblumen: Hrb. Centaurii.
Blutfixiertropfen: Tct. Ferri pom.
Blutgarbe: Herb. Polygoni.
Blutgarbenkraut: Herb. Polygoni.
Blutgras: Herb. Polygoni.
Blutgummi: Resina Draconis.
Blutharz: Resina Draconis.
Blutholz: Lign. Campechian.
Lign. Santali rubr.
Blutiel: Hirudines.
Blutisquisantium: Flor. Chry-
santhemi.
Blutkohle: Carbo animal.
Blutkrampftropfen: Tinct. Cin-
namomi.

Blutkraut: Herb. Burs. Pastor.
Herb. Chelidonii. Herb. Salicar.
u. Polygoni.
Blutkrautblüten: Flor. Ulmariae.
Blutkrautwurzel: Rad. Lapathi.
Rhiz. Hydrastis. Rhiz. San-
guinar. Rhiz. Tormentill. Rad.
Enulae.
Blutlaugenmoos: Lichen Pul-
monariae.
Blutlaugensalz, gelbes: Kal. fer-
rocyanat. flav.
—, rotes: Kal. ferricyan. rubr.
Blutlaustinktur: Carmin. solut.
Tinct. Coccionellae.
Blutlungenmoos: Lichen Pulmo-
nariae.
Blutmohn: Flor. Rhoeados.
Blutmoos: Paleae Cibotii.
Blutpetersilie: Herba Conii.
Blutpflaster: Empl. oxycroceum.
Empl. ad ruptur.
Blutpulver: Sang. Hirci.
Blutreinigendes Pulver: Tub. Ja-
lapae pulv.
Blutreinigung, rote: Tinct. Lig-
norum.
Blutreinigungspillen: Pil. laxant.
Blutreinigungspulver: Pulv. Li-
quirit. comp. Pulv. Magnes. c.
Rheo. Fürs Vieh: Pulv. equor.
Blutreinigungssäure: Mixt. sul-
furic. acid.
Blutreinigungssaft: Sir. Sarsa-
parillae. Sir. Sennae.
Blutreinigungssalbe: Ungt. Picis
liquidae.
Blutreinigungsspiritus: Spir. Me-
lissae comp.
Blutreinigungstee: Spec. Ligno-
rum.
Blutreinigungstropfen: Tinct.
Aloës comp. Tinct. Lignorum.

Blutreinigungswurzel: Rad. Sarsaparillae.

Blutrosen: Flor. Rosae. Flor. Rhoeados.

Blutsafranpflaster: Empl. oxycroceum.

Blutsalbe: Empl. oxycroceum.

Blutsauger: Hirudines.

Blutschierling: Herba Conii.

Blutschwamm: Fung. chirurgor.

Blutstahl: Lap. Haematitis.

Blutstecher: Hirudines.

Blutstein: Lapis Haematitis. Ferr. oxydat. pulv.

Blutstielkraut: Herba Galii.

Blutstillerin: Herb. Sanguisorbae.

Blutstillungsstropfen: Liq. Ferri sesquichlor.

Blutstropfen: Tinct. Cinnamoni. Tinct. Lignorum.

Blutstropfenkraut: Herb. Anagallidis. Herb. Pimpinell. Herb. Rorellae.

Blutströpfle: Herb. Sanguisorbae.

Blutsuger: Hirudines.

Bluttrieb: Flor. Arnicae.

Bluttropfen: Tinct. Cinnamomi.

Blutungenmoos: Lich. Islandicus.

Blutwurzel: Rad. Tormentillae. Rad. Polygonati. Rad. Alcann.

—, **kanadische:** Rhiz. Sanguinariae canad.

Blutzuckler: Hirudines.

Boarfett: Adeps.

Bobbel = Pappel.

Böbberli: Fruct. Coriandri.

Boberellen: Fruct. Alkekengi.

Bobolium: Ungt. Populi.

Bock: Herb. Artemisiae.

—, **roter:** Herb. Artemisiae.

Bockelsalbe: Ungt. contra pedic.

Bockenpulver: Cort. Chinae plv.

Bockerellen: Fruct. Alkekengi.

Bockholder: Sambucus Ebulus.

Bockholz: Lignum Guajaci.

Bockpulver: Boletus cervinus plv. Pulv. stimulans.

Bocksbartblüten: Flor Spiraeae.

Bocksbartkraut: Herb. Pulsatillae. Herba Spiraeae.

Bocksbartwurzel Rad. Senegae.

Bocksbeerblätter: Fol. Ribis nigri.

Bocksbeeren: Fruct. Rib. nigri.

Bocksblätter: Fol. Uvae Ursi.

Bocksblumenkraut: Herb. Matricariae.

Bocksblut: Sang. Hirci pulv.

—, **flüssiges:** Tinct. Catechu.

Bocksbohnenblätter: Folia Trifolii fibrin.

Bocksdorngummi: Tragacantha.

Bocksdostenkraut: Herb. Origani cretici.

Bockshörnlein: Fruct. Ceraton.

Bockshorn: Fruct. Ceraton. Foenum Graecum.

Bockshornklee: Sem. Phoenugraeci.

Bockshornsaft: Sir. Liquiritiae.

Bockshornsamen: Sem. Foenugr.

Bockskraut: Herb. Pulmonariae.

Bocksmelde: Herb. Chenopodii.

Bockspeterlein: Radix Pimpinellae.

Bockspetersilie: Rad. Pimpinell.

Bockstalg: Sebum.

Bockweizen: Sem. Fagopyri.

Bockswurz: Rad. Pimpinellae.

Bockwurzel, rote: Rad. Artemis. Rad. Pimpinellae.

—, **weiße:** Rad. Artemisiae.

Bockswurzkraut: Folia Belladonnae.

Bodachöhlräbe: Flor. Napi.

Bodder = Butter.

Bodder, rote: Ungt. potabile.
Bodenasche: Kali carbonicum.
Boek = Buche.
Boelkenskruid: Herb. Agrimoniae.
Boeile: Herb. Serpylli.
Boeren = Bauern.
Boerenrhabarber: Cort. Frangulae.
Boeriöl: Ol. Junip. baccar.
Boertjeszalf: Ungt. laurinum.
Bogaunerrosen: Flor. Paeoniae.
Bogenbaumblätter: Folia Taxi.
Bohmwaß: Cera arborea.
Böhmisches Christwurzkraut: Herb. Adonidis vernal.
Böhmische Tropfen: Mixt. sulfur. acid.
Böhnafeieli: Flor. Cheiranthi.
Bohnekrittel: Herb. Saturejae.
Bohnen, aromatische: Fab. Tonco.
—, **brasilianische:** Fab. Pichurim.
—, **indianische:** Fab. St. Ignatii.
—, **römische:** Semen Ricini.
—, **russische:** Semen Ricini.
Bohnenblätter, wilde: Herb. Trifolii.
Bohnenkraut: Herb. Saturejae. Herb. Thymi.
Bohnenmehl: Semen Phaseol. pulv.
Bohnenöl: Ol. Papaveris.
Bohnenpflaster: Empl. Canthar. perpet.
Bohnenwachs: Cera arborea.
Bohnenwicken: Sem. Fabae.
Bohren = Bären.
Bohrenfett: Adeps.
Boilley-Blau: Indigopurpur.
Bokerellen: Fruct. Alkekengi.
Bolarerde, rote: Bolus rubra.
—, **weiße:** Bolus alba.

Bolderjahn: Rad. Valerianae.
Boldoablätter: Folia Boldo.
Bolerde: Bolus.
—, **rote:** Bolus rubra.
—, **weiße:** Bolus alba.
Bolei: Herb. Pulegii.
Boleikraut: Herba Pulegii.
Boleiwasser: Aq. vulnerar. spir.
Boliusbambolium: Ungt. Populi.
Boliviapulver: Cort. Chinae pulv.
Bollchen = Plätzchen.
Bollen: Bulb. Allii (Zwiebeln).
Böllen: Bulb. Allii.
Bollendätsch: Herb. Plantag.
Bollerjahn: Rad. Valerianae.
Bollkraut: Fol. Belladonnae.
Bollmannspulver, graues: Pulv. antiepilept. nigr.
Bollwurz: Rad. Belladonnae.
Bollwurzkraut: Fol. Belladonnae.
Bologneserstein: Barium sulfuricum nativum.
Bolskolchen: Bolus rubra.
Bolssalbe: Ungt. exsiccans.
Bolus, orientalischer: Bolus rubra.
Boltenpflaster: Empl. Cerussae.
Bolzenblumen: Flores Verbasci.
Bombeiwel: Taraxacum off.
Bombolium: Ungt. Populi.
Bompaul: Rad. Taraxaci c. herb.
Bomtrankli: Bals. tranquillans.
Bonamarinde: Cort. Quillayae.
Bongelkraut: Herb. Mercurialis.
Bonke, geele: Herb. Genistae.
Bönkehaltwort: Rad. Aristol. rot.
Bonuskonussalbe: Ugt. basil. nigr.
Boorghäarala: Sem. Foenugraeci.
Boogholder: Sambucus Ebulus.
Boom = Baum.
Boombast: Cort. Frangulae.
Boomsaft: Succus viridis.
Boomwit: Gossypium.
Boonblatt: Fol. Trifolii fibrin.

Boperment: Auripigment.
Böpperli: Fruct. Coriandri.
Boradi-, Boragikraut: Herb. Boraginis.
Boragblüten: Flores Boraginis.
Boratsch: Herb. Boraginis.
Borax, ammoniakalischer: Ammon. boricum.
—, **gebrannter:** Borax calcinatus.
—, **oktaedrischer, venetianischer:** Borax raffinatus.
Boraxblumen: Acid. boricum.
Boraxbraunstein: Mangan. boricum.
Boraxhonig: Mel. rosat. boraxat.
Boraxsalz: Acid. boricum.
Boraxsäure: Acid. boricum.
Boraxsaft: Mel. rosat. boraxat.
Boraxweinstein: Tartarus boraxatus.
Borchardtblumen: Flor. Stoechados.
Borech: Herb. Boraginis.
Boretsch: Herb. Boraginis.
Boretschblüten: Flores Boraginis.
Boretschkraut: Herb. Boraginis.
Borgel: Herb. Boraginis.
Borgelblüten: Flores Boraginis.
Borgelkraut: Herb. Boraginis.
Börgerpulver: Cort. Cascarill. plv.
Bork = Rinde.
Borkenpulver: Cort. Chinae pulv.
—, **rasiertes oder siebenundsiebzigerlei:** Cort. Chinae pulv.
Bormannspflaster: Empl. oxycr. Empl. ad ruptur.
Bornkraut: Herb. Cardui bened.
Bornkresse: Herba Nasturtii.
Börnstein: Succinum.
Borsdorfer Äpfelpomade, Borsdorfersalbe: Ungt. leniens. Ungt. ophthalmicum. Ungt. rosatum alb.

Borst = Brust.
Borstensalbe: Lanolin. Ungt. leniens. Ungt. Plumbi.
Borstkruiden: Spec. pectorales.
Borstsalv: Ungt. Plumbi. Lanolin
Borstsamen: Sem. Ricini.
Bösablätter: Fol. Betulae.
Boschbessen: Fruct. Myrtilli.
Boschtblumen: Flor. Rhoeados.
Bosekraut: Herb. Pulsatillae.
Boseltropfen: Liq. Ammon. anis.
Bösengeistpulver: Pulv. herbar.
Bosheitspulver: Pulv. pro equis.
Bossisches Augenpflaster: Empl. ophthalmic.
Bost = Brust.
Bostdroppen: Liq. Ammon. anis., Elix. e Succo Liquir.
Bostkoken: Succ. Liquir. in tabul.
Botanybayharz: Acaroidum.
Botengenkraut: Herb. Betonic.
Botenken: Flor. Paeoniae.
Botenkenblüten: Flor. Betonicae.
Botjeszalf, Botzalf: Ungt. Hydrarg. rubr. dil.
Boter = Butter, Salbe.
Botryoskraut: Herb. Chenopodii.
Botschen: Folia Stramonii.
Botschenblätter: Fol. Stramonii.
Bött = Bett.
Bouillontropfen: Tinct. Chinoid.
Bovest: Fungus cervinus.
Bowlenkraut: Herb. Asperulae.
Boysalz: Sal marinum.
Braak = Brech (-Nuß usw.).
Braakpoeder: Pulv. aërophorus.
Brachdistel: Rad. Eryngii.
Brachdistelkraut: Herba Eryngii.
Brachkraut: Herb. Veronicae.
Brachkrautwurzel: Rad. Valerian.
Brägelkraut: Herb. Senecionis.
Bragerblüten: Flores Koso.
Brahmkraut: Herb. Genistae.

Brakendistelwurzel: Rad. Eryngii.
Brakenkraut: Herb. Spiraeae.
Brakenkrautblüten: Fl. Spiraeae.
Brambeerblätter: Fol. Rubi frutic.
Bramblume: Flor. Genistae.
Bramedorn: Herb. Rubi frut.
Bramelbeeren: Fruct. Berberid.
Brämeleblätter: Fol. Farfarae.
Brameli: Herb. Rubi frutic.
Bramenkraut: Herb. Genistae.
Brämerbeerblätter: Fol. Rub. frut.
Brämerblätter: Fol. Rubi frutic.
Bramskraut: Herb. Genistae.
Brandbaumblätter: Folia Taxi.
Brandblätter: Fol. Farfarae.
Brandblumen: Flores Genistae.
Brandenstein: Manganum peroxydatum.
Brandheilpulver: Pulvis temperans ruber.
Brandheilpulver fürs Vieh: Pulv. pro equis.
Brandkorn: Secale cornutum.
Brandkraut: Herb. Clematidis.
Brandlatschen: Fol. Farfarae.
Brandlatschenblüten: Flores Farfarae.
Brandlattich: Fol. Farfarae.
Brandöl: Ol. Lini cum Aq. Calcar. Ol. carbolis. Ol. philosophorum.
Brandpflaster Empl. Litharg. simpl.
Brandpulver: Pulv. temperans.
— fürs Vieh: Plv. antiphlogistic. Pulv. herbar. Plv. equor. gris. oder rubr.
Brandrosen: Flor. Malv. arbor.
Brandsalbe: Ungt. Liqu. Alum. acet. Ugt. boricum. Ungt. Plumbi.
—, Goulardsche: Ungt. Plumbi.

Brandschwede, roter: Cerat. cetacei rubr.
Brandwurzel: Rad. Helleb. nigr.
Brasilettholz: Lign. Fernambuci.
Brasilian. Balsam: Bals. Copaiv.
Brasilienholz: gelbes: Lign. Fernambuci.
— rotes: Lign. Fernambuci.
—, schwarzes: Lign. Campech.
Brasilienrinde: Cort. adstringens brasiliensis.
Brasiliensalbe: Ungt. basilic.
Brasilischer Pfeffer: Piper long.
Brasilpfeffer: Fruct. Amomi. Piper longum.
Bratenfarbe: Sacchar. tostum.
Brauerkraut: Herb. Ledi.
Braun. Arkebusade: Mixt. vuln. acida.
— Branntwein: Tinct. Aloës dilut. c. Ol. Carvi.
—, Breslauer: Cuprum ferrocyanatum.
— Brustleder: Pasta Liquirit.
—, chemisch: Cuprum ferrocyanatum.
— Diadostenöl: Ol. Orig. Cretic.
— Dost: Herb. Origani.
— Einreibung: Tinct. Arnicae.
— Halstropfen: Tinct. Jodi dil.
— Hamburger Tropfen: Tinct. coronalis.
— Harz: Colophonium.
—, Hattches: Cuprum ferrocyanatum.
— Hoffmannstropfen: Elix. Aurant. comp.
— Jungfernleder: Pasta gummos.
— Kanehl: Cort. Cinnamomi.
— Lungenpfuhl: Sirup. Liquirit.
— Mutterkrampftropfen: Tinct. Valerianae.

Braun, Mutterpflaster: Empl. fusc.
— **Reglise:** Pasta Liquiritiae.
— **Stickschwede:** Empl. fusc.
— **Tafelsalbe:** Empl. fuscum.
— **Zehrtropfen:** Tinct. amara.
— **Zug:** Empl. Litharg. comp.
Bräun, gelber: Sem. Milii.
Braunbeerblätter: Fol. Rub. frut.
Braunbeerblüten: Fol. Rub. frut.
Braunbeize (für die Färberei): Manganum acetic.
Braunelle: Herb. Prunellae.
Braunellensalz Kali nitr. tabul.
Bräunesaft: Mel. rosat. boraxat.
Bräunetropfen für Schweine: Spirit. Acid. salicylic. 4%. Tinct. Aloës comp.
Braunheil: Herb. Prunellae.
Braunheilig: Fol. Menthae crisp.
Braunheiligenkraut: Fol. Menth. crispae.
Braunheilkraut: Herba Prunellae.
Bräunheilkraut: Herba Ligustri.
Braunholz: Lign. Fernambuci.
Bräunholzblätter: Herba Ligustri.
Brauniet: Mangan. peroxydat. nativ.
Braunkersch: Herb. Nasturtii.
Braunmägdlein: Flor. Adonid.
Braunmanderkraut: Herb. Chamaedryos.
Braunmandulinkraut: Herb. Teucrii.
Braunmercurialöl, äußerlich: Ol. Terebinth. c. Ol. Lini sulf.
—**, innerlich:** Tinct. Aloës comp.
Braunochsenpflaster: Empl. oxycroc.
Braunrei: Ungt. Aeruginis.
Braunreinigung: Mel. rosat. boraxat. Ungt. Aeruginis.
Bräunreinigung: Mel. rosat. borax.

Braunrosen: Flor. Malvae arbor.
Braunrot: Caput mortuum.
Braunrotsalbe: Ugt. basilic. fusc.
Braunsalbe: Ungt. exsiccans.
Braunschweigersalz: Natr. sulf.
Braunsilgen: Herb. Basilici.
Braunsilgenblumen: Flores Basilici.
Braunsilgenholz: Lign. Campechian.
Braunsilgentropfen: Tinct. Chinoïdini.
Braunsilienkraut: Herb. Basilici.
Braunspahn: Lign. Fernambuc.
Braunspiritus: Mixtur. vulnerar. acid.
Braunstein: Mang. peroxydatum.
Brauntog: Empl. Litharg. comp.
Braunwurz: Rad. Arnicae. Rad. Scrophulariae.
Braunwurzkraut: Herb. Scrophulariae.
Brausebeutel: Rhiz. Veratr. pulv. in sacc.
Brausemagnesia: Magnes. citrica efferv.
Brausepulver: Pulv. aërophor.
—**, abführendes:** Pulvis aërophorus laxans.
—**, englisches:** Pulv. aërophor. dispensat.
— **f. Schweine:** Zinc. oxydatum.
Brausepulversäure: Acid. tartaric.
Brayerblüten: Flor. Koso.
Brautimhaar: Sem. Nigellae.
Breadfelder Spiritus: Spir. Coloniens.
Brechbirnen: Fruct. Cynosbati.
Brechhaselwurzel: Rhiz. Asari.
Brechhassel: Rhiz. Asari.
Brechkörner: Sem. Ricini.
Brechnüsse: Sem. Strychni.
Brechpulver: Stib. chlorat. bas.

Brechrosinen: Sem. Staphisagr.
Brechsalz: Tartarus stibiatus.
Brechsamen: Semen Strychni.
Brechvitriol: Zincum sulfuric.
Brechwasser: Sol. Tart. stibiat.
Brechwegdorn: Rhamnus frangula.
Brechwein: Vinum stibiatum.
Brechweinstein: Tartarus stibiatus.
Brechwurzel: Rad. Ipecacuanh.
—, deutsche: Rad. Asari. Rhiz. Hellebori alb.
Brehmeblumen: Flor. Asaciae.
Brehmkraut: Herb. Spartii.
Brehnepulver für die Schweine: Cantharid. pulv. mixt.
Brein: Sem. Millii solis.
Breißelbeerblätter: Fol. Vitis Id.
Breitblatt: Herb. Anchusae.
Breitwägeli: Herb. Plantagin.
Bremelblumen: Flor. Genistae.
Bremmenöl: Ol. animale foetid.
Bremsenöl: Ol. animale foetid.
Bremsensamen: Semen Cynosbati.
Brendelblümlein: Flor. Gentian.
Brennende Liebe: Herb. Clemat.
Brenners Fleckwasser: Benzin.
— Pflaster: Empl. fusc. in scat.
Brennesselblumen: Flor. Lamii.
Brennesselsaft: Sir. Althaeae.
Brennesselsamen: Sem. Urticae. Fruct. Petroselini.
Brennesselspiritus: Spirit.Urticae. Spir. Sinap.
Brennesseltee: Herb. Urticae.
Brennesselwurzel: Rad. Tarax.
Brenngeist: Spir. Sinapis.
Brennkraut: Herb. Arnicae.
—, kriechendes: Herb. Clematid.
Brennkrautblumen:Flor.Arnicae. Flor. Clematid. Flor. Verbasci.
Brennöl: Ol. Rapae.

Brennsilber: Argent. nitricum.
Brennstein: Argent. nitricum.
Brennstift: Argent. nitric. fus.
Brenntwater: Aq. Foeniculi.
Brennwurzrinde: Cort. Mezerei.
Brennwurzeltee: Flor. Clematidis.
Breschpulver: Pulv. stimulans.
Breselkraut: Herb. Matricariae.
Bresilgenholz: Lign. Fernambuci.
Bresilienspäne, rote: Lign. Fernambuci.
—, schwarze: Lign. Campechian.
Breslingkraut: Fol. Fragariae.
Brettener Pflaster: Empl. fusc. in bacul. tornat.
Brettfeldsches Wasser: Spirit. Coloniens.
Breuk = Bruch.
Breukkruid: Herb. Herniariae.
Breusch: Herb. Ericae.
Brevierpflaster: Cerat. Aerugin.
Briesebohne: Fab. Tonco.
Brillenkraut: Herb. Burs. Past.
Brimblüten: Flor. Primulae.
Brimkörner: Sem. Cydoniae.
Brimmekraut: Herb. Genistae.
Brimmelblumen: Flor. Primul.
Brimmelkraut: Herb. Genistae.
Brimmelsamen: Sem. Genistae.
Brinkblumen: Flor. Bellidis.
Brisilhölz: Lignum Fernambuci.
Brochkraut: Herb. Droserae.
Brockenmoos: Lichen Islandic.
Brohmenkraut: Herb. Genistae.
Brohmerblätter: Herb. Rubi frut.
Brombeerblätter: Herb. Rubi frut.
Brombeeren: Fruct. Rub. frutic.
Brombeerwasser: Aq. Rubi Id.
Brombeerwurzel: Rad. Bardanae.
Brommedorn: Herb. Rubi frut.
Bromkraut: Herb. Genistae.
Bromlbeeren: Fruct. Berberidis.
Bromsoda: Natr. bromatum.

Bronna = Brunnen.
Brönners Fleckwasser: Benzin.
Brönneßle: Herb. od. Sem. Urticae.
Bronziersalz,engl. Stibium chlorat.
Brosamenpflaster: Empl. stypt. Hamburgens.
Brotkügerl: Fruct. Coriandri.
Brotkümmel: Fruct. Carvi.
Brotsamen: Fruct. Anisi. Fruct. Foenicul.
Brotwasser: Aqua aromatica.
Brubeer: Herb. Rubi frut.
Bruchampfer: Herb. Acetosellae.
Bruchband: Empl. ad rupturas.
Bruchbandpflaster: Empl. ad rupt.
Bruchklee: Herb. Acetosellae.
Bruchkraut: Herb. Agrimon. Herb. Herniariae. Herb. Lycopodii. Herb. Saniculae.
Bruchöl: Ol. Hyoscyam. Ol. Chamomill. inf.
Bruchpflaster: Emplastr. ad rupturas. Empl. fusc. camph. Empl. saponat.
—, **schwarzes:** Empl. fusc. camph.
Bruchsalbe: Ungt. flavum c. Ol. Hyoscyami.
Bruchstein: Lapis Osteocollae.
Bruchsteinwasser: Aq. Petrosel.
Bruchtee: Folliculi Sennae.
Bruchweidenrinde: Cort. Salicis.
Bruchwurzkraut: Herb. Perfoliat.
Bruckwurzel: Rhiz. Tormentillae
Brudersamen: Sem. Staphisagr.
Bruetströpfli: Flor. Anemon. vern.
Brüesch: Herb. Ericae.
Bruhnheelschwede: Empl. fusc. camph.
Bruhnstickschwede: Empl. fusc. camph.
Bruidspoeder: Pulv. aërophorus.

Bruin = braun.
Bruispoeder: Pulv. aërophorus.
Brun = braun.
Brundost: Herb. Origani.
Brunellenkoken: Kal. nitr. tabul.
Brunellenkraut: Herb. Prunellae.
Brunellensalz: Kali nitricum.
Brunellenstein: Kal. nitr. tabul.
Brunetten: Flor. Adonidis.
Brungalltropfen: Elix Aurant. comp. Elix. e Succo Liquir. Tinct. Aloës comp. Tinct. amara.
Brunheelschwede: Empl. fuscum.
Brunheil: Herb. Prunellae.
Brunheilkraut: Herb. Prunellae.
Bruni: Herb. Prunellae.
Brünierflüssigkeit: Liquor Stibii chlorati.
Brüningspulver: Plv. pro pecor.
Brunitz: Umbra.
Brunnenkohl: Herb. Beccabung.
Brunnenkresse: Herb. Nasturtii.
Brunnenpflaster: Empl. fusc. camph.
Brunnensalbe: Empl. fusc. camph.
Brunnensalz: Natr. chlorat. Sal Carolinum factitium.
Brunnkressech: Herb. Nasturtii.
Brunnleberkraut: Herb. Marchantiae.
Brunochsensalf: Empl. oxycroc.
Brunrei, Brunreinige: Mel. rosat. boraxat. Oxymel Aerug.
Brunreinigung: Ungt. Aeruginis.
Brunsilken = Brunsiljen.
Brunsiljenkraut: Herb. Basilici.
Brunsiljenpfeffer: Fruct. Amomi. Fruct. Capsic.
Brunsiljenpflaster: Cerat. Resinae Pini. Empl. Picis Hamburgens. Empl. fusc. camph.
Brunsiljensalbe: Ungt. basilic.

Brunspulver: Pulv. aërophorus.
Brunst: Fung. cervinus.
Brunstickdumpflaster: Cerat. Resin. Pini. Empl. fuscum.
Brunstkugeln: Fungus cervinus.
Brunstpulver: Cantharid. plv. mixt. Fung. cervinus pulv. Pulv. stimulans.
Bruntogpflaster: Empl. Litharg. comp. Empl. fuscum.
Bruschwurzel: Rad. Rusci.
Bruschdkraut: Fol. Farfarae.
Bruschdwurz: Rad. Angelicae.
Bruskwurzel: Rad. Rusci.
Brusopkraut: Herb. Ericae.
Brustalant: Rad. Helenii.
Brustalantblüten: Flores Helenii.
Brustbalsam: Bals. Peruvian. Elix. e Succ. Liquir.
Brustbeeren: Fruct. Jujubae.
Brustbeerensaft: Sir. Rhoeados.
Brustchifel: Siliqua dulcis.
Brustdiakel Empl.Litharg.molle. Empl. saponatum.
Brustdigestivpulver: Pulvis Liquiritae comp.
Brustelixir: Elix. e Succ. Liquir.
Brusterbeutel: Rhiz. Veratr. alb. pulv. in sacc.
Brustkanehl: Succ. Liquiritae in bacul.
Brustkaramellensaft: Sir. Liquiritiae.
Brustkaramellentropfen: Elix e Succo Liquiritiae.
Brustkraut: Fol. Farfarae. Herb. Adiant. aur. Herb. Agrimoniae. Herb. Violae tricol.
Brustkräuter, Liebersche: Herb. Galeopsidis.
Brustkuchen: Succ. Liquir. tab.
Brustlakritzen: Troch. Ammon. chlor.

Brustlattich: Fol. Farfarae.
Brustleder, braunes: Past. Liquiritiae.
—, **weißes:** Pasta gummosa.
Brustleichtöl: Liq. Ammon. anis.
Brustlösung: Mixt. gummosa.
Brustpasta, braune: Pasta Liquiritiae.
—, **weiße:** Pasta gummosa.
Brustpflaster: Empl. Meliloti. Empl. saponat.
—, **rotes:** Empl. sapon. rubrum.
Brustpulver, Französisches, grünes, Kurellasches, Opedovskysches, Preussisches, Wedelsches: Pulv. Liquir. comp.
Brustreinigungstee: Species pectoral. laxant.
Brustsaft: Sir. Althaeae. Sir. Liquiritiae.
—, **brauner:** Sirup. Liquirit.
Brustsalbe, gelbe: Ungt. basilic.
—, **weiße:** Ungt. Hydrarg. alb. dilut.
Bruststengel: Succ. Liquiritiae in bacul.
Brusttee: Species pectorales.
—, **Lieberscher:** Herb. Galeops.
—, **Schusters:** Spec. bechicae.
—, **weißer:** Spec. pect. demulc.
—, **Wiener:** Spect. pector. c. fruct.
Brustteekraut: Herb. Veronicae.
Brusttropfen: Aq. Amygd. am.dil. Liqu. Ammon. anis.
—, **dänische:** Elix. e Succo Liq.
Brustwarzenbalsam: Balsam. Peruvian. dil.
Brustwarzencerat: Cerat. Cetac. album.
Brustwarzenliniment: Emuls. Bals. Peruv.
Brustwarzensalbe: Cerat. Cetac. album. Ungt. leniens.

Brustwasser: Aq. aromatica. Aqu. Foenicul. Elix. e Succo Liquiritiae dil. 1 + 9.

Brustwurzel: Rad. Angelicae. Rad. Liquirit. Rhiz. Calami.

—, **echte:** Rad. Angelicae.

Brustzeltchen: Troch. pectoral.

Brutkraut: Herb. Fumariae.

Bruuch: Herb. Ericae.

Bruuspulver: Pulv. aërophorus.

Bsäemehl: Lycopodium.

Buabanägele: Herb. Pulmonariae.

Bubenfist: Bovista.

Bubenkrautwurzel: Rad. Lapathi.

Bubenrosen: Flor. Paeoniae.

Bübelskraut: Herb. Aristoloch.

Buchbaumblätter: Folia Buxi.

Buchbindertropfen: Tinct. Chinae.

Buchbrot: Herb. Acetosellae.

Buchbrotblätter: Hrb. Acetosellae.

Bucheckernöl: O. Papaveris.

Büchelwurz: Rad. Angelicae.

Buchenholzöl: Kreosot. Pix liquida.

Buchenmoos: Lichen Pulmonar.

Buchenschwamm: Fung. Chirurg.

Buchholder: Herb. Chaerophylli.

Buchholderbeeren: Fruct. Ebuli.

Buchholderkraut: Herb. Chaerophylli.

Buchklee: Herb. Acetosellae.

Buchlahmöl: Ol. Lini.

Buchlunge: Lich. Pulmonariae.

Buchlungenmoos: Lich. Pulmonar.

Buchs: Fol. Buxi.

Buchsalz: Ammon. chloratum.

Buchsäure: Ammon. chloratum.

Buchsbaumblätter: Fol. Uvae Ursi. Fol. Buxi.

Büchsenflechte: Lichen pyxidat.

Büchsenmacheröl: Paraffin. liqu.

Buchublätter: Fol. Bucco.

Buchweizen: Semen Fagopyri.

Buck: Herb. Artemisiae.

Buckablätter: Folia Bucco.

Bückbeeren: Fruct. Myrtilli.

Buckelbeeren: Fruct. Myrtilli.

Buckelekraut, rotes: Herb. Artemisiae. Herb. Prunellae.

Bucken: Fol. Bucco.

Buckenblätter: Fol. Bucco.

Buckkraut: Herb. Artemisiae.

Bücksalz: Kal. carbon. pur.

Bucksblut: Resina Draconis. Sanguis Hirci.

Buckwurzel: Rad. Artemisiae.

Budänen: Flor. Paeoniae.

Budelledok: Linim. sapon. camph.

Budertschikraut: Fol. Vitis Id.

Budlergreifeln: Fol. Vitis Id.

Budschen: Herb. Artemisiae.

Budschenkraut: Herb. Artemisiae.

Buerrosen: Flor. Malv. arbor. Flor. Paeoniae.

Buffbohnen: Sem. Fabae.

Buffbohnenblüten: Flor. Fabarum.

Büffelkopfpflaster: Empl. oxycroc. Empl. fuscum.

Bügelwachs: Cera alba. Stearin.

Buggakraut: Herb. Artemisiae.

Buggele: Herb. Prunellae.

—, **rote:** Herb. Artemisiae.

Buggeli: Cocculi Indici.

Buikopenend zout: Magnes. sulfuric.

Bukublätter: Fol. Bucco.

Buldermann: Hedera terrestris.

Buldermannkraut: Herb. Hederae.

Bulläpfel: Boletus cervinus.

Bullenhafer: Fruct. Seselos.

Bullenkraut: Herb. Doserae.

Bullentropfen: Spir. Juniperi.

Bullergans: Rad. Valerianae.

Bullerjahn: Rad. Valerianae.

Bullerjahnwurzel: Rad. Valerian.

Bullharz: Resina Pini. Tereb. veneta.
Bullpulver: Pulv. stimulans.
Bullrichs Salz: Natr. bicarbon.
Bülse: Fol. Hyoscyami.
Bülzenöl: Ol. Hyoscyami.
Bundika, rote: Rad. Rhapontici.
Bundrelli: Herb. Hederae.
Büngeltee: Fol. Trifol. fibrin.
Bungenkraut: Herb. Beccabung.
Büngertee: Fol. Trifol. fibrin.
Buntblümchen: Flor. Bellidis.
Buntika, rote: Rad. Rhapont.
Büntzelwurz: Rad. Pimpinell.
Bünzkraut: Stipit. Dulcamarae.
Burchert: Fol. Belladonnae.
Bureauwasser: Liquor Aluminii acetici. Liqu. Natr. hypochlorosi.
Bureth: Herb. Boraginis.
Buretschkraut: Herb. Boraginis.
Burgundischharz: Resina Pini.
Burgundischpech: Resina Pini.
Buris: Herb. Boraginis.
Burisblüten: Flor. Boraginis.
Buriskraut: Herba Boraginis.
Burkaus Magenpulver: Magn. sulf.
Burows Lösung: Liq. Alumin. acet.
Burows Tee: Hrb. Cardui, Hrb. Centaurii, Lich. Islandic. Stipit. Dulcamar. āā. pts. aequal.
— **Tropfen:** Tinct. anticholerica.
— **Wasser:** Liq. Alum. acet.
Burrhuswundelixir: Tinctura Benzoës comp.
Bürrosen: Flor. Malv. arbor., Flor. Rhoeados.
Bürstenblumen: Flor. Carthami.
Bürstenkrautblüten: Fl. Carthami.
Bürtziholz: Lign. Juniperi.
Burzelkraut: Herb. Portulaccae.
Buschampfer: Herb. Acetosell.

Buschklee: Herb. Acetosellae.
Buschmöhren: Herb. Chaeroph.
Buschnagerln: Flor. Carthusian.
Buschquecken: Rhiz. Caricis.
Buschsauerampfer: Hrb. Scordii.
Buschwindröschen: Herb. Anemonidis.
Busenklee: Fol. Trifol. fibrin.
Buserkerpflaster: Empl. oxycroc.
Butänjenblumen: Flor. Paeoniae.
Butennen: Flor. Paeoniae.
Butellentock: Linim. sap. camph.
Butänjen: Flor. Paeoniae.
Buttekerne: Sem. Cynosbati.
Büttelrosen: Flor. Rosae.
Butter, grüne: Ungt. Majoranae. Ungt. nervinum.
Butter, gelbe: Ungt. flavum.
—, **rote:** Cerat. Cetac. rubr. Ungt. potabil. rubr.
Butterblätter: Fol. Farfarae.
Butterblumen: Flor. Calendul.
Butterblumenkraut od. -wurzel: Herb. Taraxaci c. radice.
Butterkarnanis: Elaeos. Anisi.
Butterklee: Fol. Trifol. fibrin.
Butterkraut: Herb. Ficariae.
Buttermilchkraut: Herb. Taraxaci.
Butterpulver: Borax. Natr. bicarbonic. Tartar. depurat.
Butterrosen: Flor. Trollii.
Buttersalbe: Ungt. flavum. Ungt. Rosmarini comp..
Butterstiel: Herb. Galii.
Butterstrinzel: Herb. Calthae.
Butterwurzel: Rad. Lapathi.
Butthähnchen: Flor. Paeoniae.
Butthühnchenblumen: Flor. Paeoniae.
Buttlenrose: Flor. Rosae.
Butzelbeeren: Fruct. Juniperi.
Butzenklette: Rad. Bardanae.

Butzenklettenwurzel: Rad. Bardanae.
Bützenkraut: Herb. Lappae.
Buxbaumblätter: Fol. Buxi. Fol. Uvae Ursi.
Buxbaumöl: Ol. Cajeputi.
Buxbaumwurzel: Rad. Bardanae.
Buxblätter: Folia Buxi.
Bybs: Herb. Artemisiae.

C.

(Siehe auch unter K und Z.)

Cadmiumgelb: Cadmium sulfur.
Caecilienkraut: Herb. Hyperici.
Caerulin: Carmin. coeruleum.
Calamintha: Fol. Menth. crisp. (eigentlich Herb. Calaminthae).
Calappusöl: Ol. Cocos.
Caliaturholz: Lign. Santali rubr.
Calicedraharz: Gummi Acajou.
Calomel: Hydrargyr. chlorat.
—, **vegetabilischer:** Podophyllinum.
Calumbawurzel: Rad. Colombo.
Campaschen: Fruct. Vanillae.
Canadaterpentin: Balsamum Canadense.
Candiolschoten: Fruct. Ceraton.
Caneel: Cort. Cinnamomi.
—, **weißer:** Cort. Canella alb.
Cantorbalsam: Ungt. ophthalm. rubr.
Capillärkraut: Herb. Adianti.
Capillärsaft: Sirup. Adianti. Sirup. flor. Aurant.
Capachläre: Herb. Asplenii.
Capreziensaft: Sir. Aurant. flor.
Caputtropfen: Ol. Cajeputi dil.
Carabe: Succinum.
Caraffelwurz: Rad. Caryophyll.
Caramel: Sacchar. tostum liquid.
Carbenustee: Herb. Cardui benedicti.
Carbid: Calciumcarbid.
Cardamine: Herb. Cardaminis.

Cardinalkraut, blaues: Herb. Lobeliae.
Cardobenediktenöl: Ol. viride.
Carfunkelwasser: Spir. Meliss. cp.
Carmeisenbeeren: Grana chermes.
Carmelien: Flor. Chamomillae.
Carmelinen: Flor. Chamomillae.
Carmeliterwasser: Spir. Meliss. cp.
Carminkörner: Grana chermes.
Carminlak: Lacca florentina.
Carobe, Carobben: Fruct. Ceratoniae
Carony-Rinde: Cort. Angostur.
Carottensamen: Fructus Dauci.
Carpobalsam: Bals. Copaivae.
Cartham: Flor. Carthami.
Carthamine: Flor. Cardaminis.
Carvensamen: Fruct. Carvi.
Cascararinde: Cort. Cascar. Sagr.
Caschu: Catechu. Cachou.
Caschu-Nüsse: Anacardia orientalia.
Casper, höche: Herb. Origani.
Casper, niedere: Herb. Serpylli.
Cassienblüten: Flor. Cassiae.
Cassienfistel: Cassia fistula.
Cassienpfeifen: Cassia fistula.
Cassienröhren: Cassia fistula.
Cassonade, weiße: Sacchar. alb.
Casteralrinde: Cort. Cascar. Sagr.
Casteralwurzel: Cort. Cascarillae.
Castoröl: Ol. Ricini.
Catarrhkraut: Herb. Chenopodii.

Catharinenflachs: Herb. Linariae.
Catharinensamen: Sem. Nigellae.
Cayennepfeffer: Fruct. Capsic.
C-B zur Witterung: Moschus.
Cedemonie: Cort. Cinnam. Ceyl.
Cederatöl: Ol. Citri.
Cederbaumblätter: Summitates Sabinae.
Cedernbalsam: Balsamum carpathicum.
Cedernmanna: Manna.
Cedernterpentin: Balsamum carpathicum.
Cederwacholderöl: Ol. Cadinum.
Cedroöl: Ol. Citri.
Cedwezrinde: Cort. Cinnamomi. Ceylanic.
Centaurenkraut: Herb. Centaurii.
Centauri: Herb. Centaurii..
Centorelle: Herb. Centaurii.
Cerat, gelbes: Cerat. Resinae Pini. Ungt. cereum.
—, grünes: Cerat. Aeruginis.
Ceratsalbe: Ungt. cereum. Ungt. Plumbi.
Cermelwurzel: Rad. Carlinae. Rhiz. Curcumae.
Ceruis: Cerussa.
—, blaue: Ungt. Hydrarg. ciner.
—, gelbe: Lycopodium.
—, graue: Zinc. oxyd. crud.
—, weiße: Talcum pulv.
Cervelatspiritus: Liqu. Ammon. cst.
Ceterachkraut: Herba Ceterach.
Ceylonmoos: Agar-Agar. Fucus amylaceus.
Chagitee: Carrageen.
Chaisenträgerpflaster: Empl. ad rupturas. Empl. oxycroc.
Chakerellenbork: Cort. Cascarill.
Chakrill: Cort. Cascarillae.

Chaldron: Flor. Convallariae.
Chalenderli: Herb. Teucrii.
Chämäch: Fruct. Carvi.
Chambon, weißer: Ungt. Hydrag. alb.
Chambonkraut: Herb. Basilici, Majoran et Thymi conc. aa. p. aequ.
Chämie: Fruct. Carvi.
Chämifegerli: Rad. Caryophyll.
Chamois: Terra de Siena.
Champagnerwurzel: Rhiz. Veratri.
Champignonöl: Ol. Hyoscyami.
Champonwess: Ungt. Hydrag. albi dilut.
Chapiläre: Rad. Asplenii.
Chargetewurzel: Rad. Levistici.
Charlottenblumen: Herb. Pulsatillae.
Charlottenpulver: Tub. Jalap. plv.
Chatzatöpfli: Flor. Stoechados.
Chatzenschwanz: Herb. Equiseti.
Cheinedroppen: Tct. Chinae cps.
Chemi: Fruct. Carvi.
Chemischblau: Cobalt aluminat.
— Geist: Spir. Coloniensis.
— Gelb: Plumb. oxydat. flav.
— Seife: Ammon. carbonicum.
Chermeskörner: Grana chermes.
Chestene: Herb. Castan. vesc.
Chetenblume: Herb. Taraxaci.
Chilisalpeter: Natrium nitricum.
Chinaäpfelschale: Cort. Aurant.
Chinabaumharz: Chinoidinum.
Chinacomposition: Tinct. Chinae comp.
Chinadina: Chinoidiuum.
Chinakraut: Herb. Marrubii.
Chinaöl: Balsamum Peruvian.
Chinapomade: Ungt. pomad. fusc.
Chinarinde: Cort. Chinae.
Chinasalz: Chinin. sulfuricum.

Chinatropfen: Tinct. Chinae comp. Tinct. Chinoidin.

— **schwarze:** Tinct. Chinoidini.

Chinawurzel: Rhiz. Chinae.

Chindli: Tub. Ari.

Chines. Kampher: Camphora.

— **Pulver:** Cort. Chinae pulv.

Chinitimtini: Tinct. Chinoidin.

Chironie: Herb. Centaurii.

Chironienkraut: Herba Centaurii.

Chistena: Herb. Castaneae.

Chlapperrose: Flor. Rhoeados.

Chlor-Alum: Aluminium chloratum.

Chlor, flüssiges: Liquor Natri hypochlorosi.

—, **weißes:** Calcar. chlorata.

Chloräther: Spir. aether. chlorati.

Chlore: Terebinthina laricina.

Chlorine, flüssige: Aq. chlorat.

Chlorinkalk: Calcaria chlorata.

Chlorophyllgrün: Chlorophyllum.

Chölm: Herb. Thymi. Herb. Origani. Herb. Serpylli.

Cholerawurzel: Rad. Angelicae.

Chömig: Fruct. Carvi.

Chorzetwurzel: Rhiz. Curcumae.

Chrabellenkraut: Herb. Anthrisci.

Chriesiwasser: Spirit. Cerasor.

Christbaumöl: Oleum Ricini.

Christblumenwurzel: Rad. Helleb.

Christdornblätter: Fol. Ilicis.

Christenschweiß: Herb. Sedi.

Christhändchen: Tubera Salep.

Christiankraut: Herb. Hyperici.

Christi Blut: Pulv. temper. rubr.

Christichrut: Herb. Galii veri.

Christidornkörner: Fruct. Card. Mariae.

Christignadenkraut: Hb. Hyperici.

Christihausmannspflaster: Empl. fusc. camph.

Christihauspflaster: Empl. Ceruss.

Christiheilundwandeltropfen: Tinct. Lignorum.

Christikreuzblumen: Herb. Hyperici.

Christikreuzblut: Hrb. Hypererici.

Christikreuztee: Herb. Centaurii.

Christikreuztropfen: Tinct. antispast.

Christileidentee: Herb. Polygalae.

Christinenkraut: Herb. Pulicar.

Christipalmöl: Ol. Ricini.

Christistiele: Stipit. Cerasorum.

Christistrauchwurz: Rad. Gentianae.

Christiwundheilpflaster: Empl. fusc. camph.

Christiwundkraut: Herb. Hyperici.

Christkarde: Rad. Helleb. nigr.

Christkartenwurzel: Rad. Hellebori nigri.

Christkoken: Troch. Liquiritae.

Christöl: Ol. animale foet.

Christoffleöl: Ol. Ricini.

Christophskraut: Hrb. Actaeae.

Christpalmenöl: Ol. Ricini.

Christpflaster: Empl. fusc. camph. Empl. Litharg. simpl.

Christrose: Helleborus niger.

Christrosenpflaster: Empl. fusc.

Christsalbe: Empl. fuscum camph. Empl. Lithargyri simpl. Ungt. rosat.

Christschweißkraut: Herb. Sedi.

Christushändchen: Tub. Salep.

Christuskreuzdorntee: Flor. Acac.

Christuspalmenöl: Ol. Ricin.

Christuspalmensamen: Sem. Ricin.

Christuspflaster: Empl. fusc. camph. Empl. Litharg. simpl.

Christwundkraut: Herb. Hyperici.

Christwurzel: Rad. Arnicae. Rad. Helenii. Rad. Helleb. Rad. Pyreth. Germ. Rhiz. Zedoariae.

Christwurzkraut: Herb. Adonid.
Chromgelb: Plumb. chromicum.
Chromgrün: Chromium oxydat.
Chromrot: Plumb. chromic. basic.
Chromsalz, gelbes: Kali chrom.
—, **rotes:** Kali dichromicum.
Chromzinnober: Plumb. chromicum basic.
Chrotabluema:: Flor. Taraxaci.
Chroteblueme: Flor. Taraxaci.
Chruchbohna: Cort. Fruct. Phaseoli.
Chümi: Fruct. Carvi.
Chüttencherme: Sem. Cydoniae.
Cibeben: Passulae majores.
Cicade: Confectio Aurantii.
Cichorienblüte: Flor. Cichorii. Flor. Malv. silvestris.
Cichoriensaft: Sirup. Rhei.
Cichorienwurzel: Rad. Cichorii.
Cinereum: Ungt. Hydrag. cin. dil.
Ciriaksalbe: Ungt. cereum.
Citrachensalbe: Ungt. Zinci.
Citrachenschmiere: Ungt. Zinci.
Citrone u. **Citronell** siehe Z.
Citrullensamen: Semen Citrulli.
Clandersamen: Fruct. Coriandri.
Clando: Rhiz. Zedoariae.
Clorborumpulver: Fruct. Lauri pulv.
Cobbysaft: Elect. e Senna.
Cocculevant: Sem. Cocculi.
Coccusrot: Carminum.
Codiumtee: Herb. Marrubii.
Coerulin: Carminum coeruleum.
Colcothar: Ferr. oxyd. rubr. crud.
Coldcream: Ungt. leniens.
Colliaturholz: Lign. Santali rubr.
Colloxylin: Collodiumwolle.
Colmar: Herb. Anagallidis.
Colmarkraut: Herba Anagallidis.
Colombawurzel: Radix Colombo.

Colophonter: Colophonium.
Columbuswurzel: Radix Colombo
Comfreywurzel: Rad. Consolidae.
Compositieboter: Ungt. flavum.
Comijn = Kümmel, Fruct. Carvi.
Concilie: Herb. Melissae.
Confortanstinctur: Tinct. aromat.
Conselena: Coccionella.
Consenztropfen: Tinct. amara.
Contentblätter: Fol. Lauro-Cerasi
Conterfas: Pulv. herbarum.
Convallenwurzel: Rhiz. Convallariae.
Copalke: Cort. Copalchi.
Coralle siehe Koralle.
Corallin: Acidum rosolicum.
Corniolen: Fructus Corni.
Coronyrinde: Cort. Angosturae.
Cosmoline: Ungt. Paraffini.
Cosmolinöl: Paraffin. liquid.
Costenzkraut: Herb. Origani.
Costus arabischer: Cost. Costiarab.
— **deutscher:** Rad. Petasitidis.
Conettblätter: Folia Lauro-Cerasi.
Couleur: Sacchar. tostum liquid.
Courtpflaster: Emplastrum adhaesivum angl.
Cranium humanum: Calc. phosphor. Cornu cervi praep.
Crême céleste: Ungt. leniens.
—**Sultan:** Ungt. leniens.
—, **weiße:** Ungt. leniens.
Cremnitzer Weiß: Cerussa.
Cremortartari: Tart. depurat.
—, **flüchtiger:** Ammon. bitartaric.
Criminalsalbe: Ungt. Hydrarg. praec. alb.
C-Salbe: Ungt. Elemi.
Cubeben: Fruct. Cubebae.
Cubebenzucker: Conf. Cubebae.
Cudbear: Orseille.

Cujonenpflaster: Empl. Lith. comp.
Cumin: Fruct. Cumini.
Curry: Fruct. Capsici.
Cyanenkraut: Herb. Centaur. Cyani.
Cylang: Cort. Mezerei.
Cymbelkraut: Hérb. Cymbalar.
Cypernholz: Lignum Rhodii.
Cypernwurz: Rhiz. Cyperi.

Cypressenkraut: Herb. Abrotani. Herb. Melissae.
Cypressenöl: Ol. Cupressae aether. Ol. Ricini.
Cypressenrinde: Cort. Ulmi.
Cypressentee: Herb. Melissae. Herb. Abrotani.
Cypriansküchel: Troch. Santon.
Cyprischer Vitriol: Cupr. sulf.

D.

(Siehe auch T.)

Däängras: Herb. Polygoni avic.
Dabatin: Terpentin.
Dachkraut: Herb. Sempervivi.
Dachlauch: Herb. Sempervivi.
Dachlonpflaster: Empl. Lith. cp.
Dachöl: Ol. Rusci. Ol. animale foetid.
Dachsenkraut: Herb. Burs. Past.
Dachsfett: Adeps.
Dachsteinöl: Ol. philosophor.
Dachstropfen: Tinct. Chinoidin.
Dachwurzel: Herb. Sempervivi.
Dackelsalbe: Ungt. diachylon. Empl. Lith. comp.
Dackensalbe: Empl. Litharg. comp. Ungt. Hydrarg. ciner. venale.
Dackmeldung: Opodeldok.
Däcklonpflaster: Empl. Lith. cps.
Däg, schwarzer: Ol. Rusci. Ol. animale foetidum.
Dägenschwarz: Pix navalis.
Daggert: Ol. Rusci.
Dagget: Oleum Rusci.
Dählzäpfli: Turiones Pini.
Dähngras: Herb. Polygoni.
Dahnnesseltee: Flor. Lamii. Herb. Galeopsidis.
Daiment: Herb. Tanaceti.

Dalkruid: Herb. Convallar. maj.
Damarum: Resina Damar.
Damarputi: Resina Damar.
Damarrinde: Cort. Mezerei.
Damarwurzen: Rad. Valerian.
Damenleder, gelbes: Pasta Liquirit.
—, weißes: Pasta gummosa.
Damenpflaster: Empl. Anglicum.
Damenpulver: Amylum.
Dametillwurzel: Rhiz. Torment.
Dammarge: Rad. Valerian.
Dammdistel: Rad. Eryngii.
Dampfgummi: Dextrin.
Dampföl: Acid. hydrochlor. crud.
Dangel: Flor. Lamii alb.
Dänische Tropfen: Elix e Succo Liquirit.
— Wundwasser: Mixt. vulnerar. acid.
Dannappelöl: Ol. Terebinthin.
Dannblaumen: Flor. Calendul.
Dannepible: Turiones Pini.
Danntoppeöl: Ol. Terebinthin.
Danziger Magentropfen: Tinct. Calami comp. Tinct. amara. Tinct. aromat.
— Öl: Ol. Terebinthinae.

Danziger Tropfen: Tinctura amara. Tinct. aromatica. Tinct. arom. acida.

Dapperundgeschwind: Liquor Ammon. caust.

Darbant: Empl. ad rupturas. Terebinthin. commun.

Darells Tropfen: Tinct. Rhei vin.

Darmenfraßpulver: Lycopodium.

Darmgichtkraut: Fol. Melissae.

Darmgichtsaft: Sir. Chamomillae. Sir. Rhei c. Manna. Sir. Sennae.

Darmgichttropfen: Tinct. Rhei aquosa.

Darmgichtwasser, äußerlich: Aq. aromat. spir.

—, innerlich: Aqua Petroselini.

Darmkrampftropfen: Tinct. Rhei vinos. Tinct. Valerian.

Darmkraut: Fol. Fragariae.

Darmreisaft: Sir. Chamomill.

Darmrinden: Conserv. Tamarind.

Darmsaft: Sir. Papaveris.

Darmwinde: Plv. Magn. c. Rheo.

Darmwindpulver: Pulvis Magnes. cum Rheo.

Darmwindensaft: Sir. Chamom.

Dattelöl: Ol. Sesami.

Daudelblüten: Flor. Lamii albi.

Daudelblumen: Flor. Lamii alb.

Dauekraut: Herb. Galeopsidis.

Dauergelb: Barium chromicum.

Dauewang: Herb. Marrubii.

Daukrüt: Herb. Anserinae.

Däumenkraut: Herb. Menthae crisp.

Daumentee: Fol. Menth. crisp.

Daunkraut: Herb. Galeopsidis.

Daurant = Dorant.

Davillatropfen: Tinctura anticholerica Bastleri.

Daxenkraut: Herb. Bursae Pastor.

Dealdensalv: Ungt. flavum.

Debunivisches Öl: Mixt. oleos. bals.

Dedetersalbe: Ungt. flavum.

Deengras: Herb. Polygoni.

Defensivpflaster: Empl. ad. rupturas. Empl. Cerussae. rubr. Ungt. terebinthinat.

Degenöl: Ol. philosophor. Ol. Rusci.

Degen, schwarzer: Ol. Rusci. Ol. animale foetid.

Degen, weißer: Ol. Terebinthinae.

Degenstief, umgewandter: Ungt. digestiv.

Degenstiefel: Ungt. digestivum.

Dehnkrautsamen: Lycopodium.

Deimenthunthun: Herb. Menth. crisp.

Deklamierpflaster: Empl. fuscum camph.

Deklinationswasser: Aqua Samb.

Delftsche Haolie: Ol. Arachidis.

Delinquentenäpfel: Fruct. Colocynthid.

Delinquentenöl: Ol. Hyoscyami.

Delphinblumen: Flor. Calcatrip.

Demutkraut: Herb. Serpylli. Herb. Thymi.

Dendabloama: Flor. Rhoeodos.

Dendelmehl: Lycopodium.

Denkanmich: Herb. Violae tric.

Denkblümchen: Flor. Viol. tric.

Denkblümli: Herb. od. Flor. Viol. tricol.

Denkeli: Flor. Viol. tricol.

Denkhindenkher: Cort. Chinae plv.

Denmarkwurzel: Rad. Valerian.

Denne = Tanne.

Dennehars: Resina Pini.

Denngras: Herb. Polygoni avic.

Dennhöfers Pulver: Pulv. pro eq.

Deopalmsalbe, rote: Ungt. Hydrarg. rubr. dil.

—, weiße: Ungt. Hydrarg. alb. dil.

Deputatsalbe rote od. weiße: Ungt. Hydrarg. rubr. dil. oder alb. dilut.

Derband: Empl. ad. rupturas. Empl. oxycroc.

Derbedillwurzel: Rhiz.Tormentill.

Deridek: Elect. theriacale.

Deriskörner: Sem. Sabadillae.

Derlitze: Cornus Mas.

Derpant: Empl. ad rupturas.

Derre Latten: Fol. Farfarae.

Desinfektionseisen: Ferrum sulfuric crud.

Desinfektionsessig: Acet. pyrolignos. Acet. aromat.

Desinfektionskalk: Calcium carbolic. crud.

Desinfektionspulver: Calcaria carbolis.

Desinfektionssäure: Acid. carbolicum crudum.

Desinfizierpulver: Calcaria carbolisata.

Desinfizierungseisen: Ferr. sulfuricum.

Dessenpulver: Fol. Sennae pulv.

Dessmerkörner: Sem.Abelmoschi.

Destillierter Essig: Acid.acetic,dil.

Destilliert. Wörmköl: Ol. Absinthii aeth.

Deument: Fol. Menth. crisp. Herb. Tanaceti.

Deumentee: Fol. Menth. crisp.

Deutsch.Brechwurz: Rhizom. Asari.

— **Ingwer:** Rhizom. Ari.

— **Pfeffer:** Fruct. Mezerei.

— **Rhabarber:** Cort. Frangulae. Rad. Rhapontici.

— **Sarsaparille:** Rhiz. Caricis.

— **Ziest:** Herb. Stachidis.

Dexenbeeren: Fruct. Juniperi.

Dexenholz: Lignum Juniperi.

Diachalmapflaster: Empl.Litharg. comp.

Diachelgummi: Empl. Lith. cps.

Diachylonpflaster, doppeltes: Empl. Litharg. comp.

—, **einfaches:** Empl. Lith. simpl.

Diachylonsalbe: Ungt. diachyl.

Diacodiumsaft: Sir. Papaveris.

Diadostenöl: Ol. Origani.

Diagget: Ol. Rusci.

Diagryd: Resina Scammonii.

Diajalmapflaster: Empl. Lith. cp.

Diakel, brauner oder gelber: Empl. Litharg. comp.

—, **grüner:** Ungt. diachylon.

—, **weicher:** Empl. Lith. molle.

—, **weißer** Empl. Lith. simpl.

Diakelgummipflaster: Empl.Lith. comp.

Diakelsalbe: Ungt. diachylon.

Diakelsimpel: Empl. Litharg.

Diakodikussaft: Sir. Papaveris.

Diakonuspflaster: Empl. Litharg. simpl.

—, **doppeltes:** Empl. Litharg. cp.

Diakonussaft: Sirup. Papaveris.

Diakostenöl: Ol. Origani.

Dialt, Dialthea: Ungt. flavum.

Diamantkraut: Herba Mesembryanthemi.

Dianenkristalle: Argent. nitric.

Diantensalbe: Ungt. flavum.

Dialsulfpflaster: Empl. sulfurat.

Dibdam: Rad. Dictamni.

Dichersteinöl: Ol. Philosophor.

Dickendam: Rad. Dictamni alb.

Dickendarm: Rad. Paeoniae.

Dickenstief: Ungt. digestivum. Ungt. Elemi. Ungt. Terebinth. comp.

Dickentiefsalbe: Ungt. digestivum. Ungt. Elemi.

Dickeschwarzesulfurtropfen: Ol. Terebinth. sulf.

Dickköpfe: Capit. Papaveris. Flor. Chamom. Roman.

Dickkopfskraut: Herb. Senecionis.

Dickunddünn: Elect. e Senna.

Dickundtief: Ungt. digestiv. Ungt. Elemi. Ungt. Terebinth. comp.

Dictam, weißer: Rad. Dictamni.

Dictamblätter, kretische: Fol. Dictamni cretici.

Dictamwurzel: Rad. Dictamni.

Dicturoel: Ol. compositum.

Didiers Senfkörner: Semen Sinapis alb.

Diebsessig: Acetum aromatic. Acetum Sabadillae. Mixt. vulnerar. acida.

Diebsknobelwurz: Rad. Polygonatae.

Dierlingen: Fruct. Corni.

Dierlitzen: Fruct. Corni.

Diesbachblau: Coeruleum Berolinense.

Diestelkraut: Herb. Card. bened.

Dietrichs Balsam: Tinct. Guajaci comp.

— **Gichttropfen:** Tinct. Guajaci.

— **Magentropfen:** Elix. Aurant. comp. Tinct. Chinae comp.

— **Pflaster:** Empl. fusc. camph.

— **Verdauungstropfen:** Elix. Aurant. comp. Tinct. Chinae comp.

Digallussäure: Acidum tannicum

Digestivkuchen oder -pastillen: Pastilli Natri bicarbon.

Digestivpulver: Natr. bicarb. Pulv. Magnes c. Rheo.

Digestivsalbe: Ungt. digestiv. Ungt. Elemi. Ungt. Terebinthin. comp.

Digestivsalz: Natr. bicarbonic.

Dill, toller (z. Räuchern): Fol. Hyoscyami.

—, **wilder:** Meum athamanticum.

Dillblattwurz: Rad. Mëu.

Dillengeist: Spirit. aromaticus.

Dillensamen: Fruct. Anethi.

Dillentropfen: Ol. Anethi dil.

Dillöl: Ol. Anethi.

—, **grünes:** Ol. Hyoscyami.

Dillpillen: Pilul. laxantes.

Dillsamen: Fruct. Anethi.

Dillwasser: Aq. Anethi. Aq. carminativa.

Dillwurzel, wilde: Rad. Mëu.

Dimodium: Stib. sulfurat. nigr.

Dingelgingelgangeltee: Herb. Violae tricol.

Dingschwede: Empl. Litharg. Empl. saponat.

Dinkelkornbranntwein: Spir. Frumenti.

Dintenbeerblätter: Herb. Ligustr.

Dintenbeeren: Frct. Rhamn. cath.

Dintengummi: Gummi arabic.

Diptam: Rad. Dictamni alb.

—, **kretischer:** Fol. Dictamni cret.

Diptam, weißer: Rad. Dictamni.

Diptamdosten: Fol. Dict. cretici.

Dirmenöl: Ol. Tamarisci.

Distel, englische: Rad. Carlinae.

—, **gelbe:** Herb. Galeopsidis.

—, **gesegnete:** Herba Cardui bened.

Distelikraut: Herb. Hieraciae.

Distelkraut: Herba Cardui bened.

—, **gelbes:** Herb. Galeopsidis.

Distelsafran: Flor. Carthami.

Distelsamen: Frct. Card. Mariae.

Distle, kruse: Herb. Card. ben.

Dittiwurz: Rad. Convallariae.

Dittiwurzel: Rhizoma Podophylli.

Dittmayers Hustentropfen: Elix. e Succo Liquir. c. Aq. Amygd. amar. aa.

Ditundat: Elect. theriacale.

Dixtam, gemeiner: Rad. Dictamni.

Dochliepflaster: Empl. saponat.

Dockkraut, Dockenkraut: Herb. Rumicis. Herb. Scabiosae.

Dockenkrautwurzel: Rad. Bardanae.

Doktorblümchen: Flor. Farfarae.

Dodenkopp: Caput. mortuum.

Dohlrübe: Rad. Bryoniae.

Dohminichtssalbe: Ungt. sulfurat. gris.

Doktoressig: Acet. aromaticum.

Doktormartinluthersalbe: Ungt. flavum.

Dol, dolle = toll (-Kirsche usw.).

Dollbillerkraut: Fol. Hyoscyami.

Dolldill: Fol. Hyoscyami.

Dolldillenöl: Ol. Hyoscyami.

Dollenkrautwurzel: Rad. Bardanae.

Dollkorn: Secale cornutum.

Dollkörner: Pulv. contra pedicul.

Dollkraut: Fol. Belladonnae. Fol. Stramonii. Herb. Conii.

Dollmkrautwurz: Rad. Bardan.

Dollrübe: Radix Bryoniae. Rhiz. Tormentillae.

Dollsamen: Sem. Hyoscyami.

Dolltockenwurz: Rhiz. Veratri.

Dollwurz: Rad. Belladonnae.

Dominiksalbe: Ugt. sulfur. gris.

Doni zum Auflegen: Liquor Alum. acetici.

Donisselblüten: Flor. Lamii albi.

Donnerbart: Sempervivum tectorum.

Donnerbesen: Viscum album.

Donnerblumen: Herb. Scabios.

Donnerdistel: Herb. Card. bened.

Donnerdistelkraut: Herb. Eryngii. Herb. Card. bened.

Donnerfluch: Rad. Aristol. cav.

Donnerkerzen: Flor. Varbasci.

Donnerkraut: Herb. Acetosellae. Herb. Sempervivi tect.

Donnerkugelblätter: Fol. Stramon.

Donnerkugelsamen: Sem. Stramonii.

Donnermarkwurzel: Rad. Valerianae.

Donnernägel: Flor. Carthusian.

Donnerrebe: Herb. Hederae.

Donnerstein: Lapis Belemnites.

Donnerwurz: Rad. Asparagi. Rad. Aristoloch.

Door = durch.

Doorboord hertshooi: Herb. Hyperici.

Doppelblau: Anilinum.

Doppeldiachelpflaster: Empl. Litharg. comp.

Doppeldiakel: Empl. Litharg. cp.

Doppeldoberaner Tropfen: Tinct. Spilanth.

Doppelgrün: Spirit. nervin. viridis. Ungt. Populi. Ungt. nervin. vir.

Doppelsalz: Kali sulfuricum. Ferrum sulfuric. ammoniat.

—, saures: Kalium bisulfuricum.

Doppelviolett: Anilinum.

Doppelt. Kamillen: Flor. Chamomillae Rom.

— Natron: Natr. bicarbonicum.

Doppelgliederbalsam: Spirit. saponat. camph.

Doppeltgliederöl: Ol. Hyoscyam.

Doppelzungenkraut: Herba Uvulariae.

Dorandell: Rad. Tormentillae.

Dorant: Herb. Ptarmicae. Herb. Marrubii, Herb. Linariae.

Dorant, blauer oder großer: Herb. Antirrhini.

—, weißer: Herb. Marrubii.

Dorantwurzel: Rad. Doronici.

Dorische Salbe: Ungt. Zinci.

Dorlee: Fruct. Corni.

Dorn, arabischer, jüdischer: Rad. Carlinae.

Dornapfelblätter: Fol. Stramon.

Dornapfelsamen: Sem. Stramonii.

Dornapfelschwamm: Fungus Cynosbati.

Dornklee: Ononis spinosa.

Dornkopfblätter: Fol. Stramonii.

Dornkopfsamen: Sem. Stramonii.

Dornkraut: Herb. Galeopsidis.

Dornmyrtenwurzel: Rad. Rusci.

Dornrosen: Flor. Rosae canin.

Dornrosenschwamm: Fungus Cynosbati.

Dorns Pulver: Pulv. pro infant.

Dornschlehblüte: Flor. Acaciae.

Dornwurzel: Rad. Ononidis.

Dörrband: Empl. ad rupturas.

Dorrübe: Rhiz. Cyclaminis.

Dorschsaft: Mel. rosat. borax.

Dorschsalz: Sal. Jecoris.

Doschentee: Herba Origani.

Doschte: Herb. Origani.

Dost, großer: Herb. Origani vulg.

— kleiner: Herb. Serpylli.

Doste, blaue: Herb. Origani.

Doste und Dorant: Herb. Origani. et Herb. Ptarmic. āā. p. aequ.

Dosten, candischer: Herb. Origani cretici.

Dostenkraut: Herba Origani vulgaris.

—, kretisches: Herb. Origani cret.

Dostenöl: Ol. Origani.

Dostkraut: Herb. Origani vulg.

Dotterblumen: Flor. Calendulae. Flor. Verbasci.

Dotterblumenwurzel: Rad. Tarax. c. herb.

Dotternesselbluest: Flor. Lamii. alb.

Dotteröl: Ol. Ovorum. Ol. Amygdalarum. Linim, Calcis.

Dotterschmalz: Ungt. flavum.

Dotterweide: Cort. Salicis.

Dotterweidenrinde: Cort. Salicis.

Draban: Herb. Dracunculi.

Drabankraut: Herb. Dracunculi.

Dracelumssimonspflaster: Empl. Litharg. simpl.

Drachantkraut: Herb. Dracunculi. Herb. Eupatorii.

Drache, weißer: Kali nitric.

Drachenblut: Resin. Draconis. Bolus rubra.

Drachenkraut: Herb. Eupatorii.

Drachenöl: Ol. Hyperici.

Drachenpulver: Plv. pro equis ruber.

Drachenwurz: Rad. Artemis. Rhiz. Bistortae. Rhiz. Ari.

Dragant: Tragacantha.

Dragantenöl: Oleum animale. foetid. Ol. Philosophorum.

Dragantensalbe: Ungt. flavum.

Drägerbsen: Fruct. Phaseoli.

Dragonellkraut: Hrb. Dracunculi.

Dragonerblumen: Flor. Bellidis. Flor. Cyani.

Dragonerpulver: Plv. ctr. pedic.

Dragonkraut: Herb. Dracunculi.

Dragun: Herb. Dracunculi.

Dragunkraut, weißes: Herb. Ptarmicae.

Dragunwermut: Hrb. Ptarmicae

Drangkraut: Herb. Sideritidis.

Drankwortel: Rhiz. Iridis.

Dratblumen: Flor. Calthae.

Draustkraut: Herb. Tanaceti.

Drecklilie: Bulb. Asphodeli.

Drecksetzdich: Herb. Taraxaci.
Dreefoot: Rad. Valerianae.
Dreiacker: Elect. theriacale.
Dreiackersch: Pulv. epilepticus.
Dreiader: Herb. Plantaginis.
Dreiaderkraut: Herb. Plantaginis.
Dreiaggis: Theriak.
Dreiat: Theriak.
Dreiblatt: Fol. Trifol. fibrini.
Drejak, englischer: Succinum.
Drejakel: Elect. theriacale.
Dreialtöl: Ungt. flav. c. Ol Lauri.
Dreialtschmeer: Ungt. flavum.
Dreidisteltee: Herb. Cardui bened.
Dreidorn: Berberis vulgaris.
Dreidornwurzel: Rad. Berberid.
Dreieinigkeitswurzel: Rad. Angelicae.
Dreierleikinderpulver: Pulv. antacid. Pulv. epilepticus. Pulv. pro infant.
Dreierlei Salbe: Ungt. Terebinthinae. Ungt. viride.
Dreierlei Tropfen: Tinct. bezoardica comp.
Dreifaltigkeit: Herb. Viol. tric.
Dreifaltigkeitsblumen: Flor Violae tricol.
Drei Geister: Spir. camphor., Spir. Rosmar., Spir. sapon. aa.
Dreigrenzenpulver: Pulv. pro vaccis.
Dreijak, englischer: Succinum.
Drei Jakob: Empl. Litharg. comp.
Drei-Jakobspflaster: Empl. Lytharg. comp.
Dreikönigsbutter: Ungt. basilic.
Dreikönigstee: Spec. laxantes.
Dreikreuzertee: Spec. laxantes.
Dreimalgrün: Ungt. Lauri. Ungt. Populi. Ungt. nervin. virid.
Dreiochs: Elect. theriacale.
Dreiockel: Elect. theriacale.

Dreirosencerat: Cerat. fuscum.
Dreißig: Herb. Plantaginis.
Dreißigkraut: Herb. Plantaginis.
Dreiviertel Katzenstein: Zincum sulfuricum.
Dresdener Tee: Spec. laxantes.
Dresselkraut: Herb. Card. bened.
Driakel: Elect. theriacale.
Driakalgummi: Empl. Lith. cps.
Driakelpflaster: Empl. Lith. cps.
Driakelsimpel: Empl. Lith. spl.
Driantenpflaster: Empl. Lith. spl.
Driantensalbe: Ungt. flavum.
Driantenwurzel: Rad. Alkannae.
Driantpflaster: Empl. Plumbi cp.
Driefkrautwurzel: Rad. Ononidis.
Drieslakritz: Elect. e Senna.
Drigantensalbe: Ungt. flavum.
Drijak: Elect. theriacale.
Drijfsteen: Lapis pumicis.
Driochs: Elect. theriacale.
Dripkrautrinde: Cort. Mezerei.
Drisenet: Plv. aromat. c. Sachar.
Drivpulver: Pulvis pro equis.
Droddelmehl: Lycopodium.
Drög, drogg = Trocken.
Drögnicht: Nihilum album (Zinc. oxyd. crud.).
Drögniß: Zincum oxydatum. crd.
Drögpulver: Tartarus depuratus.
Drögsalv: Ungt. exsiccans. Pasta Zinci.
Droggsalv: Pasta. Zinci.
Droogwater: Soda.
Droosle: Fol. Betulae.
Drop: Succus Liquiritiae.
Droppoeder: Pulv. Liquirit. cp.
Drossel: Fol. Betulae.
Drosselbeeren: Fruct. Sorbi.
Drosselkirschen: Fruct. Frangul.
Droßwurz: Rhiz. Polypodii.
Drottenmehl: Lycopodium.
Drubensalbe: Ceratum Cetacei.

Druckbalsam, Druckschmiere: Tinct. Benzoes comp. od. Tinct. Aloes, Tr. Benzoës, Tr. Myrrhae aa p. aequ.

Druckersalz: Natr. stannicum.

Drucköl: Ol. camphorat. Ol. carbolisat.

Drudenfuß: Herb. Lycopodii.

Drudenmehl: Lycopodium.

Druide: Elect. theriacale.

Druidenfinger: Lapis Belemnites.

Druidenkraut: Herb. Verbenae.

Druidenmehl: Lycopodium.

Druidenmistel: Viscum album.

Druidenstein: Lapis Belemnites.

Drümmel: Fol. Lolii temul.

Drumpelbeeren: Fruct. Myrtill.

Drusenbranntwein: Spiritus dilutus (Kornbranntwein).

Drusenöl: Aether oenanthicus.

Drusenpulver: Pulv. pro equis gris.

Drusensalbe: Ungt. flavum.

Drusentill: Rhiz. Tormentillae.

Drüsenöl: Linim. ammon. camph. Ol. Jecoris Aselli.

Drüsenpflaster: Empl. Meliloti. Empl. saponatum.

Drüsenpulver: Plv.pro equis.gris.

Drüsensalbe, gelbe: Ungt. flav.

—, **graue:** Ungt. Hydr. cin. dil.

—, **weiße:** Ungt. Kalii jodat.

Drutenfußmehl: Lycopodium.

Duahnstesnicht: Liq. Ammon. anisat.

Dubelskörner: Fruct. Cocculi. Fruct. Lauri.

Dübels = Teufels —

Dübels Affbitt oder Nachbitt: Rad. Succisae, Rhiz. Tormentill.

Dubenköpfli: Tub. Salep.

Dubenwocken: Herb. Equiseti.

Dubockkraut: Herb. Equiseti.

Dubstein: Cupr. aluminatum.

Ductan: Tutia praeparata.

Duckstein: Lapis Osteocollae.

Duinbezien: Fruct. Rhamni cath.

Duizend- Tausend.

Dukatenröslein: Hieracium Pilosella.

Dukatensamen: Sem. Psyllii.

Dukatlein: Herb. Hieracii.

Dulcianstropfen: Spir. Aeth. nitr. Tinct. aromat. Tinct. Corall.

Dulldäg: Hyoscyamus niger.

Dulldill: Sem. od. Fol. Hyoscyami.

Dulldillenöl: Ol. Hyoscyami.

Dullsalv: Electuarium e Senna.

Dumengurkenpulver: Gutti plv. (Rhiz. Rhei plv.)

Dument: Herb. Menth. crisp. Herb. Tanaceti.

Dummerjahn: Herb. Conyzae.

Dumme Schlüsseli: Flor. Primulae.

Dummjungenpflaster: Empl. fuscum. Empl. Lith. comp.

Dummjurkenpulver: Gutti pulv. Rhiz. Rhei pulv.

Dummkraut: Fol. Hyoscyami.

Dunkelkorn: Grana Paradisi.

Dunkeltropfen: Tinct. Lignor.

Dunnerfürzkraut: Herb. Ribis grossular.

Dunst, blauer: Herb. Origani.

Dunst, grauer: Tutia praeparata.

Dunstpulver: Pulv. fumalis.

Duplikatsalz: Kali sulfuricum.

Durant: Herb. Ptarmicae. Herb. Marrubii. Rad. Taraxaci.

Durban: Empl. oxycrocum.

Durchbindöl: Ol. Lini.

Durchbrech: Herb. Perfoliat.

Durchbrechkraut: Hrb. Perfoliat.

Durchdringend. Adersalbe: Ol. Lauri. Ungt. Populi. Ungt. Rosmarin. comp.

— **Salbe:** Ungt. Rosmar. comp.

— **Spiritus:** Spir. camphor. c. Liq. Am. caust. 2 : 1. Linim. sapon. camph.

Durchdringöl, gelbes: Ol. camph.

—, **grünes:** Ol. Hyoscyami.

—, **rotes:** Ol. Hyperici.

—, **weißes:** Linim. amm.

Durchfliegend. Spiritus: Liquor Ammon caust.

Durchgangstropfen: Tinct. Rhei vinosa.

Durchgedrungen. Hoffmannssalbe: Ungt. contra scabiem.

—, **Gliederöl:** Ol. Hyoscyami. Ol. Hyperici. Ol. Philosophor.

Durchheilöl: Ol. viride. Ol. Hyoscyami.

Durchkraut: Herb. Perfoliat.

Durchliegpflaster: Empl. Cerussae. Empl. saponat.

Durchliegsalbe: Ungt. Cerussae. Ungt. Plumbi tannic.

Durchschlagöl: Ol. Ricini.

Durchwachs: Herb. Perfoliatae. Herb. Hyperici.

Durchwachskraut: Herb. Perfoliatae. Herb. Hyperici.

Durchwachsöl: Ol. Hyoscyam. Ol. Hyperici. Ol. Juniperi lign. Ol. Spicae. Ol. Terebinth. Ol. viride.

Durchwachssalbe, gelbe: Ungt. flav.

—, **grüne:** Ungt. Populi.

Durchzugpflaster, schwarzes: Empl. fusc. camph.

—, **weißes:** Cerat. Cetacei. Empl. Litharg. simpl.

Dürenbeeren: Fruct. Juniperi.

Dürenholz: Lign. Juniperi.

Durkantpflaster: Empl. oxycroceum.

Dürlestrich: Sebum.

Dürlitzenkirschen: Fruct. Corni.

Dürmensalbe: Ungt. Aeruginis.

Dürrbandpflaster: Empl. oxycroceum. Empl. ad rupturas.

Dürre Jages: Theriaca.

—, **Sigellate:** Terra sigillata.

Dürri Heiti: Fruct. Myrtilli.

Dürrkorn: Secale cornutum.

Dürrkraut: Herb. Herniariae.

Dürrwachs: Herb. Perfolia.

Dürrwurz, blaue: Herba Erigeronis.

Dürrwurzelkraut: Herb. Pulicar.

Dürrwachskraut: Herb. Perfoliat.

Düttensaft: Sir. Rhoeados.

Duwok: Herb. Equiseti.

Düwekropf: Herba Fumariae.

Düwelpflaster: Empl. foetidum.

Düwelsabbitt: Rad. Succisae.

Düwelsblome: Flor. Arnicae.

Düwelsnachbitt: Rad. Succisae.

Duzian: Tutia praeparata.

E.

(Siehe auch Ae.)

Eau de Carmes: Spir. Meliss. cps.

Eau de Cologne: Spir. Coloniens.

Eau de Javelle: Liq. natri hypochl.

Eau de Labarraque: Liq. natr. hypochlorosi.

Eau de Lavande: Spir. Lavandul.

Eau de Luce: Liq. Amm. succin.

Eau de Trèves: Acet. aromatic.
Eau peau d'Eldoch: Spirit. saponato-camphorat.
Ebbeerikraut: Herb. Fragariae.
Ebenreis: Herb. Abrotani.
Eberdistelwurz: Rad. Carlinae.
Ebereschen: Fruct. Sorbi.
Ebereschenbeeren: Fruct. Sorborum.
Ebereschenblüten: Flor. Acaciae.
Eberhards Pulver: Pulv. Liquiritiae comp.
Eberholzöl: Ol. Sassafras.
Eberitzen: Herb. Abrotani.
Ebernkraut: Herb. Fragariae. Herb. Epilobii.
Eberraute, Eberreis, Eberrite: Eberrute: Herb. Abrotani.
Eberritz: Herb. Abrotani.
Eberrot: Herb. Abrotani.
Eberrutenkraut: Herb. Abrotani.
Ebersbeeren: Fruct. Sorbi.
Ebersbrot: Fruct. Ceratoniae.
Ebertpflaster: Empl. fuscum.
Eberwurzel: Rad. Carlinae.
Eberzahn: Rad. Carlinae.
Ebreschen: Fruct. Sorbi.
Ebrittenkraut: Herb. Abrotani.
Ebritzbeeren: Fruct. Sorbor.
Ebsche: Fruct. Sorbi.
Eckeln: Sem. Quercus.
Eckern: Sem. Quercus.
Eckernkaffee: Sem. Querc. tost.
Eckstein = Bernstein.
Ecksteinöl: Ol. Succini.
Eddernessel: Flores Lamii alb. Herb. Galeopsidis.
Eddersaat: Sem. Hyoscyami.
Edeldistel: Herb. Card. ben.
Edelgamander: Herb. Chamaedr.
Edelgarbe: Herb. Millefolii.
Edelgarbenkraut: Herb. Millefolii.
Edelharzwurzel: Rad. Helenii.

Edelherzpulver, rotes: Pulv. epileptic. rubr.
— schwarzes: Pulv. epilept. nigr.
— weißes: Plv. epilept. March.
Edelherztropfen: Tinct. aromatica. Tinct. Corallorum.
Edelherzwurzel: Rad. Helenii.
Edelkamillen: Flor. Chamom. romanae.
Edelleberkraut: Herb. Hepatic. Herb. Hederae.
Edeileberwurzel: Rhiz. Calami.
Edelmaran: Herb. Majoranae.
Edelmeerkraut: Herb. Absinthii maritimi.
Edelmindkraut: Fol. Menth. pip. Herb. Virgaurae.
Edelminze: Fol. Menthae pip.
Edelrainfarn: Herb. Balsamitae.
Edelromey: Flor. Chamom. Rom.
Edelsalbai: Fol. Salviae.
Edelschmiere: Ungt. leniens.
Edelsteinpulver: Pulv. epilept. March.
Edelwundkraut: Herb. Virgaur.
Edernessel: Flor. Lamii alb. Herb. Galeopsid.
Editumiditum: Resina Anime u. Elemi.
Eekel: Hirudo.
Eelst: Hirudo.
Effenbaumrinde: Cort. Ulmi.
Effernrinde: Cortex Ulmi.
Egel: Hirudines.
Egelkraut: Herb. Hederae.
Egelpfennigkraut: Herb. Nummulariae.
Egerer Salz: Magnes. sulfuric.
Egidienwurzel: Rad. Angelicae.
Eglantierknop: Fruct. Cynosbati.
Egyptenkraut: Herb. Meliloti.
Egyptisch. Balsam: Ungt. Aerug.
— Heusamen: Sem. Foenugraec.

Egyptisch. Jakob, Salbe oder Schafskopf: Ungt. Aeruginis.
— **Öl:** Oxymel Aeruginis.
Ehnbeer = Einbeer.
Ehr, schwarze: Mumia aegyptica.
Ehrenpreis: Herb. Veronicae.
Ehrenpulver: Herb. Centaur. plv.
Ehrenrosen: Flor. Malv. arbor, Flor. Althaeae.
Ehrentraut: Herb. Veronicae.
Eibenblätter: Fol. Taxi.
Eibisch: Fol. Althaeae.
Eibischfleisch: Pasta gummosa
Eibischkraut: Fol. Althaeae.
Eibischpapilloten: Pasta gummosa.
Eibischpasta: Pasta gummosa.
Eibischsaft: Sir. Althaeae.
Eibischsalbe: Ungt. flavum.
Eibischteigzucker: Pasta gummosa.
Eibischwurzel: Rad. Althaeae.
Eibschen: Fruct. Sorbi.
Eichäpfel: Gallae.
Eiche aus Capadocien: Herb. Chenopodii.
Eiche von Jerusalem: Herba Botryos.
Eichelbecher: Calyculae Gland. querc.
Eichelholzsalbe: Ungt. Elemi.
Eichelkaffee: Gland. Querc. tost.
Eichelpflaster: Empl. Litharg.
Eichelzucker: Quercitum.
Eichenblätter: Fol. Juglandis.
Eichenfarnwurzel: Rhiz. Polypodii.
Eichenflechte: Muscus arboreus.
Eichenholz, gelbes: Cort. Querc. tinct.
Eichenkenster: Viscum alb.
Eichenkern: Gland. Quercus.
Eichenkinster: Viscum alb.

Eichenlohe: Cort. Querc. gr. plv.
Eichenlunge: Lichen Pulmonar.
Eichenlungenmoos: Herb. Scrophulariae.
Eichenmispel: Viscum album.
Eichenmistel: Viscum album.
Eichennester: Viscum album.
Eichenrinde: Cort. Quercus.
Eichenrindensalbe: Ungt. Plumb. tannic.
Eichenschwamm: Fung. Chirurg.
Eiche von Jerusalem: Hb. Botryos.
Eicherln: Gland. Quercus.
Eichfarnwurz: Rhiz. Polypodii.
Eichhörnliwurzel: Visc. album.
Eichwaldswurzel: Rad. Gentian.
Eidernessel: Flor. Lamii alb. Herb. Galeopsid.
Eiebaumblätter: Fol. Taxi.
Eienblätter: Fol. Taxi.
Eieräugli: Flor. Primulae.
Eierblume: Herb. Taraxaci.
Eierblumenkraut: Herb. Tarax.
Eierbräst: Herb. Senecionis.
Eierfarbe: Tinct. Croci. Tinct. Curcumae.
Eiergelb: Crocus plv. Rhiz. Curcumae. Orleana.
Eierkraut: Herb. Dracunculi. Herb. Taraxaci.
Eierkrautwurzel: Rad. Taraxaci.
Eieröl: Ol. Ovorum. Ol. Amygdalar. Linim. Calcariae.
Eierschalen: Conchae praep.
Eierschalenstengel: Stip. Dulcamarae.
Eierstockkraut: Herb. Scabios.
Eierwasser: Aqua Chamomill.
Eierwurzel: Rhiz. Curcumae. Rhiz. Zingiberis.
Eigelbeeren: Fruct. Myrtilli.
Eijelbeeren: Fruct. Myrtilli.

Eikbuschtee: Rad. Althaeae.
Eilegras: Herb. Polygoni.
Einbaumöl: Ol. Juniperi Ligni.
Einbeeren: Fct. Rhamni cathartic.
Einbeerkraut: Herb. Paridis.
Einbeeröl: Ol. Juniperi ligni. Ol. Chamomill. inf. Ol. Hyoscyami. Oleum viride.
Einblatt: Parnascia palustris.
Einblattblüten: Flor. Hepat. alb.
Eindornwurzel: Rad. Ononidis.
Einedroppen: Tinct. Chinae cps.
Einfache Salbe: Ungt. cereum.
Eingangswurzel: Rad. Gentian.
Eingemachte Jungfernschmiere: Ungt. Hydr. alb. dilut.
Eingrün: Herb. Vincae.
Einhackel: Rad. Carlinae.
Einhagelwurz: Rad. Ononidis.
Einhagenwurzen: Rad. Carlin.
Einholz: Lign. Juniperi.
Einholzbeeren: Fruct. Juniperi.
Einholzöl: Ol. Juniperi ligni.
Einhorn, schwarzes: Ebur. ust.
—, weißes: Conchae praep.
Einis: Fruct. Anisi.
Einklappe: Lycopodium.
Einklappsamen: Lycopodium.
Einklopfpulver: Lycopodium.
Einreibung, braune: Tct. Arnic.
Einrichtepflaster: Emplastr. ad rupturas.
Einschlag (zum Schwefeln): Sulfur in filis.
—, blauer: Ugt. Hydr. cin. dilut.
Einschlagkräuter: Species aromaticae.
Einschlagspan: Sulfur in filis.
Einschlagtee: Spec. resolvent.
Einsiedepapier: Charta pergam.
Einspan: Sulfur in filis.

Einstreupulver: Lycopodium. Pulv. exsiccans. Pulv. inspersorius.
Einsuppenkraut: Herb. Saturej.
Einwand, blau: Ugt. Hydr. cin. dil.
Einwendung, blaue: Ungt. Hydrarg. cin. dil.
Einzich: Rad. Gentianae.
Eisbärendreck: Pasta gummosa.
Eisbadkraut: Herb. Saturejae.
Eisblüten: Flor. Lamii albi.
Eisblumen: Flor. Lamii albi.
Eischholzsalbe: Ungt. Elemi.
Eisels Liniment: Linim. ammon. et Tinct. Arnicae aa. p. aequ.
Eisenäpfeltinktur: Tinct. Ferri pomati.
Eisenäther: Tct. Ferr. chlor. aeth.
Eisenaloëpillen: Pil. aloët. ferrat.
Eisenbart: Herb. Verbenae.
Eisenbartkraut: Herb. Verbenae.
Eisenbaumblätter: Fol. Taxi.
Eisenbeerblätter: Herb. Ligustri.
Eisenbeize: Liquor Ferri acetic. crud.
—, salpetersaure: Ferrum nitric. oxydat. Liq. Ferri nitric.
Eisenblumen: Ferr. sesquichlor. sublim.
Eisenbrausepulver: Ferr. citric. effervescens.
Eisenbrühe: Liq. Ferri acetici.
Eisendek: Herb. Verbenae.
Eisenfeile: Ferrum pulveratum.
Eisenhärte: Kal. ferrocyanatum.
Eisenhaltiger Liquor: Tinct. Ferri chlorat. aeth.
Eisenhammerschlag: Ferrum oxydatum fuscum.
Eisenhart: Herb. Verbenae.
Eisenhartkraut: Herb. Verbenae.
Eisenhendrik: Herb. Verbenae.

Eisenherz: Herb. Verbenae.
Eisenherzkraut: Herb. Verbenae.
Eisenhut: Herb. Aconiti.
Eisenhutknollen: Tubera Aconiti.
Eisenhütli: Herb.od.Tub.Aconiti.
Eisenkali, blausaures: Kalium ferrocyanatum.
Eisenkalk: Ferr. oxyd. rubr. crud.
Eisenkies: Ferr. sulfurat. nativ.
Eisenkraut: Herb. Verbenae. Herb. Alchemillae.
Eisenkrautwasser: Aq. Melissae.
Eisenkrautwurzel: Rad. Pyrethri. Rhiz. Caryophyllat.
Eisenkugeln: Tart. ferrat. in glob.
Eisenmennige: Ferr. oxyd. rubr. crud.
Eisenmohr: Ferr. oxydul. oxydat.
Eisenöl: Liq. Ferri sesquichl. Ol. Oliv. alb. Paraff. liquid.
Eisenpflaster: Empl. oxycroc. Empl. ad rupturas. Empl. fuscum camph.
Eisenpillen, Blancards: Pil. Ferri. jodati.
—, **Pariser:** Pil. Ferr. carbon.
—, **schwarze:** Pil. aloët. ferr.
—, **Valettsche:** Pil. Ferri carb.
—, **weiße:** Pilul. Ferri carbon. sacchar.
Eisenrostwasser: Liquor Ferri. acetici.
Eisenrot: Ferrum oxydatum.
Eisensafran: Ferr. oxydat. fusc.
Eisensalbe: Ungt. ad. perniones.
Eisensalmiak: Amm. chlor. ferr.
Eisensalz: Ferrum sulfuricum.
Eisenschwarz: Graphites. Plumbago.
Eisenschwärze: Plumbago. Graphites.
Eisenschwefel: Ferrum sulfurat.
Eisensirup: Sir. Ferri oxyd.

Eisensublimat: Ferrum sesquichlorat. siccum.
Eisenton, roter: Bolus rubra.
Eisentropfen: Tinct. Ferri pomat.
—, **Klapproths:** Tinct. Ferri acetici aetherea.
—, **saure:** Tinct. Ferr. acet. aeth.
—, **schwarze:** Tct. Ferri pomati.
Eisenvitriol: Ferrum sulfuricum.
Eisenwein: Vinum ferratum. Tinct. Ferr. arom. D. A. V.
Eisenweinstein, Eisenweinsteinkugeln: Tartar. ferrat. in globulis.
Eisenzucker: Ferr. oxyd. sacch. Ferr. carbon sacch.
Eiserichkraut: Herb. Hyssopi. Herb. Verbenae.
Eiserichöl: Oleum viride.
Eiserpeter: Rhiz. Caricis.
Eiserpeterwurzel: Rhiz. Caricis.
Eisessig: Acid. acetic. glaciale.
Eisewig: Herb. Verbenae. Herb. Hyssopi.
Eisewigkraut: Herb. Hyssopi.
Eisfelberrinde: Cort. Salicis.
Eiskraut: Herb. Mesembrianth.
Eiskrautsaft: Sir. Plantaginis.
Eiskrautwasser: Aq. Petrosel.
Eisöl: Acid. sulfuric. anglic.
Eisopkraut: Herb. Hyssopi.
Eispillen: Pilul. Rhei.
Eispomade: Ungt. pomad. Ricini.
Eissalbe: Linim. sapon. camph. Ungt. Glycerini. Ungt. Paraff. Ungt. Plumbi.
Eisstabwurzel: Rad. Artemisiae.
Eistropfen: Aether.
Eiterbatzen: Fruct. Grossulariae.
Eiteressig: Aether aceticus.
Eiterflußpulver: Plv. Liquir. cps.
Ekenmispel: Viscum album.
Elaïnsäure: Acidum Oleïnicum.

Elappenpulver: Tub. Jalap. pulv.
Elau: Terebinthina laricina.
Elbdorfer Pulver: Plv. epilept. rbr.
Elbensalbe: Ungt. flavum.
Elch: Herb. Absinthii.
Eldensalbe: Ungt. flavum.
Eldenwurzel: Rad. Helenii.
Elderrinde: Cortex Alni.
Elefantenläuse: Anacardia.
Elefantenöl: Ol. Tereb. sulf.
Elefantensalbe: Ol. Tereb. sulf.
Elektrisiersalz: Hydr. sulf. neutr.
Element: Liniment. ammoniat.
Elementi: Liqu. Ammon. caust.
Elementarstein: Ferr. sulfurat. nativum.
Elementlauer Pulver: Cornu Cerv. ust. praep. Conchae praep.
Elementöl: Liniment. ammoniat.
Elementspiritus: Liqu. Ammon. caust.
Elementsalz: Ammon. chlorat. techn.
Elemibalsam: Ungt. Elemi.
Elend, graues: Plv. epilept. March.
Elendhorn: Conchae praep.
Elendklauen: Corn. Cerv. rasp.
—, gebrannte: Corn. Cerv. ust. Conchae praep.
Elendklauensirup: Sir. Althaeae.
Elendklauenwurz: Rad. Consolid.
Elendkörner: Sem. Paradisi.
Elendkraut: Herb. Chenopodii.
Elendmoos: Lichen Islandicus.
Elendpulver: Cornu Cervi ust. Conchae praep.
Elendsklauensaft: Sir. Althaeae.
Elendtropfen: Tinct. Chinoid. Tinct. Cinnam. et Tinct. Chinoïdin aa. p. aequ.
Elendswurzel: Rad. Helenii. Rad. Peucedani.

No. Elf: Spir. camph. Ol. Tereb., Liqu. ammon. cst. aa. p. aequ.
Elfbortenholz: Lign. Juniperi.
Elfenbauholz: Lign. Juniperi.
Elfenbein, gebranntes: Ebur ust.
—, weißgebranntes: Cornu Cervi. ustum. Conchae praep. Calc. phosphoric. crud.
Elfenbeinholz: Lign. Quassiae.
Elfenbeinpulver: Ossa Sepiae plv.
Elfenbeinschwarz: Ebur ustum.
Elfenbeinspiritus: Liq. Ammon. carbon. pyro-oleos.
Elfenblutkraut: Herb. Hyperici.
Elfenbortholz: Lign. Juniperi.
Elfenhirtenholz: Lign. Juniperi.
Elflortenholz: Lign. Guajaci.
Elfrank: Stipit. Dulcamarae.
Elgenrinde: Cort. Pruni Padi.
Eliasäpfel: Fruct. Colocynthid.
Elidenstein: Zincum sulfuricum.
Elisabethinerkugeln: Globuli camphorati.
Elisabethkugeln: Globuli camphorati. Terra sigillata.
Elisabethpulver: Pulv. strumal.
Elixir, aromatisches: Tinct. aromat. acid.
—, Mynsichts: Tct. aromat. acid.
—, pecticum: Elix. e Succo Liq.
—, Rabels: Mixt. sulfuric. acida.
—, saures: Mixt. sulfuric. acida.
—, schmerzstillendes: Tinct. Opii benzoic.
—, schwedisches: Tinct. Aloës comp.
—, Stoughtons: Tinct. Aloës. comp.
—, Stockdumm: Tinct. Aloës. compos.
—, süßes: Elix. Salutis.
—, weißes: Aq. Cinnamomi.
—, 12 Kreuzer: Tct. arom. acida.

Elixirtropfen: Elix. e Succ. Liq.

Ellensankt: Lignum Guajaci.

Ellentropfen: Äther.

Ellerbeeren: Frct. Aurant. immat.

Ellerbeerensalbe: Ungt. Canthar.

Ellerrinde: Cortex Alni.

Ellersche Tropfen: Liq. Ammon. succin. et Spir. aether aa. p. aequ.

Ellhornbeeren: Fruct. Sambuci.

Ellhornblumen: Flor. Sambuci.

Elmenrinde: Cort. Ulmi.

Elsabeeren (-bör): Fruct. Sorbi.

Elsch: Herb. Absinthii.

Elsebaumrinde: Cort. Frangulae.

Elsen: Herb. Absinthii.

Elsenbeeröl, Elsenburenöl, Elsenbusöl: Ol. Rapae. Acet. pyrolignos. crud.

Elsenich: Rad. Peucedani.

Elsenkraut: Herb. Absinthii.

Elsenrinde: Cortex Alni. Cort. Pruni padi.

Elsflether Pflaster: Kataplasma artefic.

Elsteraugenbalsam: Bals. ad. clavos pedum.

Elsterbaumrinde: Cort. Alni.

Elsterkraut: blaues: Herb. Aconit.

Elstersalz: Sal. Carolinum fact.

Elzkraut: Herb. Absinthii.

Emailliersoda: Natr. carbon. sicc.

Emanuelstee: Spec. laxantes.

Embryonbalsam: Aq. arom. spir.

Emerillstein: Lapis Smiridis.

Emmakraut: Herb. Serpylli.

Emsenspiritus: Spir. Formicar.

Emstengel: Herb. Chaerophylli.

Enber = Ingwer.

Endesunddides: Rad. Gentian. pulv. et Dictamni pulv. aa p. aequ.

Endivie, wilde: Rad. Cichorii.

Endivienwurzel: Rad. Cichorii.

Endtners Pflaster: Empl. fusc.

Eneber: Fruct. Juniperi.

Eneberöl: Ol. Juniperi ligni.

Enessamen: Fruct. Anisi vulgar.

Engber: Rhiz. Zingiberis.

Engelbalsam: Linim. sap. camph. Tr. Aloës comp.

Engelblumen: Flor. Stoechados. Flor. Arnicae.

Engeleinliebentee: Herb. Violae tricoloris.

Engelkenwurzel: Rad. Angelicae. Rhiz. Polypodii.

Engelkraut: Herb. Arnicae.

Engelkrauttropfen: Tinct. Arnic.

Engelpulver: Pulv. fumalis.

Engelrauch: Olibanum.

Engelröschen: Flor. Calendulae.

Engelrot: Ferr. oxyd. rubr.

Engelsüß: Rhiz. Polypodii. Succ. Liquirit.

Engeltrank: Flor. Arnicae.

Engeltrankblumen: Flor. Arnicae.

Engelwurzel: Rad. Angelicae.

—, **süße:** Rhiz. Polypodii.

Engherste: Rad. Pimpinellae.

Englisch. Balsam: Aqu. aromatica. Tinct. Benzoës cmp.

— **Beinsalbe:** Pasta Zinci.

— **Brausepulver:** Pulv. aëroph.

— **Distel:** Rad. Carlinae.

— **flüchtiges Salz:** Amm. carb.

— **Geist:** Aq. vulnerar. spir.

— **Geniste:** Herb. Genistae.

— **Gewürz:** Fruct. Amomi.

— **Goldpulver:** Rhiz. Rhei pulv.

— **Instrumentensalbe:** Ungt. Veratr. alb.

— **Krätzsalbe:** Ungt. sulf. comp.

— **Kreide:** Talcum pulv.

— **Laxirsalz:** Magnes. sulfuric.

Englisch. Magentropfen: Tinct. Chin. comp.
— **Magnesia:** Magnesia usta.
— **Moos:** Carrageen.
— **Potentatensalbe:** Ungt. Hydrarg. alb. dil.
— **Pulver:** Magn. sulfuric. sicc.
— **Rot:** Caput mortuum.
— **Saft:** Elect. e Senna.
— **Salbe:** Ungt. leniens. Ugt. sulfurat. comp.
— **Salz:** Ammon. carbonicum. Magnes. sulfuricum.
— — **fürs Vieh:** Natr. sulfuric.
— **Seife:** Sapo venetus.
— **Soda:** Natr. bicarbonicum.
— **Spiritus:** Linim.sapon.camph. liquid.
— **Stahltropfen:** Tinct. Ferri pomati.
— **Tropfen:** Liq. Ammon. carb. pyro-oleos. Tinct. amara.
— **Vitriolelixier:** Tct. arom. acid.
— **Wasser:** Spirit. Rosmarini.
— **Wunderbalsam:** Tinct. Benzoës comp.
Engwer: Rhiz. Zingiberis.
Enis: Fruct. Anisi.
Enskuswurzel: Rad. Ivarancus.
Ensterjahn: Rad. Gentianae.
Entabeerkraut: Herb. Rub. frut.
Entbindungstropfen: Tinct. carminat. Tct. Cinnamom.
Entenfuß: Rhiz. Polypodii.
Entenfußwurzel: Rhiz. Galangae.
Entiom = Enzian.
Entsetzenpulver: Plv. contr. insect.
Entwendung, blaue: Ungt. Hydrargyri dil.
Entwin, weißer: Rad. Bryoniae. Rad. Gentianae alb.
Enzewurzel: Rad. Gentian.

Enzian: Rad. Gentianae.
—, **ostindischer:** Hb. Chiraytae.
—, **schwarzer:** Rad. Gentianae. nigrae.
—, **weißer:** Conchae. praep. Rad. Gentianae alb. Rad. Bryoniae.
Enzoich: Rad. Gentianae.
Epheublätter: Herb. Hederae Helicis. Herb. Pyrolae.
Epheugummi, Epheuharz: Gummi-resina Hederae.
Epheutropfen: Aether aceticus.
Epileptischpulver: Plv. epilept.
Eppekruid: Herba Apii, Herb. Petroselini.
Eppezaad: Fruct. Phellandrii.
Eppich: Rad. Levistici.
Eppichbeeren: Fruct. Ebuli.
Eppichharz: Gummires. Hederae.
Eppichsaft: Sirup. Althaeae.
Eppichsamen: Fruct. Apii.
Eppichwurzel: Rad. Apii.
Epsomsalz: Magnes. sulfuric.
Eptenwurzel: Rad. Apii.
Eptesamen: Fruct. Apii.
Er ist der nicht: Tub. Salep plv.
Erbelkraut: Fol. Fragariae.
Erbetpulver: Plv. Magn. c. Rheo.
Erbishöfle: Fruct. Berberidis.
Erbrigbeeren: Fruct. Berberidis.
Erbsala: Fruct. Berberidis.
Erbselbeeren: Fruct. Berberidis.
Erbselblätter: Herb. Veronicae.
Erbseldornrinde: Cort. Berberid.
Erbselensaft: Sir. Berberidis.
Erbselewurz: Rad. Berberidis.
Erbseltropfen: Ol. Juniperi.
Erbselwasser: Aqua Tiliae.
Erbsensalbe: Ungt. flavum.
Erbshofen Fruct. Berberid.
Erbsichdornbeeren: Fct. Berberidis.
Erdapfel: Rhiz. Cyclaminis.

Erdartischocken: Tub. Helianthi.
Erdbeerblätter: Fol. Fragariae.
Erdbeeröl: Ol. Hyperici. Ol. Petrae rubr.
Erdbeersalbe: rote: Cerat. Cetacei rubr. Ugt. ophthalm. rubr. Ungt. potabile.
—, **weiße:** Ungt. leniens. Ungt. Plumbi.
Erbeerwurzel: Rad. Fragariae.
Erdbirne: Tub. Helianthi (auch Kartoffel).
Erdbirnenkraut: Herb. Chamaepityos.
Erdbrot: Bulb. Colchici.
Erde, animalische: Cornu cervi ustum. Conch. praep.
—, **böhmische:** Terra viridis. germanica.
—, **cyprische:** Terra viridis veronensis.
—, **faule:** Alumen plumos.
—, **französische:** Terra viridis veronensis.
—, **gelbe:** Terra ochrea.
—, **grüne:** Terra viridis veronens.
—, **japanische:** Catechu.
—, **lemnische:** Terra lemnia.
—, **maltheser:** Bolus alba.
—, **Nürnberger:** Terra rubra.
—, **rote:** Lapis ruber fabrilis. Terra rubra.
—, **Schmisdeberger:** Ferrum oxydat. rubr.
—, **Striegauer:** Alumin. hydrat.
—, **tiroler:** Terra viridis german.
—, **türkische:** Bolus alba.
—, **veronenser:** Terra viridis veronensis.
—, **Walkers:** Talcum pulv.
—, **weiße:** Creta. Bolus alba.
Erdeicheln: Rad. Filipendulae.

Erdeichenkraut: Herb. Chamaedryos.
Erdenkopf: Secale cornutum.
Erdepheukraut: Herba Hederae.
Erdfarbe, rote: Terra rubra. Bolus rubra.
Erdfarn: Rhiz. Polypodii.
Erdfarnwurzel: Rhiz. Polypodii.
Erdfichtenkraut: Herb. Chamaepityos.
Erdgallenkraut: Herb. Centaurii. Herb. Fumariae. Herb. Gratiolae. Herb. Anagallidis.
Erdgelb: Ochrea.
Erdgerstenkraut: Herb. Ficariae.
Erdglas: Glacies Mariae.
Erdgrün: Terra viridis veronensis.
Erdharz: Succinum.
Erdhaselnüsse: Rhiz. Cyperi esculenti.
Erdhuf: Fol. Farfarae.
Erdkiefernkraut: Herb. Chamaepityos.
Erdkirschen: Fruct. Alkekengi.
Erdknoten: Fruct. Ajowan.
Erdkraut: Herb. Fumariae.
Erdkrokodil: Stincus Marinus.
Erdkronen: Fol. Farfarae.
Erdkronenblätter: Fol. Farfarae.
Erdleberkraut: Muscus caninus. Herb. Hepaticae.
Erdmandeln: Rhiz. Cyperi esculenti.
Erdminneröl: Ol. Petrae.
Erdmoos: Herb. Lycopodii.
Erdnabel: Tubera Cyclaminis.
Erdnuß: Boletus cervinus (nicht zu verwechseln mit den ölhaltigen Erdnüssen von Arachis hypogaea!).
Erdnüßchen: Rhiz. Cyperi esculenti.

Erdöl: Ol. Petrae (Petroleum).
—, schwarzes: Ol. Petrae nigrum.
Erdöläther: Benzin. Petrolei.
Erdpech: Asphalt.
Erdpfefferkraut: Herb. Sedi.
Erdpinnkraut: Herb. Chamaepityos.
Erdpuppen: Fruct. Alkekengi.
Erdrauch: Herb. Fumariae.
Erdrauchblätter: Herb. Fumariae.
Erdrauchsaft: Sir. Papaveris.
Erdrauchwurz: Rad. Aristoloch. cav.
Erdrauchzucker: Elaeosacchar. Foeniculi.
Erdraute: Herb. Fumariae.
Erdrübe: Tubera Cyclaminis.
Erdscheiben: Tub. Cyclaminis.
Erdscheibsalbe: Ungt. anthelminthic.
Erdschierling: Herb. Conii.
Erdschwefel: Lycopodium.
Erdwachs: Ceresin. Ozokerit.
Erdwachsöl: Ol. Asphalti.
Erdwachsparaffin: Ceresin.
Erdweihrauchkraut: Herb. Chamaedryos. Herb. Chamaepityos.
Erdwurmöl: Ol. Juniperi ligni.
Erdwurz: Rad. Carlinae.
Eremitenpflaster: Empl. fuscum.
Erfrischungsessig: Acet. aromat.
Erfrischungspulver: Pulvis aërophorus. Pulv. temperans.
Erfurter Pflaster: Empl. fusc. cph.
Erhaltungspulver, Oppermanns: Acid. boric.
Erhaltungstropfen: Spiritus aethereus. Tinct. carminativa.
Erheiterungspillen: Pil. laxant.
Erkältungstropfen: Spiritus aeth. Tinct. carminativa.
Erlauertropfen: Spir. Meliss. cp.
Erlenrinde: Cortex Alni.

Erlmutwasser: Aq. Foeniculi.
Erlsbeeren: Fruct. Berberides.
Ernst, roter: Rad. Gentianae.
Ernstwurzel: Rad. Gentianae.
Eröffnungstee: Spec. laxantes.
Erpuis: Colophonium.
Ersaßunfraßunsahdurchnebrille Lign. Sassafras et Rad. Sarsaparillae aa. p. aequ.
Erundsie: Bulb. Victor. long. et rot.
Erweichende Salbe: Ungt. diachylon. Ungt. leniens.
Erzäpfelwurzel: Rhiz. Curcum.
Erzbruchpflaster: Emplastr. ad. rupturas.
Erzengel: Flor. Lamii.
Erzengelwurz: Rad. Angelicae.
Erzeugewurz: Rad. Angelicae.
Erzöfle: Fruct. Berberidis.
Erzwurz: Rad. Angelicae.
Eschalk: Ammoniacum.
Eschenbeersaft: Succus Sorbor.
Eschenblätter: Herb. Fraxini. Fol. Ribium.
Eschenblüten: Flor. Acaciae.
Eschenfett: Ol. Jecoris Aselli. Adeps suillus.
Eschenrinde: Cort. Fraxini.
Eschensaat: Pulv. contra pedic.
Eschenwurzel: Rad. Dictamni.
Escheröl: Ol. Jecoris Aselli.
Escherwurz: Rad. Dictamni.
Eschöl: Acet. pyrolignos. crud. (für d. Augen: Ol. Jecoris).
Esdrachant: Herb. Dracunculi.
Esdragon: Herb. Dracunculi.
Eselfuß: Fol. Farfarae.
Eselfußblümli: Flor. Farfarae.
Eselhuf: Fol. Farfarae.
Eselklauensaft: Sirup. Liquirit.
Eselohren: Tubera Ari.
Eselohrwurzel: Rad. Consolid.

Eselpeterlein: Herb. Chaeroph.
Eselpfotensaft: Sir. Althaeae.
Eselsaronwurzel: Rhiz. Ari.
Eselsbalsamapfel: Fruct. Ecballii.
Eselschmiere: Linim. ammoniat.
Eselsfußblüten: Flor. Farfarae.
Eselsgurke: Fruct. Ecballii.
Eselshuf: Fol. Farfarae.
Eselskörbel: Herba Chaerophylli.
Eselskümmerling: Fruct.Ecballii.
Eselskürbiß: Fruct. Ecballi.
Eselslattich: Fol. Farfarae.
Eselsmilch: Euphorbia Esula.
Eselsohrwurzel: Tub. Ari, Rad.
 Consolidae.
Eselspetersilie: Herb. Chaeroph.
Eselspiegel: Glacies Mariae.
Esetenpulver: Pulv. ctr. insect.
Esfiditi: Asa foetida.
Esistdernicht: Tub. Salep. pulv.
Espe: Populus.
Espenöl: Ol. Hyoscyami.
Essence d'Aspic: Ol. Spicae.
Essencede Mirban: Nitrobenzo-
lum.
Essentia antihypochonderica:
 Elixir Aurantii comp.
Essentia coronata: Tinct. arom.
 et Tinct. amar. a̅a̅. p. aequ.
Essentia dulcis: Essent. dulcis
 Hallens. Spir. Aether. nitros.
 Tinct. aromatica.
Essentia hypericon: Elixirium Au-
rantii comp.
Essenz, Hamburger: Elixir. Pro-
prietatis.
— amara: Tinct. amara.
— marina: Tinct. amara.
Essenztinktur: Tct. Aloës comp.
Essig: Acetum.
—, konzentrierter: Acid. acet. dil.
—, radikaler: Acid. acetic. dilut.
—, romantischer: Acet. aromat.

Essig, Westendorfscher: Acidum
aceticum.
—, wohlriechender: Acet. aro-
matic.
Essigalaun: Aluminium aceti-
cum.
Essigbaumbeeren: Fruct.Sumach.
Essigdornrinde: Cort. Berb. rad.
Essigdornbeeren: Fruct. Berbe-
ridis.
Essigelendsdruppen: Aeth. acet.
Essiggeist, versüßter: Spirit.Aeth.
acet.
Essighonig: Oxymel simplex.
Essigkerne: Sem. Coccognidii.
Essigkraut: Herb. Acetosae.
Essigmeth: Oxymel simplex.
Esignaphtha: Aether aceticus.
Essigrosen: Flor. Rosae.
Essigsäure zum Riechen: Acid.
acetic. aromat.
Essigsalbe: Ungt. Plumbi.
Essigsalmiak: Ammonium acetic.
Essigsirup: Oxymel simplex.
Essigstätt: Aether acetic.
Essigtautropfen: Aether acet.
Eßnüsse: Boletus cervinus.
Estelkraut: Herb. Urticae.
Estragon: Herb. Dracunculi.
Eteröl: Ol. Amygdalarum.
Ets = Ätz -(Flüssigkeit usw.).
Etsvogt: Acid. hydrochloric.
Etternessel: Herb. Galeopsid.
 Flor. Lamii alb.
Etternesselpulver: Pulv. Liqui-
ritiae comp.
Eucalyptuskampfer: Eucalyptol.
Euchlerwasser: Aq. Sambuci.
Eukermes: Fruct. Kermes.
Eulenfett: Adeps.
Euterflußpulver: Pulv. Liqu. cp.
Eutersalbe: Ungt. flavum. Ungt.
Plumbi.

Evastropfen: Tinct. Chinoidin. Tinct. Cinnamomi.
Evenblätter: Fol. Taxi.
Ewertskräuter: Lign. Juniperi.
Ewerwortel: Rad. Carlinae.
Ewig. Blumen: Flor. Stoechad.
— **Lebensöl:** Mixt. oleos. balsam. Tinct. Benz. comp.
— **Tee:** Rad. Althaeae.
Ewiggrün: Herb. Vincae.
Ewigkeitsplfaster: Empl. Canth. perp.

Ewigkeitsblumen: Flor. Stoechados. citrinae.
Execruciuspflaster: Empl. oxycroceum venale.
Expellerwurzel: Rhiz. Galangae.
Exsiccantsalbe: Ungt. exsiccans. Ungt. Plumbi. Ungt. Zinci.
Extractum Saturni: Liquor. Plumbi subacet.
Extrapiken: Species amarae.
Extrasaturn: Liq. Plumb. subac.
Extratorni: Liqu. Plumbi. subacet.
Eyngrün: Herb. Vincae.

F.

Fabriciustropfen: Tct. anticholer.
Fabrikgummi: Gum. arab. ord. Dextrin.
Fabriköl: Ol. Olivarum commun.
Fachandelbeeren: Fruct. Junip.
Fachandelholz: Lign. Juniperi.
Fachheilkraut: Herb. Anagallid.
Fackelblumen: Flor. Verbasci.
Fackelkraut: Herb. Verbasci.
Fackerstupp: Tannoform od. Tannalbin.
Fädelkrautsamen: Sem. Colchici.
Fadenlack Lacca in fils.
Fadenstein: Alumen plumosum.
Fadenwurzel: Rad. Helenii. Rhiz. Filic. Rhiz. Gramin.
Fagandawurzel: Rad. Helenii.
Fählbaumrinde: Cort. Frangulae.
Fahlenfüße: Fol. Farfarae.
Fahlenpfostblüten: Flor. Arnicae.
Fahlenpfotsblätter: Fol. Farfarae.
Fahrenöl: Ol. Rosmarini.
Fahrenwurzel: Rhiz. Filicis.
Fakpapak: Elect. theriacale.
Falbenrinde: Cort. Salicis.

Falbenrock: Herb. Equiseti.
Fälberrinde: Cort. Salicis.
Fälberumrinde: Cort. Salicis.
Falbingerrinde: Cort. Frangul.
Faldboll: Herb. Serpylli.
Fallblumen: Flor. Calendulae. Flor. Rhoeados.
Fallboll: Herb. Serpylli.
Fallkraut: Herb. Arnicae.
Fallkrautblumen: Flor. Arnicae.
Fallkrautwurz: Rad. Arnicae.
Fallsuchtpulver: Plv. epilept.
Falscher Kalmus: Rhiz. Pseudacori.
Falscher Safran: Flor. Carthami.
Falsch Futter: Asa foetida.
Falsch Wohlverleih: Herb. Conyz.
Faltenflechte: Muscus arboreus.
Faltrian: Rad. Valerianae.
Faltrianblume: Flor. Convallar.
Familienpulver: Pulv. Liquir. comp.
Familiensalbe: Ungt. Hydrarg. cin. dil.
Familientee: Spec. laxantes.

Familientinktur: Tinct. Vanillae.
Familienwurzel: Rad. Victorial.
Fanchsamen: Fruct. Foeniculi.
Fännezwock: Sem. Foenugraeci.
Fännezwocksamen: Semen Foenugraeci.
Farbchrut: Herb. Genistae.
Farbe, blaue: (Schneeberger) Cobaltum-silicium kalinum (Smalte).
Färbebeeren: Frct. Rhamn. cath.
Färbeblumen: Flor. Carthami. Flor. Cham. Rom.
Färbekörner: Fruct. Rhamni cath.
Farbenwurzel: Rad. Rubiae. Rhiz. Filicis.
Färbepflaster: Emplastr. fusc.
Färberblumen: Flor. Arnicae. Flor. Calendulae. Flor Genistae
Färbercharte: Herb. Dipsaci.
Färbereichenrinde: Cort. Querc. tinctoriae.
Färbergarbe: Herb. Anthemidis tinctoriae.
Färbergilbe: Herb. Genistae.
Färberginst: Herb. Genistae.
Färberginster: Herb. Genistae.
Färbergras: Herba Luteolae.
Färberhundskamillen: Flor. Anthemidis tinctoriae.
Färberkamillen: Flor. Anthemidis tinctor.
Färberkraut: Herb. Genistae. Herb. Hyperici.
Färbermoos: Lichen Rocellae.
Färberpfrieme: Herb. Genistae.
Färberreseda: Herba Luteolae.
Färberröte: Rad. Rubiae tinct.
Färbersafflor: Flor. Carthami.
Färberscharte: Herb. Genistae.
Färberwurzel: Rad. Rubiae.
Färbewaid: Herb. Isatis.

Farbfleckchen: Bezetta rubr.
Farbginster: Herb. Genist. tinct.
Farbholz: Lign. Campechian.
Farbspäne: Lign. Campechian.
Farbstein: Extr. Campechian. Extr. Campechian. crud. c. ferr. sulf. crud.
Faresbeeren: Fruct. Berberidis.
Farin: Saccharum pulv.
Farinawasser: Spir. Coloniens.
Farinzucker: Sacchar. pulv.
Farnextrakt: Extr. Filicis aeth.
Farnflußöl: Ol. Terebinth. sulf.
Farnhaare: Penghawar Djambi.
Farnkraut: Herb. Capill. Veneris.
Farnkrautmännlein: Rhiz. Filicis.
Farnkrautwolle: Penghawar Djambi.
Farnkrautwurzel: Rhiz. Filicis.
Farnmännleinwurzel: Rhiz. Filic.
Farnöl: Extr. Filicis aether.
Farnwurzel: süße: Rhiz. Polypodii.
Farnwurzelextrakt: Extr. Filic. aeth.
Farsbeeren: Fruct. Berberidis.
Fasankraut: Herb. Millefolii.
Fasciculus: Hrb. Centaur. in fasc.
Fasel, Fasiole: Phaseolus.
Fasel, juckende: Dolichos pruriens.
Faselwurz: Rad. Bryoniae.
Fasenwurzel: Rhiz. Filicis.
Faseralaun: Alumen plumosum.
Faserstein: Alumen plumosum.
Faserton: Alumen plumosum.
Fasole: Cort. Fruct. Phaseoli.
Fastenblumen: Flor. Primulae.
Fatintwamms: Sir. Simplex.
Faulbaumbeeren: Fruct. Rhamni cathart.
Faulbaumholzkohle: Carbo plv.

Faulbaumrinde: Cort. Frangul.
—, **amerikanische:** Cortex Cascarae sagradae.
Faulbeeren: Fruct. Rhamni.
Faule Fud: Colchium.
Faule Grete: Herb. Fumariae. Sem. Foenugracei.
Faulerinde: Cort. Frangulae.
Faule Rübe: Rad. Bryoniae.
Faulfischkraut: Herb. Chenopodii.
Faulkirschrinde: Crt. Prun. Pad.
Faullieschen: Herb. Anagallid.
Faulrübe: Rad. Bryoniae.
Faulschken: Flor. Violae tricol.
Federalaun: Alumen plumos.
Federblumen: Flor. Verbasci.
Federfaden: Rhiz. Filicis.
Federfadenwurzel: Rhiz. Filicis.
Federharz: Resina elastica.
Federöl: weiß: Linim. ammoniat.
Federweiß: Alumen plumos. Fel. vitri pulv. Glacies Mariae. Talcum pulv. Lac lunae.
— **fürs Vieh:** Fel. vitri pulv.
Feedistelsamen: Fruct. Cardui Mariae.
Feenweibelkraut: Herb. Ballotae.
Fegkraut: Herb. Equiseti.
Fegwurzel: Rhiz. Graminis.
Fehlbeeren: Fruct. Rhamni cath.
Fehnkobe: Fruct. Foeniculi.
Fehnkohl: Fruct. Foeniculi.
Fehnkohlwater: Aq. Foeniculi.
Feiëwurzel: Rhiz. Iridis.
Feigblatteppich: Herb. Ficariae.
Feigblätter: Herb. Linariae.
Feigbohnen: Sem. Lupini.
Feigelblüten: Flor. Cheiri.
Feigelsaft: Sir. Violarum.
Feigeltee: Herb. Violae tricol.
Feigen: Cariae.
Feigenkraut: Herb. Messembryanthemi.

Feigensaft: Sir. Caricae. Sir. Liquiritiae.
Feigenwurz: Rhiz. Irid.
Feigenwurzel: Rad. Scrophular.
Feigenzucker: Glycose.
Feigsblättersalbe: Ugt. Plumbi.
Feigerl = Veilchen.
Feigwarzenkraut: Hb. Linariae. Herb. Potentill. Herb. Scrophular.
Feigwurz: Rhiz. Tormentillae.
Feigwurzel: Rhiz. Tormentillae.
Feigwurzkraut: Herb. Ficariae.
Fein Grete, Margarete oder Marie: Sem. Foenugraeci.
— **Schere:** Herb. Chaerophylli.
Fein Zimt: Cort. Cinnam. Ceylan.
Feinsaft: Sirup. Adianti, Sir. Aurantii florum.
Felbaumknospen: Gemmae Populi.
Felbbeeren: Fruct. Rhamni cath.
Felbenrinde: Cort. Salicis.
Felberrinde: Cortex Salicis.
Feldampfer: Herb. Rumicis.
Feldandorn: Herb. Sideritidis.
Feldbeeren: Fruct. Rhamni catharticae.
Feldbohl: Herb. Serpylli.
Feldbohnen: Sem. Fabae.
Feldcypresse: Herb. Verbenae.
Felddoste: Herb. Origani.
Felddragun: Herb. Ptarmicae.
Feldenkelein: Herb. Viol. tric.
Feldestragon: Herb. Ptarmicae.
Feldgarbe: Herb. Millefolii.
Feldgarbenblüten: Flor. Millefolii.
Feldheimertropfen: Tinct. Valer.
Feldheimerwasser: Aq. Valerian.
Feldholder: Flor. Sambuci.
Feldholderbeeren: Fruct. Ebuli.
Feldhopfen: Herb. Hyperici.
Feldjambert: Herb. Acetosae.

Feldkamillen: Flor. Chamomill.
Feldkatzen: Flor. Stoechados.
Feldkelle: Fruct. Carvi.
Feldkellenkraut: Herb. Serpylli.
Feldkerzen: Flor. Verbasci.
Feldkerzenblumen: Flor.Verbasc.
Feldkerzenkraut: Herb. Verbasci.
Feldklee: Flor. Trifolii alb.
Feldköhm: Herb. Serpylli.
Feldkratzen: Flor. Carlinae. Flor. Stoechados.
Feldkraut: Herb. Fumariae.
Feldkresse: Flor. Cardaminis.
Feldkümmelkraut: Herb. Serpyll.
Feldlattich: Fol. Farfarae.
Feldlöwenmaul: Linaria vulgaris.
Feldmagenblumen: Flor. Rhoead.
Feldmalvenkraut: Folia Malvae.
Feldmohn: Flor. Rhoeados.
Feldnelken: Flor. Chartusian.
Feldpappeln: Flor. Malvae vlg.
Feldpappelkraut: Fol. Malvae.
Feldpatersalbe: Empl. fuscum. Ungt. Majoranae.
Feldpole: Herb. Pulegii. Herb. Serpylli.
Feldpolei: Herb. Pulegii. Herb. Serpylli.
Feldquendel: Herb. Serpylli.
Feldrauch: Herb. Fumariae.
Feldraute: Herb. Rutae.
Feldrautenkraut: Herb. Fumar.
Feldreis: Herb. Taraxaci.
Feldreiskraut: Herb. Taraxaci.
Feldriß: Fol. Malvae.
Feldrittersporn: Flor. Calcatrip.
Feldrosen: Flor. Rhoeados.
Feldrüsterrinde: Cort. Ulmi.
Feldsafran: Flor. Carthami.
Feldschwefel: Lycopodium.
Feldspinat: Herb. Chenopodii.
Feldthymian: Herb. Serpylli.

Feld- und Waldhopfen: Herba Origani.
Feldveilchen: Flor. Violae tricol.
Feldwebelrecept: Plv. contra pediculos. Species amarae.
Feldwinde: Flor. Malv. vulg. Herb. Convolvuli.
Fellhornrinde: Cortex Frangulae.
Fellstein: Talcum pulveratum.
Felriß: Flor. Malvae arbor. Flor. Taraxaci.
Felsbeerblätter: Fol. Belladonnae.
Felsengras: Lichen Islandicus.
Felsenkrautwasser: Aqu. Tiliae.
Felsenöl: Ol. Petrae.
Felsenpulver: Pulv. pro equis.
Felsensalz: Kalium nitricum.
Felsenspiritus: Ol. Petrae.
Felsenwermut: Herb. Absinthii.
Felswurzel: Rad. Petroselin.
Feminell: Flor. Calendulae.
Femmel: Fruct. Cannabis.
Fenchel: Fruct. Foeniculi.
—, **chinesischer:** Frct. Anis. stell.
—, **kurzer:** Fruct. Anisi.
—, **römischer:** Fruct. Anisi vulg. Fruct. Foeniculi dulc.
—, **sibirischer:** Fruct. Anis stell.
—, **wilder:** Fruct. Phellandri.
Fenchelblüte: Flor. Lavandul.
Fencheldill: Fruct. Foeniculi.
Fenchelessenz: Tinct. Foenic. cp.
Fenchelholz: Lignum. Sassafras.
Fenchelspiritus: Tinct. Foenic. comp.
Fenchelwurzel: Rad. Foeniculi.
—, **wilde:** Rad. Mëu.
Fenchsamen: Fruct. Foeniculi.
Fenisöl: Ol. Foeniculi.
Fenissamen: Fruct. Foeniculi.
Fenkahl: Fruct. Foeniculi.
Fennbeeren: Fruct. Oxycoccos.
Fenugrek: Sem. Foenugraeci.

Fenugrecksamen: Semen Foenugraeci.
Fenweibel: Herb. Ballotae.
Ferienkomm: Tinct. od. Spirit. Formicarum.
Fenkel: Fruct. Foeniculi.
Ferkelbrot: Tubera Cyclaminis.
Ferkelgras: Herb. Polygoni.
Ferkelkraut: Herb. Costi. Herb. Polygoni.
Ferkelpulver, steyrisches: Tannoform od. Tannalbin.
Ferkelwurz: Rad. Peucedani.
Fernambukholz: Lign. Fernamb.
Fernambuklack: Lacca globulata.
Fernebock: Lign. Fernambuci.
Ferresbeeren: Fruct. Berberid.
Fetthenne: Herb. Sedi.
Fetthennenöl: Ol. Arachidis.
Fettlaxier: Ol. Ricini.
Fettstein: Talcum pulv.
Fettundmager: Ol. Terebinth. rect. c. Tinct. amara.
Feuchtbohnen: Semen Lupini.
Feuerblumen Feuerblüten: Flor. Arnicae. Flor. Rhoead. Flor. Verbasci. Flor. Malv. arbor.
Feuerholz: Lign. Juniperi.
Feuerkraut: Lichen Islandicus. Herb. Epilobii.
Feuermohn: Flor. Rhoeados.
Feuernelken: Hrb. Centaur. min.
Feuerpulver: Rad. Gentian. plv.
Feuerröschen: Flor. Adonidis.
Feuersalbe, rote: Ungt. Hydr. rubr. dil.
—, weiße: Ungt. Zinci.
Feuerschwamm: Fung. Chirurg.
Feuerwurzel: Rad. Dictamni. Rad. Hellebori nigr., Rad. Polypodii, Rad. Pyrethri, Rhiz. Curcumae.

Feuerzinken: Corallium rubr.
Fiakerpulver: Pulv. Liquir. cps.
Fichtelöl: Ol. Philosophorum.
Fichtenharz: Resina Pini.
Fichtenknospen: Gemmae Pini.
Fichtenmai: Turiones Pini.
Fichtennadelextrakt: Extr. Pini.
Fichtennadelöl: Ol. Pini silvestr.
Fichtenreiser: Turiones Pini.
Fichtensprossen: Turion. Pini.
Fichtenteer: Pix liquida.
Fichtentränen: Resina Pini.
Fickerin: Ferr. sulfuric. crud.
Fidumfidumöl: Ol. Philosophor.
Fieaber = Fieber.
Fieberbaumblätter: Fol. Eucalyp.
Fieberblumen: Flor. Sambuci. Herb. Centaurii.
Fieberklee: Fol. Trifolii fibrin.
Fieberkleewurzel: Rhiz. Menyanthis.
Fieberkraut: Herb. Centaurii. Herb. Matricariae.
Fiebermoos: Lichen Islandicus.
Fieberöl: Ol. Jecoris Aselli.
Fieberpech: Chinoidin.
Fieberpulver: Chinin. sulfuric. Cortex Chinae pulv.
—, Jacobis: Calcium phosphoric. stibiatum.
Fieberrankenstaub: Lycopodium.
Fieberraute: Herb. Matricariae.
Fieberrinde: Cortex Chinae.
—, falsche oder graue: Cortex Cascarillae.
—, gelbe: Cort. Chinae flavus.
—, rote: Cort. Chinae ruber.
Fiebersalz: Kal. chloratum.
Fieberstellwurz: Rhiz. Veratri.
Fiebertropfen: Tinct. Chinae.
Fieberweide: Cortex Salicis.
Fieberweidenrinde: Cort. Salicis.

Fieberwurz: Rad. Gentianae. Rad. Aristolochiae. Rhiz. Galangae. Tub. Ari.

Fiedelharz: Colophonium.

Fiedelpech: Colophonium.

Fief = Fünf.

Fieferkrott: Herb. Dracunculi.

Fiefesalbe: Ungt. Hydrarg. alb. dil.

Fieffingerkraut: Herb. Potentill.

Fiefmargrethen: Sem. Foenugr.

Fiefsteert: Herb. Fumariae.

Fieligfreipulver: Rhiz. Filic. plv.

Fierteifele: Candelae fumales.

Fifaderblätter: Herb. Plantagin.

Fifeibabalsam: Bals. Copaivae.

Figen: Fructus Caricae.

Figerin: Zincum sulfuricum.

Figerinöl: Acidum sulfuricum.

Figonensaft: Sirup. coeruleus.

Figurenramor: Elecr. e Senna.

Fikerell: Ferrum sulfuricum.

Fikerellspiritus: Acid. sulf. dil.

Fiktriolölje: Acidum sulfuricum.

Fildronfaldron: Flor. Convallar.

Filipendelwurz: Spiraea Filipendula.

Filiten: Flor. Caryophyllorum.

Filkuhlwasser: Aqu. Foeniculi.

Filonensaft: Sir. Liquiritiae. Sir. Papaver. Sir. Violar.

Filzlappen: Folia Digitalis.

Filzlaussalbe: Ungt. Hydr. pedic.

Fimfsteren: Herb. Fumariae.

Fimmel: Fruct. Cannabis.

Fimmelhanf: Fruct. Cannabis.

Fimstart: Herb. Fumariae.

Fimstern: Herb. Fumariae.

Finanzpulver: Conch. praep.

Finchams Flüssigkeit: Liqu. Natr. hypochlorosi.

Finchel: Fruct. Foeniculi.

Findeltee: Fruct. Foeniculi.

Fine Grete, Margareth, Marie: Sem. Foenugraec.

Fingeltee: Fruct. Foeniculi.

Fingerhut: Fol. Digitalis.

—, blauer: Flor. Calcatrippae.

Fingerkraut: Herb. Potentillae.

Fingerlikraut: Herb. Potentill.

Fingerpiepen: Fol. Digitalis.

Fingertang: Laminaria.

Finkenohr: Herb. Vincae.

Finkensamen: Camelina sativa.

Finmargretjen: Sem. Foenugraeci.

Finnegretum: Sem. Foenugraeci.

Finnegritt: Sem. Foenugraeci.

Finsterkraut: Herb. Fumariae.

Finsterstachel: Rad. Ononidis.

Fiölken: Flor. Violae tricolor.

Firlebock: Lign. Fernambuci.

Firnispulver Mangan. boricum.

Firnisstein: Succinum raspat.

Firnistrockenpulver: Mangan. boricum.

Fischbein: Ossa Sepiae.

Fischbeinpulver: Ossa Sepiae.

Fischblase: Colla piscium.

Fischerkiepenkraut: Herb. Aconit.

Fischhäutel: Empl. Anglicum.

Fischkern: Pulv. contra insect.

Fischknochen: Ossa Sepiae.

Fischköder: Zibeth.

Fischkörner: Fruct. Cocculi.

Fischkörnerpulver: Plv. contra pediculos.

Fischkraut: Herb. Gratiolae.

Fischkrautwurzel: Rhiz. Gratiol.

Fischkümmel: Fruct. Carvi.

Fischleber: Aloë.

Fischleim: Ichthyocolla.

Fischleimgummi: Sarcocolla.

Fischmark: Ossa Sepiae.

Fischmetalleis: Glacies Mariae.

Fischminztee: Herb Mznth. crisp.

Fischmondsamen: Frct. Cocculi.

Fischöl: Ol. Jecoris Aselli.
Fischpern: Herb. Sideritidis.
Fischreiherfett: Ol. Jecor. Asell.
Fischreiheröl: Ol. Jecor. Aselli.
Fischsalbe: Herb. Salviae.
Fischsalz: Sal. Jecoris.
Fischsamen: Fruct. Cocculi.
Fischschiene: Ossa Sepiae.
Fischschmalz: Ol. Jecoris Aselli.
Fischschuppen: Ossa Sepiae.
Fischseele: Ossa Sepiae.
Fischseife: Sapo kalinus.
Fischtrank: Ol. Jecoris Aselli.
Fischwitterung: Zibeth.
Fischwurzel: Rad. Scrofulariae.
Fischzähne: Sem. Papaver alb.
Fisetholz: Lignum flavum.
Fisole: Fabae albae.
Fispelkraut: Herb. Sideritidis.
Fistelkassie: Fruct. Cassiae fist.
Fistelkraut: Herb. Pedicularis.
Fistelsalbe: Ungt. Elemi. Ungt.
  Mezerei.
Fistichen: Nuces Pistaciae.
Fixbleiche: Calcaria chlorata.
Fixe Luft: Liquor Ammonii.
  caustici. Pulv. aërophorus.
Fixhurtig: Liquor Ammon. caust.
Fixstern: Stinc. marinus.
Fixundfertig: Tinctura Aloës et
  Tinctura Arnicae aa. p. aequ.
Fixundgeschwind: Liq. Ammon.
  caustic.
Fixweiß: Barium sulfuricum.
Flachs, wilder: Herb. Linariae.
Flachsbohnen: Sem. Lupini.
Flachsdotter: Herb. Linariae.
Flachsdottersamen: Sem. Lini.
—, alexandrinischer: Sem. Sesami.
Flachsen = Flexen.
Flachskraut: Herb. Linariae.
Flachsleinöl: Ol. Lini.
Flachslinsen: Sem. Lini.

Flachsmehl: Sem. Lini pulv.
Flachssaat: Sem. Lini.
Flachssalbe: Ungt. Linariae.
Flachssamen: Sem. Lini.
Flachssamenöl: Ol. Lini.
Flachsstein: Alumen plumosum.
Flachwerk, Wiener: Electuar. e
  Senna.
Flaergras: Rhiz. Graminis.
Flammruß: Fuligo.
Flanellpflaster, gelbes: Cerat. Re-
  sinae Pini.
—, grünes: Ceratum Aeruginis.
Flattermohn: Flores Rhoeados.
Flattersimse: Juncus effusa.
Flechsenessenz: Spir. saponat.
  camphorat.
Flechsenöl: Ol. viride. Ol. Hyos-
  cyami. Linim. ammoniat.
Flechsensalbe: Ungt. flavum.
  Ungt. Popul. Ugt. nervinum.
  Linim. Ammoniat.
Flechsenspiritus: Spirit. saponat.
  camphorat.
Flechtenlunge: Lich. Pulmo-
  nar.
Flechtenlungenkraut: Herb. Pul-
  monariae arboreae.
Flechtenpulver: Plv. Liquir. cps.
Flechtensalbe: Ungt. diachyl.
  Ungt. exsicc. Ungt. Hydr. alb.
  dil. Ugt. Picis. Ugt. Zinci.
Flechtentee: Species Lignorum.
Flechtenwasser: Aq. phaegadaen.
  Aqu. Kummerfeldii.
Flechtgras: Rhiz. Graminis.
Flechtgraswurzel: Rhiz. Gra-
  min.
Fleckblätter: Herb. Pulmonar.
Fleckblume: Herb. Spilanthis.
Fleckblumenkraut: Herb. Spi-
  lanthis.
Fleckenaron: Rhiz. Ari.

Fleckenkraut: Herb. Acetosell. Herb. Pulmonariae. Herb. Galegae.

Fleckenlungenkraut: Herb. Pulmonariae.

Fleckennaphtha: Benzin.

Fleckenruttichkraut: Herb. Persicariae.

Fleckensalz: Kali bioxalicum. Acid. tartaric. pulv.

Fleckenschierling: Herb. Conii.

Flecks Tropfen: Elix. e Succ. Liq.

Fleckwasser: Benzin. Liq. natr. hypochl.

Flederblomen: Flores Sambuci.

Flederkrühl: Succus Sambuci.

Flegenkraut: Herb. Artemisiae.

Flegenwurzel: Rad. Artemisiae.

Fleisch u. Blut: Herb. Pulmonariae.

Fleischblüten: Flor. Cardaminis.

Fleischblumen: Flor. Trifol. alb.

Fleischkohle: Carbo animalis.

Fleischkraut: Herb. Betonic. Herb. Hederae.

Fleischrosen: Flor. Rosae.

Fleischrosenblätter: Flor. Rosae.

Flende: Semen Fagopyri.

Fleurwasser: Aqua flor. Aurantii.

Flidderbeere: Fruct. Sambuci.

Flieder: Flor. Sambuci.

Fliederbeeren: Fruct. Sambuci.

Flieder-Brei, -Kreide, -Mus, -Saft, -Sulz: Succ. Sambuci.

Fliederkernöl: Ol. Arachidis.

Flideröl: Ol. Arachidis.

Fliederschwamm: Fung. Samb.

Fliegauf: Liq. Ammon. caust.

Fliege, spanische: Empl. Cantharid. extens.

Fliegenbaumrinde: Cort. Fraxini. Cort. Ulmi. Lign. Quassiae.

Fliegend Element: Lin. ammon.

Fliegend Salz: Ammon. carbon.

Fliegenholz: Lign. Quassiae.

Fliegenholzrinde: Lign. Quassiae.

Fliegenkobalt: Arsen. metallic.

Fliegenkraut: Herb. Artemisiae, Fol. Stramonii.

Fliegenleim: Viscum aucupar.

Fliegenöl: Ol. animale foetid.

Fliegenpfeffer: Piper longum. Pulv. contra insect.

Fliegenpflaster: Empl. Canthar., Empl. Drouotti.

Fliegenpulver: Plv. contr. insect.

Fliegenspäne: Lign. Quassiae.

Fliegenstein: Arsen. metallic.

Fliegentee: Lign. Quassiae.

Fliegindieluft: Liq. Amm. caust.

Flierbeeren, wilde: Fruct. Ebuli.

Fliere: Flor. Sambuci.

Fließkrautwurzel: Rad. Althaeae.

Flintengeist: Liq. Amm. caust.

Flitschrosen: Flor. Rhoeados.

Flittergold: Aurum foliat.

Flittersilber: Argent. foliat.

Flockenblumen: Flor. Cyani.

Flockenblüten: Flor. Violae tricol.

Flockentee: Flor. Verbasci.

Flockschwarz: Fuligo.

Flöhalant: Herb. Conyzae.

Flöhfett: Ungt. contra pediculos.

Flohkraut, Flöhkraut: Herb. Conyzae. Herb. Ledi. Herb. Fulegii.

Flöhpulver: Plv. contra insect.

Flöhsalbe: Ungt. contra pedicul.

Flohsamen: Sem. Psyllii.

Flöhwegerichsamen: Sem. Psyllii.

Flonzsaiberl: Cerat. labiale.

Flor: Bezetta rubra.

—, **blauer:** Bezetta coerulea.

—, **gelber:** Flor. Carthami.

—, **spanischer:** Bezetta rubra.

Floranzipulver: Zinc. oxydatum.

Florblümli: Flor. Primulae.
Florentinertropfen: Tinct. Iridis.
Florentinerwurzel: Rhiz. Iridis.
Florescin: Zincum oxydatum.
Florin, engl.: Lithargyrum.
Florsafran: Flor. Carthami.
Florsalbe, rote: Ungt. Hydrarg.
rubr. dilut.
Florwasser: Aq. Aurantii flor.
Florwurzel: Rhiz. Iridis Flor.
Floßblumen: Flor. Stoechados.
Flötenöl: Ol. Sesami. Ol. odoratum.
Flötenpulver: Plv. ctr. pedic.
Flöthpurjeerpulver: Plv. Jalap.
laxans.
Flöthschnupftabak: Plv. sternut.
Flöthverdentpflaster: Ceratum
Aeruginis.
Flötölje: Ol. camphoratum.
Flötzenpulver: Rad. Ratanh. plv.
Flücht. Element: Linim. ammon.
— **Kali:** Ammon. carbon.
— **Kamphersalbe:** Liniment. am-
moniat. camph.
— **Laugensalz:** Amm. carbonic.
— **Liniment:** Liniment. ammon.
— **Öl:** Liniment. ammoniat.
— **Salbe:** Liniment. ammoniat.
— **Salmiak:** Liq. Ammon. caust.
— **Salz:** Ammonium carbonicum.
— **Spiritus:** Liq. Ammon. caust.
— **Weinsäure:** Acid. acetic. dil.
Flüchtigundgeschwind: Liq. Am-
mon. caust.
Flüggopp: Liq. Ammon. caust.
Flugsalz: Ammonium carbonic.
Flugsandgraswurzel: Rhiz. Caric.
Flugtee: Spec. laxant. Gastein.
Flügup: Liniment. ammoniat.
Flühblume: Flor. Primulae.
Fluhbuchsblätter: Fol. Vitis. Id.
Fluid: Liq. restituens. Liq. Amm.
caust. Spir. Russicus.

Fluidozon: Sol. Kal. permang. 1%
Fluidum: Liq. Amm. caust., Tct.
Arnic., Spir. camph. aa. p.
aequ.
Fluß (zum Räuchern): Species
fumal. foetid. Succinum ras-
patum.
Flußbaterle: Kal. nitric. tabulat.
Flußbegehrpulver: Pulv. Jalap.
laxans.
Flußblumen: Flor. Stoechados.
Flußgeist: Linim. saponat. camph.
liquid. Liq. Ammon. caust.
Spir. Russicus.
Flußharz: Resina Anime.
Flüssig. Chlorine: Aq. chlorata.
— **Moschus:** Tinct. Moschi.
— **Pech:** Pix liquida.
— **Ungarischer Balsam:** Aq. aro-
matica.
Flußkampfer: Camphora.
Flußkatzenschwanz: Herb. Equi-
seti.
Flußkörner: Sem. Paeoniae. Suc-
cinum raspatum.
Flußkraut: Herb. Polygalae.
Flußkrautblumen: Flor. Althaeae.
Flor. Malv. arbor.
Flußkrautwurzel: Rad. Althaeae.
Flußmagnetgeist: Spir. Anglic.
comp.
Flußöl, gelbes: Spirit. sap. camph.
—, **grünes:** Ol. Hyoscyami + Ole-
um Cajeputi 9 + 1.
Flußpapier: Chart. antirheumat.
Flußpech: Resina Pini.
Flußpechpflaster: Empl. Picis.
irritans.
Flußperill: Pulv. sternutatorius.
Flußpflaster: Charta antirheu-
mat. Empl. Canth. perp. Cap-
sicumpflaster.
—, **Fleischmanns:** Empl. oxycr.

Flußpillen: Pilulae laxantes.

Flußpulver: Glacies Mariae plv.

— (z. Einnehmen): Pulv. temper. Tub. Jalapae.

— (z. Räuchern): Species fumal.

— (z. Schnupfen): Pulv. sternut.

Flußpurgierpulver: Pulv. Jalap. laxans.

Flußrauch oder -räucherung: Species fumales. Succin. raspat.

Flußsalbe: Ungt. Rosmarin. cp. Ungt. nervin viride.

Flußsäure: Acid. hydrofluoricum.

Flußschnupftabak: Plv. sternutat.

Flußspathsäure: Acid. hydrofluor.

Flußspiritus: Spir. Lavandul. comp. Spirit. sapon. camph. Spirit. russicus.

Flußstein: Calc. fluorat.

Flußtabak: Pulv. sternutator.

Flußtinktur: Tinct. Aloës cps. Tinct. Lignor. Tinct. Succini. Tinct. carminativa.

Flußtropfen = Flußtinktur.

Flußundhauptpillen: Pilulae lax.

Flußverband: Cerat. Aerugin.

Flußverbandpflaster: Cerat. Aeruginis.

Flußverteilungstropfen = Flußtinktur.

Flußwurzel: Rad. Pyrethri.

Flutöl: Ol. Rosmarini u. Ol. Terebinthinae āā. p. aequ.

Födiumsamen: Sem. Foenugraeci.

Födum: Sem. Foenugraeci.

Foelie: Macis.

Foelieboter: Balsam. oder Ol. Myristicae.

Fohlenfüße: Folia Farfarae.

Fohlenpfotsblätter: Herb. Arnicae.

Fohrewurzel: Rhiz. Filicis.

Foleföt: Fol. Farfarae.

Fölfodblätter: Fol. Farfarae.

Folgmirnach: Plv. ctr. pedicul.

Folie: Stannum foliat. (Stanniol).

Folle Schübel: Herb. Lycopodii.

Follikeltee: Folliculi Sennae.

Fontanellerbsen: FructusAurantii immatur. Globul. Rhiz. Iridis. Sem. Ciceris.

Fontanellkugeln: Rhiz. Iridis in globulis.

Fontanellpflaster: Cerat. Resinae Pini. Cerat. Aeruginis. Empl. ad fonticulos. Empl. Litharg. simpl.

Fontanellsalbe: Ungt. basilic. Ugt. Canthar. Ugt. digestivum.

Fontanellsalz: Kali causticum.

Fontanellstein: Argent. nitric.

Fönumgräkum: Sem. Foenugr.

Fönumgräkumpflaster: Empl. Litharg. cps. Empl. frigidum.

Fönumgräkumsamen: Sem. Foenugraeci.

Foosfett: Ungt. flavum.

Foslungensaft: Oxym. simpl. Sir. Liquiritiae.

Foppkastanienrinde: Cort. Hippocastani.

Forbacher Magenkräuter: Spec. amarae.

Forellenpflaster: Empl. Lith. comp. Empl. saponatum.

Forloop: Spiritus dilut.

Forsprang: Spir. Vin. Gall. c. Sal.

Försprung: Spirit. dil. Spir. Vini gallici c. Sale.

Fortepulver: Pulv. pediculor.

Fosmannslingröl: Ol. Ovorum.

Foßsalv: Ungt. diachylon.

Fötgelwurzel: Rhiz. Filicis.

Fötium: Asa foetida. Sem. Foenugraeci.

Fötusmilch: Aq. Rosae benzoat.

Fot = Fuß.

Fotzenpomade: Cerat. Cetacei rubr.

Fotzensaft: Mel. rosat. c. Borace.

Fotzmaul: Herb. Scabiosae.

Foulscher, Lamberter: Flor. Cheiranthi.

Fraisen = (Krämpfe bei Tieren).

Fraisperlen: Sem. Paeoniae.

Framanteikraut: Herb. Alchemillae.

Frambozen = Himbeeren.

Frambozenazijn, -stroop: Himbeeressig, -Sirup.

Främte: Herb. Absinthii.

Frangenkraut: Helleborus virid.

Frangentropfen: Ol. Tereb. sulf.

Frangenwurzel: Rad. Pyrethri. Rhiz. Veratri. Rad. Hellebori virid.

Frankenpulver: Plv. pro equis.

Frankenwurzel = Frangenwurzel.

Frankfurtersalz: Natr. bicarb.

Franfurterwurzel: Rad. Pyrethri.

Franzbranntwein: Spirit. Vini Gallici.

Franzenöl: Ol. Terebinth. sulf.

Franziskanerln, Franziskerln: Candelae fumales.

Franziskanerrhabarber: Rhiz. Rhei.

Franzkraut: Herb. Agrimoniae.

Französisch. Glogauer: Ungt. Hydrarg. citrin.

— **Holzöl:** Ol. Philosophorum.

— **Krätzsalbe:** Ugt.Hydrg.alb.dil.

— **Tee:** Spec. laxant. St. Germ.

Franzosenharz: Resina Guajaci.

Franzosenholz: Lign. Guajaci.

Franzosenkraut: Herb. Fumar.

Franzosenöl: Ol. animale foetid.

Franzosenpulver: Plv. contra insect. fürs Vieh innerlich: Pulvis pro equis.

Franzosensalbe: Ungt. Hydrarg. cin. dil.

Franzosenspäne: Lign. Guajaci.

Franzosenwurzel: Rad. Pyrethr.

Franzweizen: Semen Fagopyri.

Franzwurzel: Rad. Pyrethri. Rhiz. Veratri.

Frasentee: Herb. Euphrasiae.

Frattmehl: Lycopodium.

Fräselmehl: Lycopodium.

Fräselpulver: Plv. Magn. c. Rheo.

Fräseltropfen: Tinct. Rhei aqu.

Frätpulver: Plv. pro equis.

Frauehilf: Herb. Alchemillae.

Frauenbalsamkraut: Herba Balsamitae.

Fraubartelspulver: Rad. Valer. plv.

Frauenbißkraut: Herb. Alchemillae. Herb. Chamaedryos.

Frauenblatt: Herb. Balsamitae.

Frauenblume: Herb. Anagallid.

Frauendistelsamen: Sem. Card. Mariae.

Frauendosten: Herb. Origani.

Fraueneis: Glacies Mariae.

Frauenfenchel: Fruct. Foenicul.

Frauenflachs: Herb. Limariae.

Frauenflachslöbermund: Herba Linariae.

Frauenglas: Glacies Mariae.

Frauenhaar: Herb. Capilli veneris.

Frauenhaarflachsöl: Ol. Arachidis.

Frauenhaarsaft: Sir. Aur. flor.

Frauenisch: Glacies Mariae (für Tiere). Natr. bicarb. (f. Menschen).

Frauenkerzen: Flor. Verbasci.

Frauenkraut: Fol. Melissae.Herb. Linariae. Herb. Achill. moschatae. Elect. e Senna.

Frauenkrautmus: Elect. e Senna.

Frauenkrautsalbe: Ungt. Linariae.

Frauenkrieg: Rad. Ononidis.

Frauenkriegwurzel: Rad. Ononid.

Frauenlist: Herb. Veronicae.

Frauenmantelkraut: Herb. Alchemillae.

Frauenmilchkraut: Herb. Pulmonariae.

Frauenminze: Herb. Balsamitae.

Frauennachtmantel: Herb. Alchemillae.

Frauenrainfarn: Herb. Balsamit.

Frauenraute: Herb. Achill. moschatae.

Frauensalbei: Herb. Balsamitae.

Frauensaft: Sir. Aurantii flor.

Frauenschlüssel: Flor. Primulae.

Frauenschlüsselblumen: Flor. Primulae.

Frauenschüchelkraut: Herba Spartii.

Frauenschuh: Rad. Aristoloch.

Frauenschühli: Flor. Primulae.

Frauenstreitwurzel: Rad. Ononidis.

Frauentränen: Tub. Salep.

Frauenweiß: Glacies Mariae. Talcum venet. pulv.

Frauenwermut: Herb. Absinthii.

Frauenzimmertropfen: Spir. strumalis. Tct. Cinnamomi.

Frauenzopf: Herb. Adianti aur.

Frauenzopfkraut: Herb. Capilli veneris.

Frauhaltwort: Herb. Millefolii.

Fräulein, je ein: Bulb. Victorial. long. et rot.

Fräulein- und Herrles-Tee: Flor. Lamii.

Fräulesbloama: Flor. Rhoeados.

Fräulischlößli: Flor. Primulae.

Frauvonwürde: Herb. Hyperici.

Fraxinellwurzel: Rad. Dictamni.

Freierstab: Cineres Clavellati.

Freisam: Herb. Violae tricoloris.

Freisamblüten: Flor. Violae tricoloris.

Freisamkraut: Herb. Violae tricoloris.

Freisamrosen: Flor. Paeoniae.

Freisamsaft: Sirup. Liquiritiae.

Freisamveilchen: Flor. Violae tricoloris.

Freiselmehl: Lycopodium.

Freisensaft: Sir. Papaveris.

Freiswasser: Aq. aromat. spir.

Fremdenöl: Ol. viride. Ol. Hyoscyami. Ol. Absinthii.

Frengelwurz: Rad. Hellebori. Rhiz. Veratri.

Freselmehl: Lycopodium.

Fresem: Herb. Violae tricol.

Freßpulver: Pulvis pro equis.

Freßwurzel: Rhiz. Ari.

Fretzpulver: Alumen ustum.

Fretzsalbe: Ungt. acre.

Freudig auf und traurig nieder: Stincus marin.

Freundschaftspulver: Pulvis Liquiritiae comp.

Freveltat: Ungt. Hydrarg. rubr. od. alb. dilut.

Friars Balsam: Tinct. Benzoës comp.

Fridericis Tropfen: Tinct. odontalgica.

Friedloskraut: Herb. Nummulariae.

Friedrichssalz: Magn. sulfur. Natr. sulfuric. Sal Carolinum fact.

Frieselmehl: Lycopodium.

Frieselpulver: Pulv. pro infant.

Frieseltropfen: Tinct. Chinoïdin.

Friespulver: Lycopodium.

Frieswichse: Colophonium solut.
Frigidum: Emplastr. frigidum.
Frigsblättersalbe: Ugt. frigidum. Ugt. diachyl.
Frisiergummi: Gummi arabicum.
Fristäbli: Cineres Clavellati.
Fritzensalbe, rote: Ungt. Hydr. rubr.
Fritziusbalsam: Mixt. oleos. bals.
Froawurzkraut: Herb. Tanaceti.
Fronleichnam: Tinct. Opii croc.
Froschblätter: Fol. Trifolii fibr.
Froschdistelsamen: Sem. Card. Mariae.
Fröscheköhl: Fol. Trifolii fibr.
Fröschelmehl: Lycopodium.
Froschlacksalbe: Ungt. Cerussae.
Froschlaichpflaster: Empl. Cerussae. Empl. Hydrarg. Empl. Lithargyri comp.
Froschlaichsalbe: Ungt. Ceruss.
Froschlaichwasser: Aq. Plumb.
Fröschlingspflaster: Empl. Cerussae.
Froschpeterlein: Frct. Phelland.
Froschpetersilie: Fruct. Phellandr.
Froschpolei: Herb. Pulegii.
Froschsalbe: Ungt. Zinci.
Frosemtee: Herb. Violae tricoloris.
Frostknochenöl: Spir. strumal.
Frostöl: Mixtur. vulner. acid. Tct. Benz. comp. Tct. Capsici. Tinct. Jodi dil.
Frostpflaster: gelbes: Emplastr. Lithargyri molle. Emplastr. oxycroceum.
—, rotes: Empl. saponat. rubr.
Frostsalbe: Ungt. Ceruss. camph. Ugt. exsiccans. Ungt. Plumbi.
Frostwasser: Aq. Cinnamom. c. Acid. nitric. 15:1. Mixt. vulner. acid.
Frostwurz: Rhiz. Ari.

Frostwurzel: Rhiz. Ari.
Fru, Fruen = Frauen.
Fru Bartels Pulver: Rad. Valerian. pulv.
Frucht aus Indien: Fruct. Amomi.
Fruchtbranntwein: Spir. Frumenti.
Fruchtzucker: Sacchar. amylaceum.
Fruenholtwort: Tub. Corydalis.
Fruenmelkkraut: Herb. Arnicae.
Frühblümchen: Flor. Bellidis.
Frühblumen: Flor. Primulae.
Frühgänzene: Rad. Gentian.
Frühjahrstee = Blutreinigungstee.
Frühlingsadonis: Herb. Adonidis.
Frühlingsaugentrost: Herb. Euphras.
Frühlingsteufelsauge: Herb. Adonidis.
Fruschgelekpflaster: Emplastrum Cerussae.
Fuchsbeeren: Bacc. Spin. cervin.
Fuchsbeerenkraut: Fol. Vitis Id.
Fuchsblumen: Flor. Stoechados.
Fuchsfenchel: Fruct. Phellandr.
Fuchsin: Anilinum rubr.
Fuchsköder: Zibeth.
Fuchskraut: Herb. Pulmonariae.
Fuchsleber oder **-lunge:** Fol. Sennae pulv. Sang. Hirci pulv. Succ. Liquirit. Extrct. Aloës. Für Hunde: Hepar Antimonii.
Fuchslungenkraut: Herb. Pulmonariae.
Fuchslungenöl: Ol. Hyperici.
Fuchslungensaft: Elix. e Succo Liquir. Oxymel simpl. Sir. Liquiritiae. Sir. Papaveris.
—, roter: Sirupus Rhoeados.
Fuchssalbe: Ungt. Plumbi. Ungt. Rosmarini comp.

Fuchsschwanz, blauer: Herb. Salicariae.

Fuchsschwanzwurzel: Rad. Lapathi acuti.

Fuchsschweif: Herb. Equiseti arv.

Fuchstropfen: Tinct. Chinoïdin.

Fuchswitterung: Zibeth. artific.

Fuchswurz: Tub. Aconiti.

Fuchswurzkraut: Herb. Aconit.

Fuchswurzel: Tubera Aconiti.

Fuchtöl: Ol. Chamomillae.

Füerblumen: Flor. Rhoeados.

Füerpulver: Rad. Arnic. pulv. gr.

Füerwörteln: Rad. Arnicae.

Füffingerkraut: Hb. Anserinae.

Fühlung: Succ. Liquir. crud. pulv.

Fuhrkraut: Herb. Nummulariae.

Fuhrmannsblumen: Flores Stoechados.

Fuhrmannsröschen: Flor. Stoechados.

Fuier = Feuer.

Fuipepak: Elect. theriacale, Elect. e Senna.

Fulholzrinde: Cort. Frangulae.

Fülifüdesamen: Sem. Colchici.

Fülifüß: Fol. Farfarae.

Füllhornblumen: Flor. Gnaphalii.

Fünaukraut: Herb. Alchemillae.

Fünfaderkraut: Fol. Malvae. Herb. Plantaginis.

Fünfblatt: Herb. Agrimoniae. Herb. Anserinae.

Fünferlei: Linim. sap. camph. Spec. amarae.

Fünffingerholz: Lign. Sassafras.

Fünffingerkraut: Herb. Agrimoniae. Herb. Anserinae.

Fünffingerkrautsalbe: Ungt. Linariae.

Fünffingerwurzel: Rhizoma Tormentillae. Tubera Salep.

Fünfmännertee: Herb. Agrimoniae.

Fünfstern: Herb. Fumariae.

Fünfwunderblumen: Flor. Primulae.

Für, Füer = Feuer.

Fürblümli: Flor. Primulae.

Füröl, Füeröl: Ol. Lini.

Fürpulverwurzel: Rad. Pyrethr.

Fürstenpflaster: Empl. saponat.

Fürstenpulver: Hydrarg. oxyd. rubr. Pulv. pro equis.

Fürstlingsblüten: Flor. Millefolii.

Fürst von Elz-Pflaster: Empl. Picis irritans.

Furzglocken: Flor. Malv. arbor.

Fusetholz: Lignum flavum.

Fuspel: Herb. Sideritidis.

Fuspelkraut: Herb. Sideritidis.

Fußblatt: Rhiz. Polypodii.

Fußblattwurzel: Rhiz. Podophyll.

Fußpulver: Alumen pulverat. Pulv. Talci salicylat.

Fußsalbe: Ungt. diachylon.

Fußschweißwasser: Liquor antihydrorrhoicus.

Fußverbandpflaster: Ceratum Aeruginis, Empl. Cerussae, Empl. fusc. camph.

Fustik, alter: Lignum flavum.

—, junger: Lignum flavum.

Fustikholz: Lignum flavum.

Futingspulver: Rhiz. Iridis pulv.

Fütingspulver: Rhiz. Iridis plv.

Futter, falsches: Asa foetida.

Futterkalk: Calc. phosphoric. crud.

Futterklee: Flor. Trifolii albi.

G.

Gaathan: Herb. Abrotani.
Gabegottes: Herb. Chelidonii.
Gabianöl: Ol. Petrae nigr.
Gabüse: Herb. Artemisiae.
Gachel: Herb. Millefolii.
Gachelkraut: Herb. Millefolii.
Gacht: Herb. Millefolii.
Gachtkraut: Herb. Millefolii.
Gaddeliese: Fol. Taraxaci.
Gadelbeeren: Fruct. Myrtilli.
Gadelrosenkraut: Herb. Pulsatill.
Gädersalbe: Ungt. Rosmar. cp.
Gadolinerde: Yttrium oxyda-
tum.
Gafelblätterspiritus: Spir. Cochle-
ariae.
Gaffer: Camphora.
Gagelkraut: Folia Myricae.
Gageneier: Flor. Lamii alb.
Gagolsalbe: Ungt. Althae laurin.
Gähl = Gelb.
Gähl: Flor. Calendulae.
Gähladerjahn: Orleana.
Gählbutterfarb: Orleana.
Gählendewas: Empl. Litharg.
comp.
Gählfarw: Rhiz. Curcumae plv.
Gählgilgen: Rhiz. Pseudacori.
Gählgölliken: Flor. Verbasci.
Gählgöllingtee: Flor. Calendul.
Gählkinderpulver: Pulvis Magnes
c. Rheo.
Gählmaßschwede: Cerat. Resinae
Pini.
Gählrüwsamen: Fruct. Dauci.
Gählsuchtpulver: Rhiz. Rhei plv.
Gählsuchtwörteln: Rhiz. Curcum.
Gähltogpflaster: Empl. Lith. cps.
Gähltogschwede: Cerat. Res.
Pini.
Gähltraktiv: Cerat. Resin. Pini.

Gählwasschwede: Cerat. Resin.
Pini.
Gählwundsalv: Ugt. basilicum.
Gaisbart: Spiraea Ulmaria u.
Filipendula.
Gaisblatt: Herb. Pyrolae. Herb.
Umbellatae.
Gaisenbillele: Troch. Succ. Liq.
Gaisfenchel: Fruct. Phellandrii.
Gaisfuß: Aegopodium Poda-
graria.
Gaisklee: Herb. Galegae. Herb.
Cytissi.
Gaisleiter: Herb. Ulmariae.
Gaisraute: Herb. Galegae.
Gaisrübe: Tub. Cyclaminis.
Gaistrauben: Lichen Islandicus.
Gaiswedel: Herb. Ulmariae.
Gal = Galle.
Galais: Herb. Genistae.
Galant, Galantwurzel: Rad. He-
lenii. Rhiz. Galangae.
Galappa: Tub. Jalapae.
Galappenwurzel: Tub. Jalapae.
Galaun: Alumen.
Galbangummi: Galbanum.
Galbansaft: Galbanum.
Galei: Herb. Galegae.
Galeisen: Herb. Genistae.
Galeisenkraut: Herb. Genistae.
Galeopsiskraut: Herb. Galeop-
sid.
Galgant: Rhiz. Galangae.
Galgantwurzel: Rhiz. Galangae.
Galgenmännchen: Radix Man-
dragorae.
Galgennägel: Flor. Cassiac.
Galgentropfen: Tinct. Galangae.
Galgenwurz: Rhiz. Galangae.
Gälhagelbeeren: Fruct. Berberi
dis.

Galhageldornrinde: Cort. Berberidis.

Galipot: Resina Pini.

Galitzenstein, blauer: Cuprum sulfuricum.

—, weißer: Zincum sulfuricum.

Galitzenwurzel: Rad. Arnicae.

Galläpfel: Gallae.

Galläpfelsäure: Acidum gallicum.

Galläpfelsalz: Acid. tannicum.

Gallbungelwasser: Aq. aromat.

Galle: Fel. Tauri.

Gallenkraut: Herb. Absinth., Fol. Trifol. fibrin. Herb. Gratiolae.

Gallenkrautwurzel: Rhiz. Gratiolae.

Gallenmagentropfen: Elixir. Aurant. comp., Tinct. Aloes cp., Tinct. Absinthii. Tinct. amara.

Gallen- und Magenpillen, bittere: Pilulae laxantes.

Gallenpflaster: Empl. oxycroc.

Gallenpillen: Pil. laxantes.

Gallenpulver: Tub. Jalap. pulv.

Gallensaft für Erwachsene: Tinct. Jalapae.

— für Kinder: Sir. Rhamni cath.

Gallenschleimpillen: Pil. laxant.

Gallenstein: Tartarus alb. crud.

Gallentropfen: Tinct. Aloës comp. Tinct. amara.

Gallenwurzel: Tubera Jalapae.

Gallerjahn: Rhiz. Galangae.

Gallerjahnwurzel: Rhiz. Galang.

Gallerte: Gelatina alba od. rubra.

Gallhageldornrinde: Cort. Berberidis.

Galli: Natr. causticum crud.

Gallian: Rhiz. Galangae.

Gallipoliöl: Ol. Olivarum virid.

Gallipot: Resina Pini.

Gallipotöl: Ol. Terebinthinae.

Gallkraut: Fol. Trifolii fibrin.

Gallnüsse: Gallae.

Galloprepulver: Tb. Jalap. pulv.

Gallpulver: Pulvis laxans. Tub. Jalap. pulv.

Galltee: Herb. Absinthii.

Galltropfen: Tinct. amara.

Gallundgliederpulver: Magnesia ust. Tub. Jalap. pulv.

Gallundgliedersaft: Tinct. resinae Jalapae dil., Sir. Rhamni cath.

Gallundmagenpulver: Pulvis Jalapae comp.

Gallundmagentropfen: Elix. Aurantii comp. Tinct. Aloës comp., Tinct. amara.

Gallundschleimpillen: Pilulae laxantes.

Gallundschleimpulver: Magn. usta. Pulv. Liquir. comp.

Gallundschleimsaft: Tinctura Jalapae c. Sir. Rhoeados.

Gallus: Gallae.

Gallusgerbsäure: Acid. tannic.

Galluskugeln: Gallae.

Galmei: Lapis Calamin. praep.

—, grauer: Tutia.

Galmeipflaster: Empl. fuscum.

Galmeisalbe: Ungt. exsiccans. Ungt. Zinci.

Galmeistein: Lapis Calaminaris.

Galmeizink: Lapis Calaminaris.

Galnoten: Gallae.

Galopp: Tub. Jalapae pulv.

Galoppheilpflaster: Emplastrum Litharg. comp.

Galoppspiritus: Liq. Am. caust.

Galoppwurzel: Tubera Jalapae.

Galpillen: Pilul. laxantes.

Galster: Herb. Genistae.

Galsterkraut: Herb. Genistae.

Gamander: Herb. Teucrii. Herb. Achill. moschat. Herb. Chamaedryos.

Gamber: Camphora. Catechu.

Gambir: Catechu.

Gambogia: Gutti.

Gamsblümli: Flor. Arnicae.

Gamühn: Flor. Chamomill. vlg.

Gandelbeeren: Fruct. Myrtilli.

Ganfer: Camphora.

Ganferkraut: Herb. Abrotani.

Ganja: Herba Cannabis indicae.

Gängena: Cort. Chinae.

Gansampfer: Rhiz. Bistortae.

Gänseampferwurzel: Rhiz. Bistort.

Gänseblumen: Flor. Bellidis.

Gänseblumenwurzel: Rad. Taraxaci.

Gänsedistelwurzel: Rad. Taraxaci.

Gänsefingerkraut: Herb. Anserinae.

Gänsefuß: Herb. Alchemillae. Herb. Chenopodii. Herb. Anserinae.

Gänsegarbe: Herb. Anserinae.

Gänsegift: Fol. Hyoscyami.

Gänsegisencli: Flor. Bellidis.

Gänsegißmeli: Flor. Bellidis.

Gänsegrünkraut: Herb. Alchem. Herb. Artemisiae.

Gänsekraut: Herb. Artemisiae. Herb. Anserinae.

Gänsekrautsaft: Sir. Althaeae.

Gänsekresse: Herb. Bursae Past.

Gänselatschentee: Fol. Malv. vlg.

Gänsemalven: Herba od. Flor. Malv. vlg.

Gänsepappel: Fol. Malv. vulg.

Gänsepappelblüten: Flor. Malvae sylvestris.

Gänsepech: Colophonium. Resina Pini.

Gänsepfötchen: Herb. Anserin.

Gänsepulver: Sem. Foenugr. plv.

Ganserich: Herb. Alchemillae, Herb. Anserinae.

Gänsewaid: Herb. Isatis.

Gänsewurzel: Rad. Gentianae.

Gänsezungen: Herb. Millefolii.

Gänsezungenblüten: Flor. Millef.

Gantöl: Ol. Serpylli.

Gänzenen: Rad. Gentian.

Ganzert, weißer: Flor. Lamii.

Garaffel: Rad. Cariophyllat.

Garaffelwurzel: Rad. Caryophyllatae.

Gärb: Herb. Millefolii.

Garbe: Fruct. Carvi.

Garbekraut: Herb. Absinthii. Herb. Millefol.

—, **rotes:** Herb. Centaurii.

—, **weißes:** Herb. Millefolii.

Gärbel: Herb. Millefolii.

Garböl: Ol. Carvi.

Gardebenediktenkrüt: Herb. Cardui benedict.

Garifelwurzel: Rhiz. Caryophyl.

Garisch, schwarzer: Rad. Imperator.

—, **weißer:** Rad. Astrant. maj.

Gärisch, Rad. Imperator. Rad. Astrant. maj.

Garischkraut: Herb. Betonicae.

Gärisch, weißer: Rad. Imperator.

Garnichts: Alum. plumos. Zinc. oxydat. alb.

Garn: Daphne Mezereum.

Garnwurzel: Rad. Lapathi. Rad. Rumicis.

Garoubast, -zalf: Cort. bzw. Ungt. Mezerei.

Gartee: Herb. Millefolli.

Gartenampfer: Herb. Acetosae.

Gartenbalsam, kleiner: Herb. Agerati.

Gartenbürstli: Flor. Bellidis.

Garteneppichsamen: Fruct. Petroselini.

Gartengleisse: Aethusa Cynapium.

Gartenhaferminz: Rad. Consolid.

Gartenhaferwurz: Rad. Consolid.

Gartenhainkraut: Herb. Abrotani.

Gartenheide: Herb. Centaurii.

Gartenheil: Herb. Abrotani.

Gartenheilkraut: Herb. Abrotani.

Gartenhühnchen: Herb. Abrotani.

Gartenkamillen: Flor. Chamom. Roman.

Gartenkorallen: Fruct. Capsici.

Gartenkörbel: Herba Cerefolii.

Gartenkümmel: Frct. Foeniculi.

Gartenlauch: Bulbus Allii.

Gartenmalven: Flor. Malv. arb.

Gartenmichel: Sem. Nigellae.

Gartenminze: Fol. Menth. crisp.

Gartennägelein: Flor. Caryophyllorum.

Gartenpappeln: Flor. Malvae arbor.

Gartenpoleikraut: Herb. Pulegii.

Gartenquendel: Herb. Thymi.

Gartenraute: Herb. Rutae.

Gartenringeln: Flor. Calendul.

Gartenrispen: Herb. Hyssopi.

Gartenritterspörli: Flor. Calcatripp.

Gartenrute: Folia Rutae.

Gartensaflor: Flor. Carthami.

Gartensafran: Flor. Carthami.

Gartensalat: Herb. Lactucae.

Gartensenf: Sem. Erucae.

Gartensevi: Summit. Sabinae.

Gartenstrinkler: Herb. Meliloti.

Gartenwurzel: Herb. Abrotani.

Garthagel: Herb. Abrotani.

Garthagelkraut: Herb. Abrotani.

Garthan: Herb. Abrotani.

Gartheil: Herb. Abrotani.

Gartheu: Herb. Hyperici.

Gartringel: Flor. Calendulae.

Garu: Cort. Mezerei.

Garwekraut: Herb. Millefolii.

Gärwere: Rhiz. Veratri.

Gasagechnöpf: Flor. Viol. tricol.

Gaselwörz: Rad. Asari.

Gasolen: Benzin. Petrolei.

Gasolin: Benzin. Petrolei.

Gassensirup: Sir. Althaeae.

Gassia: Fruct. Cassiae fistulae.

Gast: Herb. Genistae.

Gasteiner Tee: Spec. laxantes St. Germain.

Gaswasser: Aqua carbolic.

Gatterkraut: Herb. Agrimoniae.

Gaublumen: Flor. Rhoeados.

Gauchampfer: Herb. Acetosell.

Gauchblumen: Flor. Cardaminis. Herb. Anagallid.

Gauchbrot: Herb. Acetosellae. Herb. Anagallid.

Gauchheil: Herb. Anagallidis. Herb. Prunellae.

Gauchklee: Herb. Acetosellae.

Gaude: Rad. Rubiae. tinct.

Gaugelpulver: Pulv. fumalis.

Gaugersbalsam: Mixt. oleos. bals.

Gäule, halbe: Rad. Lapathi acuti.

Gaultheriaöl, künstl.: Methylium salicylic.

Geädersalbe: Ugt. Rosmar. cps.

Gebackpulver: Lap. calaminar.

Gebärmuttertropfen: Tinct. Cinnamomi. Tinct. Opii benzoic.

Gebärmutterkümmel: Semen Heraclei.

Gebärmutterwurzel: Rad. Mëu. Rad. Aristoloch. rotund.

Gebenedeite Distel: Herb. Cardui benedicti.
Gebirgstee: Herb. Marrubii.
Geblütpulver, neunundneunziger: Pulv. Liquir. cps.
—, **siebenundsiebziger:** Pulv. Liquirit. cps.
—, **fürs Vieh:** Pulv. pro eq. rubr.
Geblütreinigungsgeist: Spir. Mastich. cps. Spir. Meliss. cps.
Geblütstee: Spec. Lignorum.
Geblütstropfen: Tinct. Pini cp. Tinct. Cinnamomi. Tinct. Ferri pom.
Gebrannt. Magnesia: Magn. ust.
— **Totenbein:** Conch. praepar.
Gebrochne Maas: Capit. Papaveris matur. conc.
Geburtsbalsam: Aq. carminat.
Gebüsen: Herb. Artemis.
Geckenheil: Herb. Anagallidis.
Geckenkraut: Herb. Anagallidis.
Gedärmfreisaft: Sir. Papaveris.
Gedenkemein: Herb. Viol. tricol.
Gedenkwurzel: Rhiz. Polygonati.
Geduldstropfen: Spirit. nitrico-aether.
Geduldwurzel: Rad. Lapathi.
Geele Bonkes: Flor. Genistae.
Geesche Dackensalbe: Ungt. Hydrarg. alb. dil.
Geeskraut: Herb. Stellariae.
Geest = Geist. Spiritus. Hefe.
Geestwortel (heilige): Rad. Angelicae.
Gefrörsalbe = Frostsalbe.
Gegenfraß: Herb. Boraginis.
Gegenstoß: Herb. Anchusae.
Gegenstraß: Herb. Boraginis.
Gehanswurzel: Rhiz. Filicis.
Gehirnhautpulver: Pulv. Liquiritiae comp.

Gehlgurannspulver: Rhiz. Galang pulv. Tub. Jalap. pulv.
Gehörntes Elfenbein: Lign. Guajaci. Rad. Dictamni.
Gehöröl: Ol. camph. c. Ol. Cajep.
Geh weg und komm wieder: Ungt. ctr. scabiem. Herb. Veronic.
Geierbalsam: Ungt. Elemi.
Geiferwurz: Rad. Pyrethri.
Geigenharz: Colophonium.
Geilwurzel: Rad. Angelicae.
Geimer, gelber: Rhiz. Curcum.
—, **schwarzer:** Sem. Nigellae.
—, **weißer:** Rhiz. Zingiberis.
Geisbart: Flor. Ulmariae.
Geisbartkraut: Herb. Spiraeae.
Geisbaumrinde: Cort. Fraxini.
Geisbeerblätter: Herb. Ligustri.
Geisblatt: Herb. Pyrolae.
Geisblattblüten: Flor. Caprifolii. Flor. Convallar.
Geisblümchen: Flor. Bellidis.
Geisfenchel: Fruct. Phellandr.
Geisfußkraut: Herb. Spiraeae.
Geisholzblätter: Herb. Ligustri.
Geisklee: Herb. Galegae.
Geispillen: Troch. Succ. Liquirit.
Geisraute: Herb. Galegae.
Geißengisseli: Flor. Bellidis.
Geistrauben: Lichen Islandicus.
Geiswedel: Herb. Spiraeae.
Geist, bitterer (Kneipp): Tinct. Trifol. fibr.
—, **chemischer:** Spir. Coloniens.
—, **der Venus:** Acid. acetic. dil.
—, **Hoffmans:** Spir. aethereus.
—, **Minderers:** Liq. Amm. acet.
—, **Rabels:** Mixt. sulfur. acid.
—, **Sylvis:** Spirit. carminativus.
Geistblumen: Flor. Bellidis.
Geisterblumen: Flores Genistae.
Geisterkraut: Herb. Genistae.

Geisterkraut, blaues: Herb. Aconiti.

Geist der Venus: Acid. acetic. dil.

Geistersalz: Ammon. carbonic.

Geistersamen: Sem. Psyllii.

Geisterschmiere: Liq. Am. caust.

Geistertropfen: Tinct. Chinoid.

Geistlingstropfen: Mixt. pyrotartarica.

Geistwurzel: Rad. Angelicae.

Geitenkruid: Herb. Galegae.

Gekocht Laxier: Inf. Sennae cps.

Gelb. Apfelsalbe: Ungt. flavum.

— **Casseler:** Plumb. oxychlorat.

— **chemisch:** Plumb. oxychlorat.

— **chinesisch:** Terra de siena.

— **Distel:** Herb. Galeopsidis.

— **Durchwachssalbe:** Ungt. flav.

— **Eichenholz:** Cort. Querc. tinct.

— **Gothaer:** Plumb. chromicum.

— **Grindsalbe:** Ungt. sulfur. cps.

— **Hamburger:** Plumb. chromic.

— **Hundepulver:** Sulf. sublim.

— **Ingwer:** Rhiz. Curcumae.

— **Katzenpfötchen:** Flor. Stoechados.

— **Kölner:** Plumb. chromicum.

— **Krätzsalbe:** Ungt. sulfur. cps.

— **Leipziger:** Plumb. chromicum.

— **Ochsenzunge:** Rad. Lap. acut.

— **Pariser:** Plumb. chromicum.

— **Pech:** Resina Pini.

— **Polei:** Lycopodium.

— **Pomade:** Ungt. flavum.

— — **in Tafeln:** Cerat. citrinum. Ungt. Hydr. citr.

— **Puder:** Lycopodium.

— **Sachtwurzel:** Rhiz. Curcum.

— **Salbe:** Ungt. flavum.

— **Schärte:** Herb. Genistae.

— **Senf:** Sem. Erucae.

— **Suchtenwurzel:** Rhiz. Curcum.

— **Striegauer:** Terra de Siena.

Gelb. Tafelbalsam: Ugt. Hydr. citr.

— **Tafelsalbe:** Cerat. Resin. Pini.

— **Teufelspflaster:** Cerat. Res. Pin.

— **Teufelssalbe:** Ugt. Hydr. citr.

— **Turners:** Plumb. oxychlorat.

— **Universalspiritus:** Mixt. oleos. balsam.

— **Unterhaltungssalbe:** Ungt. Mezerei.

— **Vivat:** Ungt. contra scabiem.

— **Wachspflaster:** Cerat. resin. Pini.

— **Weiderich:** Herb. Lysimachiae.

— **Wurzelsaft:** Succ. Dauci insp.

— **Zug:** Cerat. resinae Pini. Empl. Lithargyri comp.

— **Zwickauer:** Plumb. chromic.

Gelbbeeren: Fruct. Berberidis.

Gelberde: Ochrea, Oker.

Gelbharz: Resina Pini.

Gelbholz: Rhamnus Frangula.

Gelbholzrinde: Cort. Frangulae.

Gelbin: Barium chromicum.

Gelbingwer: Rhiz. Curcumae.

Gelbkraut: Herb. Chelidonii.

Gelbraute: Herb. Rutae.

Gelbrottee: Herb. Rutae.

Gelbrübensaft: Succ. Dauci insp.

Gelbsuchtpulver: Rhiz. Rhei pulv. Rhiz. Curcuma epulv.

Gelbsuchtssalz: Sal. Carolinense.

Gelbsuchtwurzel: Bulb. Asphodeli. Rad. Gentian. Rhiz. Hydrast. Canad.

Gelbveiglein: Chairanthus Cheiri.

Gelbwurzel: Bulb. Asphodeli spurii. Rhiz. Curcumae.

—, **kanadische:** Rhiz. Hydrastis.

Gelbwurzelkraut: Herb. Chelidonii.

Gelbzug: Cerat. resinae Pini.
Geldbeutel: Herb. Burs. Pastor.
Geldmännchen: Rad. Mandrag.
Geldsäcklikraut: Herb. Bursae past.
Gelenköl: Ol. Hysocyami.
—, **weißes:** Linim. ammon.
Gelenksalbe: Ungt. Linariae. Ungt. nervinum.
Gelenkschmiere: Ungt. nervin. Linim. volatile.
Gelenkspiritus: Spiritus russicus. Spirit. sapon. camphor.
Gelepisblumen: Flor. Verbasci.
Gelhagel, Gelbhagelbeeren: Fruct. Berberidis.
Gelken: Flor. Calendulae.
Gelöschtes Quecksilber: Ungt. Hydrarg. cin. venal.
Gelsterblumen: Flor. Genistae.
Gelsterkraut: Herb. Genistae.
—, **blaues:** Herb. Aconiti.
Geltenblume: Flor. Cardamin.
Gember = Ingwer.
Gemein. Harz: Resina Pini.
— **Vitriol:** Ferrum sulfuricum.
Gemsblumen: Flor. Arnicae.
Gemsenkugeln: Bezoar Germanic.
Gemsenpillen: Bezoar Germanic.
Gemsfell: Ungt. Hydrarg. citrin.
Gemswurzel: Rad. Arnicae. Rad. Doronice.
Genavinawurzel: Rhiz. Galang.
Gench: Rhiz. Graminis.
Gendelbeeren: Fruct. Myrtilli.
Genepi: Herb. Ivae moschatae.
Geneber = Ingwer.
Genees, geneeskrachtig = heilend, heilkräftig.
General Hügels Augensalbe: Ungt. ophtalmic.
Genesterkraut: Herb. Genistae.

Geneverwurz: Rad. Pyrethri.
Gengber: Rhiz. Zingiberis.
Gengeltee: Herb. Violae tricol.
Gengelwurz: Rhiz. Tormentillae.
Genippkraut: Herb. Achilleae. mosch.
Genistblumen: Flor. Spartii.
Genistkraut: Herb. Spartii.
Genovevabalsam: Ungt. basilic.
Genovevasalbe: Ungt. basilic.
Gensblumen: Flor. Arnicae.
Gensel: Herb. Sedi.
Genserblumen: Flor. Spartii.
Genstkraut: Herb. Spartii.
Gentar: Succinum raspatum.
Gentwurzkraut: Herb. Abrotani.
Genueser Oel: Ol. Olivarum.
Genzeni: Rad. Gentian.
Georgenkraut: Herb. Valer. Phu.
Georginentee: Carrageen.
Georgstropfen: Ol. Tereb. sulf.
Geraniumöl: Ol. Pelargon. odor.
Gerbel: Herb. Millefolii.
Gerbern: Rhiz. Veratri.
Gerbersalbe: Ungt. Linariae.
Gerbersumach: Fol. Sumach.
Gerberwurzel: Cortex Quercus.
Gerbstoffsäure: Acid. tannicum.
Geremarinde: Cort. Juremae.
Gerischkraut: Herb. Betonicae.
Gerischwurz: Rhiz. Imperator.
Gerlachspulver: Tub. Jalap. plv.
Germäder: Rhiz. Veratri.
Germaintee: Spec. laxant. St. G.
Germaintinktur: Infus. Sennae.
Germaniatee: Spec. laxant. St. G.
Germanstee: Spec. laxant. St. G.
Germele: Rhiz. Veratri.
Germelen: Rad. Helleb. alb.
Germerpflaster: Empl. sap. rubr.
Germersamen: Sem. Sabadillae.
Germertee: Spec. laxant. St. G.
Germertropfen: Tinct. Veratri.

Germerwurz: Rhizom. Veratri. Rad. Hellebori alb.
Germlingspulver: Lap. calamin.
Geröstetmenschenfleisch: Mumia.
Gerstenessig: Acetum Vini.
Gerstenextrakt: Extract. Malti.
Gerstengraupen: Hordeum excorticat.
Gerstengrütze: Hordeum excorticat.
Gerstenmehl: Farina Hordei.
Gerstensirup: Sir. Althaeae.
Gerstenzucker: Sacchar. Malti.
Gerstewurz: Rad. Imperator.
Gerstwurzel: Rad. Imperator.
Gertel: Herb. Abrotani.
Gertelkraut: Herb. Abrotani.
Gertelsamen: Lycopodium.
Gertwurz: Herb. Abrotani.
Geruwe: Herb. Millefolii.
Gesangbuchskräuter: Species hierae picrae.
Gesälz: Elect. e. Sennae.
Geschmackblümel: Hb. Centaur.
Geschwefelt Laugensalz: Kal. sulfurat.
Geschwindmachfixundfertig: Tinct. Arnicae. Liquor. Ammon caust.
Geschwulstglöckel: Hrb. Ononid.
Geschwulstkraut: Stip. Dulcam.
Geschwulstsalbe: Ungt. Linariae.
Geschwulsttee zum Einnehmen: Stipites Dulcamarae.
— zum Räuchern: Species ad suffiendum.
Gesegnete Distel: Herb. Cardui bened.
Gesichtssalbe: Ungt. leniens.
Gesselblätter: Herb. Ficariae.
Gest: Flor. Genistae.
Gestoßener Kukuck: Pulv. contra pediculos.

Gestütspulver: Pulv. pro equis.
Gesundheitsbalsam: Mixtura oleos. bals. Tct. Benzoës cps.
Gesundheitselixier: Tct. Aloes cps.
Gesundheitskaffee: Glandes Querc. tostae.
Gesundheitskräuter: Herb. Galeopsidis.
Gesundheitsmehl: Magnes. carb.
Gesundheitspillen: Pil. laxantes.
Gesundheitspulver: Plv. Liquir. cps. Natr. bicarb.
Gesundheitstee: Spec. laxant.
Gesundheitstropfen: Mixt. oleos. bals. Tct. Benzoës cps.
Getah pertja: Guttapercha.
Getötet Quecksilber: Ungt. Hydrarg. cin.
Gewächsalkali: Kal. carbonic.
Gewandlausschmiere: Unguent. Hydrarg. pedic.
Gewehröl: Paraffin. liquid.
Geweihtkraut: Herb. Verbenae.
Gewett = Quitte.
Gewitterkörner: Sem. Cydoniae.
Gewürz, engl.: Fructus Amomi.
—, allerlei: Fruct. Amomi.
—, neunerlei: Pulv. aromatic.
Gewürzbalsam: Mixt. oleos. bals.
Gewürzessig: Acet. aromaticum.
Gewürzgeist: Spir. Meliss. cps.
Gewürzkörner: Fruct. Amomi.
Gewürzkräuter: Spec. aromat.
Gewürzlatwerge: Elect. aromat.
Gewürznäglein: Caryophylli.
Gewürzöl, englisch.: Ol. Piment.
Gewürzpfeffer: Fruct. Amomi.
Gewürzpulver: Pulv. aromatic.
Gewürzsafran: Crocus.
Gewürzsamen: Fruct. Amomi.
Gewürztinktur: Tinct. aromat.
Gewürztropfen: Tinct. aromat.

Geyerssalbe: Ungt. Zinci et Ungt. Terebinthinae aa. p. aequ.

Gfraispulver: Pulv. epilepticus.

Gibinir: Herb. Euphras.

Gibsgabs, Gibsjakob, Gibziak: Ungt. Aerugin. Mel rosat. c. Borace. Oxymel simplex.

Gichtbalsam: Linim. sap. camph.

Gichtbeeren: Fruct. Ribis nigr.

Gichtblätter: Herb. Ranunculi.

Gichtblumen: Flor. Primulae. Flor. Paeoniae.

Gichtern = Krämpfe.

Gichternpulver: Elaeosacch. Anisi c. Magn. carbon. aa. p. aequ. Plv. antacidus. Plv. Magn. c. Rheo.

Gichtfluid: Spir. russicus.

Gichtflußtropfen: Tinct. Pini cps. Tct. resin. Guajaci.

Gichtgammander: Herb. Chamaepityos.

Gichtholz: Lignum Guajaci.

Gichtichrölli: Sem. Paeoniae.

Gichtkörner: Sem. Cardui Mariae. Sem. Paeoniae.

Gichtkrallen: Sem. Paeoniae.

Gichtkraut: Herb. Chenopodii. Herb. Geranii. Herb. Gratiolae.

Gichtöl: Ol. Chloroformii. Ol. Philosophor.

Gichtpapier: Chart. antirheum.

Gichtpaterlein: Sem. Paeoniae.

Gichtperlen: Sem. Paeoniae.

Gichtpflaster: Empl. Capsici extens. Empl. fuscum. Empl. oxycroceum.

—, **Helgoländer:** Empl. antarthricic. Helgoland.

Gichtpillen: Pilulae laxantes.

Gichtpilz: Fung. Sambuci.

Gichträucherpulver: Plv. fumal.

Gichtrosen: Flor. Paeoniae.

Gichtrosenkörner: Sem. Paeoniae.

Gichtrosensaft: Sir. Rhoeados.

Gichtrübe: Rad. Bryoniae.

Gichtsaft: Sir. Rhoeados. Sir. Rhamni cath.

Gichtsalbe: Ungt. Rosmar. cps. Ungt. nervin.

Gichtsamen: Sem. Paeoniae.

Gichtsamenkraut: Herb. Ledi.

Gichtspäne: Lign. Guajaci rasp.

Gichtspiritus: Spirit. sapon. camph. Spir. Angel. comp. Spirit. russicus.

Gicht-Stich- und Fahnenöl: Ol. Tereb., Ol. Spic., Ol. Oliv. aa. p. aequ.

Gichttannenkraut: Herb. Ledi.

Gichttee: Herb. Chenopodii. Spec. laxantes.

Gichttropfen: Mixt. oleos. bals. Tinct. Guajaci ammon.

—, **Hoffmanns:** Elix. Aurant. cps.

Gichtundgrimmsaft: Sir. Papaveris.

Gichtundmagentropfen: Elix. Aurant. cps.

Gichtwasser: Aqu. aromatic. spirit. Spir. sapon. camph.

Gichtwidriges Räucherpulver: Species ad suffiendum.

Gichtwurzel: Rad. Bryoniae.

Gichtwurzzaunrübe: Rad. Bryon.

Gickelundgockel: Ungt. flavum.

Gideonkraut: Herb. Droserae.

Gienst: Flor. Genistae.

Gieschklee: Herb. Eupatorii.

Giftblaumblätter: Fol. Rhois. toxicodendri.

Giftblumensamen: Sem. Colchici.

Giftbohnen: Sem. Jequirity.

Giftchriesi: Fol. Belladonnae.

Giftkriesi: Fol. Belladonnae.

Gifteichenblätter: Fol. Rhois toxicodendri.

Giftheil: Rhiz. Zedoariae. Tub. Aconiti.

Giftkorn: Secale cornutum.

Giftkraut: Herb. Gratiolae.

Giftlattich: Herb. Lactucae vir.

Giftmehl: Acid. arsenicosum.

Giftmetall: Arsenium.

Giftpetersilienkraut: Herb. Conii.

Giftpulver: Acid. arsenicosum.

Giftrebenblätter: Fol. Rhois toxicodendri.

Giftrosen: Flor. Paeoniae.

Giftsalat: Herb. Lactucae virosae.

Giftstroh: Lolium temulentum.

Giftsumachblätter: Fol. Rhois toxicodendri.

Giftwasser: Acid. sulfuric. dil.

Giftwendel: Rad. Vincetoxici.

Giftwicke: Coronilla varia.

Giftwürze: Rad. Angelicae.

Giftwurzel: Tubera Aconiti. Rad. Vincetoxici. Rhiz. Bistortae.

Giftwüterich: Cicuta virosa.

Gigeliwurz: Rad. Valerianae.

Gilbe: Herb. Genist. tinct.

Gilben = Lilien.

Gilbholzrinde: Cort. Frangulae.

Gilbkraut: Herb. Chelidonii.

Gilbwurzel: Rhiz. Curcumae.

Gildenroman: Elect. theriacale.

Gilfwurz: Rad. Althaeae.

Gilgen: Flor. Lilii alb. Flor. Calendulae.

Gilgenbutterblumen: Flor. Calendulae.

Gilgenöl: Ol. Olivarum album.

Gilgenwurzel: Rhiz. Curcumae.

Gilkenblumen: Flor. Calendul.

Gillblumen: Flor. Anthemidis.

Gillwurzel: Rad. Hellebori.

Gillwurzimber: Rhiz. Curcumae.

Gilsepeper: Fruct. Capsici annui.

Gimian: Herb. Thymi.

Gimorwurzel: Rad. Althaeae.

Gimpelbeerblätter: Herb. Ligustri.

Gimschklee: Herb. Eupatorii.

Gin: Spir. Vini Gallici.

Ginfer: Rhiz. Zingiberis.

Ginferwurzel: Rhiz. Zingiberis.

Ginster: Herb. Genistae. Viscum alb.

Ginsterholz: Viscum album.

Ginsterwasser: Aq. strumalis.

Ginstkraut: Herb. Meliloti. Herb. Genistae.

Gipsjakob: Aqu. vulner spirit. Ungt. Aeruginis.

Gipskrautwurzel: Rad. Saponariae alba.

Gipswurzel: Rad. Saponar alb.

Giraffelwurz: Rhiz. Caryophyll.

Giraumontsamen: Sem. Cucurb.

Giroffeln: Flor. Caryophylli.

Gispel: Herb. Hyssopi.

Glaaröl: Benzin.

Glander: Fruct. Coriandri.

Glanse: Herb. Genistae.

Glanz oder Glanzkorn: Sem. Canariense.

Glänzerli Herb. Anserinae.

Glanzglas = Kanariensamen.

Glanzgrassamen: Sem. Canariense.

Glanzöl zum Plätten: Gemisch aus Tragacanth. plv. 5,0 Talc. plv. 50,0, Borax plv. 100,0, Spiritus 200,0, Aq. dest. ferv. at 1000,0.

Glanzpetersilie: Herb. Aethusae.

Glanzpulver: Gummi arabic. Tragac. plv. Borax. plv.

Glanzruß: Fuligo splendens.

Glanzseife: Paraffinum solidum.
Glanzwurzel: Rhiz. Galangae.
Glapp: Tub. Jalapae.
Glappwurzel: Tubera Jalapae.
Glarböckleinkraut: Herb. Viol. tricol.
Glasaschenwurzel: Rhiz. Filicis.
Glasermagnesia: Manganum peroxydat.
Glasertropfen: Tinct. Chinoidin.
Glasgalle: Fel Vitri.
Glashenne: Fel Vitri.
Glasierpulver: Talcum pulv.
Glaskalk: Fel Vitri.
Glaskitt: Liquor. Natrii silicici.
Glaskopf, roter: Lapis Haemat.
Glaskraut: Herb. Parietariae. Herb. Equiseti.
Gläsli: Bulb. Scillae.
Glasmacherseife: Mangan. peroxydatum.
Glasöl: Acid. sulfuric. crud.
Glaspech: Res. Pini. Colophonium.
Glaspulver: Stib. sulfurat. nigr.
Glassalbe: Ungt. cereum.
Glassalz, -schaum, -schlacke: Fel Vitri.
Glasseife: Mang. peroxydat.
Glasspath: Calcium fluoratum (Flußspath).
Glaswasser: Liq. Natr. silicic.
Glasweide: Fol. Ligustri.
Glatichen: Flor. Rhoeados.
Glatschen: Flor. Rhoeados.
Glattbruch: Herb. Herniariae.
Glattbruchkraut: Herb. Herniar.
Glätte: Lithargyrum.
Glättepflaster: Empl. Litharg. spl.
Glättsalbe: Ungt. Glycerini.
Glattwerk: Elect. e Senna.
Glattwürger: Elect. e Senna.
Glatzenblumen: Flor. Rhoeados.

Glaubersalz: Natr. sulfuricum.
Glawittenstein: Zinc. sulfuric.
—, blauer: Cupr. sulfur.
Gleisse: Aethusa Cynapium.
Gleißwurz: Rad. Meu.
Glenderpflaster: Empl. fuscum.
Gletschergebüse: Herb. Artemis.
Gliedegenge: Herb. Asperulae.
Gliederbalsam: Spirit. sapon. camph. Mixt. oleos. balsam.
Gliederbalsamtropfen: Spirit. Angelicae comp.
Gliederessenz: Liq. Ammon. acet. Tinct. antipastic.
Gliederfett: Ol. camphoratum. Ol. Olivarum. Ungt. nervinum.
Gliedergeist: Spir. Angelic. comp. Spir. Melissae comp. Spirit. russicus.
Gliedergrindsalbe, weiße: Ungt. Hydrarg. alb.
Gliederkräuter: Spec. aromatic.
Gliederkraut: Herb. Asperulae.
Gliederlenge: Herb. Scabiosae.
Gliederöl: Liniment. ammon. Ol. Chamom. infus. Ol. Terebinth. Ol. Hyoscyami. Ol. viride.
Gliederpulver: Tub. Jalap. pulv.
Gliederreeköl: Ol. Hyoscyami.
Gliederreißendes Pulver: Pulv. Liquirit. comp.
Gliedersalbe: Ungt. nervin. Ungt. Populi. Ungt. Rosmarin. comp.
Gliederspiritus: Spirit. sapon. camph. Liq. Ammon. caust. Spir. Angel. comp. Spir. russicus. Spir. coeruleus.
Gliedersplitteröl: Ol. viride. Ol. Hyoscyami.
Gliederstenglich: Hrb. Asperulae.
Gliedertropfen: Liq. Amm. acet. Tinct. antispastic.

Gliedewel: Liniment. ammoniat.
Gliedkraut: Herb. Sideritidis.
Gliedöl: Linim. ammon. Ol. Chamom. infus. Ol. Terebinth. Ol. Hyoscyam. Ol. viride.
Gliedschwammpflaster: Cerat. Aerug. Chart. antirheum.
Gliedwundkraut: Hrb. Siderit.
Gliedwurzel: Rhiz. Polygonat.
Gliedzunge: Herb. Asperulae.
Glijpoeder: Talcum plv.
Glimmergeist: Spir. Formicar.
Glimmerspäne: Glacies Mariae.
Glimmerspiritus: Spir. Formicar.
Glinserin: Glycerin.
Glitschen: Flor. Rhoeados.
Glitscheröl: Glycerin.
Glitschpulver: Talcum pulv.
Glitzenstein: Zinc. sulfuricum.
—, blauer: Cupr. sulfur.
Glöckelstropfen: Tct. Chinoidin.
Glockenblumen: Flor. Cyani. Flor. Aquillegiae.
Glockenkling: Ungt. ctr. pedic.
Glockenöl: Ol. Hyperici.
Glockenpappeln: Flor. Malvae arboreae.
Glockenpfeffer: Fruct. Capsici.
Glockenrosen: Flor. Malv. arbor.
Glockenrosenkraut: Herba Pulsatillae.
Glockenschmalz: Ceratum Cetacei rubr. Ol. Amygdal. Ungt. flavum.
Glockenschmiere: Ol. Sesami.
Glockentee: Flor. Malvae vulg.
Glockentropfen: Tct. Chinoidin.
Glockenwasser: Aq. Plumbi.
Glockenwurzel: Rad. Helenii.
Glöckelstropfen: Tinct. Chinoïdini.
Glöckleinblüten: Flor. Campanul.
Glöckleöl: Ol. Hyperici.

Glockrosen: Flor. Malv. arbor.
Glogauer, französischer: Ungt. Hydrargyri citrin.
Glogauer Salbe: Ugt. Hydr. citr.
Glogga (bloama): Flor. Aquilegiae.
Glore: Terebinthina. Ungt. flav. c. Ol. Lauri.
Gloriawasser: Aqua Plumbi Goulardi.
Glösen: Herb. Genistae.
Glückenwurzel: Rad. Angelic.
Glücksensamen: Sem. Cucurbit.
Glückshand: Rhiz. Filicis.
Glücksmännchen: Rad. Mandragorae.
Glückswurzel: Blb. Victor. long.
Glühwachs: Cera nigra.
Glümeke: Herb. Beccabungae.
Glunecke: Herb. Beccabungae.
Glunscher: Saccharum Malti.
Glure: Herb. Galeopsidis.
Glütenwurzel: Rad. Angelicae.
Glyzerinwaschwasser: Glycer. c. Aq. Rosea āā. pts. aequ.
Gnadenkraut: Herb. Gratiolae.
Gnatzsalbe: Ungt. contra scab.
Gnitzschenstein: Zinc. sulfuric.
Gnurröl: Ol. Hyoscyam. part. I Ol. Pini part. II.
Goapulver: Chrysarobin.
Gochheil: Herb. Anagallidis. Herb. Prunellae.
Gockerlestee: Flor. Rhoead.
Gockelfang, -kerne, -mehl, -pulver: Pluv. contra pedic. Sem. Cocculi.
Gode: Herb. Luteolae.
Godensteen: Cupr. aluminatum.
Gogenum: Pulv. contra pedicul.
Göhl-Wundsalbe: Ugt. cereum.
Goiferwurz: Rad. Pyrethri.
Goijaun: Alumen.
Gökerleskraut: Herb. Saturejae.

Gold, arabisches: Aurum foliat.
— blausaures: Aurum cyanat.
Goldadersalbe: Ungt. flavum.
Ungt. Linariae. Ungt. Hamamelidis.
Goldadertee: Species laxantes.
Goldadertinktur: Tct. Aloës cps.
Goldaderwurzel: Rhiz. Zedoar.
Goldäpfel: Fruct. Lycopersici.
Goldauderkraut: Herb. Herniariae.
Goldaurum: Herb. Adianti aur.
Goldbalsam: Spir. Lavandul. cps.
Goldblumen: Flor. Calendulae.
Flor. Stoechados.
Goldblumenessig: Acet. aromat.
Goldcreme: Ungt. leniens.
Golden. Adersalbe: Ugt. flavum.
Ungt. Hamamelidis.
— Widerton: Herb. Adianti.
— Wildniskraut: Herb. Ivae moschatae.
Göldeke: Flor. Calendulae.
Goldengänserich: Herb. Alchemill.
Goldengünsel: Herb. Ajugae.
Goldenmundkraut: Hrb. Virgaur.
Goldenrautenkraut: Hrb.Virgaur.
Goldereblüten: Flor. Lilii.
Golderlingsschaalen: Cortex Aurant fruct.
Goldessig: Acet. aromatic.
Goldfußwasser: Tinct. antihyst. aur.
Goldgelb: Arsenium citrinum nativum.
Goldgilgen: Bulb. Asphodeli.
Goldglätte: Lithargyrum.
Goldglätteessig: Liquor Plumbi subacet.
Goldglätteöl: Liq. Plumb. subac.
Goldglättepflaster: Empl. Lithargyri. spl.

Goldglättesalbe: Ungt. diachylon.
Goldgummibandflaster: Empl. Litharg. comp.
Goldhaar: Herb. Adianti aurei.
Goldhonig: Mel. depuratum.
Goldhühnerdarmkraut: Herba Anagallidis.
Goldikraut: Herb. Matricariae.
Goldklee: Herb. Hepaticae.
Goldknöpflein: Flor. Verbasci.
Goldkraut: Herb. Senecionis.
Herb. Calendulae.
—, kleines: Herb. Nummulariae.
Goldkrautsaft: Sir. Chamomill.
Goldkrautsalbe: Ungt. Linariae.
Goldkristalle: Aurum chloratum.
Goldlack: Herb. Cheiri.
Goldleberkraut: Herb. Hepaticae.
Goldleim: Borax.
Goldlevkojen: Flor. Cheiri.
Goldmelisse: Herb. Melissae.
Goldmilz: Herb. Chrysosplenii.
Goldmyrrhe: Myrrha.
Goldmyrrhentropfen: Tinct. Myrrh.
Goldnesselblüten: Flor. Lamii alb.
Goldpflaster: Empl. fuscum.
Goldpulver: Pulv. epileptic. c. Aur. fol. Pulv. Magnes. c. Rheo. Rhiz. Rhei pulv.
Goldpurpur: Cassiusscher: Aurostanum praecipitatum.
Goldraute: Herb. Virgaureae.
Goldregen: Cytisus laturnum.
Goldrinde: Cort. Frangulae.
Goldrosen: Flor. Calendulae.
Goldrosensalbe: Ungt. flavum.
Goldrute: Herb. Virgaureae.
Goldsaftkraut: Herb. Chelidonii.
Goldsalz: Auro-Natr. chlorat. Aurum chlorat. Ammon. chlorat. ferrat.

Goldsalz, Figuier's: Auro-natr. chlorat.

—, Fordos: Auro-natrium thiosulfuric.

—, Gélés: Auro-natrium thiosulfuric.

—, Gozzis: Auro- natr. chlorat.

Goldschaum: Aurum foliatum.

Goldscheidewasser: Acidum chloronitricum (Acid. nitric. 1 + Acid. hydrochl. 3).

Goldschlägerhäutchen: Empl. animale.

Goldschmilhagel: Flor. Calthae.

Goldschwefel: Stib. sulf. aurant.

Goldspießglanzschwefel: Stibium sulfurat. aurant.

Goldspitzenblüten: Flor.Verbasci.

Goldstengeltee: Herb. Virgaur.

Goldsternblumenkraut: Herb. Ficariae. Herb. Chelidonii.

Goldstockblüten: Flor. Cheiri.

Goldtinktur- oder Tropfen: Essent. dulcis. Tinct. amar. Tinct. aromat. Tinct. Corallor. Tinct. Ferr. chlor. aetherae.

— Lamottes: Tinct. Ferri chlor. aeth.

Goldweidenrinde: Cort. Salicis.

Goldwiderton: Herb. Adianti.

Goldwurzkraut: Herb. Chelidon.

Goldwurzel: Bulb. Asphodeli. Bulb. Victorial. rot. Rhiz. Curcumae. Rhiz. Tormentill.

—, kanadische: Rhiz. Hydrastis.

Goldwurzelpflaster: Empl. oxycroceum.

Goldwurzelsalbe: Ungt. flavum.

— in Stangen: Empl. oxycroc.

Goldzwiebel: Bulb. Asphodeli.

Gölkwurzel: Rad. Angelicae.

Gollaun: Alumen pulveratum.

Gollenkraut: Herb. Millefolii.

Gölliken: Flor. Verbasci.

Göllingtee: Flor. Calendulae.

Gom = Gummi.

Gomfer: Camphora.

Gommartharz: Gummi kikekunemalo.

Gomme d'alsace: Dextrinum.

Gommeline: Dextrin.

Gopperkraut: Herb. Fumariae.

Gor: Herb. Millefolii.

Gordhahn: Herb. Abrotani.

Gorgenwurz: Rhiz. Curcum. tot.

Gorgone: Rhiz. Curcumae pulv.

Gorgonenwurzel: Rhiz. Galang. Rhiz. Curcumae.

Gorkraut: Herb. Millefolii.

Görlitzer Galoppheilpflaster: Empl. Litharg. comp.

Goronitzel: Zincum sulfuricum.

Görspflaster: Empl.defensiv.rubr.

Gosfett: Adeps.

Gospflaster: Empl. saponatum.

Götterleskraut: Herb. Saturejae.

Götterstein: Cupr. aluminatum.

Gottesandachtspulver: Pulv. pro equis virid.

Gottesbart: Sempervivum tectorum.

Gottesgabe: Herb. Chelidonii.

Gottesgerichtsbohnen: Fabae Calabaricae.

Gottesgnadenkraut: Herb. Galeopsid. Herb. Gratiolae.

Gottesgnadenpflaster: Empl.Melil.

Gotteshand: Herb. Millefolii.

Gotteshandpflaster: Empl. fusc.

Gottesheil: Herb. Prunellae.

Gotteshilfe: Herb. Gratiolae. Herb. Marrubii.

Gotteskundenpflaster: Empl. Melilot.

Gottesmuttertee: Herb. Marrubii.

Gottheil: Herb. Abrotani.

Göttlich. Balsam: Mixt. oleos. bals. Tinct. Benzoës comp.

— **Pflaster:** Empl. fusc. camph.

— **Stein:** Cuprum aluminatum.

Gottvergeß, schwarzer: Herb. Ballotae.

—, **weißer:** Herb. Marrubii.

Gottvergessentee: Herb. Veronicae. Rad. Succisae. Herb. Marrubii. Fol. Trifolii fibrini.

Gottvergeßwurzel: Rad. Succisae.

Gottvergißmeinnichtöl: Ol. Hyoscyami.

Goud = Gold.

Goulards Salbe: Ungt. Plumbi.

— **Wasser:** Aq. Plumbi Goulardi.

Grabkraut, Grabekraut: Herb. Absinthii.

Grach = grau.

Grafenpulver: Plv. Magnes. c. Rh.

Gräflingsfett: Adeps.

Gräkumsamen: Sem. Foenugraeci.

Gramen: Rhiz. Graminis.

Gramille: Flor. Chamomill.

Gramkraut: Herb. Lycopodii.

Grammü: Rhiz. Graminis.

Gramwurz: Rhiz. Graminis.

Grän: Rad. Armoraciae.

Granadill: Sem. Tiglii.

Granatäpfelleder: Cortex Granat. fruct.

Granatäpfelschalen: Cort. Granati fruct.

Granatblumen: Flores Granati.

Granaten: Fruct. Granati.

Granatensaft: Sir. Rhoeados.

Granatenzucker: Sacchar. alb.

Granatillkörner: Grana Tiglii.

Granatin: Mannitum.

Granatrinde: Cortex Granati.

Granatstein: Fel. Vitri.

Granawettholz: Lign. Juniperi.

Grandelbeerblätter: Folia Vitis Id

Grandenbeerblätter: Fol. Vitis Idaei.

Gränesalbe: Ungt. ctr. pedicul.

Granetbaumrinde: Cort. Granati.

Granium: Herb. Geranii.

Grankenblätter: Herb. Vitis Idaei.

Grantenblätter: Herb. Vitis Idaei.

Gränze: Herb. Ledi.

Granzenblätter: Herb. Ledi.

Graphit: Plumbago.

Grapp: Rad. Rubiae tinct.

Gras, türkisches: Rhiz. Graminis.

Grasbielkraut: Fol. Fragariae.

Grasblumen: Flor. Graminis. Flor. Tunicae.

Graschelkraut: Herb. Chelidon.

Grasfresser: Herb. Pedicularis. Sem. Melampyri.

Grasgilgen: Herb. Nummulariae.

Grasnägelein: Flor. Tunicae.

Grasnelken: Herb. Oreoselini.

Grasöl: Ol. virid. Ol. Hyoscyami.

Grassamen: Sem. Foenugraeci.

Grasspiritus: Spir. Angelicae. comp. Spir. Melissae. comp.

Grasstaub: Lycopodium.

Grastrauben: Lichen islandicus.

Graswasser: Aq. destillata.

— **für Hunde:** Aq. Sambuci c. Tartar. stibiat.

Graswurzel: Rhiz. Graminis.

—, **rote:** Rhiz. Caricis.

Graswürze: Rhiz. Graminis.

Grätenstein: Cetaceum.

Gratzbeerwurzel: Rad. Ononid.

Grau Aschmannssalbe: Ungt. Zinci. c. Bals. peruv. 10 : 1.

— **Bollmannspulver:** Pulv. antiepilept. niger.

— **Butter:** Ungt. pediculor.

— **Driakel:** Elect. thericale.

— **Dunst:** Tutia praeparata.

— **Eber:** Ungt. sulfurat. cps.

Grau Kapuzinersalbe: Ungt. Hydrarg. pedic.

— **Kondukteurpulver:** Pulvis pro equis.

— **Krätzsalbe:** Ugt. sulfur. comp.

— **Magnet:** Ferrum pulveratum.

— **Nervensalbe:** Ungt. Rosmar. comp.

— **Ohrensalbe:** Empl. Litharg. comp.

— **Pflaster:** Empl. Hydrargyri.

— **Pomade:** Ungt. Hydr. pedic.

— **Puder:** Pulv. contra pedicul.

— **Pulver:** Pulv. Jalap. lax. Pulv. strumalis.

— **Roßsalbe:** Ungt. sulf. comp.

— **Salbe:** Ungt. Hydrarg. pedic.

— **Sand:** Pulv. contra pediculos.

— **Schwefel:** Sulfur griseum.

— **Sudensalbe:** Ugt. sulfur. comp.

— **Thimotheus:** Stib. sulf. nigr.

— **Titius:** Tutia praeparata.

— **Vivat:** Ungt. Hydrarg. pedic.

Graubeerblätter: Herb. Vitis Idaei.

Gräuberichkraut: Herb. Tanaceti.

Graubraunsteinerz: Mangan. peroxydat.

Graubolsmannspulver: Pulv. epilept. niger.

Graugalmei: Lapis calaminar.

Grausenblumen: Flor. Genistae.

Grauspießglanz: Stib. sulf. nigr.

Grauwasserpulver: Plv. laxans.

Grauweide: Herb. Genistae.

Gravenhorstsalz: Natr. sulfuric.

Greanderkraut: Herb. Ballotae.

Greibschkraut: Herb. Equiseti arv.

Greisbart: Muscus arboreus.

Greiserbeeren: Fruct. Myrtilli.

Greiskraut: Herb. Senecionis.

Gren: Rad. Armoraciae.

Grenader: Herb. Ballotae.

Grenadiertropfen: Tinctura Chinae comp. Tinct. Chinoïdin.

Grenetillsamen: Sem. Tiglii.

Grenetine: Gelatina alba.

Grenetten: Fruct. Rhamni cath.

Grenselkraut: Herb. Anserinae.

Grensing: Herb. Clematidis. Herb. Millefolii. Herb. Anserinae.

Gretchen im Busch: Herb. Nigellae.

Grete, feine: Sem. Foenugraeci.

Greundreusensalv: Ungt. laurin.

Greunkinderpulver: Pulvis Liquiritiae comp.

Grey-powder: Hydrarg. cum Creta.

Griakelbeere: Fruct. Juniperi.

Gricium: Sem. Foenugraeci.

Grickensamen: Sem. Fagopyri.

Griech. Heusamen: Sem. Foenugraeci.

— **Leberkraut:** Herb. Agrimoniae. Herb. Hepaticae.

— **Nüsse:** Amygdalae.

— **Pech:** Asphalt. Colophonium.

— **Tee:** Fol. Salviae.

Griekensame: Sem. Foenugr.

Griemer, gelber: Rhiz. Curcum.

Grienöl: Ol. viride. Ol. Hyoscyami.

Grienspiritus: Spir. viridis.

Griesasche: Kali carbonicum.

Griesatenpulver: Plv. pro equis.

Griesbart: Lichen Pulmonariae.

Griesche: Herb. Genistae.

Griesgrau: Ungt. Tutiae.

Griesholz: Lign. nephriticum.

Grieskraut: Herb. Anserinae.

Griespulver: Pulv. carminativ.

Griesraute: Herb. Galegae.

Griesstein: Lapis ischiaticus.

Grieswurzel: Rad. Pareirae.

Griffelbeeren: Fruct. Myrtilli.

Grillenkraut: Herb. Millefolii.

Grimmagblumen: Flor. Rhoead.

Grimmelpulver: Pulv. Magnes. c.
Rheo.

Grimmertsches Pflaster: Empl.
fuscum in scatulis.

Grimmgritt: Sem. Foenugr. plv.

Grimmöl: Ol. carminativ. Ol.
Chamom. infus. Ol. Olivar.

Grimmpulver: Plv. carminat.
Pulv. Magnes. c. Rheo.

Grimmschenblumen: Flor. Genistae.

Grimmwasser: Aq. carminativa.

Grimsche: Herb. Genistae.

Grind = Krätze.

Grindbaumrinde: Cort. Frangulae.

Grindelwaldpflaster: Empl. Matris.

Grindelwaldsalbe: Ungt. resinos.

Grindheil: Herb. Veronicae.

Grindholz: Cort. Frangulae.

Grindkraut: Herb. Fumariae.
Herb. Scabiosae. Herb. Senecionis.

Grindmagenblumen: Flores Rhoeados.

Grindpulver: Rhiz. Veratri pulv.

Grindrinde: Cort. Frangulae.

Grindsalbe: Ungt. ctr. pedic.
Ungt. ctr. scab. Ungt. Hydrarg. alb. Ungt. Zinci.

Grindwurzel: Rad. Bardanae.
Rad. Helenii. Rad. Lapathi.
Rad. Pyrethri. Rhizoma Chi-
nae. Rhiz. Imperatoriae.

Grindwurzkraut: Herb. Senecionis.

Grinitschblumen: Flor. Genistae.

Grinschenblumen: Flor. Genistae.

Grinsing: Herb. Millefolii.

Grippli: Fol. Vitis Idaei.

Grischelblumen: Flor. Genistae.

Grischeltee: Herb. Burs. Past.

Griseum: Herb. Fumariae.

Groburach: Rad. Gentianae.

Grogruersalbe: Ungt. Hydrarg.
oxyd. rubr.

Gröllöl: Ol. Chamomillae.

Gromenkriet: Ungt. sulfuratum.

Gronawett: Fruct. oder Lign.
Juniperi.

Gronawettlatwerge: Succ. Junip.

Grön = Grün.

Grönflanellenpflaster: Cerat.
Aeruginis.

Grönflötverdentpflaster: Ceratum
Aeruginis.

Grönfontanellenpflaster: Cerat.
Aeruginis.

Grönsalv: Ungt. Populi. Ungt.
nervinum.

Gröscheltee: Herb. Burs. Past.

Großbathengel: Herb. Primulae.
Herb. Veronicae.

Groß. Andorn: Herb. Stachydis.

— Dorant: Herb. Antirrhini.

Großes gelbes Münzkraut: Herb.
Nummulariae.

— Heinrich: Rad. Helenii.

— Kaulpappelblüten: Flor. Malv.

Großluzian: Herb. Arnicae.

Großnelken: Antophylli.

Großneßle: Herb. Urticae.

Grottenpulver: Rad. Helen. plv.

Gruattum: Avena excorticata.

Grubenflechte: Lichen Pulmonariae.

Gruchheil: Herb. Anagallidis.

Grülingskraut: Herb. Genistae.

Grün, Abzug: Ungt. Populi.

—, amerikanisches: Cinnabaris
viridis.

— Apostelöl: Oxym. Aeruginis.

— Balsamtee: Fol. Menth. crisp.

— Butter: Ungt. Majoranae. Ugt.
nervinum. Ugt. Populi.

— casseler: Viride Schweinfurtense.

Grün, dreimal: Ungt. Populi. Ungt. nervin.

— **englisches:** Viride Schweinfurtense.

— **Flanellpflaster:** Cerat. Aerug.

— **Flöthverdentpflaster:** Ceratum Aeruginis.

— **Flußverbandpflaster:** Ceratum Aeruginis.

— **Grenadiertropfen:** Tinct. Chinoidin.

— **Guignets:** Chromium hydroxydatum.

— **Hegewald:** Pulv. sternut. vir.

— **kirchberger:** Viride Schweinfurtense.

— **Krauseminzenöl:** Ol. Menth. crisp. Ol. viride.

— **leipziger:** Viride Schweinfurtense.

— **Mulljenpflaster:** Cerat. viride.

— **Muttersalbe:** Ungt. nervin. Ungt. Populi.

— **Nervensalbe:** Ungt. nervin.

— **neuwieder:** Viride Schweinfurtense.

— **Öl:** Ol. Aeruginis. Ol. Chamomill. Ol. Hyoscyami. Ol. viride.

— **Pappelsalbe:** Ungt. Populi.

— **pariser:** Viride Schweinfurtense.

— **Pflaster:** Empl. Meliloti.

— **Rinmanns:** Cinnabaris virid.

— **Salbe:** Ungt. Populi. Ungt. nervinum.

— **Scheelsches:** Cuprum arsenicosum.

— **Schutzpflaster:** Empl. Melil.

— **schwedisches:** Cuprum arsenicosum.

— **schweinfurter:** Cuprum acetic. arsenicos, Viride Schweinfurtense.

Grün, Schweinfurter, destilliertes: Viride. Schweinfurtense.

— — **gereinigtes:** Viride Schweinfurtense.

— **schweizer:** Viride Schweinfurtense.

— **Sehnenöl:** Ol. Hyoscyami. Ol. viride.

— **Seife:** Sapo kalinus.

— **Senf:** Sem. Sinapis.

— **Siegelwachs:** Cerat. Aerugin.

— **Umschlagkräuter:** Species emollient.

— **Unterhaltungssalbe:** Ungt. Cantharid.

— **Verteilungssalbe:** Ungt. flavum c. Ol. Lauri.

— **Vitriol:** Ferrum sulfuricum.

— **Wachs:** Ceratum Aeruginis.

— **Wallnußschalen:** Cortex Jugland. fruct.

— **Weide:** Pulv. pro vaccis.

— **wiener:** Viride Schweinfurtense.

— **würzburger:** Viride Schweinfurtense.

Grünbeeren: Fruct. Rhamn. cath.

Grundbirnen: Kartoffeln.

Gründelwaldsalbe: Ungt. resinos.

Grundheil: Hrb. Hederae. Hrb. Millefolii. Herb. Oreoselini. Herb. Veronicae.

Grundiersalz: Natrium stannic.

Grundpflaster: Empl. fuscum.

Grundrabkraut: Herb. Hederae.

Grundrebe: Herb. Hederae.

Grundrebli: Herb. Hederae.

Grundsalbe, gelbe: Ungt. sulfur.

Grundtee: Herb. Veronicae. Herb Hederae.

Grundwurzel: Rad. Lapathi.

Grüneisene: Ferrum citric. ammoniat. viride,

Grünerde, böhmische: Terra viridis Germanica.

—, deutsche: Terra viridis Germ.

—, veroneser: Terra viridis Veronensis.

Grüngeist: Spir. viridis.

Grünholz: Rad. Bardanae.

Grünholzkraut: Herb. Genistae.

Grünkörner: Fuchsin.

Grünkraut: Herb. Basilici.

Grünkrautwurzel: Rhiz. Bistortae.

Grünlinblumen: Flor. Spartii.

Grünlingkraut: Herb. Genistaei.

Grünnelpulver: Pulv. Magnes. c. Rheo.

Grünöl: Ol. Chamomill. Ol. Hyocyami. Ol. viride.

Grünpulver: Pulv. Liquir. comp.

Grünsaatspiritus: Spiritus vini. Spir. viridis.

Grünschausamen: Sem. Foenugraec.

Grünsiegelpflaster Ceratum Aeruginis.

Grünsingkraut: Herb. Millefol.

Grünspan: Aerugo.

Grünspanblumen: Cuprum acetic. auch Flor. Spartii.

Grünspanessig: Acid. acet. dilut.

Grünspankristall: Cupr. acetic.

Grünspanliniment: Ungt. Aerug.

Grünspanpflaster: Cerat. Aeruginis.

Grünspansalbe: Cerat. Aerugin.

Grünspanwasser: Liq. Aerugin.

Grünspiritus: Spiritus viridis.

Grünwollöl: Ol. Hyoscyami.

Grünwurzkraut: Herb. Fumariae.

Grüsamenttropfen: Ol. Menth. crisp.

Gruserich: Bulbus Allii.

Grut: Herb. Ledi.

Grüttblomen: Flor. Millefolii.

Grütz: Sem. Fagopyri.

Grützenkraut: Herb. Millefolii.

Gruwaterpulver: Pulv. laxans. cp.

Guajakholz: Lign. Guajaci.

Guaza: Herb. Cannabis indic.

Gübelimehl: Lycopodium.

Guchheil: Herb. Anagallidis.

Guck dörch den Tun: Herb. Hederae.

Guckelmehl: Pulv. contra insect.

Guckeslauch: Herb. Acetosell.

Guckuckskraut: Herba Acetosellae.

Guckucksklee: Herba Acetosellae.

Guckucksbrod: Herba Acetosellae.

Gufenöndli: Herb. Viol. odor.

Gugelkopf: Flor. Calendulae.

Gugenwurzel: Rad. Angelicae.

Gugerutz: Semen Maidis.

Guggelblumenkraut: Herb. Pulsatillae.

Gugger: Herb. Acetosellae.

Guggersauer: Herb. Acetosellae.

Gugguche: Herb. Pulsatillae.

Gugguros: Herb. Pulsatillae.

Gugommarakraut: Herb. Boraginis.

Gugumerpomade: Ungt. flavum.

Guhr: Lac Lunae (Kieselguhr).

Guimauvewurzel: Rad. Althaeae.

Guineakörner: Piper african (Grana Paradisi).

Guineapfeffer: Grana Paradisi.

Guckdurchdentun: Herb. Heder.

Gukulifon: Fruct. Cocculi.

Gulaschwasser: Aqua Plumb. Goulardi.

Gulden = golden.

Güldenbalsam: Ol. Terebinth. sulfurat. Tinct. Lignorum.

Güldengänserich: Hrb. Alchem.

Guldengünsel: Herb. Hederae. Herb. Ajugae.

Güldenhaarblumen: Flor. Stoechados.

Güldenhaarmoos: Hrb. Adianti.

Güldenherzpulver: Plv. epilept.

Guldenklee: Herb. Meliloti.

Güldenklee: Herb. Meliloti.

Guldenleberkraut: Herb. Hepat.

Güldenpfennigkraut: Herb. Nummulariae.

Güldenroman: Elect. Theriac.

Guldenwederton: Herb. Adianti.

Güldenwiderton: Herb. Adianti.

Guldenwundkraut, Güldenwunderkraut: Herba Virgaureae.

Guldikraut: Herb. Matricariae.

Guldiwasser: Tinct. antihyst. aur.

Gülle Vitriol: Ferr. sulfur crd.

Gulierwurzel: Rad. Aristol. cav.

Gum Benjamin: Benzoë.

Gum Benzoin: Benzoë.

Gumbetöl: Bals. Capaivae.

Gummi, arabisches: Gummi arab.

—, armenisches: Ammoniacum.

Gummigtes Salz: Tart. boraxat.

Gummigut: Gutti.

Gummijak: Lign. Guajaci.

Gummilack: Lacca in granis.

Gummilemium: Elemi.

Gummipapier: Percha lamellat.

Gummipasta: Pasta gummosa.

Gummipflaster: Empl. Lith. cp.

Gummipulver: Gummi arab. plv.

Gummisalbe: Empl. Lith. cps.

Gummischleim: Mucil Gummi. arab.

Gummistärke: Gummi arabic.

Gummitragantenpflaster: Empl. Litharg. comp.

Gummiwasser: Mucil. Gi. arab. c. Natr. carb.

Gundelblumen: Flor. Verbarci.

Gundelkraut: Herb. Hederae, Herb. Serpylli.

Gundelmannkraut: Herb. Heder.

Gundelrebe: Herb. Hederae.

Gundermann: Herb. Hederae.

Gundermannsbutter: Ung. Populi.

Gundling: Herb. Serpylli.

Gundrebe: Herb. Hederae.

Gundrum: Herb. Hederae.

Gungerole: Herb. Pulsatillae.

Guniduni: Chinoïdinum.

Gunjah: Herb. Cannab. ind.

Gunkelblumen: Flor. Verbasci.

Gunnerle: Herb. Serpylli.

Gunreb: Herb. Hederae.

Günsel: Herb. Hederae.

Gunstertee: Herb. Hederae.

Gunsterwasser: Aq. strumalis.

Gunterebe: Herb. Hederae.

Günzelkraut, gelbes: Herb. Chamaepityos.

Günzkraut: Stipit. Dulcamarae.

Gupankraut: Herb. Anserinae.

Gurgelkali: rotes: Kal. permanganicum.

Gurgelkali, weißes: Kal. chloricum.

Gurgelmalven: Flor. Malvae arbor.

Gurgelsalz: Alumen pulv.

Gürgütsch: Fruct. Sorbi.

Gurkemeh: Rhiz. Curcumae.

Gurkemeis: Rhiz. Curcumae.

Gurkendillsamen: Frct. Anethi.

Gurkenkönig: Herb. Boraginis.

Gurkenkraut: Herb. Boraginis. Herb. Anethi. Herb. Saturejae.

Gurkenmehl: Rhiz. Curcum. plv.

Gurkensalbe: Ungt. leniens.

Gurkenschalen: Cort. Cucumeris.

Gurkenwurzel: Rhiz. Caricis. Rhiz. Curcumae.

Gürmsch: Fruct. Sorbi.

Gürschbaumbeeren: Fruct. Sorbi

Gurtelkraut: Herb. Abrotani. Herb. Artemisiae.
Gürtelkraut: Herb. Lycopodii.
Gürtelmoossamen: Lycopodium.
Gürteln: Herb. Abrotani.
Gürtelpulver: Lycopodium.
Gürtlerwasser: Acid. sulfur. dil.
Güßpflaster: Empl. saponatum.
Güstpflaster: Empl. defens. rubr.
Gustrum: Fol. Ligustri.
Guterheinrich: Herb. Chenopod.

Gutermann: Herb. Hederae.
Gutheil: Herb. Prunellae.
Gutvergeß: Herb. Marrubii.
Gutwurz: Herb. Chelidonii.
Guz: Manna celastrina.
Guzagagl: Tubera Salep.
Gwandlausschmiere: Unguent. Hydrarg. pedic.
Gyps siehe Gips.
Gypsjakob: Oxymel Aeruginis. Mel. boraxat.

H.

Haarbalsam, weißer: Ungt. pomadinum alb.
Haarbeersaft: Sirup. Rubi Id.
Haare, blutstillende: Penghawar Djambi.
Haarfenchel: Fruct. Foeniculi.
Haarfett: Ungt. pomadinum.
Haarglied: Herb. Sideritidis.
Haarigekornwut: Hb. Galeopsidis.
Haarkrautfarn: Herba Capill. veneris.
Haarkugeln: Bezoar Germanicus.
Haarlinsen: Sem. Lini.
Haarmoos: Herb. Adianti.
Haarnesseln: Herb. Urticae.
Haarpuder: Amylum.
Haarsalz: Alumen plumosum.
Haarscharkraut: Herb. Lycopodii.
Haarscharmehl: Lycopodium.
Haarschwarz: Sol. Argent. nitr. ammoniat.
Haarstark: Rad. Peucedani.
Haarstrang: Bulb. Victorial. long Rhiz. Graminis. Rad. Mëu. Rad. Peucedani. Rad. Petroselini.
Haarwuchspomade, grüne: Ungt. Populi.
Haarwurmsalbe: Ungt. exsiccans.

Haarwurzeln: Sem. Cynosbati.
Habakuköl: Ol. animale foet. Ol. Cajeputi. Ol. Cubebar. et Ol. Oliv. alb. 1 : 10. Ol. Papaveris. Ol. viride.
Habakuksalbe: Empl. Lith. spl.
Habakukstropfen: Liquor Ammon. anis. Tinct. Asae foet.
Habenichts: Nihil. alb. (Zinc. oxyd. crud.)
Haberblume: Pulsatilla vulg.
Haberkähm: Fruct. Cumini.
Haberkümmel: Fruct. Cumini.
Haberlattig: Fol. Farfarae.
Habermeisterspiritus: Oleum Cumini mixt.
Habernessel: Herb. Urticae.
Haberstaub: Pulv. contra pedicul.
Haberstoff: Pulv. contra pedicul.
Haberstroh: Rhiz. Graminis.
Habervorschuß: Spir. Frumenti.
Haberwurz: Rad. Scorzonerae.
Haberzähn-(Zinn)kraut: Herb. Equiseti.
Habi: Flor. Koso.
Habichstabich: Aq. Foeniculi.
Habichtskraut: Herb. Pilosell. Herb. Taraxaci.

Habritter: Fruct. Cynosbati.
Hachelkrautwurzel: Rad. Ononidis.
Hachelpflaster: Empl. Litharg. comp.
Hachelwurz: Rad. Ononidis.
Hachmutter: Umbilici marini.
Hackamatak: Res. Tacamahaca.
Hackebussade: Aqua vulnerar. spirituos. Mixt. vulner. acid.
Hackelkraut: Herb. Pulsatillae.
Hackeln: Rad. Ononidis.
Hackelnüsse: Fruct. Avellanae.
Häckelsäftchen: Mel. boraxat.
Hackelspektakel: Tacamahaca.
Hackenpotia: Mixt. vulner. acid.
Hackenscharkraut: Herb. Chenopodii.
Hackestierl: Stinc. marinus.
Hackmatack: Res. Tacamahaca.
Hackumhack und Mirummir: Tacamahaca et Myrrha āā.
Hackundmack: Tacamahaca.
Hack- und Ösen-Pulver: Sem. Foenugr. pulv.
Haddigbeeren (Haddick): Fruct. Ebuli.
Haddigblumen: Flor. Sambuci.
Haderholz: Lign. Anacahuit.
Hadergiftblumen: Flor. Calcatr.
Haderif: Herb. Hederae.
Hädern: Sem. Fagopyri.
Hädernessel: Herb. Galeopsid. Flor. Lamii alb.
Hädernesselgamander: Herb. Hederae.
Haderweiß: Calc. phosph. crud.
Hafel: Pasta phosphorata.
Hafer, Münchener: Pulv. ctr. pedicul.
—, **Polnischer:** Fruct. Cumini.
—, **Spanischer:** Plv. ctr. pedic.
—, **Ungarischer:** Plv. ctr. pedic.

Hafergrütze: Frct. Aven. excort.
Haferkrautblumen: Flores Rhoeados.
Haferkümmel: Fruct. Cumini.
Haferlattig: Fol. Farfarae.
Haferlinsenpulver: Sem. Lini plv.
Hafermännchen: Plv. ctr. pedic.
Haferraute: Herb. Abrotani.
Hafersaat: Pulv. contra pedicul.
Hafersamen: polnischer: Fruct. Cumini.
Haferstaub: Plv. contra pedicul.
Haferstoff: Pulv. contra pedicul.
Haferstroh: Rhiz. Graminis.
Haferweiß: Alumen plumosum.
Haferwurzel: Rad. Scorzonerae.
Hagamundiskraut: Herba Agrimoniae.
Hagbutze: Fruct. Cynosbati
Hagebutten: Fruct. Cynosbati.
Hagebuttenkerne: Sem. Cynosbati.
Hagebuttenöl: Ol. Arachidis.
Hagebuttensalbe: Ungt. flavum.
Hagebuttenschwamm: Fung. Cynosbati.
Hagebutzen: Fruct. Cynosbati.
Hagedornbeeren: Frct. Cynosb. Fruct. Crataegi.
Hagedornrosen: Flor. Rosae caninae.
Hageibenblätter: Folia Taxi.
Hagemanns Saft: Elix. e Succ. Liquiritiae.
Hagemark: Fruct. Cynosbati.
Hagemathentee: Herb. Hederae.
Hagemöndli: Herb. Agrimoniae.
Hagrosen: Flor. Rosae canin.
Hagrübenwurz: Rad. Bryoniae.
Hahnebutten: Fruct. Cynosbati.
Hahnenbrot: Secale cornutum.
Hahnenfuß: Herb. Ranunculi.
Hahnenfußöl: Tinct. Spilanthis.

Hahnenfußwasser: Aq. destill.
Hahnenhödchen: Frct. Cynosb.
Hahnenklötzenwurzel: Bulbus Colchici.
Hahnenkopfkraut: Herb. Polygalae vulg. Herb. Verbenae.
Hahnenöl: Ol. Hyperici. Ol. viride.
Hahnensporn: Secale cornutum.
Hahnenstein: Lapis Lyncis.
Hahnentritt: Herb. Anagallid.
Hahnkraut: Herb. Cannabis.
Hahns Wundbalsam: Tinct. Benzoës comp.
Haide, weiße: Herb. Ledi.
Haideblüten: Herb. Ericae c. florib. Flor. Stoechados. Flor. Millefolii.
Haideckerwurzel: Rhiz. Tormentillae.
Haideflachs: Herb. Linariae.
Haideflechte: Lichen Islantic.
Haidegras: Lichen Islandicus.
Haidekorn: Rhiz. Tormentill.
Haidekraut: Herb. Ericae.
Haidemoos: Lichen Islandic.
Haidentropfen: Tinct. bezoardic.
Haidenüsse: Flor. Charthami.
Haidepfriem: Herb. Genistae.
Haidequendel: Herb. Serpylli.
Haiderettigkraut: Herb. Erysimi.
Haiderosen: Flor. Rosae.
Haideschmuck: Herb. Genistae.
Haidewurzel: Rhiz. Tormentill.
Haidisch: Stipites Dulcamarae.
Haifischleber: Aloë.
Hainbutten: Fruct. Cynosbati.
Hainkrautwurzel: Rad. Ononidis.
Hainrosenbeeren: Fruct. Cynosbati.
Hainrosensamen: Sem. Cynosbati.

Hainrosenschwamm: Fung. Cynosbati.
Hainschwung: Hrb. Virgaureae.
Hainwurzel: Rad. Hellebori nigri.
Haipulver: Sem. Foenugraec. plv.
Haitpulver: Gummi arab. pulv.
Hakelkraut: Herb. Pulsatillae.
Halbdiandersalbe: Empl. Cerussae. Empl. Lith. comp.
Halbegäule: Rad. Lapathi.
Halbmeistereipflaster: Empl.fusc. camph.
Halbpferdwurzel: Rad. Lapathi.
Halbrauten: Stipit. Dulcamarae.
Haldewangersalbe: Ungt. Zinci.
Half = halb.
Hälfterlig: Ungt. ctr. pediculos.
Halfmahndpflaster: Emplastr. Drouotti.
Hallalapulver: Pulv. Magnes. c. Rheo.
Halleluja: Herb. Acetosellae.
Hallepulver: Rad. Hellebori vir.
Hallers Sauer: Mixt. sulf. acida.
Hallesche Tropfen: Mixt. sulfur. acid.
— **Waisenhauspflaster:** Empl. fuscum camph.
— **Waisenhaustropfen:** Mixt. sulfur. acida.
— **Lebenspulver:** Plv. epilept. rubr.
Hallunkenwurzel: Rad. Gentian.
Hälmerchen: Flor. Chamomill. Flor. Trifolii arvens.
Halmerltee: Flor. Chamomill.
Halsbräunepflaster: Emplastr. Tartar. stibiat.
Halsgeist: Spirit. strumalis.
Hälsig, Hälslig: Ungt. c. Pedicul.
Halskraut: Herb. Prunellae.
Halsmalven: Flor. Malv. arbor.
Halsperlen: Sem. Paeoniae.

Halspulver: Carbo Spongiae.
Halsrosen: Flor. Malv. arbor. Flor. Rhoeados.
Halssalbe: Ungt. Kalii jodati.
—, **blaue:** Ungt. Hydr. ciner. dil.
—, **flüssige:** Jodkalium. Opodeldok.
—, **grüne:** Ungt. Populi.
Halsschmiere: Ungt. Kal. jod. Ungt. Hydrarg. cin. dil.
Halstropfen: Tinct. Pimpinelli.
Haltischpulver: Bolus rubr. Lign. Santali rubr. pulv. $\overline{aa}$. p. aequ.
Halun: Alumen.
Halunkenwurzel: Rad. Gentianae.
Halys Pulver: Pulv. gummosus.
Hamburger Essenz: Elixir proprietat.
— **Kronenessenz:** Tinct. Aloës comp.
— **Lebensöl:** Mixt. oleos. balsam.
— **Ossenkrüz:** Empl. oxycroc.
— **Pflaster:** Empl. fusc. in bacul.
— **Stichpflaster:** Empl. stictic.
— **Stickschwede:** Empl. stictic.
— **Tee:** Species laxantes.
— **Tropfen:** Tinct. Aloës cps. Tinct. aromat. acid. Tct. coronalis.
— — **weiße:** Spir. Aeth. nitros.
— **Weiß:** Cerussa.
— **Wunderessenz:** Mixt. oleos. bals. rubr.
Hambutten: Fruct. Cynosbati.
Hämel = Himmel.
Hameln: Flor. Chamomillae.
Hammelsmehl: Lycopodium.
Hammelschwanz Herb. Polygoni; Herb. Agrimon; Herb. Verbasci.
Hammeltalg: Sebum.
Hämmerlein: Bulb. Victor. long.

Hammermüllers sechserlei Fette: Ungt. Populi. Ungt. flavum. Ol. Lauri.
Hammerwurz: Rhiz. Veratri.
Hämmigkraut: Herb. Hederae.
Hämorrhoidalansatz: Spec. amar.
Hämorrhoidalpillen: Pil. laxant.
Hämorrhoidalpulver: Pulv. Liquirit. comp.
Hämorrhoidalsalbe: Ungt. flavum. Ungt. Linariae. Ungt. Hamamelid.
Hämorrhoidaltee: Spec. laxant.
Hämorrhoidaltinktur: Tinct. Aloës comp. Tinct. Lignor.
Hämorrhoidenöl: Ol. Olivar. Ol. Sesami.
Handblätter: Herb. Tormentill.
Handblumen: Herb. Cheiri.
Handblümli: Flor. Farfarae.
Händelkraut: Herb. Veronicae.
Händemehl: Farina Amygdalar.
Handermann: Herb. Hederae
Händlein: Tubera Salep.
Handsalbe: Sebum salicyl. Vaselina. Ungt. cereum.
Händscheli: Flor. Primulae.
Handschuhblumen: Flor. Primul.
Handschuhblümli: Flor. Primulae.
Handschuherde: Talcum pulv.
Handschuhleder: Past. gummos.
Handschuhpulver: Talcum plv.
Handtelen: Fol. Digitalis.
Handtellersalbe: Ugt. Hydr. alb.
Handwurz: Rad. Helenii.
Handzangenkraut: Herb. Cynoglossi.
Hanekloten: Tub. Colchici.
Hanf, Hanfhahn, Hanfhenne: Fruct. Cannabis.
—, **wilder:** Herb. Galeopsidis.
Hanfkraut: Herb. Cannabis.

Hanfnesselkraut: Herb. Galeopsidis. Herb. Eupatorii.
Hanföl: Ol. Cannabis. Ol. Hyoscyami. Ol. Origani (gegen Zahnschmerzen).
Hanfpappeln: Flor. Malvae.
Hanfsamen: römischer: Semen Ricini.
Hanfwurzel: Rad. Apocyni. Herb. Malvae.
Hängele: Flor. Primulae.
Hänggeli: Flor. Primulae.
Haningwurz: Rad. Bryoniae.
Hanis = Anis.
Hänna = Hühner.
Hannatee: Herb. Marrubii.
Hannoverwurz: Rhiz. Veratri.
Hannotterfett: Adeps suill. Ol. Jecoris Aselli.
Hanreschenbaumbeeren: Fruct. Sorbi.
Hansblumen: Flor. Arnicae.
Hans u. Gretel: Herb. Veronicae.
Hanseatenöl: Mixt. vulner. acid.
Hansel am Weg: Herb. Polygoni.
Hansenöl: Ol. Hyperici.
Hans frag nicht danach: Ungt. contra scabiem griseum.
Hans geh weg und komm nicht wieder: Ungt. ctr. scab. gris.
Hans im Glück: Rhiz. Filicis.
Hans komm her: Ungt. contra scabiem griseum.
Hans lach nicht: Ungt. contra scabiem griseum.
Hans nichts nütz: Ungt. contra scabiem griseum.
Hansset: Fruct. Cannabis.
Hans steh wieder auf: Liquor Ammon. caust.
Hans tu mir nichts: Ungt. ctr. scabiem griseum.

Hans was geht's dich an: Ungt. contra scabiem griseum.
Hans was willst du: Ugt. contra scabiem griseum.
Hans weiß nichts davon: Ungt. contra scabiem griseum.
Hantje-Hentje: Paeonia offic.
Hantjeswurzel: Rad. Ononidis.
Haputzen: Fruct. Cynostati.
Harburger Lebensöl: Mixtura oleos. bals.
Hardrinde: Cort. Salicis.
Harfkraut: Herb. Cannabis sativae.
Harfsamen: Fruct. Cannabis.
Häringsöl: Ol. Jecoris Aselli.
Haripassari: Mixt. vuln. acid. Aqu. vulnerar. spirit.
Harlekin: Tubera Salep.
Harlekinsblumen: Aquilegia vulgaris.
Harlemer Balsam: Ol. Tereb. sulfurat.
— Öl: Ol. Terebinth. sulfurat.
Harlhau: Herb. Hyperici.
Harlins: Sem. Lini.
Härmelchen: Flor. Chamomill.
Harmeln: Flor. Chamomillae.
Harmonie: Liq. Ammon. caust.
Harmonium: Liq. Ammon. caust.
Harnblätter: Fol. Uvae Ursi.
Harnblumen: Flor. Stoechados.
Harnischpulver: Rad. Gent. plv.
Harnkorn: Herb. Herniariae.
Harnkraut: Herb. Herniariae. Fol. Uvae ursi. Herb. Acmellae. Herb. Linariae. Herb. Lycopodii.
Harnkrautblumen: Flor. Linariae.
Harnkrautwurzel: Rhizom. Caricis. Rad. Ononidis.
Harnwind: Herb. Herniariae.
Harnwurzel: Rad. Ononidis.

Harnzucker: Glykose.
Harrach: Herb. Scrofulariae.
Harrack: Liquor. stypticus.
Hars = Harz.
Harschar: Lycopodium.
Harstrangwurzel: Rad. Ononid.
Hartband: Empl. ad. rupturas.
Hartborstensalbe: Ungt. leniens.
Hartbruchpflaster: Empl. ad rupturas. Empl. oxycroc.
Harte Agtsteinsalbe: Ceratum Resin. Pini.
— Palmsalbe: Empl. Lithargyr.
Härtekali: Kal. ferrocyanatum.
Hartelheuwurz: Rad. Ononid.
Hartenau: Herb. Hyperici.
Härtepulver: Kal. ferrocyanat.
Härtestein: Kal. ferrocyanat.
Harthagelkraut: Herb. Abrotani.
Harthaide: Herb. Ledi.
Harthechel: Rad. Ononidis.
Hartheu: Herb. Hyperici.
Hartheuwurzel: Rad. Ononidis.
Hartkopf: Herb. Chaerophylli.
Hartnau: Herb. Hyperici.
Hartnessel: Herb. Urticae.
Hartpech: Pix navalis.
Hartpflaster: Empl. oxycroc. Empl. piceum. Empl. ad rupturas.
Hartriegel: Cornus Mas.
Hartrinde: Cort. Salicis.
Hartsalbe: Empl. oxycroc.
Hartspankraut: Herb. Chenopodii.
Hartspanöl: Ol. Hyoscyami. Ol. Rapae.
Hartspansalbe: Ungt. Populi. Ungt. Rosmar. comp.
Hartspantropfen: Tinct. antipastica. Tinct. aromatica.
Hartsteinöl: Ol. Succini.

Harz, Burgundisches: Resina Pini.
—, gelb. od. gemeines: Resina Pini.
—, verborgenes: Resina Pini.
—, weißes: Resina Pini.
Harzadeltropfen: Tinct. Valerian.
Harzgeist: Pinoleinum.
Harzgespann: Herb. Ballotae. Herb. Cardiacae.
Harzhorn: Liq. Ammon. caust.
Harzkörner: Olibanum.
Harzöl: Ol. Terebinthinae.
Harzpflaster: Cerat. Resin. Pini.
Harzpresten: Herb. Senecionis.
Harzsalbe: Cera arborea. Ungt. basilicum.
Harzvesicator: Empl. Canth. perp.
Harz von Chinbaum: Chinoidin.
Hasababbla: Fol. Malvae silv.
Haschisch: Herb. Cannab. Indic.
Hasegerf: Herb. Millefolii.
Haselbeeren: Fruct. Myrtilli.
Häselbeeren: Fruct. Myrtilli.
Häselbeier: Fruct. Myrtilli.
Haselkraut: Asarum europaeum.
Haselmünnich: Herb. Hepatic.
Haselmusch: Rhiz. Asari.
Haselnußöl: Ol. Amygdalarum.
Haselpulver: Rhiz. Asari pulv.
Haselvoaltcher: Herb. Hepatic.
Haselwurz: Rhiz. Asari. Rhiz. Caricis.
—, runde: Tub. Cyclaminis.
Haselwürze: Rhiz. Asari.
Hasenampfer: Herb. Acetosell.
Hasenauge: Rhiz. Caryophyllat.
Hasenblüten: Flor. Genistae.
Hasenbohnen: Bolet. cervinus.
Hasenbramblumen: Flor. Genistae.
Hasenfett: Adeps (leporis). Ungt. basilic. Ungt. flavum.
Hasenfurz: Bolet. cervinus.
Hasenfuß: Herb. Trifol. arvens.

Hasenfußwurzel: Rad. Pyrethri.
Hasengalle: Fel Tauri.
Hasengarbe: Herb. Millefolii.
Hasengeilblumen: Flor. Genistae.
Hasenhaide: Herb. Genistae.
Hasenhaideblumen: Flor. Spartii.
Hasenklee: Herb. Acetosellae. Herb. Anthyllis. Herb. Trifolii arvensis.
Hasenkleebohnen: Sem. Lupini.
Hasenkohl: Herb. Acetosellae.
Hasenkraut: Herb. Hyperici.
Hasenohr, Hasenohren: Herb. Succisae. Herb. Perfoliat. Herb. Scabiosae. Herb. Bupleuri.
Hasenöhrl: Flor. Gnaphalii. Hrb. Scabios. Rhiz. Asari.
Hasenohrwurzel: Rhiz. Asari. Tubera Cyclaminis.
Hasenpappeln: Flor. Malvae. vulg.
Hasenpappelwurz: Rhiz. Asari. Radix Helenii.
Hasenpfötchen: Flor. Gnaphalii. Flor. Stoechados. Flor. Trifol. arvens.
Hasenpopo: Lichen Pulmonar. Lichen Islandicus.
Hasensalat: Herb. Acetosellae.
Hasensprung: Bolet. cervinus. Conchae praep. Lycopodium.
Hasenstrauch: Herb. Genistae.
Hasentatzen: Fol. Farfarae.
Hasilbeer: Fruct. Myrtilli.
Haslinger: Rhiz. Asari.
Haslingerwurzel: Rhiz. Asari.
Haspelwurzel: Bulb. Scillae.
Haßbeerensalbe: Ungt. Rosmar. comp.
Hasselfett: Ol. Jecoris Aselli.
Hatschapetschen: Fruct. Cynosb.
Hattelhirse: Sem. Milii.

Hattichbeeren: Fruct. Ebuli.
Häuberln: Oblaten.
Hauchkraut: Herb. Uvulariae.
Haudermann: Herb. Hederae.
Haufkraut: Herb. Cannabis sativae.
Haugenblumen: Flor. Chamom.
Hauhechel: Rad. Ononidis.
Haukstein:, blauer: Cupr. aluminat. Cupr. sulfuricum.
—, weißer: Zincum sulfuricum.
Haumilbchenwurz: Rhiz. Bistortae.
Häupbeeri: Fruct. Myrtilli.
Haupotensaat: Sem. Cynosbati.
Hauptessenz: Tinct. aromatica.
Hauptkopf: Rad. Eryngii.
Hauptkräuter: Species aromat.
Hauptlatwerge: Elect. e Senna.
Häuptlisalat: Herb. Lactucae.
Hauptmagengliederbalsam: Mixt. oleos. balsam.
Hauptpflaster: Empl. opiatum.
Hauptpillen: Pilulae laxantes.
Hauptpulver: Pulv. sternutator.
Hauptspiritus: Spir. Vini Gallici c. sale.
Hauptstärke: Pulv. sternutator.
Hauptundflußpulver: Pulv. aromaticus.
Hauptundflußschnupfpulver: Plv. sternutator.
Hauptundmagenbalsam: Mixt. oleos. balsam.
Hauptundschlagwasser: Aq. aromatica. Aq. Melissae. Spir. odoratus.
Hauptwasser: Aq. aromatica. Liq. Ammon. caust. Spir. odoratus. Spirit. saponatus. Spir. Vini Gallici.
Hauptwurzelsalbe: Ungt. contra scabiem.

Hausblatt: Herb. Sedi. Herb. Anserinae.
Hausenblase: Colla piscium.
Hausertee: Species laxantes.
Häusertee: Species laxantes.
Hausfarbe: Terra rubra.
Hauskörz: Flores Verbasci.
Hauslaubkraut: Herba Sedi.
Hauslaubsaft: Sir. Althaeae.
Hauslauch: Herb. Sedi.
Hauslauchsaft: Sir. Althaeae.
Hausmannswurzel: Rad.Carlinae.
Hausmarkwurzel: Rad. Meu.
Hausminze: Fol. Menth. pip.
Hausöl: Ol. Rapae.
Hauspflaster: Empl. fusc. camph.
Hauspillen: Pilulae laxantes.
Hausrot: Terra rubra.
Haussaft: Sir. Rhamni cathart.
Hausseife: Sapo domesticus.
Haustee: Spec. nutrientes. Fol. Fragariae.
Hauswirbel: Flor. Calendulae.
Hauswundertee: Herb.Viol.tricol.
Hauswurz: Herb. Sempervivi.
Hauswurzel: Rad. Carlinae. Rad. Helenii. Rhiz. Asari.
Hauswurzelöl: Ol. Arachidis.
—, rotes: Ol. Hyperici.
Hauswurzelsaft: Mel. rosatum. Sir. Althaeae.
Häutlisalat: Herb. Lactucae.
Hautpflaster: Empl. Anglicum.
Hautsalbe: Ungt. leniens.
Hautschmiere: Vaselin. flav.
Havannahonig: Mel. American.
Havermonie: Herb. Agrimoniae.
Haversleebloemen: Flor. Acaciae.
Hawersamen: Sem. Avenae.
Hawerstoff: Pulv. contra pedicul.
Hawodeln: Fruct. Cynosbati.
Hebräische Salbe: Ungt. diachyl.
Hebrasalbe: Ungt. diachylon.

Hebsaft: Mel boraxatum.
Hebscheben: Fruct. Cynosbati.
Hechelkrautwurzel: Rad.Ononid.
Hechelwurz: Rad. Ononidis.
Hechtfett: Ol. Jecoris Aselli.
Hechtpflaster: Empl. adhaesiv.
Hechtgalle: Talcum venetum.
Hechtgebick: Conchae praep.
Hechtkiemen: Conchae praep.
Hechtkümmel: Pulv. Liquir. cps.
Hechtsalbe: Ungt. cereum.
Hechtsteinpulver: Ossa Sepiae plv.
Hechtzahn: Conch. praeparat. Oss. Sepiae.
Heckdornblüten: Flor. Acaciae.
Heckelkrautwurz: Rad. Ononidis.
Heckenkleber: Herb. Galii.
Heckenknöterich: Herb. Polygoni.
Heckenrosensamen: Sem. Cynosbati.
Heckenrübe: Rad. Bryoniae.
Heckenundsecken: Bulb. Victor. long. et rotund.
Heckenüsop: Herb. Gratiolae.
Heckholz: Fol. Ligustri.
Heckmännchen: Rad. Mandrag.
Heckpflaster: Empl. adhaesiv.
Heckrebenwurzel: Rad. Sarsaparill.
Heddernessel: Flor. Lamii alb. Herba Galeopsidis. Rad. Ononidis.
Hedeckenpulver: Rhizom. Tormentillae pulv.
Hederich: Herb. Hederae.
Hederichsaft: Sir. Althaeae.
Hederweiß: Calc. phosph. crud.
Hedwigpapillanensaft: Sirup Aurant. flor.
Heemskensprit: Spir. Formicar.
Heemst = Althaea.

Heemstzalf: Ungt. flavum.
Heerezeicheli: Flor. Primulae.
Heermännle: Flor. Chamomillae.
Heeundhee: Rad. Gentianae et Rad. Angel āā. p. aequ.
Heeundsee: Bulbus Victorialis long. et rot.
Hefenbranntwein: Spir. Frumenti.
Heft: Empl. adhaesivum.
Heftkraut: Herb. Alchemillae. Herb. Millefolii.
Heftpapier: Empl. Anglicum.
Heftpflaster, Edinburger: Empl. adhaesiv. edinburgense.
—, vegetabilisch: Empl. animale.
Hegemark: Fruct. Cynosbati.
Heidbeeri: Fruct. Myrtilli.
Heide, weiße: Herb. Ledi palustr.
Heidebienenkraut: Herb. Ledi p.
Heideckerwurzel: Rhizom. Tormentillae.
Heidekraut: Herba Ericae.
Heideflachs: Herb. Linariae.
Heideflechte: Lichen islandicus.
Heidegras: Lichen islandicus.
Heidelbeerblätter: Fol. Myrtilli.
Heidelbeeren: Fruct. Myrtilli.
Heidelbeersaft: Sir. Myrtilli. Sir. Mororum.
Heidelblumen: Flor. Stoechad.
Heideln: Herb. Euphrasiae.
Heidemannsches Pulver: Pulv. equorum.
Heidenblumen: Flor. Carthusian.
Heidenflachs: Herb. Linariae.
Heidennüsse: Sem. Pichurim.
Heidepfriemblumen: Flor. Spartii.
Heidepreste: Herb. Senecion.
Heidnischwundbalsam: Bals. Peruvian.
Heidnischwundkraut: Herb. Chenopodii. Herb. Virgaur.

Heikenundseiken: Bulb. Vict. long. et rotund.
Heilallerschäden oder Heilallerwelt: Herb. Agrimon. Herb. Oreosel. Herb. Saniculi. Herb. Veronic. Rhiz. Caryophyllat.
Heilandbeeren: Fruct. Ebuli.
Heil aus dem Grund: Herb. Abrotani. Herb. Oreoselini. Rad. Tormentillae.
Heilbalsam: Bals. Peruvian. Tinct. Benzoës comp.
Heilblumen: Flor. Stoechados.
Heildistel: Herb. Cardui bened.
Heildolde: Herb. Saniculae.
Heilende Medizin: Tinct. Aloës comp.
Heilerde: Bolus alba.
Heilessig: Mixt. vulnerar. acid.
Heilgift: Rhiz. Zedoariae.
Heilgrundsalbe: Ungt. oxygenat.
Heilig, Rübe: Rad. Bryoniae.
— Zeitwurzel: Rad. Angelicae.
Heiligdingpflaster oder -schwede: Empl. Litharg. simpl. Emplastr. saponatum.
Heiligdingpulver: Pulv. erysipel.
Heilige Christwurzel: Radix Bardanae.
Heiligenbitter: Extract. Absinthii. Extr. Aloës. Extr. Gentianae. Rad. Angelicae. Species amarae. Stipit. Dulcam. Tinct. Aloes. Species hierae picrae.
Heiligengeistwurzel: Rad. Angelic.
Heiligenharz: Resina Guajaci.
Heiligenhauptwasser: Aqua vulnerar. spir.
Heiligenholz: Lignum Guajaci.
Heiligenpflaster: Empl. fuscum.
Heiligenstein: Cupr. aluminat.
Heiligentee: Lign. Guajaci.

Heiligenwasser: Spir. Coloniens. Aqua vulner. spirit.

Heiligenwurzel: Radix Angelicae. Rhiz. Polypodii.

Heilige Zeitwurzel: Rad. Angelicae.

Heiligheu: Viscum album.

Heiligholz: Lignum Guajaci.

Heiligkraut: Fol. Althaeae. Herb. Verbenae.

Heiligöl: Ol. Ricini.

Heiligwundkraut: Herb. Nicotian.

Heilkräftige Medizin: Tinct. Aloes comp.

Heilkraut: Herba Sphondilii. Herb. Saniculae.

Heiloder: Flor. Sambuci.

Heilöl: Bals. Peruvian. Ol. carbolicum. Ol. Hyoscyami.

Heilpech: Res. Pini burgund.

Heilpflaster: Cerat. Res. Pini. Empl. Ceruss. Empl. Litharg.

—, schwarzes: Empl. fusc. camph.

Heilpulver: Pulv. Liquir. comp.

— fürs Vieh: Pulv. pro equis.

Heilrauf: Herb. Hederae.

Heilsalbe: Ungt. boricum. Ungt. cereum. Ungt. Plumbi.

—, schwarze: Ungt. basilic. fusc.

Heilstein: Cuprum aluminatum.

Heiltropfen: Tinct. Chinoidin.

Heilumdiewelt: Herb. Oreselini. Herb. Veronicae.

Heilundflußpflaster: Emplastrum fuscum.

Heilundwundbalsam: Balsam Peruvian. Tct. Benzoës cps.

Heilundzugpflaster: Emplastrum Litharg. comp. Empl. fuscum camph.

Heilundzugsalbe: Ungt. basilic.

Heilwasser: Aq. borica. Aq. vuln. Mixt. vuln. acid.

Heilwasser, weißes: Aq. vulnerar. spirit.

Heilwundkraut: Herb. Virgaur.

Heilwurz: Radix Althaeae. Rad. Consol. Rhiz. Torment.

Heilwurzblumen: Flor. Althaeae. Flor. Arnicae.

Heimbutten: Fruct. Cynosbati.

Heimelekraut: Herb. Chenopodii.

Heims Spiritus: Mixt. oleos. balsam. et Linim. sap. camph. $\overline{aa}$. p. aequ.

Heinerli: Herb. Chenopodii.

Heinisch: Fol. Althaeae.

Heinrich, armer: Herb. Chenopodii.

Heinrich, großer: Rad. Helenii.

—, guter, roter oder stolzer: Herb. Chenopod. bon. Henr.

Heinscher Tee: Fol. Menth. pip. et Fol. Trifol. $\overline{aa}$. p. aequ.

Heinwurz: Rad. Hellebori.

Heinzelmännchen: Rd. Mandragorae.

Heinzerln: Fruct. Cynosbati.

Heiratswurzel: Tubera Salep.

Heiserkeitspastillen: Trochisci Ammon. chlor.

Heiserkeitstropfen: Tinct. Pimpinellae.

Heiteni: Fruct. Myrtilli.

Heiternesseln: Herb. Urticae. Herb. Galeopsidis. Flor. Lamii.

Heiti: Fruct. Myrtilli.

Heitmannsches Pulver: Pulvis equorum.

Heiundsei: Bulb. Vict. long. et rot.

Heizelpulver: Pulv. pro porcis.

Heizwurzel: Rhiz. Tormentill.

Hekenundseken: Bulb. Victor.

Helderblumen: Flor. Sambuci.

Heldingpflaster: Empl. sap. rubr.

Helenenblüten: Flor. Helenii.
Helenenkrautwurzel: Rad. Helenii.
Helenenwurzel: Rad. Helenii.
Helfenbein, gebranntes: Ebur ustum.
Helfkraut: Herb. Alchemillae. Herb. Marrubii.
Helgoländer Pflaster: Chart. resinosa. Empl. fuscum.
Helleborsalbe: Ungt. contra scabiem gris.
Helmbusch: Rad. Aristolochiae.
Helmchen: Flor. Chamom. vulg.
Helmerchen: Flor. Chamomill. Flor. Trifolii arvensis.
Helmerchenöl: Ol. Chamomill. infus.
Helmgiftkraut: Herb. Aconiti.
Helmknabenkraut: Orchis militaris.
Helmkraut: Herb. Scrofulariae. Hrb. Scutellar. Hrb. Urticae.
Helmrigen: Flor. Chamomillae.
Helmwurzel: Rad. Aristoloch.
Help ze weg: Ungt. pediculor.
Helsche steen: Argent. nitric. fus.
Hemdenknöpfe: Flor. Tanaceti. Rotul. Succi Liquirit.
Hemelsleutel: Herb. oder Flor. Primulae.
Hemelsteen: Argent. nitric.
Hemigwurzel: Rad. Althaeae.
Hemisch: Folia Althaeae.
Hemmerwurz: Rhiz. Veratri.
Hemsken = Ameisen.
Hemstwurzel: Rad. Althaeae.
Henest: Fol. Althaeae.
Heng: Mel crudum.
Hengelsalbe: Empl. Litharg. cps.
Henig: Mel crudum.
Henipsamen: Fruct. Cannabis.
Henkbeer: = Himbeer.

Henne, fette: Herb. Sedi.
Hennedarm: Herba Anagallidis.
Hennengalle: Rad. Peucedani.
Hennenpfeffer: Fruct. Capsici.
Hennenwurzel: Rad. Aristolochiae cavae.
Hennep = Hanf.
Hennigkraut: Fol. Althaeae. Herb. Cannabis sativae.
Hennigwurzel: Rad. Althaeae.
Hennipenstroop: Sirup commun.
Hepperstaul: Fol. Trifol. fibrin.
Herbenzian: Herb. Antirrhini.
Herbishöfle: Fruct. Berberidis.
Herbrosen: Flor. Malv. arbor.
Herbstblumensamen: Sem. Colchici.
Herbstliliensamen: Sem. Colchici.
Herbstrosen: Flor. Malvae arb.
Herbstzahnsalbe: Ungt. Plumbi.
Herbstzeitlosensamen: Sem. Colchici.
— **-wurzel:** Tub. Colchici.
Herdeckern: Rhiz. Tormentillae.
Herderstasch: Herb. Bursae Past.
Herdmandle: Tub. Helianthi.
Herdrauch: Herb. Fumariae.
Heringsöl: Ol. Jecor. Aselli.
Herkules: Sem. Cucurbitae.
Herkuleswurzel: Rhiz. Nymphaeae.
Herlitzen: Fruct. Corni.
Hermännle: Flor. Chamom. vulg.
Hermannsstein: Lap. calaminar.
Hermannstee: Spec. laxantes.
Hermchen, Hermeln, Hermichen, Hermligen, Hermüntzel, Hermunel: Flor. Chamomillae vlg. (Hermchen werden in manchen Gegenden auch die Wiesel genannt.)
Hermoes: Herb. Equiseti arvens.
Hernschen: Fruct. Corni mas.

Herrenblümli: Flor. Convallar.
Herrenkraut: Herb. Basilici.
Herrenkümmel: Frct. Ajowan.
Herrenleder: Pasta gummosa.
Herrenlöffelkraut: Herb. Droserae
Herrensalbe: Ungt. leniens.
Herrenschlüßli: Flor. Primulae.
Herrenzeicheli: Flor. Primulae.
Herrgottbart: Herb. Polygalae.
 Herb. Spiraeae.
Herrgottsblatt: Herb. Chelidonii.
Herrgottsblut: Hyperic. perfor.
Herrgottholz: Lign. Guajaci.
Herrgottkraut: Herb. Abrotani.
Herrgottmantel: Herb. Alche-
millae. Herb. Hederae.
Herrgottstroh: Herb. Galii.
Herrgottsüppli: Herb. Acetosellae.
Herrjemerschnee: Carageen.
Herrnlöffelkraut: Herb. Droserae.
Hertkruiden: Herb. Urticae.
Herts = Hirsch.
Hertsspons: Fungus cervinus.
Herum: Mel rosatum boraxatum.
Herzadeltropfen: Tinct. Valerian.
Herzbetonien: Herb. Betonicae.
Herzbleichkraut: Herb. Pulegii.
Herblümchen: Flor. Parnass. pal.
Herzblüten: Flor. Millefolii.
Herzbrandkraut: Herb. Agrimon.
Herzbrenn: Ungt. flavum.
Herzelkraut: Herb. Burs. Pastor.
Herzenbleiche: Herba Pulegii.
Herzenfreudeli: Herb. Asperulae.
Herzengleich: Herb. Pulegii.
Herzfreude: Herb. Asperulae.
Herb. Boragin. Herb. Hepa-
ticae.
Herzgespann: Herb. Ballotae.
Herzgespannsalbe, grüne: Ungt.
nervinum.
—, **rote:** Ugt. rubrum. Ugt. pota-
bile.

Herzgespanntropfen: Tinct. car-
minativa. Tinct. aromatic.
Herzgespannwasser: Aq. aromat.
Herzgesperr: Ungt. nervinum.
Herzgleich: Herb. Pulegii.
Herzgras: Herb. Cerastii.
Herzhasenpulver: Sang. Hirci plv.
Herzkarfunkelwasser: Spir. Me-
liss. cps.
Herzklee: Herb. Acetosellae.
Herb. Melitoti.
Herzkohl: Herb. Acetosellae.
Herzkrampftropfen: Tinct. Vale-
rian. aeth.
Herzkraut: Fol. Melissae.
Herzlämmleintropfen: Ol. Tere-
binth. sulf.
Herzleberkraut: Herb. Hepatic.
Herzleuchte: Flor. Malv. arbor.
Herzminze: Herb. Pulegii.
Herzog-Christoph-Pflaster: Em-
plast. consolid. Empl. Picis
extens.
Herzog-Friedrichs-Pflaster: Em-
plastr. saponat.
Herzogs-Augensalbe: Ungt. oph-
thalm. comp.
Herzogsalbe, weiße: Ungt. Zinci.
Herzogs-Ulrichs-Pflaster: Empl.
saponat.
Herzpestilenzwurz: Rhiz. Filicis.
Herzpolei: Herb. Pulegii.
Herzpulver für Kinder: Pulv.
Magnes. c. Rheo.
—, **gelbes:** Pulv. pueror. citrin.
—, **goldenes:** Plv. epilept. March.
—, **graues:** Pulv. bezoardicus.
—, **grünes:** Pulv. Liquir. comp.
— **mit Flunkern:** Pulv. epilept.
nigr. c. Aur. fol.
—, **rotes:** Plv. cephalic. Mich.
Pulv. temperans rubr.
—, **weißes:** Pulv. epilept. March.

Herzspannöl: Ol. Chamomill. infus. Ol. Hyoscyami.

Herzspannsalbe: Ungt. nervinum.

Herzspannspiritus: Spir. Angelic. comp. Mixt. oleos.-balsam.

Herzspanntee: Spec. infant. c. Fruct. Anisi.

Herzspanntropfen: Tinct. antispastica. Tinct. aromaticar.

Herzspannwasser: Aq. aromtica. Spir. Angelicae comp.

Herzsperrsalbe: Ungt. nervin.

Herzstärke: Rotul. Menth. pip. Confect. Zingib.

Herzstärkung: Aquaca rminat.reg

Herzstärkungstropfen: Tinctur. aromat.

Herztee: Herb. Burs. Pastoris.

Herztinktur: Essentia dulcis. Tinct. Lignorum.

Herztropfen od. Herz- und Lobtinktur: Tinct.aromatica. Tinct. carmin. Tinct. Cinnam. Tinct. Lignorum. Mixt. oleos. bals. rubr.

Herztrost: Fol. Melissae.

Herzundgeblütstropfen: Essentia dulcis.

Herzundhautpulver: Pulvis cephalicus.

Herzwurzel: Rhiz. Filicis.

Herzwurzel: Stipit. Dulcamar. Rad. Mëu.

Hesterichs Pulver: Pulv. Liquiritiae comp.

Hetschebe: Fruct. Cynosbati.

Hetschepetsch: Fruct. Cynosbati.

Hetscherkorn: Sem. Cynosbati.

Heu, heiliges: Visc. album.

Heubeeren: Fruct. Myrtilli.

Heublumen: Herb. Meliloti. Hrb. Serpylli. Spec. aromat.

—, Kneipps: Flor. Graminis.

Heudieb: Herb. Plantaginis.

Heudorn: Rad. Ononidis.

Heufoten: Fruct. Cynosbati.

Heuhechel: Rad. Ononidis.

Heuheckenblätter: Fol. Farfarae.

Heul = Mohn (Papaver Rhoeas).

Heundse: Bulb. Vict. long. et rot.

Heupulver: Sem. Foengraec. plv.

Heusamen: Sem. Graminis. Sem. Psyllii.

—, Griechischer: Sem. Foenugr.

Heuschkels Augensalbe: Ungt. Zinci.

Heuschlafen: Herb. Pulsatillae.

Heustengelkraut: Herb. Chaerophylli.

He und Se: Bulbus Victorialis long.

Heuzberger Puppen: Spec. amar.

Hexenanis: Sem. Nigellae.

Hexenbaum: Cort. Pruni Padi.

Hexenbesen: Viscum album.

Hexendornbeeren: Fruct. Rhamn. cath.

Hexenkörner: Sem. Paeoniae.

Hexenkraut: Herb. Lycopodii. Herb. Hyperici. Rad. Valerianae.

Hexenmehl: Lycopodium.

Hexenmehlkraut: Herb. Lycopodii.

Hexennest: Viscum alb.

Hexenpulver: Pulv. pro equis.

Hexenrauch: Oliban., Asa foetida et Sem. Nigellae aa. p. aequ.

Hexenrauchwurzel: Rad. Valerian.

Hexenspiritus: Spirit. sap. camph.

Hexenspitzet: Bolet. cervinus.

Hexenstaub: Lycopodium.

Hexenstein: Argent. nitricum.

Hexenwiderruf: Herb. Adianti.

Hexenwurzel: Rhiz. Filicis.

Heyderich, weißer: Acid. arsenicos.

Hjarners Lebenselixier: Tinctur. Aloës comp.

Hibisch: Fol. Althaeae.

Hibstenwurzel: Rad. Althaeae.

Hickerpicker: Species hierae picrae.

Hickundhack: Tacamahaca.

Hienundmien: Chinoïdinum.

Hiften: Fruct. Cynosbati.

Hiftensamen: Sem. Cynosbati.

Hildebrands Pflaster: Ungt. basil.

Hilfkraut: Fol. Althaeae.

Hilfwurzel: Rad. Althaeae.

Hillig = heilig.

Hilse: Folia Ilicis.

Himbeersalbe: Cerat. Cetac. rbr.

Himlysche Salbe: Ungt. ophthalm. comp.

Himmelbeeren: Fruct. Rubi Id.

Himmelblauer Spiritus: Spirit. coeruleus.

Himmelblumen: Flor. Verbasci.

Himmelblümli: Herb. Centaurii.

Himmelblüten: Flor. Acaciae.

Himmelbrand: Flor. Acaciae. Flor. Verbasci. Fol. Vitis Id.

Himmelbrandöl: Ol. flavum.

Himmelbrandsalbe: Ungt. flav.

Himmelbrandtee: Fol. Farfarae. Flor. Verbasci.

Himmelbrot: Manna.

Himmeldill: Rad. Peucedani.

Himmelfahrt: Flor. Stoechados. Herb. Polygalae.

Himmelgalle: Rad. Peucedani.

Himmelkehr: Herb. Artemisiae.

Himmelkerze: Flor. Verbasci.

Himmelkraut: Verbascum.

Himmelmehlkraut: Herb. Ficariae.

Himmelsalbe, rote: Ungt. ophthalm. rubr.

Himmelsblümchen: Herb. Centaurii.

Himmelschlüssel: Flor. Primul.

Himmelschmetten: Ungt. leniens.

Himmelschwert: Rhiz. Iridis.

Himmelskrautblumen: Flor. Verbasci.

Himmelssegentropfen: Tinctur. Rhei vinos.

Himmelstein, blauer: Cuprum aluminatum.

— **weißer:** Zincum sulfuricum.

Himmelstengel: Rad. Gentian.

Himmelstau: Herb. Droserae.

Himmelstohr: Herb. Artemisiae.

Himmeltraut: Flor. Verbasci.

Himmelwurz: Rad. Helleb. nigr.

Himmlisch. Dreiacker: Elect. theriacale.

Hindbeersaft: Sir. Rubi Idaei.

Hindeg: Rad. Cichorii.

Hindelbeerikraut: Fol. Rub. frut.

Hindischkrautstengel: Stipit. Dulcamarae.

Hindläuftenkraut: Herb. Cichor.

Hindlaufwurzel: Rad. Cichorii.

Hinfen: Fruct. Cynosbati.

Hinfenkörner: Sem. Cynosbati.

Hingischgummi: Asa foetida.

Hinkbeersaft: Sir. Rubi Idaei.

Hinschkrautholz: Stip. Dulcam.

Hinschpulver: Brunstpulver für Tiere. Pulv. pro vaccis.

Hinschstengel: Stip. Dulcamar.

Hintelensaft: Sir. Rubi Idaei.

Hinterhopfen: Herb. Hyssopi.

Hintl: Fruct. Rub. Id.

Hintlauf gegen Asthma: Liq. Ammon. anis.

Hinundher: Chinoïdin. Rhiz. Zingiberis.

Hinundhertropfen: Tinct. triplex.
Hinzentee: Herb. Millefolii.
Hippekras: Spec. arom. Vin. aromatic.
Hippenbrem: Herb. Genistae.
Hippstein: Argent. nitricum.
Hirdenettel: Herb. Urticae.
Hirnkraut: Herb. Basilici.
Hirnpulver: Pulv. sternutator.
Hirnschalblumen: Flor. Rhoead.
Hirnschnalz: Flor. Rhoeados.
Hirrernetteltee: Herb. Urticae.
Hirsch, wilder: Spiraea Ulmaria.
Hirschaugensalbe: Ungt. Hydrarg. rubr. Ungt. Zinci.
Hirschaugenwurzel: Rad. Gentian. nigrae.
Hirschbeeren: Fruct. Rhamni.
Hirschbrunst: Bolet. cervinus.
Hirschdornbeeren: Frct. Rhamni.
Hirschdost: Herb. Eupatorii.
Hirschenzähn: Colla piscium.
Hirschfarnwurzel: Rhz. Polypodii.
Hirschfett: Sebum.
Hirschfußtee: Fol. Trifol. fibr.
Hirschgänsel: Herb. Eupatorii.
Hirschgeil: Liqu. Ammon. carb. pyrooleosi.
Hirschgeiltropfen: Tinct. Castor.
Hirschgeist: Liq. Am. carb. pyrooleosi.
Hirschgespann: Herb. Anserinae.
Hirschgrallen: Bolet. cervinus.
Hirschgretten: Bolet. cervinus.
Hirschgünzelkraut: Herb. Eupatorii.
Hirschheilwurzél: Rad. Gentian. nigrae.
Hirschholderblüten: Flor. Sambuci.
Hirschhorn: geraspelt: Cornu Cervi raspat.

Hirschhorn, präpariertes: Cornu Cervi praep.
—, rotes: Caput mortuum.
—, schwarzgebrannt: Carbo oss. (Ebur ust).
—, weißgebrannt: Conch. praep.
Hirschhorngeist zum Einreiben: Liqu. Ammon caust.
— zum Einnehmen: Liqu. Ammon. cárb. pyrooleosi.
—, bernsteinhaltiger: Liqu. ammonii succinici.
Hirschhornknochensprititus: Liqu. amm. caust
Hirschhornöl: Ol. animale foet.
Hirschhornpulver, schwarzes: Ebur ustum.
Hirschhornsalz: Amm. crbon.
— flüssiges: Liqu. ammon. carbon. pyrooleosi.
Hirschhornspäne: Cornu Cervi raspatum.
Hirschhornspiritus: Liqu. Am. carb. pyrooleos.
— mit Agsteinöl: Liqu. Ammon. succini.
— mit Anisöl: Liq. Ammon. anis.
Hirschhorntropfen: Liqu. Amm. carb. pyrooleos.
Hirschinselt: Sebum.
Hirschklee: Eupatorium cannabinum. Herb. Eupatorii. Herb. Hepaticae.
Hirschkörner: Bolet. cervinus.
Hirschkohl: Lichen od. Herb. Pulmonar.
Hirschkrallen: Fung. cervinus.
Hirschkrautholz: Stip. Dulcamarae.
Hirschkrautstengel: Stipit. Dulcamarae.
Hirschkugeln: Bolet. cervinus.

Hirschlaugenspiritus: Liquor Ammon. caust. spir.

Hirschleber: Sang. Hirci pulv.

Hirschluffen: Boletus cervinus.

Hirschlunge: Lichen Pulmonar.

Hirschlungenmoos: Herb. Pulmon. arbor.

Hirschmangold: Herb. Pulmonar.

Hirschmorellen: Rad. Gent. nigr.

Hirschmundkraut: Herb. Eupator.

Hirschongel: Sebum.

Hirschpeterlein: Rad. Gentian. nigrae.

Hirschpetersilie: Herb. Oreosel.

Hirschpilz: Boletus cervinus.

Hirschschwanzbeeren: Fct. Ebuli.

Hirschsprung: Bolet. cervinus.

Hirschstengel: Stip. Dulcamar.

Hirschtalg: Sebum.

Hirschtinktur: Liqu. Ammon. pyrooleosi.

Hirschtrüffel: Fungus cervinus.

Hirschunschlitt: Sebum.

Hirschweichsel: Physalis Alkakengi.

Hirschweichselblätter: Fol. Belladonnae.

Hirschwundkraut: Herb. Eupator.

Hirschwurzel: Rad. Gentian. Rad. Helenii. Rad. Peucedani. Rhiz. Polypodii.

Hirschwurzelvogelnest: Radix Oreoselini.

Hirschzähne: Colla Piscium.

Hirschzehen: Bolet. cervinus.

Hirschzehnwurzel: Rhiz. Filicis.

Hirschzunge: Herb. Scolopendr.

Hirsedornbeeren: Fruct. Rhamn.

Hirsensaat: Sem. Cynosbati.

Hirtensäckelkraut: Herb. Burs. Pastoris.

Hirtentäschel: Herb. Burs. Past.

Hirtzwurzel: Rad. Dictamni.

Hirzenzunge: Herba Scolopendrii.

Hirzholder: Flor. Sambuci.

Hitschelblüten: Flor. Sambuci.

Hitschelsaft: Succ. Samb. insp.

Hitz' = Hitze.

Hit'zngeist für's Vieh: Acid. sulfuric. dil.

Hitzpulver: Pulv. Magnesiae c. Rheo. Pulv. temperans.

Hoaflotcher: Fol. Farfarae.

Hoarber: Fruct. Myrtilli.

Hoarsamen: Sem. Lini.

Hocheschenrinde: Cort. Fraxin.

Hochkrautsamen: Fruct. Anethi.

Hochleuchten: Flor. Malv. arbor.

Hochmutblumen: Flor. Caryophyllorum.

Hochstein, blauer: Cuprum sulfuric. ammoniat. Cuprum sulfuricum.

—, weißer: Zinc. sulfuric.

Hochwürdenpflaster: Emplastr. Canthar. perp.

Hochwurz: Rad. Gentianae.

Hodensalbe: Ungt. Jodi.

Hodenwurz: Tubera Salep.

Hoeckertang: Fucus vesiculosus.

Hoest = Husten.

Hofblätter: Fol. Farfarae.

Hoffahrtpulver: Plv. pro equis.

Hoffmanns Geist: Spir. aether.

— —, gelber: Mixt. oleos. bals.

— Gichttropfen, braune: Elix. Aurant. comp.

— —, gelbe: Mixt. oleos. balsam.

— Lebensbalsam: Mixt. ol. bals.

— Liquor: Spiritus aethereus.

— Magentropfen: Elix. Aurant. comp.

Hoffmanns Tropfen, braune: Tinct. Valerianae aetherea.

— —, **eisenhaltige:** Tinct. Ferri chlorati aeth.

— —, **schwarze:** Elix. Aur. cp.

— —, **weiße:** Spirit. aethereus.

— **Zahntropfen:** Tinct. Guajac. e resin. c. Ol. Menth. pip.

— **Zweipfennigtropfen:** Tincturi Chinoidini.

Hoflatt: Fol. Farfarae.

Hoflattken: Folia Farfarae.

Hoflattkensaft: Sir. Althaeae.

Hoflodenpulver: Fol. Farf. pulv.

Hofpastorensamen: Fruct. Dauci.

Hofrautenblätter: Herb. Rutae.

Hofrauterkraut: Herb. Abrotani.

Höftwater: Aq. aromat. spirit.

Högen: Fruct. Cynosbati.

Hohlbeerensaft: Sir. Rubi Idaei.

Hohldürekraut: Herb. Galeops.

Hohlheide: Herb. Genist. tinct.

Hohlwurzel: Rad. Aristol. cav.

—, **lange:** Rad. Aristoloch. long.

—, **runde:** Rad. Aristoloch. rot.

Hohlzahnkraut: Herb. Galeopsid.

Hohlzahnpulver: Rhiz. Irid. plv.

Hohlzahnwurzel: Rad. Taraxac.

Heidala: Fruct. Myrtyllor.

Hoidklover: Flor. Trifol. alb.

Hoil = Heil.

Holangenwurzel: Rhiz. Galang.

Holbeeressig: Acet. Rubi Idaei.

Holderbeeren: Fruct. Sambuci.

Holderblüte: Flor. Sambuci.

Holderknopf: Flor. Sambuci.

Holdermark: Lign. Juniperi.

Holdermüsel: Succ. Sambuci.

Holdersalbe: Balsam. Arnicae.

Holderschwämmle: Fungus Sambuci.

Holdersulz: Succ. Sambuci.

Holderstaudenblüten: Flor. Sambuci.

Holländ. Kräutertee: Rad. Alth., Rad. Liquirit., Rhizom. Gram., Stip. Dulc. et Lignum Quass. aa. pts. aequ.

— **Pflaster:** Emplastr. fuscum.

— **Säure:** Mixt. sulfurica acida.

— **Tropfen:** Ol. Terebinth. sulf.

Höllenkraut: Fol. Belladonnae.

Höllenrock: Flor. Carthami.

Höllenstein: Argent. nitricum.

—, **verdünnter:** Argent. nitric. c. Kal. nitrico.

Holler = Hollunder.

Hollerblüte: Flor. Sambuci.

Hollerholz: Lign. Juniperi.

Hollerlatwerge, -mandl, -pflaster oder Sulz: Succ. Sambuci.

Hollerntee: Flor. Sambuci.

Hollerschwamm: Fungus Sambuci.

Höllischwasser: Spirit. Coloniens.

Hollunderblumen: Flor. Sambuc.

Hollunderblumenöl: Ol. Arachidis.

Hollunderessig: Acet. aromat.

Hollunderkernöl: Ol. Arachidis.

Hollunderlatwerge: Succus Sambuci.

Hollundermus: Succus Sambuci.

Hollunderpflaster: Emplastr. fuscum. Empl. Lithargyri simpl. Succ. Sambuci.

Hollundersalbe: Succ. Sambuci.

Hollunderschwamm: Fungus Sambuci.

Hollunderwurzel: Rad. Ebuli.

Holst: Folia Ilicis.

Holsteiner Panacee: Kali sulfuric.

Holtmannspulver: Pulv. fumalis. foetid.

Holtwort: Tub. Corydalis.

Holwortel: Rhizom. Imperator.
Holz aller Heiligen: Lignum Guajaci.
— **unseres Herrn:** Lignum Rhodium.
Holzalkohol: Alcohol methylicus.
Holzäpfel: Fruct. Mali immat.
Holz, heiliges: Lign. Guajaci.
—, **indianisches:** Lign. Guajaci.
Holzaschensalz: Kali carbon.
Holzblumen: Herb. Hepaticae.
Holzblumenkraut, blaues: Herb. Hepaticae.
Holzbrusttee: Radix Liquirit., Rad. Althaeae aa. p. aequ.
Holzessenz: Tinct. Pini comp.
— **zu Spülungen:** Acet. pyrolignos.
Holzessig: Acetum pyrolignos.
Holzgeist: Alcohol methylic.
—, **saurer:** Acet. pyrolignos.
Holzkalk: Calc. acetic. crudum.
Holzkassie: Cort. Cassiae lign.
Holzklee: Herb. Acetosellae.
Holzmangold: Herb. Pyrolae. Herb. Umbellatae.
Holzmännchenrinde: Cort. Mezerei.
Holzöl: Balsam. Gurjun.
—, **französisch:** Ol. Philosophor.
Holzrinde, faule: Cort. Frangul.
Holzsäure: Acet. pyrolign. crud.
Holzschuhwurzel: Rad. Cypriped.
Holztee: Radix Sarsaparillae. Species Lignor.
Holzteer: Pix liquida.
Holztinktur: Tinct. Lignorum.
Holztisane: Spec. Lignorum.
Holztrank: Spec. Lignorum.
Holztropfen: Tinct. Lignorum.
Holzwurzel: Rhiz. Veratri.
Holzzahn: Herb. Galeopsidis.

Holzzahnblüten, gelbe: Flor. Lamii lutei.
Holzzimt: Cort. Cassiae lign.
Holzzwangkraut: Herb. Sedi.
Hombergsches Salz: Acid. boric.
Homerianatee: Herb. Polygon. avicularis.
Hond = Hund.
Hondebeishout: Stipit. Dulcam.
Hondenklamei: Zinc. sulfuricum.
Hondjeshout: Cort. Frangulae.
Hondsdraf: Herb. Hederae.
Hondskool: Herb. Mercurialis.
Hondshoda: Tub. Colchici.
Hondslällera: Sem. Colchici.
Hondszunga: Herb. Taraxaci. Herb. Cynoglossi.
Honefsamen: Fruct. Cannabis.
Honig (Kneipp): Mel depurat.
Honig, weißer: Mel album.
Honigbalsam: Ungt. Elemi.
Honigblatt: Fol. Melissae.
Honigblümel: Flor. Stoechados.
Honigblumenwasser: Aq. Mellis.
Honigessig: Oxymel simplex.
Honigklee: Herb. Meliloti.
Honigpflaster: Cerat. Resinae Pini. Empl. Litharg. comp. Empl. Meliloti. Mel c. Farin. Fabar. aa p. aequ.
Honigsalbe: Ungt. cereum.
Honigsugel: Flor. Lamii alb.
Honigsüß: Rhiz. Graminis.
Honigtau: Manna. Hrb. Droserae.
Honigtee: Flor. Tiliae.
Honingklaver: Flores Meliloti.
Honnisügele: Flor. Lamii alb.
Hontabeer: Fruct. Rub. Id.
Hontabeier: Fruct. Rub. Id.
Höntelibeier: Fruct. Rub. Id.
Hooft = Haupt.
Hooftpijn = Kopfschmerz.
Hop = Hopfen.

Hopbellen: Strobuli Lupuli.
Hopfen: Strobuli Lupuli.
—, **kretischer:** Herb. Origani cret.
—, **spanischer:** Herb. Orig. cret.
Hopfengeist: Spiritus.
Hopfenmehl: Glandulae Lupuli.
Hopfenöl, kretisches: Ol. Origani. cretici.
—, **spanisches:** Oleum Origani cret.
Hopfenstaub: Glandulae Lupuli.
Hopfenwurzel: Rad. Taraxaci.
Hopfenzapfen: Strobuli Lupuli.
Hoppelgeist: Spirit. aromat.
Hoppentalerpflaster: Empl. fusc.
Höppesli: Flor. Bellidis.
Hörfrö: Sem. Lini.
Hörlitzen: Fruct. Corni.
Hörnisschen: Fruct. Corni.
Hornkleesamen: Semen Foenugraeci.
Hornkümmel: Flor. Calcatripp.
Hornrosen: Flor. Rosae.
Hornsalbe: Unguent. flavum. Ungt. Plumbi.
Hornsamen: Sem. Foenugraeci. Sem. Lini.
Hornsensenöl: Ol. Hydrarg. cin.
Hornspäne: Corn. Cervi raspat.
Hornstrauch: Cornus Mas.
Horntee: Garrageen.
Horstisch. Augenwasser: Aqu. ophthalmic. flav.
Horstringewurzel: Rhiz. Imperatoriae.
Hortensienblau: Coeruleum Berolinense.
Hosarius: Spir. Formicarum.
Hoseklammer = Ameisen.
Hosenbuntesamen: Sem. Colchici
Hosendall: Rad. Asparagi.
Hosenknöpfle: Troch. Succ. Liq.

Hosenscheisser: Herb. Taraxaci. Herb. Pulmonariae.
Hospitalpflaster: Empl. fusc.
Hötschapötsch: Fruct. Cynosbati.
Hottentottenpflaster: Ceratum Aeruginis.
Hout = Holz.
Houtazijn: Acet. pyrolignos.
Houtjeshout: Cort. Frangulae.
Houtzeep: Cort. Quillayae.
Huder: Herb. Hederae.
Huderich: Herb. Hederae.
Huetblacka: Flor. Petasitis.
Huetrosen: Flor. Rhoeados.
Hufbalsam: Tinct. Aloës.
Hufblätter: Fol. Farfarae.
Hufblüten: Flor. Farfarae.
Hufelands Augenbalsam: Ungt. Hydrarg. oxyd. rubr. Ungt. ophthalm. comp.
— **Augensalbe:** Ugt. ophthal. cp.
— **Balsam:** Bals. Peruvian.
— **Brustpulver:** Pulv. Liquirit. cp.
— **Kinderpulver:** Pulv. Magn. c. Rheo.
— **Schnupfpulver:** Plv. sternutat. vir.
— **Tropfen:** Elixir e Succo Liq.
Huffelen: Fol. Farfarae.
Hufeln: Fol. Farfarae.
Hüffeltekern: Sem. Cynosbati.
Hüfften: Fruct. Cynosbati.
Hufkitt: Ammoniacum, Guttapercha āā pts.
Hüflatti: Fol. Farfarae.
Huflattichblätter: Fol. Farfarae.
Huflattichpastillen: Troch. pector.
Huflattichpflaster: Empl. Melilot.
Huflattichsalbe: Ungt. flavum. Ungt. viride.
Huflattichsaft: Sir. Althaeae.
Huflor: Ol. Lauri.

Hufloröl: Oleum Lauri.

Hufnägelsalbe: Cerat. Aerugin.

Hufsalbe: Ungt. acre. Ungt. flavum. Vaselinum flavum.

Hufspan: Cornu Cervi raspat.

Hufüele: Sem. Cynosbati.

Hügels Augensalbe: Unguent. ophthalmic. comp.

Huhackeln: Rad. Ononidis.

Huhefe: Sem. Cynosbati.

Huhicke: Sem. Cynosbati.

Hühnerauge: Herb. Plantaginis.

Hühneraugenpflaster: Cerat. Aeruginis. Empl. ad clavos pedum. Salicylseifen-Guttaplast.

Hühneraugenrinde: Cort. Frang.

Hühnerblind: Flor. Primulae.

Hühnerblumen: Flor. Rhododend.

Hühnerdarm: Herb. Anagallid. Herb. Serpylli. Herb. Stellar. med. (Kneipp).

Hühnerdarmöl: Ol. Chamom. Ol. Hyoscyami. Ol. Arachidis u. Ol. Serpylli 10:1.

Hühnerdarmsaft: Sir. Chamomillae. Sir. Papaveris.

Hühnerfett: Ungt. Cetacei.

Hühnergift: Fol. Hyoscyami.

Hühnerklee: Herb. Serpylli.

Hühnerkohl: Herb. Serpylli.

Hühnerkraut: Herb. Anagallidis.

Hühnerkropfpepsin: Ingluvinum.

Hühnerkull: Herb. Serpylli

Hühnermagen: Pepsin.

Hühnermajel: Pepsinum.

Hühnernelken: Flor. Calendulae. Herb. Centaurii.

Hühnernessel: Flor. Lamii alb.

Hühnerpoley: Herb. Pulegii.

Hühnerquäle: Herb. Stellariae.

Hühnerquähnel: Herb. Serpylli.

Hühnerquendel: Herb. Serpylli.

Hühnerraute: Herb. Veronicae.

Hühnerserb: Herb. Polygoni.

Hühnertod: Fol. Hyoscyami.

Hühnertritt: Herb. Anagallidis.

Hühnerwurz: Rhiz. Torment. Rhiz. Veratri.

Hühnerwurzel: Rhiz. Veratri.

Huis = Haus.

Hulla: Flor. Sambuci.

Hülscheholz: Fol. Ilicis.

Hulsdorntee: Fol. Ilicis.

Hülsebusch: Fol. Ilicis.

Hülsedorn: Fol. Ilicis.

Hülskrapp: Fol. Ilicis.

Hülst: Fol. Ilicis.

Hummelhonig: Mel depuratum.

— **für die Augen:** Ol. Oliv. alb.

Hummelöl: Ol. Origani Cretic.

Hundauge: Herb. Plantaginis.

Hundaugensamen: Sem. Psyllii.

Hundbaumrinde: Cort. Frangul.

Hundbeeren: Fruct. Rhamni.

Hundblumen: Flor. Farfarae.

Hundblumenhonig: Mellago Taraxaci.

Hundblumenkraut: Flores Chamom. Rom. Radix Taraxaci c. Herb.

Hunddornbeeren: Fruct. Rhamm cath.

Hundebaumholz: Rhamnus cathartica.

Hundeblumenwurzel: Radix Taraxaci.

Hundeflachs: Herb. Linariae.

Hundertjähriger Mauertee: Herb. Oreoselini.

Hundertkopf: Rad. Eryngii.

Hundertkräutertee: Spec. Hispanicae.

Hundfett: Adeps.

Hundgesicht: Sem. Psyllii.

Hundgras: Rhiz. Graminis.

Hundgraswurzel: Rhiz. Gram.
Hundkohl: Rad. Apocyni.
Hundkot: weißer: Graec. alb.
Hundkragen: Herb. Hederae.
Hundkürbis: Rad. Bryoniae.
Hundlattich: Herb. Taraxaci.
Hundläufe: Herb. Hederae. Pasta gummosa. Rad. Cichorii.
Hundmethode: Elect. Theriac.
Hundnase: Herb. Linariae.
Hundnelke: Rad. Saponariae.
Hundnessel: Flor. Lamii.
Hundpulver: Pulv. pro equis.
—, gelbes: Sulfur. sublimatum.
Hundquecken: Rhiz. Graminis.
Hundrebe: Herb. Saxifragae.
Hundrippe: Herb. Plantaginis.
Hundrosen: Flor. Rosae canin.
Hundrübe: Rad. Carlinae.
Hundrücken: Rhiz. Graminis.
Hundsbaum: Rhamnus Frangula.
Hundsbeeren: Frct. Rhamni cath.
Hundsdille: Aethusa Cynapium.
Hundseppich: Aethusa Cynapium.
Hundsgrindenöl: Ol. animale foetid. dil.
Hundshode: Tub. Colchici.
Hundsille: Herb. Matricariae.
Hundskerbel: Anthriscus vulgaris.
Hundskohl: Herb. Mercurialis.
Hundskragen: Herb. Hederae.
Hundkraut: Herb. Mercurialis. Fol. Hyoscyami.
Hundskürbis: Rad. Bryoniae.
Hundslattich: Herb Taraxaci.
Hundslungensaft: Sir. Rhoead.
Hundsmelde: Herb. chenopodii.
Hundspeterlig: Herb. Conii.
Hundspetersilie: Herb. Conii.
Hundsporn: Rad. Carlinae.

Hundsrückenwurzel: Rhiz. Graminis.
Hundstod: Rad. od. Flor. Arnicae.
Hundsträubel: Tubera Salep.
Hundveilchen: Hrb. Viol. tricol.
Hundweizen: Rhiz. Graminis.
Hundwürger: Rad. Vincetorici.
Hundzahn: Herb. Taraxaci. Rhiz. Graminis.
Hundzorn: Sem. Milii.
Hundzungenwurzel: Radix Cynoglossi.
Hunf = Honig.
Hungerampfer: Herb. Acetosae.
Hungerblumen: Flor. Chrysanth.
Hungerblümlikraut: Herb. Euphras.
Hungerbrot: Secale cornutum.
Hungerkorn: Secale cornutum.
Hungerkraut: Herb. Viol. tricol. Herb. Trifolii arvensis.
Hungertee: Herb. Burs. Pastor. Violae tricolor.
Hungerwurzel: Rad. Lapathi.
Hungklee: Herb. Meliloti.
Hunk: Mel crudum.
Hunnenschritt: Rad. Gentianae.
Hüntscheholz: Stipit. Dulcam.
Hupfe: Strob. Lupuli.
Huppedelduk: Spirit. sap. camph.
Hupuf: Flor. Sambuci.
Hupufdemaid: Flor. Sambuci.
Hurberitzenwurzel: Rad. Bardan.
Hure, nackte: Rad. od. Sem. Colchici.
Hurenpomade: Ugt. Hydr. pedic.
Hurenschnallen: Flor. Rhoeados.
Hurre: Herb. Hederae.
Hurschur: Lycopodium.
Hurtigundgeschwind: Linim. ammon. Liq. Ammon. caust. Tinct. Guajaci ammon.
Husarenpulver: Plv. ctr. pedic.

Husarensalbe: Ugt. Hydr. pecdi.
Husarenspiritus: Spir. resolvens.
Husarenwasser: Aq. muscarum.
Hüsblos: Colla piscium.
Huschsalbe: Ungt. cereum.
Husko, pulverisiert: Succ. Liquirit. pulv.
Huslottblatt: Fol. Farfarae.
Hustenblätter: Folia Farfarae.
Hustenelixier: Elix. e Succo Liqu.
Hustenhilfwurzel: Rhiz. Gramin.
Hustenkraut: Fol. Farfarae.
Hustenkuchen: Succ. Liqu. crud.
Hustenleder: Pasta gummosa.
Hustenpaste: Pasta gummosa.
Hustenplätzchen: Troch. pector.
Hustenpulver: Pulv. Liqu. comp.
Hustensaft, brauner: Sir. Liquir.
—, gelber: weißer: Sir. Althaeae.
Hustentee: Species pectorales.
—, Lieberscher: Herba Galeopsid.
Hustentropfen, schwarze: Elix. e succo Liquirit.
—, weiße: Liq. Ammon. anisat.
Hustenwurzel: Rad. Althaeae.
Huswürze: Herb. Sedi. Herb. Sempervivi tector.

Hutblagge: Rad. Bardannae.
Hutmacherblüten: Flor. Farfarae.
Hutpflaster: Empl. Anglicum.
Hutschenreutersalbe: Ugt. viride.
Hütschblüten: Flor. Sambuci.
Hütschelblumen: Flor. Sambuc.
Hütschelsaft: Succ. Sambuci.
Hüttenkatze: Acid. arsenicos.
Hüttenmehl: Acid. arsenicos.
Hüttennichts: Nihilum album.
Hüttenrauch: Arsenic. alb.
—, schwarzer: Tutia.
Huwaldspflaster: Empl. Lith. comp.
Huwaldstropfen: Tinct. Valer. aeth. c. Tinct. Chinoïdin. 1+9.
Huxenkruxenpflaster: Emplastr. oxycroceum.
Hyacinthensalbe: Ugt. Kal. jod.
Hydrich, weißer: Acid. arsenicos.
Hykriberi: Spec. hierae picrae.
Hypericumöl: Ol. Hyperici.
Hypoakanna: Rad. Ipecacuanh.
Hypocistensaft: Succ. Sorbor.
Hyssop: Herb. Hyssopi.

I und J.

Jaagt den duivel: Herb. Hyperici.
Jachandelbeeren: Fruct. Junip.
Jachandelöl: Ol. Juniperi ligni.
Jachandelsaft: Succus Juniperi.
Jachandelwasser: Aq. Juniperi.
Jachaneltagsbeeren: Fruct. Juniperi.
Jachelbeeren: Fruct. Juniperi.
Jachelpflaster: Empl. Litharg. spl.
Jachelspitzen: Turiones Juniperi (Pini).

Jachimsalbe: Empl. Litharg. cps.
Jachtolie: Ol. Hyoscyami.
Jackengeist: Liq. Amm. caust.
Jafnamoos: Agar-Agar.
Jagdendüwel: Pulv. pro equis.
Jagdspiritus: Spir. sap. camph.
Jägeles Pflaster: Empl. Lith. cps.
Jagemichel: Herb. Hyperici.
Jägerkraut: Herb. Ficariae. Herb. Lycopodii.
Jägerpulver: Pulv. Liquir. comp.

Jägersches Pflaster: Emplastr. Cantharid. perp.
Jageteufel: Ungt. rubrum.
Jageteufelkraut: Herb. Hyperic.
Jahnspflaster: Empl. Litharg. cps.
Jakob: Oxymel Aeruginis.
Jakobisalbe: Ungt. potab. rubr.
Jakobsbalsam: Bals. Peruvian.
Jakobsbeeren: Fruct. Myrtilli.
Jakobskreuzkraut: Herb. Senecionis.
Jakobsleiter: Herb. Polemonii.
Jakobsöl: Ol. Hyperici rubrum.
Jakobspflaster: Cerat. aerugin.
Jakobstropfen: Tinct. odontalg.
Jakuslapuk: Folia Uvae Ursi.
Jakuspapuk: Folia Uvae Ursi.
Jalapenharz: Resina Jalapae.
Jalapenöl: Ol. Ricini.
Jalapenrinde: Tubera Jalapae.
Jamaikaholz: Lignum Guajaci.
Jamaikanische Wurmrinde: Cort. Geoffroyae Jamaïcensis.
Jamaikapfeffer: Fruct. Amomi.
Jambuskraut: Spec. Jambusae.
Jamestee: Herb. Ledi.
Jammerblumen: Flor. Rhoead.
Jammerpulver: Pulv. epilept. Tubera Jalapae pulv.
Jandelbeeren: Fruct. Juniperi.
Jandelsaft: Succ. Juniperi insp.
Janelausenöl: Ol Hyperici.
Janinchensalbe: Ungt. Canthar.
Janinischpflaster: Empl. Canth. perp.
Jannsbärsalbe: Cerat. Cetacei rubrum. Sirup. Ribium.
Jänsewurz: Rad. Gentian.
Jänzekraut: Herb. Cantaurii.
Jänzenen: Rad. Gentian.
Jänzenwurz: Rad. Gentianae.
Janzerwurz: Rad. Gentianae.

Japanholz: Lign. Fernambuci.
Japanische Erde: Catechu.
Jase: Herb. Millefolii.
Jassiensalbe: Ungt. contra scab.
Jäuse: Herb. Centaurii.
Javellewasser: Liq. Natri hypochlorosi.
Javellsche Lauge: Liqu. Natri hypochlorosi.
Javellscher Kalk: Calc. hypochloros. (Calcar. chlorata.)
Iba: Fol. Taxi.
Ibarach: Herb. Chaerophylli.
Iben = Eiben.
Ibenblätter: Folia Taxi.
Iberi: Herb. Sphondylli.
Iberich: Herb. Sphondylii.
Ibisch: Rad. Althaeae.
Ibischpappel: Fol. Althaeae.
Ibisjacob: Oxymel Aeruginis. Mel boraxat.
Ibsche: Rad. Althaeae. Herb. Hyssopi.
Ibschentrideli: Cornu Cervi rasp.
Ibsentee: Fol. oder Rad. Althaeae.
Ibstewurzel: Rad. Ononidis.
Ichfragnichtdanach: Ungt. contr. scabiem.
Ichmachmirnichtsdraus: Ungt. contra scabiem.
Idee: Rad. Althaeae.
Idiation: Tinct. odontalgica.
Jf: Fol. Taxi.
Jebgab: Oxymel Aeruginis.
Jeckwitzsaft: Sir. Senn. c. Manna.
Jees-Christkoken: Troch. Liquiritiae.
Jehovablümli: Flor. Saxifragae.
Jehovatropfen: Tinct. Rhei aq.
Jehrbalsamtropfen: Bals. Peruv.
Jelängerjefreundlicher: Rad. Saponar. alb.

Jelängerjelieber: Herb. Teucrii. Herb. Viol. tricol. Stipit. Dulcamarae.

Jenaer Balsam: Tct. Aloes comp.

— **Tropfen:** Tct. Aloës cps.

Jenes: Fruct. Anisi.

Jenever: Juniperus.

Jeneverkruid: Herb. Eupator.

Jenzenenwurzel: Rad. Gentian.

Jeparaltee: Rad. Sarsaparillae.

Jerichobalsam, weißer: Balsam de Mecca.

Jerichorosen: Herb. Caprifolii.

Jerichorot: Acid. rosolicum.

Jernitzelixier: Tinct. Aloës cps.

Jersch mos: Carrageen.

Jerusalemer Balsam: Ol. Myristicae. Tinct. Benz. comp. Mixt. oleos. balsam.

Jerusalemer Spiritus: Spir. Angelic. comp.

— **Tropfen:** Elix. e succo Liquir.

Jeschwitzer Brustsaft: Sir. Senn. c. Manna.

Jesuim: Rad. Gentianae.

Jesuitenkräuter: Spec. amarae.

Jesuiterbalsam: Bals. Copaivae.

Jesuiterpulver: Cort. Chinae pulv. Pulv. contra pedicul.

Jesuiterspecies: Spec. amarae.

Jesuitertee: Herb. Chenopod.

Jesuitertropfen: Bals. Copaiv.

Jesusblümchen: Herb. oder Flor. Violae tricoloris.

Jesuschristkoken: Troch. Bechici. nigri.

Jesuschristussalbe: Empl. fusc.

Jesuschristwurz: Rad. Lapathi.

Jesusknäblein: Herb. Viol. tricol.

Jesuslein: Herb. Violae tricolor.

Jesuswurzel: Rhiz. Tormentill.

Jesuwunderkraut: Herb. Hyperici.

Jesuwundertee: Herb. Matricar.

Jeupjesboombast: Cort. Frangulae.

Jewerwurzel: Rad. Carlinae.

Ifblätter: Folia Taxi.

Igelfett: Adeps.

Igelkrautwurzel: Rhiz. Garyophyllat.

Igelskolben: Datura Stramon.

Ignatiusbohnen: Fabae St. Ignatii.

Igrüli: Herb. Vincae.

Ihlgras: Herb. Polygoni.

Ihrenpreis: Herb. Veronicae.

Jibejakob: Mel. rosat. boraxat.

Jichtkorrels: Sem. Paeoniae.

Jichtkrut: Herb. Ranunculi.

Jichtrübe: Rad. Bryoniae.

Jichtwörteln: Rad. Bryoniae.

Jip-Faß: Mel rosat boraxat.

Iips-Jakob: Ungt. Aeruginis.

Ikunddu: Chinoïdin.

Ilen: Hirudines.

Ilenblätter: Herb. Ranunculi.

Ilexblätter: Folia Ilicis.

Ilgen: Flor. Lilii.

Ilgenöl: Ol. Olivarum album.

Ilie: Flor. Lilii.

Ilkenpulver: Rad. Helenii pulv.

Illen = Lilien.

Illesant: Fruct. Anethi.

Illige: Flor. Lilii.

Ilmenrinde: Cortex Ulmi.

Ilmerinde: Cort. Ulmi.

Ilop: Folia Helicis.

Ilsem: Herba Absinthii.

Imben = Bienen.

Imbenschmalz: Cerat. Terebinth.

Imber, Imberklauen, Imberzehen: Rhizom. Zingiberis.

Imblikraut: Herb. Ulmariae.

Immenblatt: Fol. Melissae.

Immenkraut: Herba Thymi. Herb. Serpylli.
Immer: Rhizom. Zingiberis.
Immergrün: Herb. Pyrolae. Herba Vincae. Visc. alb.
Immergrünöl: Oleum Gaultheriae. Ol. Hyoscyami.
Immerschön: Flor. Stoechados.
Immerwährend. Blasenzug: Empl. Canth. perp.
— **Pflaster:** Empl. Canth. perp.
Immortellen: Flor. Stoechados.
Impbeeri: Fruct. Rub. Id.
Impere: Fruct. Rub. Id.
Imperöl: Ol. Hyperici.
Indenbeere: Fruct. Rub. Id.
Indian. Augenbalsam: Mixtur. oleos balsam.
— **Balsam, weißer:** Ol. Olivar. album.
— **Bolesein:** Rad. Helenii.
— **Farnkraut:** Herb. Acmellae.
— **Holz:** Lign. Guajaci. Lign. Santalin.
— **Lungenpulver:** Plv. Liquir cps.
— **Nüsse:** Fructus Cocculi.
— **Schakalpulver:** Cort. Chin. plv.
— **Schmalz:** Cetaceum.
Indianerwurzel: Rad. Gentianae.
Indig: Indigo.
Indigkraut: Herba Isatis.
Indisch. Balsam: Bals. Peruv
— **Pfeffer:** Fructus Capsici.
— **Pflanzenpapier:** Charta vegetab. Indica. (Empl. Anglic.)
— **Spikanard:** Radix Nardi.
— **Tabak:** Herba Lobeliae.
Infusorienerde: Kieselgur.
Ingber siehe auch Ingwer.
—, **deutscher:** Rhiz. Calami.
—, **gelber:** Rhiz. Curcumae.
Ingberimber: Rhiz. Zingiberis.

Ingbluem: Flor. Calendulae.
Ingelblumen: Flor. Calendulae.
Ingwer, Ingwerklauen, Ingwerzehen: Rhiz. Zingiberis.
—, **deutscher:** Tub. Ari.
—, **gelber:** Rhizom. Curcumae
Inkumsöl: Balsam. Peruvianum.
Innocenzkraut: Herb. Polygoni.
Innstaub: Lycopodium.
Inschottsalbe: Ungt. Althaeae.
Inseckundpoltee: Herb. Pulegii et Herb. Hyssopi $\overline{aa}$. p. aequ.
Insektenpulver: Flor. Pyrethri plv.
Insektensalbe: Ungt. ctr. pedic.
Insektentinktur: Tinct. Pyrethri.
Inselsalbe: Ceratum Cetacei.
—, **braune:** Empl. fuscum.
Inselt: Sebum.
Instaub: Lycopodium. Talcum.
Instrianswurzel: Rad. Gentian.
Intendanturtropfen: Tinct. Chinoïdin.
Invalidenpflaster: Emplastr. ad. rupturas.
Inventurtropfen: Tinct. Chinoïd.
Inwand: Ungt. ctr. pediculos.
—, **blauer:** Ungt. Hydrarg. cin dilut.
Inzian: Radix Gentianae.
—, **weißer:** Conchae praeparat.
Joachimspflaster: Empl. Litharg. comp.
Joachimssalbe: Ungt. diachylon.
Jochenbeersaft: Succ. Sambuci.
Jochheil: Herb. Anagallidis.
Jochumpflaster: Empl. Lith. comp.
Jockeltee: Flor. Malv. arb.
Jockeysalbe: Ungt. ctr. pedicul.
Jöcksalv: Ungt. contra scabiem.
Jod, flüssiges: Tinct. Jodi dilut.
Joden = Juden.
Jodenkers: Fruct. Alkekengi.

Jodgrün: Anilinum viride.

Jodina: Tinct. strumalis. Tct. Jodi dilut.

Jodquecksilber: gelbes: Hydrarg. jodat. flavum.

—, **grünes:** Hydrarg. jodat flav.

—, **rotes:** Hydrarg. jodat. rubr.

Jodsalbe: Ungt. Kalii jodati.

Jodsalz (i. Bayern): Jodiertes Tafelsalz.

Jodsirup: Sirup. Ferri jodati.

Jodspiritus: Tinct. Strumalis.

Johandeln: Fruct. Juniperi.

Johandelsaft: Succ. Junip. insp.

Johannesgürtel: Herb. Artemisiae.

Johannstrubelsaft: Sir. Ribium.

Johannisbeerblätter: Folia Ribis nigri.

Johannisbeeröl: Ol. Hyperici.

Johannisbeerspiritus: Spirit. Serpylli.

Johannisbeerwurzel: Rhizom. Filicis.

Johannisblumen: Flor. Arnicae. Flor. Hyperici. Flor. Primulae.

Johannisblumenöl: Ol. Hyperic.

Johannisblumenspiritus: Tinct. Arnicae.

Johannisblut: Herb. Hyperici.

Johannisbockshorn: Fruct. Ceratoniae.

Johannisbrot: Fruct. Ceraton.

Johannisgeist: Spir. Juniperi.

Johannisgürtel: Herb. Artemis.

Johannishand: Rhiz. Filicis.

Johannishaupt: Tubera Ari.

Johannishäupteln: Blb. Vict. rot.

Johannisherzbluttropfen: Mixt. Oleos. balsam.

Johannisholz: Lign. Juniperi.

Johanniskerzen: Flor. Verbasci.

Johanniskraut: Herb. Hyperici.

Johanniskrautblumen: Flor. Arnicae.

Johanniskrauttinktur: Tct. Arnic.

Johannismuttertropfen: Tinct. Valerianae aetherea.

Johannisöl: Ol. Hyperici.

—, **äußerlich:** Ol. Petrae rubr.

—, **schwarzes:** Ol. Philosophor.

Johannisohr: Fung. Sambuci.

Johannispappeln: Herb. Malvae.

Johannispatscheln: Rhiz. Filicis.

Johannispestilenzwurz: Rhizom. Filicis.

Johannissaft: Sirup. Ribium. Sir. Papav. Sir. Rhoead. Succ. Juniperi.

Johannisschafe: Frct. Ceratoniae.

Johannisschoten: Fruct. Ceratoniae.

Johanniswedel: Herb. Spiraeae.

Johanniswedelblüten: Flor. Spiraeae.

Johanniswürz: Rad. Convallar.

Johanniswurzel: Rhiz. Filicis.

Johannweißnichtsdavon: Ungt. ctr. pediculos.

Jokeysalbe: Ungt. contra pedic.

Jonasöl: Ol. Jecoris Aselli.

Jordansches Pflaster: Empl. fuscum camph.

Josefle: Herb. Saturejae.

Josefsalbe: Ungt. ophthalm. cps.

Josefskraut: Herb. Hyssopi.

Josephlakraut: Herb. Saturejae.

Joujou: Pasta Liquiritiae rubr.

Jowisblumen: Flor. Aquilegiae.

Iperrinde: Cortex Ulmi.

Iporto: Tinct. odontalgica.

Ipper: Rhizom. Zingiberis.

Irenzenwurzel: Radix Gentianae.

Irisblüte: Crocus.

Iritzenwurzel: Rhiz. Iridis.

Irländisch Moos: Carrageen.
Irrbeerblätter: Fol. Belladonnae.
Isaakpulver: Rhiz. Veratri pulv.
Isbäredreck: Pasta gummosa.
Isehüt: Flor. Aconiti.
Isehütli: Herb. Aconiti.
Isekraut: Herb. Verbenae.
Iserkraut: Herb. Verbenae.
Isipo: Herb. Hyssopi.
Isländisch Moos: Lich. islandic.
— Perlmoos: Carrageen.
Ismos: Lichen islandicus.
Isop, Ispen, Israel: Hrb. Hyssopi.
Ispenholzrinde: Cort. Ulmi.
Isrilli: Herba Vinoae.
Issbeerblätter: Fol. Belladonnae.
Italienische Pillen: Pilul. aloëticae ferrat.
— Pimpinelle: Rad. Sanguisorb.
— Rinde: Cortex Chinae.
— Tee: Spec. laxant.
Itjemöhsmeer: Ol. comp. nigr.
Itsch: Herb. Absinthii.
Jubandsalbe: Ungt. Hydr. ped.
Juchhannelbeeren: Fruct. Junip.
Juchhei: Herb. Anagallidis.
Juchtenöl: Oleum Rusci.
Juckbohne: Dolichos pruriens.
Juckpulver: Alumen plumos. Pili Stizolobii (Dolichos pruriens).
Jucksalbe: Ungt. contra scabiem.
Judaskirschen: Fruct. Alkekeng.
Judaskuß: Fruct. Alkekengi.
Judasohren: Fung. Sambuci.
Judassinohr: Sambuci.
Judenäpfel: Fructus Citri.
Judenbrot: Manna.
Judendeckel: Fruct. Alkekengi.
Judendorn: Stipit. Dulcamarae.
Judendornbeeren: Fruct. Jujubae.
Judengummi: Asphaltum.
Judenharz: Asphalt.

Judenholz: Lign. Guajaci.
Judenhütchen: Fruct. Alkekengi.
Judenkirschen: Fruct. Alkekengi. (auch Cornus Mas).
Judenkraut: Herb. Millefolii.
Judenleim: Asphalt.
Judenohren: Fungus Sambuci.
Judenpech: Asphaltum.
—, weißes: Alumen plumosum.
Judenpfeffer: Fructus Amomi.
Judenpulver: Pulv. ctr. pedic. Nihil. alb. (Zinc. oxyd. crud.)
Judenrute: Herba Genistae.
Judensalbe: Ungt. Hydrarg. citr.
Judenschwamm: Fung. Sambuci.
Judenseife: Ungt. Hydrarg. citr.
Judenstaub: Pulv. contra pedic.
Judenstoff: Pulv. contra pedicul.
Judenweihrauch: Styrax calam.
Judenwurzel: Radix Vincetox.
Judenzucker: Succ. Liquiritiae.
Judeschmeer: Ungt. diachylon.
Juffern: Flor. Rhoeados.
Jujube: Pasta Liquiritiae rubr.
Jujuben: Fructus Jujubae.
Julawasser: Aq. Plumbi Goul.
Julichrut: Herb. Ulmariae.
Jülkkraut: Herb. Chelidonii.
Junctum: Ungt. contra scabiem.
Jungeblume: Herba Taraxaci.
Jungfer, nackte: Colchicum autumnale.
Jungfer, verfluchte: Cichorium Intybus.
Jungfergehweg: Ungt. contra scab. Ungt. sulfurat. comp.
Jungfernblüten: Herb. Rorellae.
Jungfernblume: Flor. Stoechad.
Jungfernblut: Resina Draconis.
Jungfernbrauen: Herb. Millefol.
Jungfernbutter: Unguent. opht. rubr.
Jungferneis: Glacies Mariae.

Jungfernfett: Ungt. Hydr. citr.
Jungfernglas: Glacies Mariae.
Jungferngras: Herb. Herniariae.
Jungferngrün: Herba Vincae.
Jungfernhaar: Herb. Adiant. aur.
Jungfernharz: Benzoë. Res. Pini
   alb.
Jungfernhonig: Mel. album.
Jungfernkraut: Herb. Adiant. aur.
   Herb. Artemisiae. Herb. He-
   derae. Herba Millefolii. Herb.
   Hyperici.
Jungfernleder, braunes: Pasta Li-
   quiritiae.
—, weißes: Pasta gummosa.
Jungfernmehl: Magnes. carbon.
Jungfernmilch: Aqua Rosae c.
   Tinct. Benzoës 10 : 1.
Jungfernmoos: Herba Adianti.
Jungfernöl: Ol. Olivar. album.
Jungfernpulver: Plv. menstrual.
Jungfernsalbe: Ungt. leniens.
Jungfernschmätzel: Trochisci
   Santonini.
Jungfernschmiere, eingemachte:
   Ungt. Hydrarg. alb.
Jungfernschön: Flor. Convallar.
Jungfernschwarm: Cera alba.
Jungfernschwefel: Sulf. subl.
Jungfernteint: Aq. Ros. c. Tinct.
   Benzoës 10 : 1.
Jungferntritt: Herb. Polygoni.
Jungferntrost: Herb. Herniarieae.
Jungfernwachs: Cera alba.
Jungfernwasser: Aqua Rosae c.
   Tinct. Benzoës 10 : 1.
Jungfernweck: Rad. Peucedani.

Jungfernweiß: Alumen plumos.
   Cerussa.
Jungfernzucht: Herb. Serpylli.
Jungferschweigstill: Ungt. contra
   scabiem.
Jungfertumirnichts: Ungt. contra
   scabiem.
Jungfrau, nackte: Flor. Con-
   vallar. Tub. Colchici.
Jungfrauwurzelkraut: Herba
   Tanaceti.
Jungharz: Resina Pini.
Jünglingsblumen: Flor. Stoechad.
Juniduni: Chinoïdin.
Junipulver: Pulvis pro equis.
Junkerkraut: Herba Origan. Cret.
Junkertropfen: Tinct. Guajaci.
Junotränen: Herba Verbenae.
Jupiterbart: Sempervirum tec-
   torum.
Jupiterblumen: Flor. Calcatrip.
Jupitersalz: Stannum chloratum.
Jürgenkrautwurzel: Rad. Valer.
Jürgenmölleröl: Spirit. camph.
   Ol. Terebinthin. Ol. Lini $\overline{\text{aa}}$. p.
   aequal.
Justizhütchen: Trochisci San-
   tonini.
Juwelierrot: Ferr. oxyd. rubr.
Ivakraut: Herb. Ivae moschat.
Ivenblatt: Fol. Melissae.
Ivierke: Herba Hederae.
Ivoor, gebrand: Ebur ustum.
Iwisch: Radix Althaeae.
Ixaxum: Oxymel Aeruginis.
Ixnixsaturniustropfen: Liquor.
   Plumbi subacet.

K.

(Siehe auch unter C.)

Kaatje wat be je dik: Herb. Cardui benedicti.

Kabeljauöl: Ol. Jecor. Aselli. Ol.
Philosophorum.

Kabetbeeren: Fructus Juniperi.
Kabischrundblacke: Fol.Rumicis.
Kachelblumen: Flor. Millefolii.
Kachelkraut: Herb. Taraxaci.
Kachinkawurzel: Radix Caïncae. Rhizom. Chinae.
Kackemoos: Carageen.
Kactuskörner: Coccionella.
Kaddigbeeren: Fruct. Juniperi.
Kaddigholz: Lign. Juniperi.
Kaddigmus: Succ. Junip. insp.
Kademum: Fructus Cardamomi.
Kadeöl: Ol. Juniperi empyreum.
Kaeter Blass: Cataplasma.
Käferpflaster: Empl. Cantharid.
Käfersalbe: Ungt. Canthar. acre.
Käferspiritus: Spir. Formicar.
Kaffegeist: Spirit. camphorat.
Kaffepulver: Plv. Jalap. laxans.
Kaffer: Camphora.
Kagitee: Carageen.
Kageröl: Oleum viride. Ol. Chamom. coct.
Kahlequinten Fruct. Colocynth.
Kahlholz: Folia Ligustri.
Kahlkraut: Lathraea squammaria.
Kähmund: Boletus cervinus.
Kahnel: Cortex Cinnamomi.
Kailkenblumen: Flor. Sambuci.
Kailkenmus: Succ. Samb. insp.
Kainritz: Herba Galii.
Kaiseraugenlicht: Zinc. sulf. Nihil. alb. Ungt. Zinci.
Kaiseraugenlichtpulver: Pulv. sternut. alb. Nihil. alb.
Kaiseraugenlichtsalbe: Ungt.ophthalmic. Ungt. Zinci.
Kaiserbutter: Ungt. flavum.
Kaiserkarolushauptwasser oder Kaiserkarlquinthöhftwater: Aq. aromat. spirit. Aq. vulnerar. spir. Liq. Ammonii

caust. Spir. Lavandulae. Spir. Meliss. comp. Spirit. Coloniensis.
Kaisergelb: Plumb. chromic.
Kaisergrün: Cuprum acetic. arsenicosum. Viride Schweinfurtense.
Kaiserkerzen: Flor. Verbasci.
Kaiserli: Flor. Primulae.
Kaiserliche Ruhr- und Magentropfen: Tinct. amara.
Kaiseröl gegen Läuse: Petroleum.
Kaiserpflaster: Empl. stictic.
Kaiserpillen: Pil. laxant.
Kaiserpulver: Pulv. aromat. Pulv. fumalis.
Kaiserrauch: Pulv. fumalis.
Kaiserrosenblätter: Flor. Rosae.
Kaisersalat: Herba Dracunculi.
Kaisersalbe: Ungt. basilic. Ungt. ophthalm. rubr.
Kaiserspiritus: Spir. resolvens.
Kaisertee: Thea Chinensis. Herb. Agrimoniae.
Kaisertropfen: Tinct. Aloës comp. Tinct. Chinoïdin.
Kaiserwasser: Aq. Coloniensis.
Kaiserwurz: Rhiz. Imperatoriae.
Kaju: Anacardia.
Kakaobutter: Ol. Cacao.
Kakau = Cacao.
Kakerlaken: Blatta orientalis.
Käketöl: Oleum Rapae.
Käkinaspähn: Cort. Chin. conc.
Kaktuskörner: Coccionellae.
Kaktuspinititus: Herb. Cardui ben.
Kalulifon: Fruct. Cocculi.
Kalambak: Lignum Aloës.
Kalamijn, Kalamijnsteen: Lapis calaminar.
Kalamintkraut: Herb. Calaminthae.

Kalanner: Fructus Coriandri.
Kalappusbutter: Oleum Cocos.
Kalappusöl: Oleum Cajeputi.
Kälberhälsig: Ungt. Hydr. cin. dilut.
Kälberkern: Herb. Chaerophyll.
Kälberkraut. Herb. Cerefolii.
Kälberkropf: Herb. Chaerophyll.
Kälbernase: Herb. Antirrhini.
Kälberpeterlein: Herb. Conii.
Kälberscherenkraut: Herb. Chaerophylli.
Kälberschiß: Crocus. Rad. Gentian.
Kälberschissen: Tub. od. Sem. Colchici.
Kalbledersalz: Sal. Carol. fact.
Kalbsauge: Flor. Bellidis.
Kalbsfuß: Rhizoma Ari.
Kalbskümmel: Herb. Saturejae.
Kalbsmaul: Herb. Antirrhini.
Kalbnase: Herb. Antirrhini.
Kalbstupp: Tannoform od. Tannalbin.
Kalbswurz: Rhizoma Ari.
Kalenderkraut: Herb. Teucrii.
Kalenderpflaster: Empl. fusc.
Kalendertropfen: Tinct. Pini comp.
Kalenderwurzel: Rhiz. Galangae.
Kalfonig: Colophonium.
Kalfun: Colophonium.
Kali oder Kalium, blausaures: Kalium ferrocyanat. flav.
—, blausaures: rotes Ferridkalium cyanatum rubr.
—, eisenblausaures: Kalium ferrocyanatum.
— —, rotes: Ferrid-kalium cyanatum rubr.
—, flüssiges, kohlensaures: Liq. Kalii carbonici.
—, gemeines: Kal. carbon. crud.

Kali, kaustisches: Kalium caustic.
—, kleesaures: (saures): Kalium bioxalicum.
— zum Beizen: Kali dichromic.
— zum Gurgeln: Kali chloric.
— zum Härten: Kal. ferrocyan. flavum.
Kali-Alaun: Alumen.
Kaliätzstein: Kali causticum.
Kaliaturholz: Lign. Santal. rubr.
Kalikblumen: Flor. Millefolii.
Kaliöl: Liq. Kali carbonici.
Kalipastillen: Troch. Kali chlor.
Kaliseife: Sapo viridis. Sapo kalinus.
Kalischwefelleber: Kalium ·sulfuratum.
Kalissehout: Rad. Liquiritiae.
Kalittenstein: Zinc. sulfuricum.
Kalitzenbeize: Cupr. sulf. crud.
Kaliwasserglas: Liq. Kal. silicic.
Kalk, bologneser: Creta alba.
—, essigsaurer: Calc. acetic.
—, gebrannter: Calcaria usta.
—, holzessigsaurer: Calc. acetic. crud.
—, holzsaurer: Calc. acetic.crud.
—, wiener: Calc. carbonic.nativ.
Kalkanth, grüner: Ferrum sulfuricum.
—, weißer: Zincum sulfuricum.
Kalkblau: Coeruleum montanum (Bergblau).
Kalksalz: Calc. chloratum.
Kalkschwefelleber: Calcium sulfuratum.
Kalkwasser: Aqu. Calcariae.
Kallabeerensalbe: Ungt.potabile.
Kalm: Fructus Carvi.
Kalms: Rhiz. Calami.
Kalmus: Rhizoma Calami.
—, falscher: Rhiz. Pseudacori.

Kalmus, überzogener: Confect. Calami.
Kalmusessenz: Tinct. Calami.
Kalmusgerten: Rhiz. Caricis.
Kalmuspeter: Rhizoma. Caricis.
Kalmuspoden: Rhiz. Caricis.
Kalmusstein: Lap. calam. praep.
Kalmuszucker: Confect. Calami.
Kalomel: Hydrarg. chloratum.
Kalomelsalbe: Ungt. Zinci.
Kalteplas: Spec. ad cataplasma.
Kaltequinte: Fruct. Colocynth.
Kaltfeuer: Acidum nitricum.
Kalumback: Lignum Aloës.
Kalwe: Aloë et Rhiz. Calami $\overline{aa}$.
Käm: Fructus Carvi.
Kamander: Herba Scordii. Herb. Veronicae.
Kamanitöl: Oleum Hyoscyami.
Kamarittersalbe: Ungt. flavum.
Kambogium: Gutti.
Kameldreck: Asa foetida.
Kamelhaare: Penghaw. Djambi.
Kamelheustroh: Herb. Foenic.
Kamelspehn: Pulv. ctr. pedic.
Kamelstein: Lapis calaminaris.
Kamelsteinsalbe: Ungt. Calamin.
Kamelgen: Flor. Chamom. vulg.
Kamelheumannsort: Hrb. Schoenanthi.
Kämen: Fruct. Carvi.
Kamillen: Flor. Chamomillae.
—, große: Flor. Chamom. Rom.
—, wälsche: Flor. Chamom. Rom.
Kamillenöl: Ol. Chamom. infus.
Kamillensaft: Sir. Chamomillae.
Kamillentropfen: Tinct. Chamom.
Kaminfegerli: Rhiz. Caricis.
Kaminruß: Fuligo.
Kamisolöl: Oleum carbolicum.
Kammerblumen: Flor. Chamom.
Kammfett: Ol. pedum Tauri.
—, festes: Adeps suillus.

Kämmich = Kümmel.
Kämölje: Oleum Carvi.
Kampamla: Flor. Campanul.
Kampaschen: Fructus Vanillae.
Kampfer, flüssiger: Ol. camphor.
Kämpfer: Camphora.
Kämpferaugensalbe: Ungt. ophthalm. comp.
Kampferbalsam: Linim. sapon. camph.
Kampfergeist: Spirit. camphorat.
—, gelber: Spir. camph. crocat.
Kampferkraut: Hrb. Abrotani. Herba Absinthii.
Kampferkugeln: Glob. ad Erysip.
Kampferliniment: Linim. ammon. camphorat.
Kampheröl: Oleum camphorat.
Kampferpflaster: Empl. fusc. camph. Empl. sapon. camph.
Kampfersalbe, flüchtige: Linim. ammoniat. camphor.
Kampferseife: Opodeldoc.
Kampferseifenspiritus: Spirit. saponat. camphor.
Kampferstein: Camphora in cubulis.
Kampfertropfen: Spir. camph. Tct. anticholer. Tct. camph.
Kampferwein: Vinum camphorat.
Kampferwurzel: Rhiz. Asari. Rhizoma Galangae.
Kamprinde: Cortex Salicis.
Kamynian: Benzoë.
Kanadatee: Fol. Gaultheriae.
Kanarienbutter: Ungt. flavum.
Kanariengras: Phalaris canariensis.
Kanarienholz: Lign. Juniperi. Lign. Santal. alb.
Kanarienpflaster: Empl. sapon.
Kanariensamen: Sem. Canariense.
Kanarientropfen: Tinct. Cinnam.

Kanarienzucker: Sacch. alb. plv.
Kandelkraut: Herba Serpylli.
Kandelwisch: Herba Equiseti.
Kandelzucker: Sacchar. cristall.
Kandiol. Fructus Ceratoniae.
Kandisblüten: Flor. Acaciae.
Kandiszucker: Saccharum crist.
Kanehl: Cort. Cinnamom.
—, **weißer:** Cort. Canellae alb.
Kanehlblüte: Flor. Cassiae.
Kanehlsteinpulver: Lapis calaminar. pulv.
Kaninchenpflaster: Empl. Cantharid.
Kaninchenwurz: Rhiz. Calami.
Kanisselstein: Zinc. sulfur.
Kanisterpflaster: Empl. oxycr.
Kanitzkenstein: Zinc. sulfuric.
Kankerbladen: Flor. Rhoeados.
Kankerbloemen: Herb. Taraxaci.
Kannenblumen: Flor. Nymphaeae.
Kannenkraut: Herba Equiseti.
Kannenplumben: Rhiz. Nymphae.
Kant: Cachou.
Kanschu: Cachou.
Kantelbaum: Folia Taxi.
Kantenkraut: Herba Equiseti.
Kantorbalsam: Ungt. ophth. rubr.
Kantorlak: Ol. Santali.
Kanzleipulver: Plv. Liquir. cps.
Kapahu: Bals. Copaivae.
Kapanüle: Flor. Campanulae.
Kapaunenfett: Adeps.
Kapern, deutsche: Flor. Calthae.
Kapernöl: Ol. viride. Ol. Papaveris.
Kapillärkraut: Herba Adianti.
Kapillärsaft: Sir. Aurantii flor.
Kapiribalsam: Bals. Copaivae.
Kaplaneitee: Herba Marrubii.
Kaplansirup: Sir. Aurant flor.
Kappedutzöl: Oleum Cajeputi.

Kappelblumen: Flor. Calcatrip.
Kappenpfeffer: Fruct. Capisci.
Kappelkrautblüten: Flor. Calca trippae.
Kappernickwurzel: Rad. Mëu.
Kappernickel: Radix Mëu.
Kapretiensaft: Sir. Aurant. flor
Kapselöl: Ol. Hyoscyami.
Kapuzinerbalsam: Tinct. Benzoës comp.
Kapuzinerkresse: Herb. Nasturt.
Kapuzinerpillen: Pil. laxantes.
Kapuzinerpulver oder -Saat: Plv. contr. pediculos.
Kapuzinersalbe: Ungt. Hydrarg. pedic.
—, **graue:** Ungt. Hydrarg. ciner.
—, **rote:** Ungt. Hydrarg. rubr.
—, **weiße:** Ungt. Hydrarg. alb.
Kapuzinersamen: Pulv. contra pediculos.
Kapuzinerstaub: Plv. ctr. pedic.
Kapuzinerstein: Cupr. alumin.
Kapuzinertee: Spec. laxant. Schramm.
Kapuzinertropfen: Tct. Benz. cp.
Karabe: Succinum raspatum.
Karaffelwurz: Rhiz. Caryophyll.
Karaktuspulver: Plv. pro equis rbr.
Karascheenmoos: Carageen.
Karbei: Fructus Carvi.
Karbelblüten: Flor. Millefolii.
Karbendikt: Hrb. Cardui bened.
Karbolstupp: Roher Karbolkalk.
Karbonat: Ammon. carbonicum.
Karbunkel = Karfunkel.
Kardamömeln: Frct. Cardamom.
Kardemum: Fruct. Cardamomi.
Kardendistel: Herba Dipsaci.
Kardiktenkraut: Hrb. Card. ben.
Kardinalskraut: Herb. Lobeliae.
Kardiviol: Flor. Napi.

Kardobenediktenkraut: Hrb. Cardui bened.

Kardobenediktenöl: Oleum Papaveris. Oleum viride.

Kardobenediktensalz: Kali carbonicum.

Kardobenediktenwasser: Aq. Sambuc.

Kardobenediktenwurzel: Radix Cardui bened.

Karfunkelwasser: Spir.Meliss.cps.

Karfreitagsblume: Daphne Mezereum.

Karkenslätel: Flor. Primulae.

Karlkönigstropfen: Mixt. oleos. balsamica.

Karlsbader Salz: Sal. Carol. fact.

— **Tropfen:** Tinct. Rhei vin., Tinct. Chinae. comp. āā. p. aeq.

Karlsdistel: Herb. Cardui bened. Rad. Carlinae.

Karlskirchenharz: Olibanum.

Karlswurzel: Radix Carlinae.

Karmediktus: Herb. Cardui benedicti.

Karmelitergeist: Spir.Melissae.cp.

Karmeliterpflaster: Empl. fusc.

Karmeliterstein: Zinc. sulfuric.

Karmelitertropfen: Spir. Melissae comp.

Karmeliterwasser: Spir. Meliss. comp. dilut.

Karmes: Rhizoma Calami.

Karmille: Flor. Chamomill.

Karmillen: Flor. Chamom. vlg.

Karminativtropfen: Tinct. carminativ.

Karminbeeren: Grana Kermes.

Karmoisinbeeren: Grana Kerm.

Karmsen: Rhizoma Calami.

Karnickelpflaster: Empl. Cantharid. perp.

Karniffel: Coccionella.

Karniffelwurzel: Rad. Caryophyllatae.

Karnille: Flor. Chamomillae.

Karnissel: weißer: Zinc. sulf.

Karobbe: Fructus Ceratoniae.

Karolihauptwasser: Aq. aromat. Spir. Coloniensis.

Karolinentalertee: Spec. pectoral. c. fructib.

Karolinenwurzel: Rad. Carlin.

Karonktuspulver: Plv. pro equis.

Karonyrinde: Cort. Angosturae.

Karottensamen: Fruct. Dauci.

Karpfenstein: Cornu Cervi ust. Lap. Pumicis pulv.

Karponett: Herb. Cardui bened.

Karremanswurzel: Rhiz. Calami.

Karstensaft: Sir. Cerasorum.

Kartenplas: Cataplasma artific. Species ad Cataplasma.

Karthamine: Flor. Carthami.

Karthäuserkraut: Herb. Chenopodii ambr.

Karthäuserpulver: Pulv. ctr. pedicul. Stib. sulfur. rubr.

Karthäusertee: Herb. Chenopod.

Karthein: Herba Abrotani.

Kartoffelzucker: Glykose.

Karuben: Fructus Ceratoniae.

Karvey: Fruct. Carvi.

Karweblumen: Flor. Millefolii.

Karwendel: Herba Serpylli.

Kasbette: Fruct. Ribis nigri.

Kaschekant: Cachou.

Käseblümchen: Flor. Bellidis.

Käsekraut, -malven, -pappel: Fol. Malvae vulg.

Kaselskrutblumen: Flor. Malv. vlg.

Käsemalven: Flor. Malvae sylv. Fol. Malvae.

Käsenäpfchen: Flor. od. Fol. Malvae silv.

Käsepappeln: Flor. od. Fol. Malvae sylvest.

Käsetropfen: Liquor seriparus.

Kaskerill: Cort. Cascarillae.

Käskraut: Fol. Malvae vlg.

Käslab: Herba Galii.

Käsleiblestee: Folia Malvae. vlg.

Käslein: Folia Malvae. vlg.

Käslerkraut: Fol. Malvae vulg.

Kaslestee: Flor. Malvae. vlg.

Käslikraut: Fol. Malvae vulg.

Kaßbeerensaft: Sir. Cerasor.

Kassekraut: Herb. Nasturtii.

Kassenfissel: Fruct. Cassiaefistul.

Kassia: Fruct. Cassiae fistulae.

Kassienfistel: Cassia fistula.

Kassienholz: Cort. Cinnam. Cass.

Kassienpfeifen: Fruct. Cass. fist.

Kassienrinde: Cort. Cinn. Cass.

Kassienröhren: Cassia fistula.

Kassinentee: Folia Mate.

Kastanienblüten, rote: Flor. Rhoeados.

—, weiße: Flor. Acaciae.

Kastanienblütenspiritus: Spirit. Vini Gallici.

Kastanienblütenwasser: Tinct. Arnicae dil.

Kastanienmehl: Dextrin.

Kastanienöl: Oleum Sesami.

Kastanienrinde: Cort. Hippocast.

Kastaniensaft: Sir. Castaneae.

Kastanienschale: Cort. Hippocastani.

Kastanienspiritus: Spir. Rosmarini. Spir. Meliss. comp.

Kastanientee: Fol. Castan. vesc. Folia Jugland.

Kästbeerensaft: Sir. Castaneae.

Kasteiertee: Herb. Galeopsidis.

Kästenbaumblätter: Fol. Castan. vesc.

Kästene: Fol. Castaneae vescae.

Kästensaft: Sirup. Castaneae.

Kasteralwurzel: Cort. Cascarill.

Kastoröl: Oleum Ricini.

Käsundbrot: Herb. Acetosellae.

Katagamba: Catechu.

Kataplas: Cataplasma artef.

Katarrhkraut: Herb. Chenopod.

Katarrhpasta: Past. Liquiritiae.

Katharrhpillen: Pilul. Chinidin.

Katarrhsalbe: Ungt. leniens.

Katechunüsse: Sem. Arecae.

Katerbirdixi: Herb. Cardui benedicti.

Katerplas: Cataplasma artific. Species ad cataplasma.

Kathanenöl: Ol. Absinth. coct.

Katharinenblumen: Flor. Linariae.

Katharinenflachs: Herb. Linar.

Katharinenkraut: Herb. Geranii.

Katharinenöl, gelbes: Ol. Olivar. Ol. Ricini. Ol. Petrae alb.

—, rotes: Oleum Hyperici. Oleum Petrae Ital.

—, schwarzes: Ol. Philosophor.

—, weißes: Ol. Petrae alb.

Katharinensalbe: Ungt. flav.

Katharinensamen: Sem. Nigell.

Katharinenwurzel: Rad. Arnic.

Kathomenöl: Ol. Absinth. coct.

Kathreinöl: Ol. Petrae. rubr.

Katrenchen: Herb. Viol. tricol.

Katschermehl: Spec. ad. catapl.

Katschumspflaster: Empl. Cantharid. perp.

Kattemum: Fruct. Cardamomi.

Katten = Katzen.

Kattenblätter: Herb. Plantaginis.

Kattendoornkruid: Herb. Ononid.

Kattenkaas, Kattenkiezen: Folia Malvae.

Kattenklar: Gummi Cerasorum.

Kattenkrautwurzel: Rad. Valerianae. Rad. Ononidis.

Kattenmehl: Lycopodium.
Katten-Rabattenöl: Ol. camph.
c. Ol. Terebinthinae.
Kattensteert: Herb. Equiseti.
Herb. Verbasci.
Kattikbeeren: Fruct. Juniperi.
Kätzchentee: Flor. Stoechados.
Katzegeil: Rad. Valerianae.
Kätzelkraut: Herb. Trifol. arv.
Katzenäuglein: Herb. Veronic.
Katzenaugenharz: Resin. Dammar.
Katzenbaldrian: Rad. Valerian.
Katzenbalsamkraut: Herb.Nepet.
Katzenblume: Anemone nemorosa.
Katzenblut: Herba Verbenae.
Katzenbuckel: Rad. Valerian.
Katzendälpli: Flor. Gnaphalii.
Katzenfittig: Fol. Millefol.
Katzenfraß: Lignum Sassafras.
Katzenfuß: Herba Anagallidis.
Katzengamander: Herb.Mariveri.
Katzengesicht: Herb. Galeopsid.
Katzenglas: Glacies Mariae.
Katzenhahn: Herb. Equiseti.
Katzenkäse: Flor. Malvae vulg.
Katzenkerbel: Herb. Fumariae.
Katzenklaue: Herba Fumariae.
Katzenklee: Herb. Trifol. arvens.
Katzenkraut: Herba Mari veri.
Herb. Euphrasiae.
Katzenkrautwurzel: Rad. Valerianae. Rad. Ononidis.
Katzenleiterlein: Herb. Lycopod.
Katzenliebe: Herba Mari veri.
Katzenmagenblumen: Flor. Rhoeados.
Katzenminze: Fol. Menth. crisp.
Katzennessel: Folia Nepetae.
Katzenpeterlein: Herb. Conii.
Katzenpetersilie: Herb. Conii.

Katzenpfötchen: Flor. Gnaphalii. Flor. Stoechados.
Katzenschuh: Catechu.
Katzenschwanz: Herb. Millefol. Herb. Equiset.
Katzensilber: Glacies Mariae.
Katzenspeer: Radix Ononidis.
Katzensteert: Herb. Equiseti.
Katzenstein: Lap. Smiridis. Lapis belemnites.
Katzensterz: Herba Nepetae.
Katzenstiel: Herb. Equiseti.
Katzentäpple: Flor. Gnaphal. Flor. Stoechados.
Katzentee: Folia Malvae. Flor. Stoechados.
Katzenteriakwurzel: Radix Valerianae.
Katzentraubenkraut: Herb. Sedi.
Katzenträublein: Herb. Sedi.
Katzenwaddel: Herb. Equiseti.
Katzenwargelwurzel: Radix Valerianae.
Katzenwedel: Herba Equiseti. Herb. Betonicae.
Katzenwerdel: Herb. Betonic.
Katzenwille: Cort. Cascarillae.
Katzenwurzel: Rad. Valerian.
Katzenzahl: Herb. Equiseti.
Katzenzahn: Herb. Galeopsidis.
Kaukengähl: Crocus. Rhiz. Curcum.
Kaulbarschleim: Calcium phosphoricum.
Kaulbarsteine: Calc. phosphor.
Kaumeles: Rhizoma Calami.
Kaurosen: Flor. Paeoniae.
Kautschuk: Resin. elastica.
Kautschukpapier: Percha lamellat. (Guttaperchapapier).
Kavekraut: Herb. Millefol.
Kees = Käse.
Keesjesbladen: Fol. Malvae sylv.

Kegelsalbe: Ungt. flavum.
Kehlholz: Folia Ligustri.
Kehlkraut: Herb. Uvulariae.
Kehlpulver: Pulv. pro equis.
Kehlsuchtpulver: Plv. pr. equis.
Kehnkinpulver: Cort. Chin. pulv.
Kehrdichannichts: Ungt. contra scabiem.
Kehrdichnichtdran: Ugt. sulfurat.
Keilchen: Flor. Sambuci.
Keilchenmus: Succus Sambuci.
Keilhacke: Flor. Primulae.
Keilholzpflaster: Cerat. Aerug.
Keilkenblumen: Flor. Sambuci.
Keimblumen: Flor. Stoechados.
Keinakspann: Plv. ctr. pedicul.
Keingesicht: Zinc. oxydatum.
Keiseken: Flor. Sambuci.
Kelkenblumen: Flor. Sambuci.
Kelkenkraut: Herba Millefolii.
Kellerasseln: Millepedes.
Kellerbeeren: Sem. Coccognidii.
Kellerhalsbeeren: Fruct. Mezereï.
Kellerhalskimer: Fruct. Mezereï.
Kellerhalsrinde: Cort. Mezereï.
Kellerhalssamen: Sem. Coccognid.
Kellerkrautrinde: Cort. Mezereï.
Kellermannsaft: Sirup. Rhei.
Kellermanns Tropfen: Spir. saponatus. Tinct. carminat.
Kellersalz: Kali nitricum.
Kellerwürmeröl: Ol. Amygdal.
Kelmenpotzensalbe: Ungt. Populi.
Keminjan: Benzoe.
Kemmi: Fruct. Carvi.
Kemp = Hanf.
Kempzaad: Fruct. Cannabis.
Kendle: Rad. Mandragorae.
Kennedypflaster: Cerat. Aerug.
Kenster: Viscum album.
Kentenkörner: Sem. Cydoniae.
Kentner: Succinum raspatum.

Kenzerwurzel: Rhiz. Filic. pulv.
Kepen: Fructus Cynosbati.
Keppernickel: Rad. Mëu.
Kerbelkraut: Herba Cerefolii.
Kermelwurz: Radix Carlinae.
Kermes, alte: Sirup. Rhoeados.
—, mineralischer Stibium sulfurat. rubrum.
Kermesbeeren: Fruct. Phytolacc.
Kermeskörner: Grana Chermes. Fruct. Phytolaccae.
Kermeskraut: Herb. Phytolaccae.
Kerngeiert: Fol. Ligustri.
Kernel: Sem. Anacardii.
Kerngerte: Folia Ligustri.
Kernlestee: Sem. Cynosbati.
Kerntee: Sem. Cynosbati.
Kernwurzel: Radix Taraxaci.
Kerpen: Flor. Millefolii.
Kersche: Herba Nasturtii.
Kersen: Flor. Primulae.
Kerve, Kerwe: Fructus Carvi.
Kerzenblumen: Flor. Verbasci.
Kerzenkraut: Folia Verbasci.
Kerzenöl: Ol. Arachidis.
Kerzensalbe: Ungt. flavum.
Keskenblumen: Flor. Sambuci.
Kesselasche: Kali carbonic.
Kesselbeeren: Fruct. Oxycocci.
Kesselblumen: Herb. Anagallid.
Kesselflicker: Herb. Burs. pastor.
Kesselkraut: Folia Malvae.
Kesskrokt: Folia Malvae.
Kestenenblätter: Fol. Castan. vesc.
Kestensaft: Sirup. Castaneae.
Kestezablätter: Fol. Castan. vesc.
Kettenblumenkraut: Herb. Taraxi
Kettenkraut: Herba Taraxaci.
Kettenputzwasser: Acid. nitric. dil. Acid. sulf. dil.
Ketzlin: Herba Trifolii arvens.
Keuchhustensaft: Sirup. Thymi comp.

Keulenwurzel: Rhiz. Nymphaeae.
Keuschbaumsamen: Sem. Agnicasti.
Keuschrosen: Flor. Paeoniae.
Kichelblumen: Flor. Rhoeados.
Kickdorntun: Herb. Hederae.
Kid: Folia Rosmarini.
Kiebitzfett: Herb. Pinguiculae.
Kiebitzpulver: Tartar. depurat.
Kiebitzsalbe: Ungt. Plumbi.
Kieferknospen: Turiones Pini.
Kieferlatschenöl: Ol. Pini pumilionis.
Kiefernadeläther: Aether Pini silvestris.
Kiefernadelöl: Ol. Pini silvestr.
Kiefernsalbe: Ungt. basilicum.
Kiefersprossen: Turiones Pini.
Kiem: Fructus Carvi.
Kiemi: Fructus Carvi.
Kienle: Herba Serpylli.
Kienöl: Ol. Pini. Ol. Terebinthin. crud.
Kienporst: Herba Ledi.
Kienrost: Herba Ledi.
Kienruß: Fuligo.
Kiesekenblumen: Flor. Sambuc.
Kiesel, aufgelöster: Liqu. Natrii silicici. (Wasserglas.)
Kieselgur: Infusorienerde.
Kieselmehl: Infusorienerde.
Kieselöl: Liqu. Natr. silicici.
Kieselwasser: Liq. Natrii silicici.
Kietchelklee: Herb. Trifol. arvensis.
Kietschbaumblüten: Flor. Acaciae.
Kietschkepflaumenblüten: Flor. Acaciae.
Kifel: Siliqua dulcis.
Kikkertjezalf, Kijkvorschenzalf: Empl. Hydrargyri.
Kikkervet: Ungt. Hydrarg. dil.
Kilchenschoppen: Herb. Hyssopi.

Kile: Herb. Aconiti.
Kiltblumensamen: Sem. Colchici.
Kimm: Fructus Carvi.
Kindbettertee: Spec. gynaecologicae.
Kindbettlatwerge: Elect. e Senna.
Kindbettöl: Oleum Ricini.
Kindbettsalbe: Ungt. nervinum.
Kindbett-Tee: Fol. Althaeae. Spec. laxantes. Spec. pector. c. fruct.
Kindelbeeren: Fruct. Juniperi.
Kindelkraut: Herba Abrotani. Herba Serpylli.
Kindlbeersaft: Sir Rubi Idaei.
Kinderbalsam: Aqu. aromaticae. Bals. Nucistae. Mixt. oleosa balsam. Spir. Meliss. comp.
Kinderbettsalbe: Ungt. Rosmarini comp.
Kinderbett-Tee: Folia Althaeae. Spec. laxantes.
Kinderfenchel: Fruct. Foeniculi.
Kinderjesupulver: Plv. Magn. c. Rheo. Pulv. pro eq.
Kinderkaffee: Sem. Querc. tost.
Kinderkorallen: Sem. Paeoniae.
Kindermehl: Lycopodium.
Kindermeth: Sir. Sennae c. Manna.
Kindermoderdath: Sir. Papaveris.
Kindermord: Summit. Sabinae.
Kindermundwasser: Aq. Foenicul.
Kinderpuder: Lycopodium. Amylum.
Kinderpulver: Pulv. Magnesiae c. Rheo. Plv. antiepilept. March.
—, dreierlei: Mischung aus Bolus rubr. 100, Magnes. sulf. 100, Tart. dep. 50.
—, Hoffmanns: Plv. Magn. c. Rheo.
—, Ribkes: Pulv. Magn. c. Rheo.
—, Tepohl: Fol. Sennae, Kal. tartar. aa. 10,0, Magn. carb. 40,0.

Kinderrhabarber: Tinct. Rhei aq.
Kinderruhe: Sirup. Papaveris.
Kindersaft: Sir. Rhei et Sennae.
Kindersamen: Sem. Paeoniae.
Kinderseife: Sapo venetus.
Kindersekt: Sir. Aurant. cort.,
Vin. Xerense a̅a̅ pts. aeq.
Kinderspitzeltee: Spec. pro infant.
Kindersterben: Summitates Sa-
binae.
Kinderstupp': Lycopodium.
Kindertee, dreierlei: Cornu Cervi
rasp., Fructus Foenic. Cortex
Cinnamomi 10 : 1 : 1.
Kindertropfen: Tinct. Chamomill.
Tinct. Rhei aquosa.
Kinderwasser: Aqu. aromatica.
Kinderwehblumen: Flor. Paeo-
niae.
Kinderwindpulver: Pulvis Ma-
gnesiae c. Rheo.
Kinderwundbalsam: Liniment.
Calcis.
Kinderwurzel: Rhizom. Iridis.
Kinderzucker: Sacch. Lactis.
Kindesmord: Sumit. Sabinae.
Secale cornutum.
Kindlbeersaft: Sir. Rubi Idaei.
Kindliwehblumen: Flor. Paeoniae.
Kindskerzen: Flor. Verbasci.
Kindskerzensalbe: Ungt. flavum.
Kingle: Herb. Serpylli.
Kinkelbeeren: Fruct. Ebuli.
Fructus. Juniperi.
Kinster: Viscum album.
Kinzelwurz: Radix Bardanae.
Kjöngs Pflaster: Empl. fuscum.
Kippekörner: Pulv. ctr. insect.
Kippenpulver: Magnes. carbon.
Kippenschmiere: Magnes. carbon.
Kirbel: Herb. Chaerophylli.
Kircheneisbeth: Herb. Hyssopi.
Kirchenharz: Olibunum.

Kirchenmoos: Herb. Lycopodii.
Kirchenöl: Oleum Hyperici.
Kirchenraub: Zinc. oxydatum.
Kirchenrauch: Olibanum.
Kirchenschlüsselblumen: Flor.
Primulae.
Kirchysop, wilder: Herb. Acynos.
Kirschambalsam: Bals. Copaiv.
Kirschblüten: Flor. Acaciae.
Kirschgeist: Spiritus Cerasorum.
Kirschlorbeertropfen: Aq. Lauro-
cerasi.
Kirschlorbeerwasser zum Backen:
Aq. Am. amar. dil. 1 + 19.
Kirschrinde, wilde: Cort. Fran-
gulae.
Kirschstiele: Stipites Cerasor.
Kirschstielwasser: Aqua Amygd.
am. dil.
Kirschtropfen: Aq. Amygdalar.
am. dil.
Kissekenblumen: Flor. Sam-
buci.
Kissekenkernöl: Ol. Papaveris.
Kitschelklee: Herb. Trifol. arv.
Kitschkepflaumenblüten: Flor.
Acaciae.
Kittekerne: Sem. Cydoniae.
Kittelhans: Cetaceum.
Kittelkraut: Herba Absinthii.
Kittelsche Tropfen: Tinct. Cas-
carillae.
Kitten: Fructus Cydoniae.
Kittenkäs: Folia Malvae.
Kittkörner: Sem. Cydoniae.
Kittsamen: Sem. Cydoniae.
Klaar uit den hemel: Ol. Lauri.
Klaasduitenzalf: Ungt. Zinci.
Kläberewurzel: Rad. Bardanae.
Kladenpulver: Pulv. aromat.
Klaffen: Herb. Galeopsid.
Klaffer: Herb. Burs. Pastor.
Herba Galeopsidis.

Klafterscheitholz: Ungt. nervin. viride.
Klafterspaltholz: Ungt. nervin.
Klaftertee: Herb. Bursae Pastor.
Klammerngeist: Spir. Formicar.
Klämmersäckel: Rhizom. Veratr. pulv. in sacc.
Klammersamen: Fruct. Coriandri.
Klander, Klanner: Fructus Coriandri.
Klap: Secale cornutum.
Klappblätter: Fol. Trifolii fibrini.
Klappe: Folia Trifolii fibrin.
Klapperkraut: Herb. Burs. Past.
Klapperlestee: Fruct. Papaveris.
Klappernuß: Kokosnuß.
Klapperolie: Ol. Cocos.
Klapperrose: Flor. Rhoeados.
Klappers: Flor. Rhoeados.
Klapperschlangenkraut: Herba Virgaureae.
Klapperschlangenwurzel: Radix Senegae.
Klappertee: Fruct. Papaveris.
Klappertinktur: Tinct. Rhei aqu.
Klapprosen: Flor. Rhoeados.
Klapprosensaft: Sir. Rhoeados.
Klapproths Eisentinktur: Tinct. Ferri acet. aeth.
Klaprause: Fol. Digitalis.
Kläre: Ichthyocolla. Natr. bicarbonic.
Klärenmoos: Carrageen.
Klarkalk: Calcaria chlorata.
Klärpulver: Conchae praeparat.
Klärwasser: Acid. sulfuric. dil.
Klaterich: Sem. Psyllii.
Klatschmohn: Flor. Rhoeados.
Klatschrosen: Flor. Rhoeados.
Klatschrosensaft: Sir. Rhoead.
Klatschsalbe: Ungt. cereum.
Klatte = Klette.

Klattendistelwurzel: Rad. Bardanae.
Klauenfett: Ol. pedum Tauri.
Klauensalbe: Ol. pedum Tauri.
Kleberkraut: Herb. Galii.
Kleberwurz: Radix Bardanae.
Klebi: Flor. Primulae.
Klebkraut: Herba Galii.
Klebläusensalbe: Ungt. pediculor.
Klebpflaster: Empl. adhaesivum.
Klebtaffet: Empl. adhaes. Angl.
Klebwachs: Cerat. Resin. Pini.
Klebwurz: Radix Rubiae.
Kledern: Radix Bardanae.
Klederwurzel: Rad. Bardanae.
Klee, gelber: Flor. Lathyr. prat.
Kleeblumen: Flor. Trifolli alb. Flor. Meliloti.
Kleebuschblätter: Herb. Aquifolii.
Kleekraus: Herba Trifolii.
Kleemaus: Folia Farfarae.
Kleesäure: Acid. oxalic. (gegen Rostflecken: Kal. bioxalic.).
Kleesalz: Kali bioxalicum.
Kleesalzkraut: Herb. Acetosell.
Kleesamen: Sem. Foenugraeci.
Kleesebusch: Fol. Ilicis.
Kleetee: Herb. Trifolii arvens.
Kiefeli: Herb. Rhinanthi.
Klei: Bolus alba.
Kleidertropfen: Spir. Bretfeldi.
Kleie: Furfur Tritici.
Kleinblumen: Flor. Cyani.
Kleines Dreiblatt: Hrb. Acetosell.
— Sinngrün: Herba Vincae.
— Wohlgemut: Herba Acinos.
Kleingerseckpulver: Rhiz. Veratri pulv.
Kleinwegrich: Herb. Plantagin.
Klemannsblätter: Fol. Farfarae.
Klemei, witte: Zinc. sulfuric.
Klemannsblätter: Fol. Farfar.
Klemmergeist: Spir. Formicar.

Klemmerspiritus: Spiritus Formicarum.

Klempnergeist: Amm. chlor.subl.

Klempnersalz: Amon. chlor. subl.

Klenner: Fructus Coriandri.

Klepp: Herba Bursae Pastoris.

Klepperbeins Pflaster: Empl. stomachale.

Klepperlestee: Fruct. Papaveris.

Klepschwurzel: Rhiz. Polypod.

Klettendistelwurz: Rad. Bardanae.

Klettenkraut: Herb. Eupator. Herba Bardanae. Herb. Galii.

Klettenöl: Oleum crinale.

Klettensamen: Sem. Bardanae.

Klettenwurzel: Rad. Bardanae.

Klettenwurzelöl: Ol. crinale.

Klettenwurzelspiritus: Spir. Serpylli.

Klewerblumen: Flor. Trifol. alb.

Klewerklissen: = Kletten.

Klewerweiß: Flor. Trifolii alb.

Kliberewurzel: Rad. Bardanae.

Kliebenöl: Oleum crinale.

Kliebenwurzel: Radix Bardanae.

Klieberwurz: Rad. Bardanae.

Kliemwurzel: Radix Bardanae.

Klierenwurz: Rad. Bardanae.

Klierkruid: Herb. Scrophulariae.

Klimop: Herb. Hederae.

Klingelsalz: Ammon.chlor.techn.

Klinker: Herb. Ranunculi.

Klinkersäckel: s. Klämmersäckel.

Klippenmoos: Lich. Carrageen.

Klis: Succus Liquiritiae.

Kliswortel: Klitwortel: Rad. Bardanae.

Klisenwurzel: Rad. Bardanae.

Klistenwurzel: Rad. Bardanae.

Klistierkräuter: Spec. ad enema.

Klitsch: Succ. Liquiritiae.

Klitschen: Flor. Rhoeados.

Klitschpulver: Talcum pulv.

Klitzenstein: Zincum sulfuric.

—, blauer: Cupr. sulfuric.

Klockenblume: Pulsatilla vulg.

Klockenkling: Ungt. ctr. pedicul.

Klökelchen: Ungt.Hydr. cin.ven.

Klokkebeien: Fruct. Myrtilli.

Klokkenolie: Ol. Amygdalar.

Klopfpulver: Lycopodium.

Klör: Tinct. Sacchar. tost.

Klori: Terebinthina communis.

Klosteressenz: Tinct. amara.

Klosterpflaster: Empl. fuscum.

Klosterpillen: Pilulae laxantes.

Klosterysop: Herba Hyssopi.

Klöterich: Sem. Psyllii.

Klöthen: Radix Bardanae.

Kluentweeren: Chloroform.

Klupersbeeren: Fruct. Juniper.

Klüppelholz: Ol. Lauri, Ungt. flav. et Ugt. Populi $\overline{aa}$. p. aequ.

Kluster: Viscum album.

Klüster: Viscum album.

Knabenblumenkraut: Herb. Taraxaci.

Knabenkrautwurzel: Tub. Salep.

Knabensäure: Acid. oxalicum.

Knackbeerlaub: Fol. Fragariae.

Knackrinde: Cartix Salicis.

Knackweidenrinde: Cort. Salicis.

Knak: Cortex Salicis.

Knallbeerkraut: Fol.Belladonnae.

Knallsalz: Kalium chloricum.

Knaphorst: Herba Scabiosae.

Knarre: Herb. Lychn. inflat.

Knauel: Herba Polygoni.

Knauelkraut: Herb. Polygoni.

Kneienrinde: Cortex Dalicis.

Knerpzalf: Ungt. laurinum.

Knickenbeeren: Fruct. Juniper.

Knickholzöl: Ol. Juniperi ligni.

Knieholzöl: Oleum Pumilionis.

Knielbeeren: Fructus Juniperi.

Kniepsche Augensalbe: Ungt. ophthalm. rubr.
Knieschwammpflaster: Empl.
Meliloti.
Knijwortel: Rad. Althaeae.
Knirkbeeren: Fruct. Juniperi.
Knistebeeren: Fruct. Juniperi.
Knister: Viscum album.
Knisterholz: Viscum album.
Knitschelbeerrinde: Cortex Frangulae.
Knitschelbeeren: Frct. Frangulae.
Knobel: Bulbus Allii.
Knoblauch: Bulb. Allii.
—, blauer: Asa foetida.
—, schwarzer: Rhiz. Imperator.
— und Dill: Radix Gentianae plv.
Knoblauchhederich: Herb. Alliariae.
Knoblauchgamander: Hb. Scord.
Knoblauchkraut: Herb. Alliariae.
Knoblauchöl: Spirit. Sinapis. Tct.
Asae foet.
Knoblauchsaft: Sir. simpl. c. gtt.
Spir. Sinapis.
Knoblauchsalz: Natr. sulf. sicc.
Knoblauchstroh: Stip. Dulcam.
Knoblauchtropfen: Tinct. Asae
foetidae.
Knoblech: Bulb. Allii.
Knochenasche: Calc. phosph. crud.
—, schwarze: Ebur ustum.
Knochenerde: Conchae praep.
Knochenfett: Ol. ped. Tauri.
Ol. Oliv. alb. Paraff. liquid.
Knochengeist: Liquor Ammon.
carbon. pyrooleos.
Knochenkalk: Calc. phosphor.
crud.
Knochenkohle: Ebur ustum.
Knochenmark: Medull. bovin.
Knochenmehl, graues: Cornu Cervi
praep. Calc. phosphor. crud.

Knochenmehl, schwarzes: Ebur
ustum.
—, weißes: Calc. phosphoric.
Knochenöl: Ol. pedum Tauri.
Ol. Oliv. alb. Paraff. liquid.
—, gelbes: Ol. Olivar. virid.
Knochenpflaster: Empl. oxycr.
Knochenpulver: Calc. phosphor.
crud.
Knochensäure: Acid. phosphor.
Knochensalz: Ammon. carbon.
pyrooleos.
Knochenschwarz: Ebur ustum.
Knochenspiritus: Spir. Angelicac
comp. Spir. Formicar.
Knochenstein: Lapis Osteocollae.
Knoeven: Knoblauch.
Knokkelolie: Ol. Hyoscyami.
Knollenblumen: Flor. Trollii.
Knoopgras: Herb. Polygoni avicul.
Knoopvanalsen: Herb. Absinth.
Knöpfchenkraut: Herb. Herniar.
Knopfgras: Carrageen.
Knopfkraut: Herb. Scabiosae.
Knopflack: Lacca in massis
(Schellack).
Knöpfligras: Rhiz. Graminis.
Knöpflikraut: Herb. Senecion.
Knopfmoos: Carrageen.
Knopfrosen: Flor. Paeoniae.
Knoppern: Gall. Querc. Aegilops.
Knorpel: Oleum Papaveris.
Knorpelkraut: Herb. Sedi acris.
Knorpelöl: Ol. Olivar. viride.
Knorpelpflaster: Empl. oxycroc.
Knorpelsalbe: Ungt. Populi.
Ungt. Rosmarini comp.
Knorpeltang: Carrageen.
Knorpelundstorpel: Ol. Olivar.
viride.
Knorpelzerteilpflaster: Empl. Meliloti.

Knörre: Herb. Lychnidis infl.
Knörrkrautblüten: Flor. Sambuci.
Knorzelkraut, scharfes: Hrb. Sedi.
Knospenöl: Oleum Lauri.
Knospensalbe: Ungt. Linariae.
Ungt. Populi.
Knotengras: Herba Polygoni.
Rhiz. Gramin.
Knotenkraut: Herba Botryos.
Knotenwegerich: Herb. Polygon.
Knöterich: Herba Polygoni. avic.
—, russischer: Herb. Polygon.
avicular.
Koane: Rhizoma Zedoariae.
Kobalt: Arsenium nativ.
Kobaltblau: Cobaltum alumina-
tum (Kobaltultramarin).
Kobbisaft: Electuarium e Senna.
Koberweinsches Pulver: Pulv. pro
infantib.
Kobitsch: Pili Stizolobii.
Kobus: Succ. Liquiritiae.
Kobaltgelb: Kalium cobalto- ni-
trosum.
Kobaltgrün: Cinnabaris viridis.
Kobaltsalpeter: Cobaltum nitric.
Kobaltsalz: Cobaltum nitricum.
Kobaltultramarin: Cobaltum alu-
minatum.
Kobaltzinnober: Cinnabaris virid.
Kochelkörner: Fruct. Cocculi.
Kochlerskraut: Herb. Veronicae.
Kochlöffelkraut: Herb. Bursae
Pastor. Herb. Cochleariae.
Kochnatron: Natr. bicarbonic.
Kochsoda: Natr. bicarbonicum.
Kockelefant: Fructus Cocculi.
Kockelskörner: Fruct. Cocculi.
Pulv. contra pediculos.
— fürs Vieh: Rad. Helleb. nigr.
pulv.
Köckels Pflaster: Empl. fuscum.
Koegras: Herb. Fumariae.

Koettiertjes: Rhiz. Calami. Fruc.
Cardamomi.
Kognaköl: Aether oenanthicus.
Kohbeen: Fruct. Cubeb. pulv.
Köhl = Kohl.
Kohlbaumrinde: Cort. Geoffroeae
Jamaic.
Kohlblumen: Flor. Calendulae.
Köhleinskraut: Herb. Pimpinellae.
Kohleisenpulver: Ferr. carbon.
sacch.
Kohlenöl: Ol. Lithantracis.
Acet. pyrolignos. crud.
Kohlensäurepulver: Pulv. aero-
phorus.
Kohlensaures Pulver: Natr. bi-
carbon.
Kohlenschwammpulver: Spon-
giae tost.
Kohlenstaub (Kneipp): Carbo plv.
Kohlenstoff, flüssiger: Alcohol
sulfuris (Carbon. sulfurat).
Köhlerkraut: Herb. Lycopod.
Hrb. Veronicae. Hrb. Hyperici.
Kohlewatblüten: Flor. Napi.
Kohlgrün: Ungt. leniens.
Kohlkraut: Folia Uvae Ursi.
Kohlöl: Oleum Anethi comp.
Kohlrabensalbe: Ungt. viride.
Kohlrebenblüten: Flor. Napi.
Kohlrosen: Flor. Malv. arbor.
Flor. Rhoeodos.
Kohlsaft, weißer: Sir. Aurant. flor.
Köhlsalv: Ungt. Plumbi.
Kohlsamenöl: Oleum Rapae.
Köhlwater: Aqua Plumbi.
Kohlzablüten: Flor. Napi.
Köhm: Fructus Carvi.
Köhmkrüder: Species amarae.
Köhn: Herba Serpylli.
Köhnleinswurzel: Rad. Pimpi-
nellae.
Kojanner: Fructus Coriandri.

Koilkemus: Succ. Junip. insp. Succ. Sambuci insp.

Koilkenblumen: Flor. Sambuci.

Kokelskörner: Fructus Cocculi.

Kokeschblommen: Flor. Rhoead.

Kokliko: Flor. Rhoeados.

Koklüsch: Oleum Papaveris.

Kolben: Fructus Papaveris.

—, Capita Papav.

Kolbenhülsen: Capita Papav.

Kolbenmoos: Herb. Lycopodii.

Kolbensirup: Sir. Papaveris.

Kölbleinskraut: Herb. Pimpinell.

Kölbleinswurzel: Rad. Pimpinell.

Kolblumen: Flor. Calendulae.

Koliköl: Ol. Carvi dil. Ol. Valerianae. Oleum viride.

Koliktee: Fol. Menth. piperit.

Koliktropfen: Tinct. carminat. Tct. antispast. Tinct. Cinnam.

Kolketropfen: Tinct. carminat.

Kolkothar: Caput mortuum.

Kölle: Herba Saturejae.

Kollebluem: Flor. Rhoeados.

Kollenbachs Blutreinigung: Tub. Jalap. pulv. et Kali sulfuric.āā. p. aequ.

Kollerdistel: Radix Gentianae.

Kollmannskraut: Herb. Anagallidis.

Kollmannstropfen: Tinct.carmin.

Kollmandeltee: Herba Teucrii.

Kölm, gemeiner: Herb. Thymi.

—, wilder: Herb. Serpylli.

Kolmas: Rhizoma Calami.

Kölnischwasser: Spir. Coloniens.

Kolofon: Colophonium.

Koloquinthen: Fruct. Colocynth.

Kolrosen: Flor Paeoniae.

Kolzakohlblüten: Flor. Napi.

Köm: Fructus Carvi.

Komindenwurzel: Rhizoma Calami.

Kominsamen: Fruct. Cumini.

Komitrapetersalbe: Empl. Lith. comp.

Komkomerpitten: Sem. Cucumeris.

Kommandeurbalsam: Tinct. Benzoës comp.

Kommandeursalbe: Ungt. basilic. Ugt. Paraffini.

Kommbeimich: Bals. Copaivae.

Kommen: Fructus Carvi.

Kommendatorbalsam: Tinct.Benzoës comp.

Kommendenttropfen: Tinct. Benzoës comp.

Kommherauf: Empl. Lith. comp.

Kommhurtig: Gutti. Tub. Jalapae.

Kommwiederpulver: Pulv. pro equis gris.

Kommwiedertee: Hrb. Veronicae.

Kommodegewürz: Fruct. Amomi.

Komödiantenpflaster: Empl.Lith. comp.

Kondukteurpulver, graues: Pulv. pro equis gris.

Konfektionspulver: Plv. Magn. c. Rheo.

Königin der Wiese: Flor. Ulmariae. Flor. Sambuci.

Königinholz: Lign. Campechian.

Königinkraut: Fol. Nicotianae.

Königinnenwasser: Acid. hydrochlorid 3 + Acid. nitric. 1.

Königliches Windwasser: Aqu. aromat. rubr.

Königsblau: Cobaltum silicicum. kalinum (Smalte).

Königsblumen: Flor. Paeoniae. Flor. Verbasci.

Königsbrusttropfen: Elix. e succo Liquirit.

Königseersalbe: Empl. fusc. camph. in scat.

Königsfarnkraut: Herb. Lunae (Osmund. regal.)

Königsgelb: Arsen. citrin. nativ.

Königskerzen: Flor. Verbasci.

Königskerzenbutter: Ungt. flav.

Königskerzenöl: Oleum Chamomill. coct. Ol. Sesami.

Königskerzensaft: Sir. Altheae.

Königskerzensalbe: Ungt. flav.

Königskorn: Fructus Phellandr.

Königskraut: Herba Agrimoniae. Herba Basilici.

Königskümmel: Fruct. Ajowan.

Königslaufwasser: Aqu. vulner. spirituosa.

Königsnelken: Antophylli.

Königspflaster: Cerat. Resin. Pini. Empl. fuscum.

Königspillen: Pil. laxant.

Königsräucherpulver: Pulv. fum.

Königsrauch: Pulvis fumalis.

Königsriedertee: Stipit. Dulamarae.

Königsrinde: Cortex Chinae reg.

Königsrosen: Flor. Paeoniae.

Königsrückels: Pulvis fumalis.

Königssalbe: Ungt. basilic. flav.

—, **braune od. schwarze** Ungt. basilic. fusc.

—, **harte:** Ungt. Hydrag. citrin.

Königssalbei: Fol. Salviae.

Königsszepter: Bulb. Asphodeli.

Königstee: Spec. laxant. St. Germ.

Königstropfen: Elix. e succo Liquiritiae. Tinct. regia.

Königswasser: Aqua regia (Acid. hydrochl. 3 + Acid. nitric. 1.)

Königsweiß: Bismut. subnitric.

Königswurzel: Radix Pyrethri. Rad Imperatoriae.

Konijuenblad: Herb. Plantagin.

Konjater: Fructus Coriandri.

Konkordienpflaster: Empl. consolidans.

Konradbalsam: Bals. Locatelli. Spir. Lavandul. comp.

Konradmehl: Zinc. sulfur. pulv.

Konradsalbe: Ungt. calaminare.

Konradskraut: Herb. Hyperici.

Konradspillen: Pil. laxantes.

Konradspulver: Pulv. pro equis.

Konsenztropfen: Tinct. amara. Tinct. Castorei.

Konservensalz: Kali nitricum.

Konsorten, gepulvert: Resina Draconis. (Bolus rubr. plv.)

Konsumentsalbe: Ugt. consumens.

Kontentmehl: Pulv. Cacao comp.

Konventionspulver: Plv. pro equis.

Konzentrierter Alaun: Alumin. sulfuricum.

Kooken = Kuchen.

Kool = Kohle.

Koornheul, Koornros: Flor. Rhoeados.

Koortsbast: Cort. Chinae.

Koortsbitter: Tinct. Aloes. comp.

Koortsboombladen: Fol. Eucalypti.

Koortskruiden: Spec. amarae. Fol. Trifolii fibr.

Koortspillen: Pilul. Chinini sulfurici.

Koortspoeder: Chinin. sulfuric.

Kopahubalsam: Bals. Copaivae.

Kopalpillen: Caps. Bals. Copaiv.

Kopekenpulver: Cubebae pulv.

Köpernickel: Radix Mëu.

Koperrot: Zincum sulfuricum (für die Augen).

Kopersamen: Fructus Anethi.

Koperwasser: Aqua Anethi.
Aqua carminativa. Zinc. sulfur.
sol. 0,5/100,0 (für die Augen).
Köpfeltee: Herba Prunellae.
Kopfessig: Acet. Sabadillae.
Kipfflußpflaster: Empl. Canth.
perp.
Kopfklee: Flor. Trifol. alb.
Kopflaxier: Infus. Sennae comp.
Köpflisalat: Fol. Lactucae.
Kopfobenkopfunten: Herba Gra-
tiolae.
Kopfpeinsaft: Electuar. e Senna.
Kopfpillen: Pilulae laxantes.
Kopfsaft: Electuar. e Senna.
Kopfsalbe: Ungt. Hydrarg. pedic.
Kopfspiritus: Spirit. saponat.
kalinus. Spir. Vini Gallici.
— **zum Riechen:** Liq. Ammon.
caust.
Kopftüchelstupp: Tragacantha
pulv.
Kopfwasser: Spirit. aromatic.
Kopfwehblümli: Herba Geranii.
Kopfwehessig: Acet. aromatic.
Kopfwehnägala: Herb. Pulmo-
nariae.
Kopfwehpulver: Migränin-Ersatz.
Kopisaft u. Mus: Elect. e Senna.
Koppenschmalz: Adeps.
Kopper = Kupfer.
Kopperroh, witt: Zinc. sulfuricum.
Kopperwater: Acid. sulfuric.
dil. Cupr. sulfuric. Ferr. sul-
furicum crudum.
Kopperwitt: Zinc. sulfuricum.
Köppingbalsam: Tinct. Benzoes.
Koppöl: Ol. Olivar.
Koppisaft: Electuarium e Senna.
Kopraöl: Ol. Cocos.
Korabsalbe: Ungt. contra pedic.
Korallen, schwarze: Sem. Paeo-
niae.

Korallenbalsam: Tinct. Benz. cps.
Korallenblümchen: Herb. Ana-
gallidis.
Korallenessenztropfen: Tinct.
Succini.
Korallenflechte: Lichen Islandi-
cus. Carrageen.
Korallenöl: Oleum Hyperici.
Korallenpulver, rotes: Pulv. an-
tiepilept. ruber.
—, **weißes:** Conchae praep.
Korallensaft: Sir. Coccionellae.
Sir. Rubi fructicos.
Korallensamen: Sem. Paeoniae.
Korallentee: Carrageen.
Korallentinctur: Tct. aromatica.
Tinct. Lignorum.
Korallentropfen: Tinct. aroma-
tica. Tinct. Lignorum.
Korallenwurz: Radix Asparagi.
Rhizoma Polypodii.
Korallisches Pulver: Pulvis Li-
quiritiae comp.
Korantiwurzel: Rad. Tormentill.
Korastanienblütenspiritus: Spir.
Vini Gallici.
Körbchenwurzel: Rad. Bardan.
Korbelkraut: Herb. Cerefolii.
Körbelkraut: Herb. Cerefolii.
Herba Oreoselini.
Körbelsalbe: Ungt. Majoranae.
Ungt. laurinum.
Korbender: Herb. Card. bened.
Körblikraut: Herb. Cerefolii.
Körfgeswurzel: Rad. Bryoniae.
Koriander: Fructus Coriandri.
—, **schwarzer:** Sem. Nigellae.
Korinthen: Passulae minores.
Korinthensaft: Sir. Mannae. Sir.
Liquiritiae.
Korkrüster: Cortex Ulmi.
Körlkraut: Rad. Tarax. c. Herb.
Korn, türkisches: Zea Mays.

Kornblumen: Flores Cyani. Flores Rhoeados.
Kornblumensaft: Sir. Rhoead.
Kornblumenwasser: Aqu. Rosae.
Kornbranntwein: Spir. frumenti.
Körnchentee: Sem. Cynosbati.
Korneb: Fructus Ceratoniae.
Kornelius Haupttropfen oder
— **wasser:** Aq. Rosae boraxat.
Kornelkirschen: Fruct. Corni. Fruct. Jujubae.
Kornelle: Flor. Chamomill. Rom.
Kornelrinde: Cortex Corni.
Körnerlack: Lacca in granis.
Körnertee: Sem. Cynosbati.
Kornessenz: Tinct. anticholerica.
Kornflockenblumen: Flor. Cyani.
Korngift: Herb. Lithospermi.
Kornhelcheskörner: Frct. Cocculi.
Kornkampfertropfen: Tinct. anticholerica.
Körnlestee: Sem. Cynosbati.
Kornlichtnägeli: Herb. Githaginis.
Kornluege: Herb. Galeopsidis.
Kornminze: Herb. Calaminth.
Kornmohn: Flor. Rhoeados.
Kornmutter: Secale cornutum.
Kornnägeli: Herb. Githaginis. Flor. Cyani.
Kornnäglein: Flor. Cyani.
Kornnelken: Flor. Cyani.
Kornrade: Herba Githaginis.
Kornrosen: Flor. Rhoeados.
Kornröschen: Herb. Githaginis.
Kornsalbe: Ungt. Populi.
Korntropfen: Tinct. anticholer.
Kornvater: Secale cornutum.
Kornwinde: Flor. Convolvuli. Flor. Malvae vulg.
Kornwut: Herb. Galeopsidis.
Kornzapfen: Secale cornutum.
Korpendik: Herb. Cardui bened.

Körpergeist, Körperöl: Opodeldok.
Korrigeen: Carrageen.
Korsika-Moos: Helminthochort.
Kosakenpulver: Plv. ctr. insect.
Koschenilge: Coccionella.
Koschmes: Herba Serpylli.
Kosin: Koussinum.
Kosmoline: Vaselinum flavum.
Kossinenkraut: Folia Ilicis.
Kostenbalsam: Herb. Agerati.
Kostenzkraut: Herb. Origani. Herba Serpylli.
Kostfinell: Coccionella.
Kostusrinde: Cort. Canellae albae.
Kostwurzel: Radix Costi.
Kotewurz: Radix Consolidae.
Kowandenöl: Ol. Amygdalar.
Kraampillen: Pilulae laxantes.
Kraamvrouwenolie: Ol. Ricini.
Krabble die Wänd' hinauf: Liq. Ammon. caust.
Krabellen: Herb. Chaerophylli.
Krabethbeeren: Fruct. Juniperi.
Krachenauge = Hühnerauge.
Krackbeeren: Fructus Myrtilli.
Kraftblumen: Flor. Primulae.
—, **Neumanns:** Flor. Verbasci.
Kraftkräuter: Spec. aromat.
Kraftkraut: Herb. Tanaceti.
Kraftküchele: Rotul. Menth. pip.
Kraftmehl: Amylum Marantae.
Kraftrosen: Flor. Arnicae.
Kraftspiritus: Spir. sap. camph.
Krafttropfen: Spirit. aethereus.
Kraftwurz: Rad. Arnicae. Rad. Carlinae. Rad. Ginseng. Rad. Taraxaci.
Kraftzetterln: Cachou.
Kraftzuckerle: Rotul. Menth. pip.
Krähenaugen: Sem. Strychni.
Krähenbeeren: Fruct. Oxycocci.

Kräheneier: Sem. Strychni.
Krähenfuß: Herb. Lycopodii.
Krähenpulver: Plv. ctr. pedicul
Krähensaat: Kreosot.
Krähgeist: Spiritus Sinapis.
Krähn: Rad. Armoraciae (Rettig).
Krahstupp: Lycopodium.
Kraidemus: Succ. Sambuci.
Kraigensluder: Viscum album.
Krallengras: Rhiz. Graminis.
Krallenmehl: Conchae praep.
Lycopodium.
Krallenpulver: Lycopodium.
Kramberbeeren: Frct. Juniperi.
Krambohl: Aq. carbolisata.
Kramelbeeren: Fruct. Juniperi.
Krämerkümmel: Fruct. Carvi.
Fructus Cumini.
Krämerlaus: Fructus Cumini.
Krämernelken: Caryophylli.
Kramernageln: Caryophylli.
Kramkümmel: Fruct. Carvi.
Fruct. Cumini.
Krammetsbeeren: Fruct. Junip.
Kramofbeeren: Fruct. Juniperi.
Krampdestomak: Pulv. Magn.
c. Rheo.
Kramperltee: Lichen Islandic.
Krampfadersalbe: Ungt. Hama-
melidis.
Krampfadertropfen: Tinctura
aromat. acid.
Krampfapfel: Fruct. Colocynth.
Krampfbalsam: Bals. Cerebri.
Krampfblumen: Flor. Ulmariae.
Krampfdistel: Onopordon Acan-
thium.
Krampfessenz: Tinct. apoplect.
rubr. Tinct. Valerian. Tinct.
Valerian. aeth.
Krampfkolketropfen: Tinct. car-
minativa.
Krampfkörner: Fruct. Cubeb.

Krampfkraut: Herb. Ulmariae.
Herb. Anserinae.
Krampfkücheln: Rotulae Menth.
pip. Rotul. Valerian.
Krampfliniment: Linim. anti-
spasticum.
Krampfmalzentropfen: Tinct.
apoplect. rubra. Tinctura Va-
lerian aeth.
Krampföl: Ol. camphoratum.
Krampfperlen: Sem. Paeoniae.
Krampfpflaster: Emplastr. anti-
spasm. .
Krampfpillen: Pilul. laxantes.
Krampfpulver: Pulv. epilept.
March. Pulv. Magn. c. Rheo.
Pulv. temperans.
Krampfsaft: Sir. Valerianae.
Krampfsalbe: Ungt. flavum. Ungt.
nervinum. Ungt. Rosmarini
comp.
Krampfsalz: Kal. bromatum.
Krampfspiritus: Spir. Meliss.
comp. Spir. Sinapis.
Krampftee: Rad. Valerian. Spec.
aromat. Spec. nervin.
Krampftropfen, aromatische:
Spir. Meliss. cps.
—, **braune:** Tinct. Valerian.
—, **gelbe:** Tinct. Valerian. aeth.
—, **rote:** Tinct. apoplect. rubr.
Tinct. Valerianae. Tinct Valer.
aeth.
—, **schwarze:** Tinct. Valer.
ammon.
—, **weiße:** Aqu. Valerianae. Spirit.
aethereus.
Krampfwurzel: Rad. Valerian.
Kranaugen: Fruct. Myrtilli.
Kranawettholz: Lignum Junip.
Kranbeeren: Fruct. Vitis Idaei.
Kraneicheltee: Viscum album.
Kranewettsalbe: Ungt. Juniperi.

Kranewittsalze, -latwerge oder -sülzen: Succ. Junip. insp.
Kranewittbeeren: Fruct. Junip.
Kranewittöl: ligni Junip.
Kranewittsalze: Succ. Juniperi.
Kranewittsülzen: Succ. Juniperi.
Kranewittwasser: Aq. Juniper.
Kranholz: Lign. Juniperi.
Kranichbeeren: Fruct. Oxyccoci.
Kranikel: Herb. Saniculae.
Kränkessig: Acet. aromaticum.
Kranötbeeren: Fruct. Juniperi.
Kransbeeren: Fruct. Vitis Id.
Kransje: Flor. Bellidis.
Krantwettbeere: Fruct. Juniperi.
Kranwurz: Rad. Pyrethri.
Kranzblumen: Flor. Arnicae. Herb. Polygolae.
Kränzel: Herb. Millefolii.
Krapfenbörnli: Fruct. Coriandri.
Krapfenkörner: Fruct. Coriandri.
Krapp: Rad. Rubiae tinctorum.
Krapprot: Alizarinum.
Krappwurzel: Rad. Rub. tinct.
Krätzbalsam: Balsam. Peruvian.
Krätzbeeren: Fructus Rhamni.
Kratzbeeren: Fruct. Rubi frut.
Kratzbeerlaub: Herb. Rubi frutic.
Kratzbeersaft: Sir. Rubi frut. Sir. Mororum.
Kratzbeerwurzel: Rad. Bardan.
Kratzbohne: Fruct. Stizolobii. Siliqua hirsuta.
Kratzelbeeren: Fruct. Rubi frut.
Kratzengen: Herb. Centaurii.
Krätzeblumen: Herb. Taraxaci.
Krätzheilkraut: Herb. Fumariae.
Krätzkraut: Herb. Fumariae. Herb. Chelidonii.
Krätzrinde: Cortex Frangulae.
Krätzsalbe: Ungt. contra scab.
—, **englische:** Ungt. Hellebori comp. Ungt. sulfur. comp.

Krätzsalbe, französische: Ungt. Hydrarg. alb. dil.
—, **gelbe:** Ungt. Hydrarg. citr. Ungt. sulfurat comp.
—, **graue:** Ungt. Helleb. comp.
—, **rote:** Ungt. Hydrarg.rubr. dil.
—, **weiße:** Ungt. Hydrarg. alb. dil.
Krätzseife: Sapo kalinus.
Krätztafeln: Ungt. Hydrarg. citrin.
Krätztee: Species amarae. Species Lignor.
Krätzwasser: Aq. phagadaenica. Sol. Zinci sulfurici.
Krätzwurzel: Rad. Hellebori. Rhiz. Veratri.
Krausbalsamblätter: Fol. Menth. crisp.
Krausbeerblätter: Hrb. Vitis Idaei.
Krausdistel: Rad. Eryngii.
Krausebutter: Ungt. flavum.
Kräuselmoos: Carrageen.
Krauseminzbalsam: Balsamum Nucistae.
Krauseminzbranntwein: Spiritus Menthae crisp.
Krauseminze: Fol. Menth. crisp.
Krauseminzöl, grünes: Oleum viride c. Ol. Menth. crisp.
Krauseblumen: Flor. Spartii.
Krausertang Carrageen.
Krauskraut: Herb. Verbenae.
Krauspappel: Fol. Malvae.
Krauswurzel: Rad. Eryngii.
Kraut der alten Könige: Fol. Ncotianae.
Kräutchen durch den Zaun: Herb. Hederae.
Kräutelsamen: Fruct. Petrosel.
Kräuter: Species amarae.
—, **aromatische:** Spec. aromat.

Kräuter, erweichende: Species emoll.
— **fürs Fleisch:** Herb. Basilici, Majoran. et Thymi a̅a̅. p. aequ.
—, **Liebers:** Herb. Galeopsidis.
—, **zerteilende:** Spec. resolvent.
— **zum Gurgeln:** Species ad Gargarisma.
Kräuterbalsam: Aq. aromatica. Mixt. oleos. balsam.
Kräuteressig: Acet. aromatic.
Kräutergeist: Spir. Meliss. cps.
Kräutermagentee: Herb. Centaur., Absinth., Card. Ben. a̅a̅. pts.
Kräutermehl: Spec. ad. cataplas.
Kräuteröl: Ol. odorat. Ol. Hyoscyami: Ol. viride.
Kräuterpflaster: Empl. Meliloti.
Kräuterpillen: Pilul. laxantes.
Kräuterpulver für Menschen: Plv. Liquir. comp.
— **fürs Vieh:** Pulv. Herbarum.
Kräutersaft, Steirischer: Sir. Liquir. Sir. Rhoeados.
Kräutersalbe: Ungt. nervin. Ungt. Populi. Ungt. Rosmarin. comp.
Kräuterschnupftabak: Pulv. sternutat. vir.
Kräuterspiritus: Spir. Angel. cps.
Kräutertabak: Pulv. sternut. vir.
Kräutertee: Herb. Galeopsidis.
Kräutertropfen: Tinctura arom. acid.
Kräuterumschlag: Spec. aromat.
Kräuterwurzel: Rad. Petrosel.
Kräuterzucker: Pasta Liquirit.
Krautholder: Sambucus Ebulus.
Krauwiolbeeren: Fruct. Junip.
Krawattensalbe: Ungt. Hydrarg. tereb.
Kräwet: Lapides Cancrorum.

Kräwtsteen: Lapid. Cancrorum.
Krebellen: Herb. Chaerophylli.
Krebellenkraut: Herb. Chaerophylli.
Kreblikraut: Herb. Chaeropylli.
Krebsaugen: Lapid. Cancror.
Krebsaugenpulver: Conch. praep.
Krebsblut: Ungt. potabile rubr.
Krebsblutwurzel: Rad. Alcann.
Krebsbutter: Ungt. Hydrarg. rubr. dil. Ungt. ophthalm. rubr. Ungt. potab. rubr.
Krebsdistel: Onopordon Acanthium.
Krebselkraut: Herb. Millefolii.
Krebskrautwurz: Rad. Cichorii.
Krebspulver: Pulv. arsen. Cosmi.
Krebssalbe: Ungt. arsenicale Hellmund. Ungt. ophthalm. comp. Ungt. potabile rubr.
Krebssteine: Lapid. Cancrorum.
Krebswurz: Rhiz. Bistortae. Rhiz. Curcum. long. Rad. Imperator.
Krebswurzelpulver: Conch. pp.
Kreditpflaster: Empl. oxycroc.
Krefelder Pillen: Pilul. Blaudii.
Krehmestaub: Lycopodium.
Kreichdornbeere: Fruct. Rhamn.
Kreide, grüne: Viride montanum. (Berggrün).
—, **rote:** Lapis ruber fabrilis.
—, **spanische:** Talcum.
Kreidenelken: Caryophylli.
Kreidepflaster: Empl. Cerussae.
Kreienkorn: Secale cornutum.
Kreienroggen: Secale cornutum.
Kreienspier: Secale cornutum.
Kreindoorn: Ononis spinosa.
Kreiselmoos: Carrageen.
Kreisendes Wundkraut: Herb. Nummulariae.
Kremcölest: Ungt. leniens.

Kremortartari: Tartarus dep.
Krempelkraut: Herb. Geranii.
Kremperkräuter: Spec. amarae.
Kremperöl: Ol. Rosmar. comp.
Kremser: Tub. Allii.
Kremserweiß: Cerussa.
Kren: Rad. Armoraciae (Rettig).
Krengeist: Spir. Sinapis.
Krenpflaster: Charta sinapisata.
Krenschmiere: Senfölvaseline 1 %.
Krensingtee: Herb. Millefol.
Krentropfen: Spir. Sinapis.
Krenze: Herb. Ledi.
Kreppul: Spir. aethereus.
Kresse, indische: Herb. Nasturt.
—, **weiße:** Herb. Nasturtii.
Kressech: Herb. Cochleariae.
Kressechsaft: Spir. Cochlear.
Kressenkraut: Herb. Nasturtii.
Kressenöl: Ol. Ricini. Ungt. Populi. Ol. Sinapis dil.
Kressensaft: Spir. Cochlear.
Kreterdost: Herb. Origan. Cret.
Kreupelgras: Herb. Polygoni avic.
Kreuzanis: Fruct. Anisi stell.
Kreuzband: Empl. ad rupturas.
Kreubaumöl: Ol. Ricini.
Kreuzbeeren: Frct. Rhamni cath.
Kreuzbeerlatwerge: Succ. Rhamni cath.
Kreuzbeerrinde: Cort. Frangul.
Kreuzbeersaft: Sir. Rhamn. cath.
Kreuzbitterkraut: Herb. Polygalae.
Kreuzblumen: Herb. Polygalae.
Kreuzburger Salz: Magnes. sulfuric.
Kreuzdistel: Herb. Galeopsidis.
Kreuzdornbeeren: Fruct. Rhamn.
Kreuzdornrinde: Cort. Frangul.
Kreuzdornsaft: Sir. Rhamni. Cath.

Kreuzdornspiritus: Spir. Angelic. cps.
Kreuzdorntee: Herb. Hederae.
Kreuzdornwurzel: Rad. Ononid.
Kreuzenzian: Rad. Gentianae.
Kreuzerpillen: Pilul. laxantes.
Kreuzgift: Zinc. sulfuric.
Kreuzholz: Herb. Cardui bened. Viscum album.
—, **heiliges:** Lignum Guajaci.
Kreuzkörner: Sem. Nigellae.
Kreuzkraut: Herb. Polygalae. Herb. Senecionis.
Kreuzkrautöl: Ol. Hyperici.
Kreuzkümmel: Sem. Nigellae.
Kreuzminze: Fol. Menth. crisp.
Kreuzöl: Ol. Petrae rubr.
Kreuzpflaster: Empl. oxycroc. Empl. Capsici ext.
Kreuzpillen: Pilulae laxantes.
Kreuzraute: Herb. Rutae.
Kreuzrinde: Cort. Frangulae.
Kreuzsalbei: Fol. Salviae.
Kreuztee: Cort. Frangulae.
—, **spanischer:** Herb. Galeopsidis. Spec. Hispanicae. Spec. pectorales.
Kreuztropfen: Tinct. amar. et Tinct. Valer. aeth. $\overline{aa}$. p. aequ.
Kreuzwurz: Herb. Polygalae. Rad. Gentianae. Rad. Ononid. Rhiz. Graminis.
Kreuzzugpflaster: Empl. oxycr.
Kribbelkrabbel: Bolet. cervin.
Kridemehl: Creta laevigata.
Kriebelkorn: Secale cornutum.
Kriechenbaumblüte: Flor. Acac.
Kriechweizen: Rhiz. Graminis.
Kriegshabererbalsam: Tinct. Aloës comp.
Kriegskraut: Herb. Conyzae.
Krieken over zee: Fruct. Alkekengi.

Kriespelkraut: Herb. Bursae pastor.

Kriminalsalbe: Ungt. Hydrag. oxyd. rubr.

Krimmsalbe: Ungt. contr. scab.

—, **graue:** Ungt. sulfurat comp.

—, **weiße:** Ungt. Hydrarg. alb.

Krimpöl: Ol. Olivarum virid. Ol. Chamomill. inf. Ol. carminat.

Krimpsalbe: Ungt. flavum.

Kripfblumen: Flor. Carthami.

Krispelkraut: Herb. Burs. Past.

Krissie: Succus Liquiritiae.

Kristallpillen: Pil. Ferr. carbon. argent. obd.

Kristallwasser: Liqu. Am. caust.

Kritschelwasser: Aq. destillat.

Kritzelbeersaft: Sir. Rhamni cath.

Kritzensaft: Succ. Liquiritiae.

Kritzkooken: Troch. bechic. nigr.

Kroatisches Pflaster: Emplastr. Drouotti.

Krohsaugen: Sem. Nigellae.

Krokodillensaat: Pulv. contra pediculos.

Krokodiltropfen: Tinct. Chinoid.

Krommerbeer: Fruct. Juniperi.

Kronäugeln: Sem. Strychni.

Kronawettbeeren: Fruct. Junip.

Kronawettsulz: Succ. Junip. insp.

Kronenaugen: Sem. Strychni.

Kronengeist: Tinct. Aloës comp.

Kronengelb: Plumb. chromic.

Kronenkümmel: Fruct. Cumini.

Kronenöl: Ol. Juniperi ligni.

Kronenpech: Resina Pini burg.

Kronenpflaster: Cerat. Res. Pini.

Kronensalbe: Ungt. flavum.

Kronensäure (z. Ätzen d. Hufe): Acid nitric.

Kronessenz: Elix. Proprietat. Tinct. aromatica. Tinct. Benzoës comp.

Kronewittbeeren: Fruct. Junip.

Kronprinzenpflaster: Empl. Litharg. comp.

Kronsbeeren: Fruct. Vitis. Id.

Krontropfen: Elix. Proprietat. Tinct. aromatica. Tinct. Benzoës comp.

Krönungstropfen: Mixt. oleos. balsam.

Kronwicke: Coronilla varia.

Kroon van Indië: Ungt. terebinthinatum.

Kroopflaster: Empl. oxycroc.

Krop van aals: Herb. Absinthii.

Kropfgeist: Spir. Kalii jodati.

Kropfkohle: Carbo Spongiae.

Kropfpulver: Carbo Spongiae. Pulv. strumalis.

— **fürs Vieh:** Pulv. pro equis.

Kropfsalbe: Ungt. Kalii jodati.

Kropfschwamm: Spongiae.

—, **gebrannt:** Spongiae tost. Pulv. strumalis.

Kropfschwammkohle: Carbo Spongiae.

Kropfspiritus: Mixt. oleos bals. Spir. saponat. jodatus.

Kropfstein: Lapis Spongiae.

Kropftropfen: Tinct. strumalis. Tinct. Valer. aeth.

Kropfwasser: Spiritus saponat. jodati.

Kropfwurzel: Rhiz. Polypodii.

Kröscheltee: Herb. Burs. Past.

Kroslesaft: Sir. Ribium.

Krotenbeeren: Fruct. Frangulae.

Krotenbeerrinde: Cort. Frangul.

Krotenblumenkraut: Herb. Taraxaci.

Krotenbösche: Fol. Taraxaci.

Krötenflachs: Herb. Linariae.

Krötengras: Herb. Herniariae.

Krötenkraut: Herb Senecionis.

Krötenlöffeltee: Herb. Tarax.
Krötenmelde: Fol. Stramonii.
Krötenöl: Linim. ammon. camph.
Krötenpeterlein: Aethusa Cynapium.
Krötenpulver: Sanguis Hirci.
Krötenwurzel: Rad. Taraxaci.
Krottenflachs: Herb. Linariae.
Krottenkraut: Herb. Chenopod.
Krottenstengel: Rad. Lapathi.
Krowittbeeren: Fruct. Juniperi.
Krügeröl: Ol. Tereb., Ol. Lini Spir. camph. āā. p. aequ.
Krugbohnen: Fruct. Phaseoli.
Kruinoot: Sem. Myristicae.
Kruisbloem, Kruiskruid: Herb. Polygal. amar.
Krullfarnkraut: Herb. Adianthi. Hb. Capilli veneris.
Krullpuppenspönpflaster: Empl. stictic. Hamb. Empl. ad rupturas.
Krullsuckschwede: Empl. stictic. Hamb. Empl. ad rupt.
Kruluppenpflaster: Empl. ad rupturas.
Krumingsöl: Ol. nervinum.
Krummholz: Pinus Mughus.
Krummholzbalsam: Bals. hungar.
Krummholzöl: Ol. Pumilionis.
Krummholztropfen: Ol. Pumil.
Krumnigsöl: Ol. nervinum.
Krumputzöl: Ol. Junip. ligni. Ol. Pumilionis.
Krumputzwurzel: Rhiz. Imperat.
Kruppardentun: Herb. Hederae.
Kruppbohnen: Fruct. Phaseoli.
Krüppelholzöl: Ol. Pumilionis.
Krusefi: Fol. Salviae.
Kruselbeeren: Fruct. Ribis.
Kruseminte: Fol. Menth. crisp.
Kruse Sophie: Fol. Salvise.
Kruskrokt: Herb. Anethi.

Krusochsenpflaster, gelbes: Empl. oxycroceum.
Krusochsenpflaster, rotes: Empl. ad rupturas.
—, **schwarzes:** Empl. fuscum.
Krüwtsteene: Lapid Cancror.
Kruzifixpflaster: Empl. oxycroceum venale.
Kruzifixsalbe: Ungt. nervinum.
Kruzipflaster: Empl. oxycroceum.
Kruziusöl: Ol. Ricini.
Kruziuspflaster: Empl. oxycroc.
Krüzwort: Senecio vulg.
Krystallpillen: Pilul. Ferri carb. argent. obd.
Krystallsalz: Sal. Gemmae.
Kubebenpfeffer: Fruct. Cubeb.
Kübelharz: Resina Pini.
Kubischer Salpeter: Natrium nitricum.
Kubitzpulver: Rhiz. Veratr. plv.
Kuchelkörner: Fruct. Cocculi.
Küchelkörner: Fruct. Cocculi.
Küchelstein: Cupr. aluminatum.
Kücheltrieb: Ammon. carbonic.
Kuchengähl: Crocus.
Küchenblumenkraut: Herb. Pulsatillae.
Küchenpolei: Herb. Serpylli.
Kuchenpulver: Tartarus depur. c. Natr. bicarb. 3:1.
Küchensalz: Natr. chloratum.
Küchenschelle: Herb. Pulsatill.
Kuchipulver: Caryophylli, Piment. āā. p. od. Pimentpulver.
Kuchleskraut: Herb. Boraginis.
Kückelskörn: Fruct. Cocculi.
Kuckelum: Fruct. Cocculi.
Kuckerl: Flor. Bellidis.
Kuckuck: Flor. Aquilegiae. Flor. Lamii.

Kuckucksblumen: Flor. Malv. vlg. Herb. Pulsatillae.
Kuckucksbrot: Herb. Acetosellae.
Kuckucksklee: Herb. Acetosellae.
Kuckuckskörner: Frct. Cocculi. Pulv. contra pediculos.
Kuckuckskraut: Herb. Acetosell. Herb. Marrubii.
Kuckucksmehl: Plv. contra pedic.
Kuckucksöl: Ol. Hyperici.
Kuckuckspulver: Plv. ctr. pedic.
Kuckuckssaat: Fructus Cocculi. Pulv. contra pediculos.
Kuckuckssalbe: Ungt. ctr. pedic.
Kuckuckswurzel: Tubera Salep.
Kudelkraut: Herb. Serpylli.
Kufelkraut: Herb. Cerefolii.
Kugelbohne: Phaseolus.
Kugelkumspulver: Pulv. contra pediculos.
Kugellack: Lacca in globulis.
Kuhbeeren: Fruct. Vitis Idaei.
Kuhblumen: Flores Farfarae. Rad. Taraxaci c. Herba.
Kuhbohnen: Sem. Foenugraec.
Kuhbrunst: Boletus cervinus.
Kuhdill: Flor. Chamom. caninae.
Kuhdiste: Pulv. pro vaccis.
Kuhdreck: Placenta Lini. Species emollientes.
Kuhdutten: Bulb. Colchici.
Kuhhornklee: Sem. Foenugraeci.
Kühhornsamen: Sem. Foenugr.
Kuhkrätze: Pili Stizolobii.
Kuhkraut: Herb. Mercurialis.
Kuhlattich: Herb. Taraxaci.
Kühlhornsamen: Sem. Foenugr.
Kuhlizsch: Succ. Liquiritiae.
—, äußerlich: Linim. terebinth.
Kuhloch: Plv. Cantharid. mixt.

Kühlpulver: Pulv. aerophor. Pulv. temperans.
— fürs Vieh: Pulv pro vaccis.
Kühlsalbe: Ungt. Plumbi.
Kühlstein: Cupr. aluminatum.
Kuhlust: Pulv. Cantharid. dil.
Kühlwasser: Aq. Plumbi.
Kuhmach: Fruct. Carvi.
Kühmellen: Flor. Chamom. Rom.
Kühmöl: Ol. Carvi.
Kuhmuß: Herb. Equisati arv.
Kühneckenkraut: Herb. Saturej.
Kühnlein: Herb. Serpylli.
Kühnrost: Herb. Ledi.
Kühnscher Spiritus: Spiritus odoratus Colon.
Kühnschotten: Herb. Spartii.
Kuhpulver: Pulv. pro vaccis.
Kühpulver: Pulv. pro vaccis.
Kuhsamen: Sem. Foenugraec.
Kuhscheiße: Rad. Ononidis. Hb. Urticae.
Kuhschisser: Taraxac offic.
Kuhschwanz: Rad. Lapathi.
Kuhtecken: Fruct. Myrtilli.
Kuhweizen: Sem Melampyri.
Kühwurz: Radix. Peucedani. Rhiz. Ari.
Kuhwürze: Pulv. pro vaccis.
Kuhzungenwurzel: Rad. Lapathi acut.
Kujonenpflaster: Empl. Lith. cps.
Kukelskörner: Fruct. Cocculi. Pulv. contra pediculos.
Kükenkümmel: Herb. Serpylli.
Kulaschwasser: Aqua Plumbi Goulardi.
Kulizsch: Succus Liquiritiae.
— zum äußerl. Gebr.: Linim. tereb.
Kulkraut: Herb. Serpylli.
Kulör: Tinct. Sacchar. tost.
Kumach: Fruct. Carvi.

Kumin: Fruct. Cummi.
Kümm: Fruct. Carvi.
Kümmel: Fruct. Carvi.
—, **ägyptischer:** Fruct. Cumuni.
—, **griech.:** Sem. Foeniculi.
—, **italienischer:** Fruct. Cumini.
—, **langer:** Fruct. Cumini.
—, **polnischer:** Fruct. Cumini.
—, **römischer:** Fruct. Cumini.
—, **schwarzer:** Sem. Nigellae.
—, **spanischer:** Fruct. Cumini.
—, **süßer:** Fruct. Anisi.
—, **türkischer:** Fruct. Cumini.
—, **venetischer:** Sem. Nigellae.
—, **weißer:** Fruct. Cumini.
—, **welscher:** Fruct. Cumini.
—, **wilder:** Sem. Nigellae.
Kumelle: Herb. Prunellae.
— **zum Baden:** Herb. Serpylli.
Kümmelöl, altluther.: Ol. Carvi.
Kümmelpflaster: Epl. fusc. camph.
Kümmi: Fruct. Carvi.
Kümmich: Fruct. Carvi.
Kummerblumen: Flor. Chamomill. Flor. Chrysanthemi.
Kummerlingskrautsamen: Fruct. Anethi.
Kummezurrotwurst: Fruct. Cum.
Kummhurtig: Tubera Jalapae.
Kummkumm: Gummi Gutti.
Kumpaviabalsam: Bals. Copaivae.
Kumtenholz: Viscum album.
Kumuk: Fruct. Cubebae.
Kundelkraut: Herb. Serpylli.
Künekenkraut: Herb. Saturejae.
Kunele (Kunnerle): Hrb. Thymi. Hrb. Majoranae.
Kuniduni: Chinoidin.
Kunigkraut: Herb. Eupatoriae.
Kunigundenkraut: Herb. Ageratae. Herb. Veronicae.
Kunkelblumen: Flor. Verbasci.

Kunkelsamen: Sem. Colchici.
Kuhzungenwurzel: Rad. Lapathi.
Künlein: Herb. Serpylli.
Künschottenblumen: Flor. Genistae.
Künst: Viscum album.
Kunstenholz: Viscum album.
Küntschisamen: Sem. Colchici.
Kunzenpflaster: Empl. fuscum camph.
Kupfer, blausaures: Cupr. cyanat.
—, **kleesaures:** Cuprum oxalic.
—, **zugerichtetes:** Ungt. Hydrarg. alb. dil. Ungt. Zinci.
Kupferalaun: Cuprum aluminat.
Kupferasche: Cuprum oxydat.
—, **rote:** Cuprum oxydulatum.
Kupferaugenrauch: Zinc. sulf.
Kupferaugenstein, weißer: Zinc. sulfuricum.
Kupferblau: Coeruleum montan. (Bergblau).
Kupferblumen: Aerugo crist.
Kupfererde, grüne: Viride montanum (Berggrün).
Kupferesch: Cupr. oxydatum.
Kupfergeist: Acid. acetic. dilut.
Kupfergrün: Viride montanum (Berggrün).
Kupfergrün (für Schuhmacher): Ferr. sulf. crud.
Kupferhammerschlag: Cuprum oxydatum.
Kupferkristalle: Cupr. sulfuric.
Kupferlasur: Coeruleum montanum (Bergblau).
Kupferliquor: Liq. antimiasthmat. Koechlin Ph. Württ.
Kupferrauch: Zinc. sulfuricum.
Kupferrost: Ferr. sulfuric. crud.
Kupferrot: Ferr. sulfuric. crud.
Kupfersalmiak: Cupr. sulf. amm.

Kupfersalz: Cupr. sulfuric.

—, **blaues:** Cupr. sulfuric.

Kupferspiritus: Acid. aceticum.

Kupfervitriol: Cupr. sulfuricum.

Kupferwasser, blaues: Cuprum sulfuricum.

—, **flüssiges:** Acid. sulfur. dilut.

—, **grünes:** Ferr. sulfuric. crud.

—, **weißes:** Zinc. sulfuricum.

Kupferweiß: Zinc. sulfuricum.

Kupiper: Fruct. Cubebae.

Kurassaoschalen: Cort. Aurant.

Kürbiskernöl: Ol. Arachidis.

Kurbschöl: Ol. Arachidis.

Kurbschsamen: Sem. Cucurbit.

Kurellas Brustpulver: Pulv. Liquiritiae comp.

Kurierstein: Zincum sulfuricum.

Kurkumee: Rhiz. Curcumae.

Kurländisch Wasser: Aq. Plumbi.

Kurwell: Herb. Polygoni.

Kurzer Fenchel: Fruct. Anisi.

Kurzes Benediktenkraut: Herb. Card. ben.

Kurzundlang: Bulb. Victorial. long. et rot.

Kuschel: Pinus sylvestris.

Kusenpaintropfen: Tinct. odont.

Kuskellentrpfen: Tinct. odont.

Kuskus: Rad. Vetiveriae.

Kusso: Flores Koso.

Kutenfett: Adeps.

Kutenöl: Ol. Olivarum.

Kutsch: Catechu.

Kuttelfischbein: Ossa Sepiae.

Küttelkraut: Herb. Abrotani.

Kuttenenbirnen: Fruct. Cydoniae.

Küttenkörner: Sem. Cydoniae.

Kuttelkraut: Herb. Majoranae. Herb. Thymi.

Kutzennellen: Coccionellae.

Kwalsterhout: Stipit. Dulcamarae.

Kweepitten, Kweezaad, Kweikeene: Sem. Cydoniae.

Kwiek: Hydrargyrum.

Kwiekzalf: Ungt. Hydrargyri.

Kyry Pyry: Rad. Gentian. et Rhiz. Galang. $\overline{aa}$. p. aequ.

L.

Laarzenpoeder: Talcum pulv.

Labarraques Flüssigkeit: Liq. Natrii hypochlorosi.

Labaschen: Fol. Farfarae.

Labassen: Fol. Farfarae.

Labdanum: Ladanum.

Labkraut: Herb. Galii. Herb. Serpylli.

Labsal: Tubera Salep.

Labstock, Labstöckel: Rad. Levistici.

Lachenknoblauch: Herb. Scord.

Lachinsknopfloch: Herb. Scord. Herba Serpylli.

Lack, blauer: Lacca musica.

—, **gelber:** Flor. Cheiri.

—, **Pariser:** Lacca florentina.

—, **Venetian.:** Lacca florentina.

—, **Wiener:** Lacca florentina.

Lackblüte: Flor. Aurantii.

Lackmoos: Lacca musica.

Lacksamensaft: Mel.

Lackviolen: Flor. Cheiri.

Lackwehr: Elect. e Senna.

Ladderblatter: Fol. Farfarae.

Ladstock: Levisticum off.

Laffekteursaft: Sir. Sarsap. cps.

Lägerkraut: Herb. Senecionis.

Lakritzenholz: Rad. Liquiritiae.
Lakritzensaft: Succ. Liquiritiae.
Lakritzenstein: Zinc. sulfuricum.
Lamapulver: Amyl. Marantae.
Lamdorn: Rad. Ononidis.
Lämmerchenpfeffer: Piper long.
Lämmerklee: Flor. Trifolii alb. Herb. Trifolii arv.
Lämmerkraut: Herb. Boni Henrici.
Lämmeröl: Ol. Terebinth. sulf.
Lämmerschwanz: Herb. Eupator.
Lämmertropfen: Ol. Tereb. sulf.
Lammkraut: Herb. Linariae.
Lamottes Gold- oder Nerventropfen: Tinct. Ferr. chlor. aeth.
Lampensäure: Acid. acetic. crud.
Lampenwasser: Acid. acetic. crd.
Lampenschwarz: Fuligo.
Lampertsche Tropfen: Tct. Aloes. comp. Tct. Benzoes comp.
Landdreck: Rhiz. Graminis.
Landdreckwurzel: Rhiz. Gramin.
Landeflagge: Herb. Rumicis.
Landwirtspflaster: Empl. fusc.
Lang. Allermannsharnisch: Bulb. Victorial. long.
— **Anis:** Fruct. Foeniculi.
— **Pfeffer:** Piper longum.
— **Sigmarswurzel:** Bulb. Victor. long.
Lang. Wiesenbibernelle: Rad. Sanguisorbae.
Langdistelkraut: Herb. Eryngii.
Langekrokt: Herb. Pulmonariae.
Langfingerpulver: Pulv. pro equ.
Langhirnen: Sem. Staphisagriae.
Langhohlwurz: Rad. Arist. long.
Langhornsamen: Sem. Staphisagr.
Lang-Lebens-Elixier: Tinct. Aloës comp.

Lang-Lebens-Tee: Spec. ad. long. vit.
Lankssalbe: Ungt. Hydrarg. rubr.
Lapatekrokt: Herb. Bursae Past.
Läpelkes: Herb. Bursae Past.
Lapis: Argent. nitricum fusum.
Lappenflanell: Kal. nitricum (für Sauen).
Lappenpulver: Tub. Jalap. plv.
Lärchenbalsambaum: Terebinthina Venet.
Lärchenharz: Resina Pini.
Lärchenpech: Tereb. Veneta.
Lärchenschwamm: Fung. Laric.
Lärchenschwanz: Hrb. Eupator.
Laserkraut: Herb. Laserpitii.
Laserwurzel: Rad. Gentianae.
Laß sein: Ungt. contra pediculos.
Lastpech: Pix liquida.
Lasurblau: Coeruleum montanum. (Bergblau). Ultarmarinum.
Laternenblume: Herb. Taraxaci.
Latinawurzel: Rad. Lapathi.
Latschenöl: Ol. Pini Pumilion.
Latschenkiefernöl: Ol. Pini pumilionis.
Latschsalbe: Ungt. Rosmar cps.
Latten: Fol. Farfarae.
Lattenpulver: Tub. Jalap. pulv.
Latterblätter: Fol. Farfarae.
Lattig, giftiger: Herb. Lactuc. viros.
Lattigblätter: Fol. Farfarae.
Lattigblüten: Flor. Farfarae.
Lattigsamen: Sem. Lactucae sat.
Latwerge: Electuar. e Senna.
Latwes: Electuar. e Senna.
Laubacher Tropfen: Spiritus Melissae comp.
Lauberessig: Acet. aromaticum.
Laubersalz: Natr. sulfuric.

Laubritschen: Herb. Aconiti.

Laubtinktur, grüne: Tinct. Trifol. fibrin.

Lauch: Bulbus Allii.

Lauers Pflaster: Empl. fuscum camph.

Laufbohne: Phaseolus.

Laufmannspiritus: Spir. Formic.

Laufquecken: Rhiz. Graminis.

Lauge, Javellesche: Liq. Natrii hypochloros.

—, Labarraque: Liq. Natrii hypochloros.

Laugdistelkraut: Herba Eryngii.

Laugenblumen: Flor. Chamomillae. Flor. Stoechados.

Laugenessenz: Liq. Natr. caust.

Laugenkrautblumen: Flores Arnicae.

Laugensalz, ätzendes: Kali caust.

—, flüchtiges: Ammon. carbon.

—, geschwefeltes: Kal. sulfurat.

—, vegetabilisch: Kali carbon.

Laugenstein: Natr. carbonic. Natr. causticum.

Lauks Salbe: Ungt. Hydr. citr.

Laurentinusspiritus: Spirit. coerul.

Laurenzschwalbenwurz: Rad. Vincetoxici.

Laurier = Lorbeer.

Laurin, roter: Hrb. Centaurii.

Laurinkraut: Herb. Centaurii.

Laurinusschmiere: Ol. Lauri.

Laurisches Pflaster: Empl. fusc. camph.

Lauriussalbe: Ol. Lauri.

Lausbaumrinde: Cort. Frangul.

Lausblumen: Flor. Colchici.

Läusebaumrinde: Cort. Frangul.

Läuseessig: Acet. Sabadillae.

Läusekörner: Fruct. Cocculi.

—, gestoßene: Plv. ctr. pedicul.

Läusekraut: Hrb. Ledi. Hrb. Pedicularis. Herb. Scordii. Herb. Lycopodii. Veratrum alb.

Läusekrautrinde: Cort. Mezerei.

Läusekrautsamen: Sem. Sabadill.

Läusemörder: Sem. Sabadillae.

Läuseöl: Ol. Anisi.

Läusepfeffer: Sem. Staphisagr.

Läusepulver: Flor. Pyrethri pulv. Pulv. contra pedicul. Rad. Hellebori pulv.

Läusesalbe: Ungt. Hydr. pedic.

Läusesamen: Fruct. Cocculi. Sem. Sabadillae. Sem. Staphisagriae.

—, gestoßener: Plv. contra pedic.

Läusewasser: Aq. foetida.

Läusewurzel: Rhiz. Veratri.

Laus im Korn: Secale cornutum.

Lauskörner: Fruct. Cocculi. Sem. Staphisagriae. Sem. Sabadillae.

Lausöl: Oleum Anisi.

Lauswurz: Rhizoma Veratri.

Lawarch: Electuar. e Senna.

Lawendel: Flor. Lavandulae.

Lawendelbalsam: Mixt. ol. bals.

Lawendeltropfen: Tinct. Lavand. comp.

Laxeerbast, Laxeerhout: Cort. Frangulae.

Laxieräpfel: Fruct. Colocynth.

Laxierbeeren: Frct. Rhamn. cath.

Laxierblätter: Fol. Sennae.

Laxierdreierlei: Folia Sennae, Manna, Natr. sulfur. $\overline{aa}$. p. aequ.

Laxierfett: Ol. Ricini.

Laxierholz: Cort. Frangulae.

Laxierkassie: Fruct. Cass. fistul.

Laxierkraut: Herb. Gratiolae.

Laxiermus: Electuar. e Senna.

Laxieröl: Ol. Ricini.

Laxierpillen: Pilulae laxantes.

Laxierpulver: Plv. Jalapae laxans. Pulv. Liquir. comp.

Laxiersaft: Sir. Rhei c. Manna. Sirup. Rhei.

Laxiersalz: Magnes. sulfuric.

Laxierschwamm: Fung. Laricis.

Laxiertee: Species laxantes.

Laxiertrank: Infus. Senn. comp.

Laxiertropfen: Tinct. Rhei aquos.

Laxierwasser: Inf. Sennae comp.

Laxierwurzel: Tub. Jalappae.

Laxmeier: Electuar. e Senna.

Lazarustropfen: Tinct. Chinae comp. Tinct. Chinoïdin.

Lebendige Blüten: Flor. Lavandulae.

Lebendstock: Rad. Levistici.

Lebensbalsam: Mixt. oleos. bals. Tinct. Aloës comp.

—, **äußerlicher:** Sapo terebinth.

—, **Hoffmanns:** Mixt. oleos. bals.

—, **Rulands:** O. Terebinth. sulf.

—, **weißer:** Oleum Terebinthin.

—, **Werners:** Tinct. Aloës comp.

Lebensbaum: Herba Thujae.

Lebenselixier: Tinct. Aloës comp.

—, **äußerliches:** Tinct. Benz. cps.

—, **Hjárners:** Tinct. Aloës comp.

—, **Schwedisch:** Tinct. Aloës cps.

Lebensessenz: Tinct. Aloës comp.

—, **äußerliche:** Tinct. Benz. cps.

—, **Augsburger:** Tinct. Aloës cps.

—, **Kiesowsche:** Tinct. Aloës cps.

—, **schwedische:** Tinct. Aloës cps.

—, **weiße:** Spirit. Melissae comp. c. Ol. Anisi.

Lebensgeblütstropfen: Tinct. Lignorum.

Lebensgeist: Spir. aethereus.

Lebensgeisteröl: Mixt. oleosobals.

Lebensholz: Lign. Guajaci.

Lebenskraut: Herba Thujae.

Lebensöl: Mixt. oleos. balsam.

—, **ewiges:** Mixt. oleos. bals.

—, **Universal-:** Mixt. oleos. bals. rubr.

—, **weißes:** Glycerin. Spir. Meliss. comp.

Lebenspillen: Pilulae laxantes.

Lebenspulver: Pulv. temperans. Plv. Liquir. cps.

—, **Halls:** Plv. antiepilept. ruber.

Lebensspiritus: Spir. Angel. cps.

Lebenstinktur: Tinct. Aloës cps.

Lebenstropfen: Tct. Aloës cps. Tinct. Benzoës comp.

Lebenswasser: Aq. aromat. spir.

Lebenswecker: Rot. Menth. pip. Liquor. Ammon. caust.

Lebensweckeröl: Ol. Olivar. c. Ol. Croton. 100:1.

Leber, gebrannte: Spongiae ust. Ebur ust. Catechu.

Leberaloë: Aloë.

Leberbalsamkraut: Herb. Agerati.

Leberblumen: Flor. Hepatic. Flor. Malvae vulg.

Leberdistel: Herb. Lactuc. vir.

Leberessenz: Tinct. Aloës cps. Tinct. carminativa.

Leberflechte: Herb. Pulmonariae. arboreae.

Leberklee: Herb. Hepaticae.

Leberklette: Herb. Agrimoniae.

Leberkraut: Herba Hepaticae.

—, **gelbes:** Herba Parnassiae.

—, **griechisches:** Hrb. Agrimon.

Lebermoos: Lich. Pulmonar. arbor.

Leberöl: Ol. Jecoris aselli.

Leberpillen: Pilulae laxantes.

Leberpulver: Rhiz. Rhei plv.

Lebersaft: Sir. simpl. c. Tinct. Aloës comp. 10:1.

Lebersalz: Sal Carolinum fact.
Leberstock: Radix Levistici.
Lebertran: Ol. Jecoris Aselli.
Lebertranseife: Sapo venetus.
Lebertropfen: Tinct. Aloës cps. Tinct. Benzoës comp.
Lebertrostkraut: Herb. Eupator.
Leberwindblume: Herb. Hepatic.
Leberwundkraut: Herb. Hepat.
Leberwurzel: Rad. Arnicae. Rhizoma Veratri.
Lebkraut: Herb. Galii.
Lecceröl: Ol. Olivar. commune.
Lechenwurz: Rhiz. Bistortae.
Leckpulver fürs Vieh: Pulv. pro vaccis.
Leder, türkisches: Pasta gumm.
Lederbeeren: Fruct. Sorbi.
Lederblumen: Flor. Stoechados.
Lederharz: Kautschuk.
Lederkraut: Herba Hepaticae.
Lederzeltchen: Pasta Liquirit.
Lederzucker, brauner: Pasta Liquiritiae.
—, weißer: Pasta gummosa.
Leefkraut: Herb. Fumariae.
Leeuwen = Löwen.
Lefgenkraut: Herb. Fumariae.
Lefzenpomade: Cerat. Cetac. rbr.
Leg: Fruct. Vanillae.
Legrandspflaster: Empl. fusc.
Lehm, weißer: Bolus alba.
Lehmannspflaster: Empl. fusc.
Lehmblätter: Folia Farfarae.
Lehmblümli: Flor. Farfarae.
Lehmsalbe (Kneipp): Bolus alb. c. aqua.
Lehwurzel: Radix Carlinae.
Lei: Sem. Lini.
Leibstückle: Rad. Lavistisi.
Leichdornpflaster (Hühneraugenpflaster): Ceratum Aeruginis. Empl. saponat.

Leichenwasser: Sol. Calcar. chlor.
Leim, Augsburger, Kölner, Nördlinger, Nürnberger, Reutlinger, russischer: Gluten.
Leimmistel: Viscum album.
Leimschmalz: Adeps.
Lein: Sem. Lini.
Leindottersamen: Sem. Camelinae.
Leinefasertee: Herb. Millefolii.
Leinenpflaster: Leukoplast.
Leinkraut: Herba Linariae.
Leinkrautblüten: Flor. Linariae.
Leinkrautsalbe: Ungt. Linariae.
Leinkuchen: Sem. Lini pulv.
Leinmehl: Sem. Lini pulv.
Leinsaft: Sir. Althaeae.
Leinsalbe: Ungt. Linariae.
Leinsamensaft: Sir. Althaeae.
Leintee, präparierter: Spec. Lini. comp.
Leinwandpflaster: Empl. adhaesivum.
Leinwandsalbe, flüchtige: Linim. ammoniat.
Leiogomme: Dextrinum.
Leipziger Heilbalsam: Tct. Benzoes comp.
— Mithridat: Elect. Theriaca.
— Tropfen: Elixir Proprietatis.
Leistbrandschmeer: Ungt. Boracis.
Leistenschneiderspiritus: Spir. sapon. camph. Spir. Lavandul. comp.
Leistenspiritus: Opodeldok, Spir. Vin. Gallic.
Leistenwurz: Rad. Ononidis.
Leiterlikraut: Herb. Chaerophylli.
Lekkerlis: Succus Liquirit.
Lelie = Lilie.
Leljen: Flor. Convallariae.
Lemkenwurz: Radix Lapathi.

Lemknorzen: Viscum album.
Lendenkraut: Herb. Rumicis.
Lendenstein: Lapis ischiaticus.
Lendenwurz: Radix Lapathi.
Lenemul: Flor. Anthirrini.
Lengert: Terebinthina.
Lenneblätter: Fol. Aceris.
Lennenblüte: Flor. Tiliae.
Lenore, spitze: Spec. Lignorum.
Lenyetöl: Oleum Terebinthinae.
Leonhardsche Pillen: Pilul. lax
Leopardenwürger: Rad. Doronici.
Lepelblad, Lepelkruid: Herb.
   Cochleariae.
Lerchen siehe auch Lärchen.
Lerchenbaumbalsam: Terebin-
   thina Venet.
Lerchenblumen: Fl. Calcatrippae.
Lerchenblümli: Flor. Primulae.
Lerchenhelm: Rad. Aristoloch.
Lerchenklauen: Flor. Calcatrip.
Lerchenschwamm: Agaric. alb.
Lerchenschwanz: Eupator. canna-
   bina.
Lerchenspornwurzel: Radix Ari-
   stoloch. rotund.
Lerchenzucker: Sacchar. album.
Lermurmor: Myrrha.
Lervis Kräutermedizin: Inf.
   Sennae comp.
— **Kräutertee:** Spec. laxantes.
Letschenwurz: Rad. Bardanae.
Lettenessig: Liq. Alumin. acet.
Lettenwurzel: Rad. Bardanae.
Letzter Wille: Kreosot.
Leuchte, weiße: Herb. Marrubii.
Leuchtenkraut: Herb. Taraxaci.
Lewaöl: Oleum Philosophorum.
Lewatblüten: Flor. Napi.
Lewerstock: Rad. Levistici.
Lewken: Herba Fumariae.
Ley: Fruct. Vanillae.
Lianenpfeffer: Fructus Amomi.

Libretz: Radix Levistici.
Lichtblau: Anilinum.
Lichtblumensamen: Sem. Col-
   chici.
Lichtblumenwurzel: Blb. Col-
   chici.
Lichtertag: Herba Euphrasiae.
Lichtertagsalbe: Ungt. Zinci.
Lichtertagwasser: Aq. ophthalm.
Lichtkraut: Herb. Chelidonii.
Lichtmagnet: Calc. sulfuratum.
Lichtrosenwurz: Rad. Saponar.
Lichtsalbe: Ungt. Zinci.
Lichtsamen: Zinc. sulfuricum.
Lichtschnuppen: Capita Papaver.
Lichttagkraut: Herb. Euphra-
   siae.
Lidwurz: Radix Rubiae.
Liebäugelkraut: Herb. Anchusac.
   Herb. Cynoglossi.
Liebäuglein: Flor. Anchusae.
   Flor. Boraginis. Cynogloss.
   officinale.
Liebe, brennende: Hrb. Clemati-
   dis.
Liebegehvonihm: Lign. Junip.
Liebelaufnachmir: Tinct. Va-
   nillae dilut.
Liebers Tee oder **Kräuter:** Herba
   Galeopsidis grandifl.
Liebertropfen: Tinct. amara.
Liebesäpfel: Fruct. Lycopersici.
   Bolet. cervinus.
Liebesblümchen: Flor. Bellidis.
Liebeskraut: Herb. Artemisiae.
Liebespulver fürs Vieh: Pulv.
   pro equis viride.
Liebespulver, rotes: Cort. Cin-
   nam. Pulvis aromatic.
—, **weißes:** Sacch. Lactis pulv.
Liebesstengel: Radix Levistici.
Liebestropfen: Tinct. Cinnamomi.
   Spirit. Juniperi.

Liebfrauenstroh: Herba Galii.
Liebkraut: Herba Galii.
Liebstengel: Radix Levistici.
Liebstöckel: Radix Levistici.
Liebstöclkelöl: Oleum viride.
Liedpfeifenwurz: Rad. Angelic.
Liegnitzer Tropfen: Tinct. Lignor.
Liekwe: Spirit. aethereus.
Liemken: Herb. Beccabungae.
Liene: Herb. Clematidis.
Lienle: Herb. Lycopodii.
Lieschen kann nicht gehen: Carregeen.
Liesenwiesenbiesenbalsam: Sir. Aurant. flor., Sir. Alth. et Sir. Bals. Peruv. āā. p. aequ.
Liestewurz: Rad. Levistici.
Lignumsanctum: Lign. Guajac.
Likdoorn = Hühneraugen.
Likkepot: Lycopodium. Electuar. e Senna.
Likörkörner: Spec. Hierae picr.
Likpot: Electuar. e Senna,
Likrosiumtropfen: Liq. Am. caust.
Lilge = Lilie.
Lilienblumen: Flor. Lilii alb.
Lilienkonvallen: Flor. Convall.
Lilienöl: Ol. Olivarum album. Paraffin. liquid.
Liliensaft: Sir. Aurant. florum.
Liliensalbe: Ungt. leniens.
Lilienwasser: Aq. Anisi. Aq. Rubi Idaei. Aq. Tiliae.
Lilienwurzel: Bulb. Apshodel. Tubera Ari.
Liliumfallum: Flor. Convallar.
Limbaumbeeren: Fruct. Sorbi. Fruct. Juniperi.
Limonadenpulver: Pulvis. refriger.
Limonensaft: Succ. Citri.
Limonensalz: Acid. citricum.
Limonenschale: Cort. Citri.
Limoninsäure: Acid. Citricum,

Limoninzucker: Elaeosacchareum Citri.
Linariensalbe: Ungt. Linariae.
Lindbast: Cortex Ulmi.
Lindebloesom: Flor. Tiliae.
Lindelbluhscht: Flor. Tiliae.
Lindelbluhscht: Flor. Tiliae.
Lindenasche: Carbo Ligni pulv. Kali carbonicum.
Lindenbaumöl: Ol. Olivarum. Ol. Rusci.
Lindenblüten: Flor. Tiliae.
Lindenblütensaft: Sir. Althae.
Lindengast und Weidenschwamm: Herb. Pulmonar. arbor. et Carrageen āā. p. aequ.
Lindenkohle: Carbo Ligni pulv.
Lindenstaub: Lycopodium.
Linderilant: Radix Helenii.
Linderndes, flüchtiges Vitriolsalz: Acid. boricum.
Liniment, flüchtiges: Liniment. ammoniat.
Linjon: Vaccin. Vitis Idaea.
Linnenkraut: Herba Linariae.
Linnentee: Flor. Tiliae.
Linsaat: Sem. Lini.
Linsenkaffee: Gland. Querc. tost.
Linsenkümmel: Fruct. Cumini.
Lippenblumenkraut: Herb. Mar. rubii.
Lippenklee: Fol. Trifolii alb.
Lippenpomade: Cerat. Cetac. rubr.
Lippitzhonig: Mel. crudum.
Lippstock: Radix Levistici.
Liquer: Spir. aethereus.
Liquor: Spirit. aethereus.
—, eisenhaltiger: Tinct. Ferri chlorat. aether.
— gegen Husten: Liqu. Amm. anis.
—, Hoffmanns: Spirit. aether.

Liquor, holländischer: Aethylenum chloratum.
Lischen: Rhiz. Caricis.
Lischwortel: Rhiz. Iridis.
Listendorn: Rad. Ononidis.
Listenwurz: Rad. Ononidis.
Litauischer Balsam: Ol. Rusci.
Litschpulver: Talcum pulv.
Littöl: Oleum viride.
Litzenpulver: Pulv. albificans.
Lizarin: Rad. Rubiae tinctor.
Löbestock: Radix Levistici.
Lobstichel: Rad. Levistici.
Lobtinktur oder **Lob- und Herztinktur:** Tinct. Cinnamom. Tinct. Corallorum. Tinct. Pini comp. Tinct. Aloës.
Lochpflaster: Perforiertes Pechpflaster oder Capsicumpflaster.
Löcherschwamm: Fung. Laricis.
Lochsam: Sirup. Althaeae.
Lochsamen: Sem. Lini.
Lochsamensaft: Sir. Liquiritiae.
Lockwitzer Balsam: Bals. Locatelli. Ungt. Rosmarini comp.
— **Spiritus:** Spir. resolv. Schmuck.
— **Tropfen:** Tinct. Lignorum.
Loderei mit Flüggopp: Spir. odorat c. Liq. Am. caust.
Lodjehn: Folia Farfarae.
Lödkeblätter: Folia Farfarae.
Löffelblatt: Herb. Cochleariae.
Löffelblumen: Flor. Lamii.
Löffelgeist: Spiritus Cochleariae.
Löffelkraut: Herb. Cochleariae. Herb. Droserae.
—, **wildes:** Herb. Ficariae. Herb. Chelidonii minor.
Löffelkrautpulver: Pulv. contra pediculos.
Löffelkrautspiritus: Spiritus Cochleariae.
Logjehn: Herb. Farfarae.

Loheiche: Cortex Quercus.
Lohholz: Viscum album.
Lohkraft: Lichen Pulmonariae.
Lohrbohnenmehl: Fruct. Lauri plv.
Lohsäure: Acid. tannicum.
Lokateller Balsam: Bals. Locat.
Lömek: Herb. Beccabung.
Lompuch: Herba Acetosae.
Londoner Salbe: Ungt. leniens.
Loochsaft: Sirup. Althaeae.
Loochsam: Sirup. Althaeae.
Lood = Blei.
Loodazijn: Bleiessig.
Loodkruid: Herb. Plumbaginis
Loog = Lauge.
Look: Bulbus Allii.
Look zonder look: Herb. Erysimi.
Looizuur: Acid. tannicum.
Löppwurz: Rhizoma Veratri.
Lorbeerbutter: Oleum Lauri.
Lotterpulver: Plv. Magnes. c. Rheo.
Lorbeerdaphnarinde: Cort. Mezereï.
Lorbeeren: Fructus Lauri.
Lorbeerkrautrinde: Cort. Mezereï.
Lorbeeröl od. **-salbe:** Ol. Lauri.
Lorbeln: Fructus Lauri.
Lorblätter: Folia Lauri.
Lorbohnen: Fructus Lauri.
Lordöl: Acet. pyrolignos. crud.
Lore, alte: Ol. Lauri, Ungt. Althaeae $\overline{aa}$. pts. aeq.
Lorenzkraut: Herba Saniculae.
Lorettosalbe: Oleum Lauri.
Lorget: Terebinthina communis.
Lorkraut: Herba Veronicae.
Loröl, festes: Ungt. laurinum.
—, **flüssiges:** Oleum Lauri.
— **u. Papoleum:** Ugt. Populi, Ol. Lauri $\overline{aa}$. p. aequ.
Lorölaltöl: Oleum Lauri, Ungt. flavum $\overline{aa}$. p. aequ.

Lörtsch: Terebinth. veneta.
Löschblei: Graphites.
Löschöl: Acet. pyrolignos. crud.
Löschpulver: Pulv. pro equis.
Löschungspflaster: Empl. sapon.
Löse: Aloë.
Lössalbe: Ungt. flavum. (nicht Ungt. pediculor.)
Löstropfen: Elixir e succo Liquir.
Lösung, Burowsche: Liquor Alumin. acet. dil.
Lötborax: Borax cristall.
Lotenpflaster: Empl. fuscum in scat. Empl. Meliloti.
Lothringerpflaster: Ceratum Resinae Pini.
Lotjehn: Folia Farfarae.
Lötsalz: Ammon. chloratum.
Lötwasser: Acid. hydroch. crud.
Lottenpflaster: Empl. Meliloti.
Lotteressig: Acet. aromaticum.
Löwenfackel: Flor. Verbasci.
Löwenfußkraut: Herb. Alchem.
Löwenkrautspiritus: Spiritus Cochleariae.
Löwenleber: Spongiae ustae.
Löwenmaul: Herba Linariae.
Löwenzahn: Rad. Tarax. c. Herb.
Lübecker Pflaster: Empl. Canth. Luebeck.
Lubritschen: Tub. Aconiti.
Lubscheten: Tub. Aconiti.
Luchs, witter: Sirup. Althaeae.
—, schwarzer: Succ. Liquiritiae.
Luchsplätzchen: Troch. Amm. chlor.
Luchsamsaft: Sirup. Liquiritiae.
Luchten: Herb. Taraxaci.
Luchtsam: Sirup. Althaeae.
Lucerne: Herb. Medicaginis.
Luciansblumen: Flor. Arnicae.
Luciuskraut: Herb. Arnicae.

Luciuswasser: Liquor Ammon. succin.
Ludeltee: Species nutrientes.
Ludwig, Alter: Ungt. flav. et Ol. Lauri aa. p. aequ.
Luege: Herb. Galeopsidis.
Luft, fixe: Pulv. aerophorus.
Luftadernpulver: Pulv. strumal.
Luftäpfel: Fruct. Colocynthidis.
Luftigflüchtig: Liniment. ammon.
Luftigundgeschwind: Liquor Ammon. caust.
Luftkörner, -kuchen oder -plätzchen: Rotul. Menth. pip.
Luftkraut: Herb. Hyssopi.
Luftlungensaft: Sir. Liquirit.
Luftpulver: Pulv. strumalis. Tubera Jalapae pulv.
Luftrohrpulver: Pulv. strumal.
Luftsaft oder -sam: Sirup. Althaeae. Sirup. Liquiritiae. Sirup. Sennae.
Luftsalbe: Ungt. Rosmar. comp.
Luftschwefel: Lycopodium.
Lufttropfen: Spirit. aethereus. Spir. Menth. pip. Tinct. carminativa.
Luftwasser: Aq. carminativa.
Luftwurzel: Radix Angelicae.
Luge: Herb. Galeopsidis.
Luisenblau: Coeruleum berolinense (Berliner Blau).
Luixenstickel: Radix Levistici.
Lukrezen: Succ. Liquiritiae.
Lumpenzucker: Sacch. alb. pulv.
Lumpenkraut: Fol. Trifolii fibrin.
Lungemiesch: Lich. Pulmonar.
Lungenbalsam: Sir. pectoral.
Lungenblumen: Flor. Antirrhin.
Lungenflechte: Lich. Pulmonar.
Lungenklee: Fol. Trifol. fibrin.
Lungenkraft: Lich. Pulmonar.

Lungenkraut: Fol. Farfarae. Herb. Pulmonar. Lichen Islandicus. Herb. Marrubii.
Lungenkrautpulver: Pulv. Liquirit. comp.
Lungenkresse: Herb. Cochleariae.
Lungenlack: Succ. Liqu. plv.
Lungenlatwerge: Elect. aromat.
Lungenleberkraut: Lichen Pulmonariae.
Lungenmoos: Lichen Islandic. Lichen Pulmonariae.
Lungenpfuhl, brauner: Sir. Liquiritiae. Sir. Papaveris.
—, weißer: Sir. Althaeae.
Lungenpulver: Pulv. Liqu. cps.
Lungenraff: Lichen Pulmonar. Lichen Islandicus.
Lungensaft Sir. Althaeae. Sir. Liquirit. Sir. Papav.
Lungenschildflechte: Lich. Pulmonariae.
Lungenwasser: Aq. Foeniculi. Aq. Sambuci.
Lungenwürz: Rad. Mëu.
Lungenwurzel: Rad. Petrosel'n., Tub. Ari.
Lungenwurzkraut: Herb. Pulmon.
Lungenchindli: Tub. Ari.

Lünich: Herb. Beccabungae.
Lupentee: Fol. Trifolii fibrin.
Luppi: Fructus Coriandri.
Lüppwurz: Rhiz. Veratri.
Lurferwasser: Acid. sulfur. dil.
Lurweblätter : Fol. Lauri.
Lüs = Läuse.
Lusampfern: Herb. Rumicis.
Lusestoff: Pulv. contra pedicul.
Lussaat: Pulv. contra pediculos.
Lust, allerlei: Electuar. e Senna.
Lust, neunerlei: Elect. theriacale.
Lustbeeröl: Oleum Arachidis.
Lustbornöl: Oleum Arachidis.
Lustig: Bolet. cervin. Pulv. aphrodisiacus.
Lustigundgeschwind: Liquor Ammon. caust.
Luststock: Radix Levistici.
Lustpulver: Pulv. aphrodisiacus.
Lustsaft: Sir. Aurantii florum.
Lustundfreuden: Bolet. cervin.
Lutmehr: Electuar. e Senna.
Lutters Pulver: Pulv. epilept. Plv. Magnes. c. Rheo.
Luttnersalbe: Empl. Lith. molle.
Luuröl: Oleum Lauri.
Lyriet: Terebinthina.
Lysten: Rad. Ononidis.

M.

Maa, Mag = Mohn.
Maagde = Mädchen.
Maagkraut: Herb. Pulmonariae.
Maagsame: Sem. Papaveris.
Maagsklipfel: Fruct. Papaveris.
Maasamen: Sem. Papaveris.
Maasbeerbaum: Sorbus aucuparia.
Maasblümchen: Flor. Bellidis.
Maashüchle: Fructus Papaveris.

Maashufele: Fructus Papaveris.
Maaske: Herb. Asperulae.
Maasklipfle: Fructus Papaveris.
Maaskolbe: Fructus Papaveris.
Maaskopf: Fructus Papaveris.
Maasliebchen: Flor. Bellidis.
Maastee: Fruct. Papaveris.
Macaotropfen: Tinct. Aurant. c. Spirit. aether. 1 : 10.
Macassaröl: Ol. crinale.

Machandelbeeren: Fruct. Junip.
Machdichlustig: Bolet. cervin.
Macholder: Fruct. Juniperi.
Machollerbeeren: Fruct. Juniperi.
Machtheilkraut: Herb. Solidaginis.
Macinesie: Magnes carbonic.
Macisblüte: Macis.
Macisnüsse: Sem. Myristicae.
Mackdenöl: Ol. Lumbricorum.
Madamenleder: Pasta gummosa.
Mädchenblumen: Flor. Bellid.
Mädchenhaar: Hrb. Capill. Ven.
Mädchenkraut: Herb. Vincae.
Maddingöl: Ol. Lumbricorum. Ol. Olivarum.
Mädelsüß: Flor. Ulmariae.
Madenken: Flor. Primulae.
Madenkraut: Herb. Saponariae.
Madentee: Herb. Chenopodii.
Madenwurzel: Rad. Saponariae.
Mäderblüten: Flor. Acaciae.
Mädertiniter: Fruct. Colocynth.
Madilguspulver: Rhiz. Torment. pulv.
Madragen, weiße: Bolus alba.
Magaro: Herb. Serpylli.
Magazinpulver: Pulv. ctr. pedic.
Magdalenenblumen: Flor. Bellidis.
Magdalenenwurzel: Rad. Spicae. Celtic.
Magdblüten: Flor. Chamomill.
Magdblumenmettram: Herba Matricariae.
Mägdebaum: Summit. Sabinae.
Mägdeblumen: Flor. Arnicae.
Mägdehülle: Herb. Virgaureae.
Mägdekrieg: Herb. Genistae.
Magdelein: Herb. Majoranae.
Mägdepalme: Herb. Vincae.
Mägdesüß: Herb. Ulmariae.
Magdkraut: Herb. Matricariae.
Magdlieben: Flor. Bellidis.

Mageel: Capita Papaveris.
Mageln: Capita Papaveris.
Magendriseneth: Pulv. aromat. c. Sacchar.
Magenbalsam: Bals. Nucistae. Ol. Myristic. Tinct. Benz. cps.
Magenbaumrinde: Cort. Betulae.
Magenbrand: Rhiz. Calami.
Magendistel: Herb. Card. bened.
Magenelixier: Elix. Aurant. cps.
Magenessenz: Tinct. amara. Tinct. Chinae comp.
Magenklee: Fol. Trifolii fibrin.
Magenköpp: Fruct. Papaveris.
Magenkrampftropfen: Tinct. Valerian. aeth.
Magenkraut: Herb. Absinthii.
Magenlatwerge: Elect. aromatic.
Magenpastillen: Troch. Natrii bicarbon.
Magenpflaster: Empl. stomach.
Magenpulver: Natr. bicarbonic. Pulv. carminat. Pulv. lax. Pulv. Magnes c. Rheo.
—, gelbes: Weimarsches: Pulv. Liquirit. comp.
Magenreinigung: Spec. amarae.
Magenreinigungstropfen: Tinct. aromat., Tinct. Calami. $\overline{aa}$. p. aequ. Tinct. Aloes comp.
Magensaft: Sir. Aurantii cort.
Magensalz: Natr. bicarbonicum.
Magenschleimpulver: Plv. Liquir. cps. Tub. Jalap. plv.
Magenschrot: Pulv. aromaticus.
Magenschwamm: Agaricus alb.
Magensekt: Vini Xerensis, Sir. Aur. cort. 3 : 1.
Magenstärkung: Resina Jalapae. Spec. amarae.
Magenstärkungstropfen: Tinct. aromat., Tinct. Calami. $\overline{aa}$. p. aequ. Tinct. Chinae comp.

Magenta: Fuchsin.

Magentee: Species laxantes.

Magentinktur: Tinct. amara. Tinct. Chinae comp.

Magentress: Pulv. aromaticus.

Magentrissenet: Plv. aromat. cum saccharo.

Magentropfen, aetherische: Tct. Valer. aeth.

—, **Ballhausens:** Tct. Aloës comp.

—, **Berliner:** Spir. Melissae cps.

—, **Biesters:** Tinct. Absinth. cps.

—, **bittere:** Tinct. amara.

—, **Danziger:** Tinct. Aloës comp.

—, **Dietrichs:** Elix. Aurant. cps.

—, **Mariazeller:** Tinct. Aloës cps.

—, **rote:** Tinctura aromatica. Tinct. Chinae. comp.

—, **sächsische:** Tinct. Aloës cps.

—, **Salzunger:** Tct. Rhei amara.

—, **saure:** Tinct. aromat. acida.

—, **schwarze:** Elix. Aur. comp.

—, **Sprangers:** Tinct. Aloës cps.

—, **weiße:** Spirit. aethereus.

Magentröss: Pulv. aromatic.

Magentrost: Herb. Hederae. Tinct. aromat.

Magenwein: Vin. Pepsini. Vin. Chinae. Tinct. Rhei vinos.

Magenwirkung: Spec. amarae.

Magenwurzel: Rad. Gentian. Rhiz. Ari. Rhiz. Calami.

Magenzelteln: Rot. Menth. pip.

Magerblumen: Flor. Rhoeados.

Magerkraut: Herb. Galii.

Magetresse: Pulv. aromaticus.

Magfrüchte: oder-Kapseln: Fruct. Papaveris.

Magihüsele: Fructus Papaveris.

Magisterwurzel: Rhiz. Imperator.

Magistranz: Rhiz. Imperator.

Magistranzwurzel: Rhiz. Imperat.

Magnesia, englische: Magnesia usta ponderosa.

—, **weiße:** Magnesium carbonic.

Magnesialimonade: Potio Magnesiae citr.

Magnetbrand: Tutia praeparata.

Magnetenpulver: Stib. sulf. nigr.

Magnetpflaster: Empl. oxycroc.

Magnetpillen: Pil. argentae. Pilul. odontalgicae.

Magnetspiritus: Spir. aethereus.

Magöl: Ol. Papaveris.

Magori, roter: Ungt. Hydr. rubr.

Magran: Herb. Majoranae.

Magretenpulver: Pulv. contra pedic. Sem. Foenugr. pulv.

Magsamen: Sem. Papaveris.

Magsamenköpfe: Capita Papaver.

Magschaden: Fruct. Papaveris.

Magschalen: Fruct. Papaveris.

Mahagonitropfen: Elix. Aur. cps.

Mahagoniwurzel: Rad. Alkann.

Mahlbaumbeeren: Fruct. Sorbi. Fruct. Juniperi.

Mählerkraut: Herb. Matricariae.

Mählkraut: Herb. Ulmariae.

Mahlwurzel: Rad. Consolidae.

Mähnenfett: Ol. ped. Tauri. Ungt. pomadin.

Mahnkrampensirup: Sir. Papaveris.

Majabluema: Herb. Taraxaci.

Majanegeli: Flor. Viol. odor.

Majariseli: Flor. Convallariae.

Maibaumblätter: Fol. Betulae.

Maiblumen: gelbe: Flor. Chamomillae. auch Taraxacum off.

—, **weiße:** Flor. Convallariae.

Maiblumenessig: Acet. Convall.

Maiblumensaft: Sir. Aur. flor.

Maiblumentabak: Pulv. sternut.

Maiblumenwasser: Aq. Aur. flor.

Maiblumenwurz: Rad. Taraxaci.

Maiblumenzauken: Flor. Convallariae.
Maiblümli: Flor. Chamomillae. Flor. Primulae.
Maibutter: Ungt. flav. Ungt. Majorannae.
Maidblumen: Flor. Chamomill.
Maidenhär: Herb. Capillor. Ven.
Maidkraut: Herb. Matricariae.
Maienkraut: Herb. Aegopodii.
Maienreis: Flor. Convallariae.
Maienrisli: Flor. Convallariae.
Maienrosenwurzel: Rad. Paeoniae.
Maiensäßblümli: Flor. Gnaphalii.
Maienzacken: Flor. Convallariae.
Majerah: Herb. Majoranae.
Maierkraut: Herb. Galii.
Maigelb: Lap. Calaminar.
Maiglöckchen: Flor. Convallar.
Maigrün: Schweinfurter Grün.
Maiholzrinde: Cort. Salicis.
Maikäferöl: Ol. Lini.
Maikäferspiritus: Spir. Vini.
Maikrabben: Rad. Ratanhae.
Maikraut: Herb. Ficariae. Herb. Chelidonii.
Maikräutertee: Blutreinigungstee.
Maikurtee: Species laxantes.
Mailänder Muck: Empl. Canthar. perp. extens.
Maililien: Flor. Convallariae.
Mainzer Tropfen: Tinct. Aloës comp.
Maiöl: Ol. Oliv. alb. Ol. viride.
Majoran, wilder: Herb. Origani.
Majolein: Herb. Majoranae.
Majorandosten: Herb. Majoranae.
Majorenkraut: Herb. Majoran.
Majorensalbe: Ungt. Majoranae.
Majorspillen: Pilul. Hydrarg. bichlor. Form. mag. Berol.
Majorwasser: Liq. Ammon. caust.
Mairan, Mairal: Herb. Majoran.

Mairanbutter: Ungt. Majoranae.
Mairandost: Herb. Majoranae.
Mairanöl: Ol. Majoranae. Ol. Chamomillae infus.
Maisbrand: Ustilago Maidis.
Maistöckel: Herb. Taraxaci.
Maisüßchen: Flor. Bellidis.
Maitrank: Herb. Asperulae.
Maitrieb: Turiones Pini.
Maitropfen: Tinct. aromatica.
Majussenblätter: Fol. Fragariae.
Maiwuchs: Turiones Pini.
Maiwuchsextrakt: Extr. Pini.
Maiwuchsöl: Ol. Terebinthinae.
Maiwurm: Meloe majalis.
Maiwürmeröl: Ol. Lumbricor. Ol. Hyperici. Ol. Olivar.
Maiwurzel: Lathraea squamaria.
Makassaröl: Ol. crinale.
Makenn: Fructus Carvi.
Makimisch: Fructus Carvi.
Makimi: Fruct. Carvi.
Makimmig = Kümmel, Fruct. Carvi.
Makrelanwurzel: Rhiz. Galang.
Makubatropfen: Mixt. oleos. bals.
Makufken: Flor. Rhoeados.
Malachitgrün: Viride montanum. (Berggrün).
Malagabohnen: Anacardia.
Malaganüsse: Anacardia oriental.
Malagneite: Fructus Amomi.
Malaguetkörner: Grana Paradisi.
Malaguettapfeffer: Grana Parad.
Malaktikumpflaster: Empl. Lith. cps. Empl. Meliloti.
Maldergeerwortel: Rad. Gentianae.
Malefizöl: Ol. Lini sulfurat. Ol. Olivar. c. Ol. Croton. 50 : 1.
Malefizpulver: Asa foetida pulv. Pulv. aromatic.
Malefizwachs: Cerat. fuscum.

Malengowurzel: Rhiz. Galangae.
Maler: Herb. Hederae.
Malergold: Stannum sulfurat.
Malergummi: Gummi arab.
Malerkraut: Herb. Acetosellae.
Maleröl: Ol. Caryophyllor.
Malicorium: Cort. frct. Granati.
Malkaspiritus: Spir. Angelicae.
Malmaison: Rad. Liquiritiae.
Malnit: Herb. Absinthii.
Malottentee: Herb. Meliloti.
Malthaöl: Ol. Petrae nigr.
Maltapech: Ol. Petrae nigr.
Malthesersiegelerde: Bolus rubr.
Malthiestropfen: Tinct. antichol.
Malvasierkraut: Herb. Agerati.
Malven, blaue: Flor. Malv. silv.
— **(Kneipp):** Flor. Malvae arbor.
—, **rote:** Flor. Malvae arbor.
—, **schwarze:** Flor. Malvae arb.
Malvenöl: Ol. Absinthii.
Malvensaft: Sir. Rhoeados.
Malvenwurzel, weiße: Radix
  Althaeae.
Malvenzucker: Pasta Liquirit.
Malzennasen: Fruct. Sorbi.
Malzsirup: Sir. Liquiritiae.
Mandelcerat: Cerat. Cetacei.
  Ungt. rosatum.
Mandelessenz: Benzaldehyd dilu-
  tus. Sir. Amygdalarum.
Mandelkleie: Farina Amygdal.
Mandelmehl: Farina Amygdal.
Mandelmilch: Emuls. Amygd.
  Sirup. Amygdalar. u. Aqu.
  destill. 1 + 10.
Mandelmilchessenz: Sir. Amygd.
Mandelöl: Ol. Amygdalarum.
— **zum Backen:** Benzaldehyd.
  dil. oder b l a u s ä u r e f r e i e s
  Oleum Amygdalar. aeth.
Mandelpomade: Ungt. pomad. alb.
Mandelsaft: Sir. Amygdalarum.

Mändeltee: Herb. Trifol. arv.
Mandragora: Rad. Mandragorae.
Mandragorawasser: Aqu. arom.
Manganstein: Manganum per-
  oxydatum.
Mängelesöl: Ol. Hyperici.
Mangeln: Amygdalae dulces.
Mangelsalbe, graue: Ungt. ctr.
  scab. Ungt. Hydr. ciner.
Mangelwurz: Rad. Lapathi.
Mangold: Beta vulgaris.
—, **wilder:** Herb. Polygal.
Maniguettapfeffer: Gran. Paradisi.
Mannabarbarazöröbche: Sir. Sen-
  nae c. Manna.
Mannablätter: Folia. Senna c.
  Manna.
Mannabrot: Cassia fistula.
Mannakindersaft: Sir. Sennae c.
  Manna.
Mannasaft: Sir. Mannae.
Mannaschoten: Cassia fistula.
Mannazucker: Manna tabulata.
Männchenwurzel: Rad. Mandrag.
Männekensaat: Plv. ctr. pedic.
Männerkrieg: Herb. Artemisiae.
Männertraubenblätter: Fol. Uvae
  Ursi.
Männertreu: Herb. Eryngii.
  Herb. Veronicae.
Männerwurzel: Rad. Mëu.
Mannesbart: Rad. Nardi.
Mannetjesdrop: Fruct. Cassiae
  fistulae.
Mannhaltwort: Rad. Aristol. rot.
Mannheimer Wasser: Spirit. Me-
  lissae comp.
Männlein und Weiblein oder
  Männliche und Weibliche:
  Bulb. Victorial. long. et rot.
Männleinwurmtüpfelfarn: Rhiz.
  Filicis.
Mannsblut: Herb. Hyperici.

Mannsholtwörteln: Rad. Aristoloch. rot.

Mannsgrabwurzel: Rad. Caryophyllatae.

Mannsholwurz: Rad. Aristol. rot.

Mannskraft: Rhiz. Caryophyllat. Herb. Hyperici.

Mannskraut: Herb. Pulsatillae.

Mannsliebe: Herb. Eupatorii.

Mannsrebe: Herb. Hederae.

Mannstreu: Herb. Eryngii.

Mänsamen: Sem. Papaveris.

Mäntelichrut: Herb. Alchemillae.

Mantelkraut: Herb. Alchemill.

Mänteltee: Herb. Trifol. arvens.

Mantelwurz: Bulb. Victorialis.

Mänten: Fol. Menthae crisp.

Manzeleblume: Herb. Aquilegiae.

Marak: Rad. Armoraciae.

Marantenäpfel: Fruct. Granati.

Marantenmehl: Amyl. Marant.

Marantwurzelrinde: Cortex. Granati.

Maraun: Herb. Majoranae.

Maraunwurzel: Rad. Pyrethri.

Marderblüh: Flor. Sambuci.

Marderkraut: Herb. Mariveri.

Marderwitterung: Tinct. Moschi. Zibeth. artificale.

Marentaken: Stipites Dulcam. Viscum album.

Marentocken: Stipit. Dulcamarae Viscum album.

Märgablümli: Flor. Farfarae.

Margarantblumen: Flor. Granat.

Margarantschalen: Cort. Granati. fruct.

Margaretenblümchen: Flor. Bellidis.

Margaretendistel: Herb. Cardui bened.

Margaretenkraut: Herb. Millefol.

Margaretenpulver: Pulv. antiepileptic. alb. Pulv. Magn. c. Rheo. Sem. Foenugr. plv.

Margaretensaft: Sirup. Adianti. Sir. Aur. flor.

Margaretensalbe: Ungt. Hydrarg. rubr.

Margendistel: Fruct. Card. Mar.

Margeriten: Flor. Chrysanthemi.

Marginalsalbe: Ugt. Hydr. pedic.

Margrankraut: Herb. Majoran.

Margrantenrinde: Cort. Granat.

Margrittli: Flor. Bellidis.

Mariabettstroh: Hrb. Adiant. aur.

Mariageisttropfen: Spir. aether.

Mariamagdalenenäpfel: Fructus Granati.

Mariamagdalenenwurzel: Radix Valerian.

Marianöl: Ol. Majoranae.

Mariareinigung: Herb. Rosmar. Rhiz. Tormentill. pulv.

Mariareinigungstropfen: Tinct. Cinnamomi.

Mariazeller Tropfen: Tinctura Aloës comp.

Marieleine: Herb. Majoranae.

Marienbader: Tee: Spec. laxant.

Marienbalsam: Tacamahaca.

Marienbaum: Fol. Rosmarini.

Marienbettstroh: Herb. Adianti. aur. Herb. Galii. Herb. Serpylli.

Marienblätter: Herb. Tanaceti.

Marienblümchen: Flor. Bellidis.

Marienbranntwein: Spir. Vini Gall.

Mariendistelsamen: Sem. Card. Mariae.

Marienessenz: Tinct. Myrrhae.

Marienfisch: Stincus marinus.

Marienflachs: Herba Linariae.

Mariengeist: Spir. Melissae cps.

Marienglas: Glacies Mariae. Calc. sulfuric. plv.

Marienglöckchen: Flor. Convall.
Marienkerzen: Flor. Verbasci.
Marienkörner: Fruct. Card. Mar.
Marienkranz: Flor. Bellidis. Herb. Millefolii. Herb. Serpylli.
Marienkraut: Herb. Alchemillae. Herb. Arnicae. Herb. Asperulae. Herb. Rosmarini.
Marienkrautblumen: Flor. Arnicae.
Marienkreuztee: Hrb. CarduiMar.
Marienkrönchen: Flor. Bellidis.
Marienmantel: Hrb. Alchemill.
Marienminze: Fol. Menth. crisp.
Mariennessel: Herb. Marrubii.
Marienpulver: Glac. Mariae plv. Calc. sulfuric. plv.
Marienrosen: Flor. Paeoniae.
Mariensalbe: Ungt. Zinci.
Mariensamen: Frct. Card. Mar.
Marienschellen: Flor. Convall.
Marienspiritus: Spir. Meliss. cps.
Mariensteinkraut: Herb. Nepetae.
Marienstengel: Flor. Voilae.
Marientalblumen: Flor. Convall.
Marientee: Fol. Rosmarini.
Marientränen: Sem. Milii solis.
Marientrank: Flor. Arnicae.
Marientrauben: Flor. Arnicae.
Marientropfen: Spir. Rosmar. Tinct. carminativa.
Marienwürmchen: Coccionella.
Marienwurzel: Rad. Bardanae. Rad. Valerianae.
Marienwurzelkraut: Hrb. Marrub.
Marillen = Kirschen.
Marinzessenz: Tinct. amara.
Markasit: Bismut. subnitricum.
Markasitöl: Bismutum chlorat.
Markassaröl: Ol. crinale.
Markgrafenfett: Ugt. Hydrg. ped.

Markgrafen- oder -gräfinnenpulver: Pulv. epilept. March. Plv. Magnes. c. Rheo.
Markgrafenpflaster: Empl. frigidum.
Markobell: Herb. Marrubii.
Marköl: Ol. Olivarum.
Marlefkenblüten: Flor. Bellidis.
Marmormehl: Calc. carbonicum.
Marmorsalbe: Ungt. ctr. pedic.
Marmorweiß: Creta praeparat.
Maronen: Fruct. Castaneae vesc.
Marräk: Rad. Armoraciae (Rettig).
Marrigenöl: Ol. Lumbricorum.
Marseiller Seife: Sapo Venetus.
Marsöl: Liq. Ferri sesquichlor.
— zum Schmieren: Ol. Rapar.
Marterblumen: Flor. Sambuci.
Marterkraut: Chrysanthemum Parthenium.
Martertropfen: Tinct. amara.
Martialischer Salmiak: Ammon. chlorat. ferrat.
Martinipulver: Ossa Sepiae plv.
Martinshand: Herb. Anserinae.
Martinskorn: Secale cornutum.
Marumverum: Herb. Mari veri.
Märzblumen: Flor. Farfarae. Herb. Hepaticae. Herb. Polyg.
Marzipansaft: Sir. Amygdalar.
Märzkraut: Geum urbanum.
Märzveigerl: Flor. Violae odor.
Märzveilchen: Flor. Viol. odor.
Märzviolen: Flor. Viol. odorat.
Märzwurzel: Rhiz. Caryophyllat.
Masaran: Herb. Majoranae. Herb. Teucrii.
Maschinenöl: Paraffin. liquid.
Maschinenseife: Sapo venetus.
Maschinentropfen: Spir. aether.
Mäschtee: Herb. Asperulae. Cannabis sativa.
Masdruchöl: Ol. viride.

Masdruchspiritus: Spiritus Mastich. comp.

Mäselsalbe: Ungt. digestivum.

Maseran: Herb. Majoranae. Herb. Teucrii.

Maserö: Herb. Majoranae.

Maserpflaster: Empl. fuscum.

Maskaren: Cubebae.

Maßbeeren: Fruct. Sorbi.

Maßliebe: Flor. Bellidis.

Masran = Majoran.

Massecke: Lichen Islandicus.

Massikot: Lithargyrum.

Masslenkraut: Herb. Asperulae.

Mastdarmöl: Ol. Sesami.

Mastek: Coccionella.

Mastel: Cannabis sativa.

Masterwurzel: Rhiz. Imperator.

Mastgeist: Ol. Terebinth. sulf.

Mastichharz: Mastix.

Mastichkraut: Herb. Mari veri.

Mastixöl: Ol. Sesami. Tinct. Aloës comp.

Mastkörner: Sem. Cucurbitae.

Mastkörneröl: Ol. Papaveris. Ol. Sesami.

Mastkörnersalbe: Ungt. Linariae. Ungt. Hamamelid.

Mastkörnerspiritus: Spir. Mastichis cps.

Mastpulver: Pulv. pro vaccis.

Mastruchspiritus: Spir. Meliss.cp.

Matäussalbe: Ungt. resinos.

Mate: Fol. Ilicis paraguayensis.

Mater: Herb. Matricariae.

Materialsalbe: Ugt. Hydrarg. ped.

Materkraut: Herb. Matricariae.

Mater Secalis: Secale cornutum.

Matico: Fol. Matico.

Matocken: Capita Papaveris.

Matatropfen: Aq. aromat. rubr.

Matratzen, weiße: Bolus alba.

Matrikalspiritus: Spirit. Mastich. comp.

Matritzsalbe: Ungt. Plumbi.

Matronenkraut: Herb. Matricar.

Matrosenpulver: Fel. vitri. Natr. sulfuricum pulv.

Mattenblumen: Flor. Stoechad.

Mattenchressech: Flor.Cardamin.

Mattenflachs: Herb. Eriophori.

Mattenkammi: Fruct. Carvi.

Mattenkölm: Herb. Serpylli.

Mattenkönigin: Flor. Ulmariae.

Mattenkolen: Herb. Serpylli.

Mattenkraut: Herb. od. Flor. Verbasci.

Mattenkümmel: Fruct. Carvi.

Mattensamen: Bulb. Colchici.

Mattentennli: Flor. Primulae.

Mattitennli: Flor. Primulae.

Mattscharte: Herb. Eryngii.

Maubeeren: Fruct. Myrtilli.

Mauchkraut: Herb. Galeopsid.

Mauckenwurzel: Rhiz. Filicis.

Maudrieseneth: Plv. aromatic.

Mauerasseln: Millepedes.

Mauerblumen, gelbe: Flor. Cheiri.

Mauerflachs: Herb. Linariae.

Mauerglaskraut: Herb. Parietar.

Mauerkraut: Herb. Parietariae. Herb. Marrubii.

Mauermannsfett: Adeps.

Mauerpfeffer: Herb. Sedi acris.

Mauerraute: Herb. Rutae.

Mauerrute: Herb. Rutae.

Mauersalat: Herb. Lactucae scariolae.

Mauertee: Herb. Oreoselini.

Mauerträubelein: Herb. Sedi.

Mauerwurzel: Rhiz. Filicis.

Maug(Mauken)-kraut: Herb. Galeopsidis.

Maugensalbe: Ungt. Aeruginis. Oxymel Aeruginis.

Maukenwurzel: Rhiz. Filicis.
Maukraut: Herb. Violae tricol.
Maulaff: Linaria vlg.
Maulbeerbaumschalen: Cortex Frangulae.
Maulbeerblätter: Folia Rubi fruticosi.
Maulbeersaft: Sir. Mororum.
—, weißer: Sir. Althaeae.
Maulbeersalbe: Ungt. Hydrarg. pedic.
Maulwurfspulver: Sang. Hirci.
Maulwurfstod: Fruct. Coriandri.
Maurellenfetzen: Bezetta.
Maurensamen: Fruct. Dauci.
Maurillen: Morcheln.
Mausbaumrinde: Cort. Frangul.
Mäuschenkappenkraut Herb. Aconiti.
Mausdornsamen: Sem. Rusci.
Mäusebrotkraut: Herb. Ficariae. Herb. Chelidonii minor.
Mäusedarm: Herb. Anagallidis.
Mäusedorn: Stipit. Dulcamarae.
Mäusegras: Herb. Herniariae.
Mäuseholz: Stipit. Dulcamarae.
Mäuseklee: Herb. Trifol. arvens.
Mäusekörner: Triticum venenatum.
Mäuseküttel: Herb. Anagallidis.
Mäuseöhrchen: Herb. Marrubii. Fung. Sambuci. Herb. Anserinae.
Mäusepulver: Acid. arsenicos.
Mäusesamen: Sem. Staphisagr.
Mäuseschierling: Herb. Conii.
Mäusezwiebel: Bulbus Scillae.
Mausholz, Mauskraut: Stipit. Dulcamarae.
Mausklee: Flor. Trifolii alb.
Mausöhrchen: Herb. Myosotis. Herb. Rubi frutic. Herb. Pilosellae (Kneipp).

Mausohr: Herb. Pilosellae.
Mauszwiebel: Bulb. Scillae.
Mauszwiebelessig: Acet. Scillae.
Mayenhut: Herb. Veronicae.
Mechoacanna: Tub. Jalapae.
Meckmack: Tacamahaca.
Medesüß Spiraea Ulmaria.
Medik: Tartarus stibiatus.
Medikament: Collodium.
Medikamentstropfen: Tinctura amara et aromat. $\overline{aa}$. p. aequ.
Mee, Meekrap: Rad. Rub. tinct.
Meejerkraut: Herb. Galii.
Meeralsch: Herb. Absinthii.
Meeranolie: Bals. Copaivae.
Meerbisquit: Ossa Sepiae.
Meerbohnen: Umbilici marini.
Meerdistel: Herb. Eryngii.
Meereichenpulver: Fucus vesiculos. pulv.
Meerfisch: Stincus marinus.
Meerfräuleinschmalz: Adeps.
Meergrapp: Rad. Rubiae tinct.
Meergris: Sem. Milii.
Meerharz: Asphalt.
Meerhecht: Stincus marinus.
Meerhirse: Sem. Milii solis.
Meermelbalsam: Ol. Terebinth.
Meermiesch: Helminthochorton.
Meermoos: Carrageen.
Meerrettigspiritus: Spir. Sinapis.
Meerrettigtropfen: Spir. Sinapis.
Meersalz: Sal. marinum.
Meerschalen: Conchae.
Meerschaum: Ossa Sepiae.
Meerschaumpulver: Talcum plv.
Meerschwamm: Spong. marin.
Meerspinnenbein: Ossa Sepiae.
Meerstein: Zinc. oxydatum.
Meerstinz: Stincus marinus.
Meertau: Herb. Rosmarini.
Meertrauben: Passulae majores.

Meertraubenblätter: Fol. Uvae Ursi.

Meertriwele: Passulae majores.

Meerwindenblätter: Fol. Brassic. mar.

Meerwurz: Rhiz. Caryophyllat. Rhiz. Tormentillae.

Meerzibele: Bulb. Scillae.

Meerzucker: Ossa Sepiae.

Meerzwiebel: Bulbus Scillae.

Meeskentee: Herb. Asperulae.

Megelkraut: Herb. Polygae.

Megerkraut: Herb. Galii.

Meggensaat: Pulv. ctr. pedicul.

Mehlbeerblätter: Fol. Urvae Ursi.

Mehlbeeren: Fruct. Scorborum. Fruct. Spinae. Fruct. Vitis Idaei.

Mehlbele: Herb. Chenopodii.

Mehldrine: Secale cornutum.

Mehlhagrosen: Flor. Rosae.

Mehlhundsaft: Mel. rosat. borax.

Mehlkrautblüten: Flor. Ulmar.

Mehlkreide: Lac Lunae.

Mehlmundsafterl: Mel rosat. borax.

Mehlmutter: Secale cornutum.

Mehlote: Herb. Meliloti.

Mehlwurz: Rad. Bryoniae.

Meiblümli: Flor. Hepaticae.

Meienrisli: Flor. Convallar.

Meierisli: Flor. Convallar.

Meiers Pflaster: Empl. fusc. camph.

Meiran: Herb. Majoranae.

Meiranbutter: Ungt. Majoran.

Meiringer Balsam: Tinct. Sabadillae.

Meiserich: Herb. Asperulae.

Meißnersche Pillen: Pil. Rhei.

Meister: Herb. Asperulae.

Meistereipflaster: Empl. fusc.

Meisterkraut: Herb. Asperulae.

Meisterlauge: Liq. Kali caustici.

Meisteröl: Ol. Olivar. viride.

Meisterpflaster: Empl. fusc. cph.

Meistertropfen: Tinct. Chinoid.

Meisterwurz, schwarze: Rad. Astrant. maj.

Meisterwurzel: Rad. Carlinae. Rad. Peucedani. Rhiz. Imperatoriae.

Meisterwurzelsaft: Sir. simpl.

Meisterwurzöl: Tinct. Lignor.

Melaguettapfeffer: Grana Paradisi.

Melancholiekraut: Herb. Fumar.

Melartenpflaster: Empl. Meliloti.

Melassensirup: Sir. communis.

Melaunkerne: Sem. Cucurbitae.

Melcherstengel: Herb. Artemis.

Melde, amerikan. oder mexikan.: Herb. Chenopodii.

Melilote: Herb. Meliloti.

Melis: Saccharum pulveratum.

Melisse: Fol. Melissae.

Melk = Milch.

Melkersalbe: Ungt. cereum et Ungt. Zinci $\overline{aa}$. p. aequ.

Melkpulver: Natr. bicarbonic.

Melonensalbe: Ungt. Kali jod.

Melonensamen: Sem. Cucurbit.

Melonenwasser: Aqua destillata.

Melotenkraut: Herb. Meliloti.

Melotenpflaster: Empl. Meliloti.

Melten: Herb. Meliloti.

Melumsafterl: Mel. rosat. boraxat.

Meluttenklee: Herb. Meliloti.

Mengelwurzel: Rad. Lapathi.

Menigkraut: Herb. Agrimoniae.

Mennige: Minium.

—, braune: Plumb. hyperoxyd.

—, gelbe: Plumb. oxydat. flav.

Mennigpflaster: Empl. fuscum.

Menschenfett: Adeps. Cetac.

Menschenfett gegen Ungeziefer: Ungt. Hydrarg. alb. dil.
— **mit Zucker:** Cetac. sacchar.
Menschenhaut: Empl. Anglicum.
Menschenhirnschale, gebrannte: Ossa Sepiae.
Menschenknochenmehl: Conch. praep.
Menschenöl: Ol. Olivarum alb.
Menschenpulver: Os. Sepiae plv.
Menschenschale: Ossa Sepiae.
Menschenstärkendes Pulver: Plv. aromaticus.
— **Tropfen:** Aether acet. et Tct. Cinnamomi 1 : 2.
Mentenwurz: Rad. Valerianae.
Menthe Brie: Fol. Menthae pip.
Mentzel: Herb. Asperulae.
Meppensaat: Plv. contra pedic.
Merakelpulver: Ossa Sepiae plv.
Merchenstengelsamen: Fructus Dauci.
Merdau: Fol. Rosmar.
Mergelwurz: Rumex obtusifolius.
Merich: Herb. Matricariae. Chrysanthemum Parthenium.
Merkenöl: Ol. Lumbricorum. Oleum Rapae.
Merkur, blauer: Ungt. Hydrarg. ciner.
Merkurblut: Herb. Verbenae.
Merkurialbalsam, äußerlich: Bals. Locatelli. Ol. Terebinth.
—, **innerlicher:** Aq. aromat. Tinct. Aloës cps.
Merkurialkraut: Herb. Mercurial.
Merkurialpflaster: Empl. Hydrg.
Merkurialpillen: Pilul. laxant.
Merkurialpulver: Pulv. contra insecta.
Merkurialsalbe: Ugt. Hydr. ped.
—, **gelbe:** Ungt. Hydrarg. citrin.
—, **rote:** Ungt. Hydrarg. rubr.

Merkurialsalbe, schwarze: Ungt. contra pedic.
Merkurialspiritus: Spiritus Mastich. compos. Spiritus Melissae. cmp. Ol. Terebinth.
Merkurialwasser: Aq. phagadaen.
Merkurius, blauer: Ungt. Hydrarg. cin. dil.
Merkurkraut: Herb. Mercurial.
Merlesamen: Fruct. Dauci.
Merongeist: Spir. Melissae cps.
Meronsaft: Spir. Melissae cps.
Merosent: Myrrha.
Mertblacha: Herb. Rucimis.
Merternwurzel: Rad. Pyrethri.
Merveille van Peru: Tub. Jalappae.
Merublean: Myrobalani.
Merwitztropfen: Tct. Pyrethri cp.
Merzablümli: Flor. Farfarae. Flor. Hepatic.
Merzasterna: Flor. Narcissi.
Merzenblümli: Flor. Farfarae. Flor. Hepaticae.
Meserich: Herb. Asperulae.
Messerputz: Lap. Smirid. pulv.
Messingtinktur: Acid. sulfur. dil.
Messingwasser: Acid. sulfur. dil.
Mestel = Mistel.
Metallspiritus: Spiritus Mentholi.
Meterkraut: Herb. Matricariae.
Metkräuter: Lign. Sassafras.
Methode: Elect. Theriacale.
Metjenöl: Ol. Lumbricorum.
Metkenöl: Ol. Lumbricorum. Ol. Olivarum.
Metram: Herb. Matricariae.
Metricksaft: Sir. Papaveris.
Metternich: Herb. Matricariae.
Metterwurz: Rad. Pyrethri.
Mettigöl: Ol. Lumbricorum.
Mettram: Herb. Matricariae.

Mettwurst, Spanische: Fructus Cassiae fistul.

Metzetutenöl: Tct. Guajaci lign.

Meumwurzel: Rad. Mëu.

Meutenwurzel: Rad. Valerian.

Mexikanischer Germersamen: Sem. Sabadill.

— **Tee:** Herb. Chenopodii.

Meyer, roter: Herb. Anagallidis.

Meyerkraut: Herb. Galii.

Meyermiere: Herb. Anagallidis.

Meyers Pflaster: Empl. fuscum camph.

Michaelissalbe: Ungt. Elemi.

Michelherzpulver: Pulv. epilept.

Michelkraut: Herb. Tanaceti.

Michelsblumensamen: Sem. Colchici.

Michelswurz: Bulb. Colchici.

Michelszwiebeln: Tub. Colchici.

Micheltropfen: Mixt. oleos. balsamic. Tinct. Benzoes comp.

Micköl: Ol. Chamomill. infus.

Miendeltee: Herb. Trifol. arv.

Miere, rote: Herb. Anagallidis.

Mierenkraut: Herb. Anagallidis.

Mierenspiritus: Spir. Formicar.

Miers: Alsine media.

Miesnissel: Boletus cervinus.

Miezchenkraut: Herb. Trifolii. arvens.

Miezeltee: Herb. Trifol. arvens.

Miggert: Herb. Artemisiae.

Migränepulver: Chinin. sulfur.

Migrauenpulver: Plv. ctr. pedic.

Milchblumen: Herb. Polygalae.

Milchdieb: Herb. Euphrasiae.

Milchdistel: Herb. Taraxaci.

Milchessenz: Tinct. Benzoës.

Milchkraut: Herb. Polygalae vulg.

Milchkraut unsrer lieben Frauen: Herb. Pulmonariae.

Milchpflaster: Empl. saponatum. Empl. Meliloti.

Milchpillen: Pilulae laxantes.

Milchpulver: Fruct. Foeniculi. pulv. Pulv. galactopaeus.

— **für Kindbetterinnen:** Kali sulfuricum.

— **fürs Vieh:** Pulv. lactescens.

—, **holländisches:** Plv. pro vacc.

— **zum Buttern:** Natr. bicarb. Tartarus depuratus.

Milchrödel: Herb. Taraxaci.

Milchsalz: Sacchar. Lactis.

Milchsamen: Sem. Foenugraeci.

Milchschelm: Herb. Euphrasiae.

Milchstöckel: Herb. Taraxaci.

Milchverteilungspflaster: Ceratum Cetacei. Empl. Melilot. Empl. sapon. rubr.

Milchverteilungspulver: Kali sulfuric. Pulv. temperans.

Milchverzehrungspflaster, rotes: Empl. saponat. rubr.

—, **schwarzes:** Empl. fusc. camph.

—, **weißes:** Cerat. Cetacei. Empl. saponat. album.

Milchzucker: Saccharum Lactis.

Mildammonium: Ammon. carb.

Milde: Herb. Mercurialis.

Militärsalbe: Ungt. contra pedic.

Millefleurs: Pulvis fumalis.

Miloriblau: Coeruleum Berolinense.

Milzeröffnende Essenz: Tinctur. carminat.

Milzessenz: Tinct. Aurantii.

Milzessenztropfen: Elix. Aurant. comp.

Milzessenz: Tinct. Salutis.

Milzkraut: Herb. Malvae silvestris (vulgaris).

Milzpflaster: Empl. aromaticum

Milzpulver: Pulv. equorum.

Milzrautenblätter: Fol. Rutae.
Mimosengummi: Gum. Arabic.
Mindeltee: Herb. Trifol. arvens.
Minderblumen: Flores Arnicae.
Minderers Geist: Liq. Am. acet.
— **Salz:** Ammonium aceticum.
Mine d'or: Rad. Ipecacuanhae.
Mineralblau: Coeruleum berolinense. Coeruleum montanum (Bergblau).
Mineralgeist: Benzin. Petrolei.
—, **Hoffmanns:** Spir. aethereus.
Mineralgelb: Plumb. oxychlorat.
Mineralgrün: Cuprum carbonic.
Mineralkermes: Stib. sulfur. rub.
Mineralkobalt: Cobaltum nativ.
Minerallack: Stannum chromic.
Minerallauge: Natr. causticum.
Minerallaugensalz: Natr. bicarb.
Mineralsalbe: Vaselinum.
Mineralsäure: Acid. hydrochlor.
Mineralweiß: Barium sulfuric.
Minnchen: Minium.
Minschenkoppspulver: Ossa Sepiae pulv.
Minschenschütt: Lapid. Cancr.
—, **präparierter:** Conchae praep.
Minundin: Chinoïdin.
Minutenpflaster: Empl. Melilot.
Minzenplätzchen: Rotulae Menth. pip.
Minzenwasser: Aqua Menth. pip.
Mirakelpflaster: Empl. ad rupturas. Empl. fuscum. Empl. Litharg. cmp. Empl. saponatum. Empl. Hydrarg. ciner.
Mirakelsalbe: Ugt. Hydrarg. cin. Ugt. Plumbi. Empl. fusc.
Mirakelspiritus: Mixt. vulnerar. acid.
Miraculum: Restitutionsfluid. Spir. russicus.
Mirbanessenz: Nitrobenzol.

Mirbanöl: Nitrobenzol.
Mireneier: Ova Formicarum.
Mirhirsch: Sem. Milii solis.
Mirrad: Myrrha.
Mirrenspiritus: Spir. Formicar. Tinct. Myrrhae.
Mischgelt: Viscum alb.
Misenkraut: Herb. Ptarmicae.
Missetat, rote: Ungt. ophthalm. rubr.
Mißwachsöl: Ol. aromatic.
Mistblacke: Herb. Rumicis.
Mistel: Viscum album.
Mistfinke: Herb. Taraxaci.
Mistmelde: Herb. Mercurialis.
Mitesserpulver: Farin. Amygd. Flor. Cinae pulv.
Mitesserseife: Sapo Venetus.
Mitesserzeltchen: Troch. Santonini.
Mithridat: Elect. Theriacale.
Mithridatöl: Ol. Juniperi.
Mithridattinktur: Tinct. amara.
Mitisgrün: Schweinfurter Grün.
Mitchelesöl: Ol. Lini. Ol. Petrae rubr.
Mittagsblumen kryst.: Herb. Mesembryanthemi.
Mittel gegen Ansteckung: Acet. aromaticum.
Mittlewor: Rhiz. Veratri pulv.
Mizeltee: Herb. Trifol. arvens.
Möbelöl: Ol. Hyperici.
Möbelwichse: Cerat. Terebinth.
Modder: Fango. Moorerde.
Modegewürz: Fruct. Amomi.
Modelgeer: Rad. Gentianae.
Moderpflaster, braunes: Empl. Galban. crocat. Empl. fuscum camphor.
—, **gelbes:** Empl. Litharg. comp.
Moderreinigung: Aqua foetid. antihysteric.

Moh = Mohn.
Mohhädele: Fruct. Papaveris.
Mohhaeplen: Fruct. Papaveris.
Mohköpp: Fruct. Papaveris.
Mohnblumen: Flor. Rhoeados.
Mohnefelden: Flor. Rhoeados.
Mohnfett: Ungt. cereum.
Mohnhäupter: Fruct. Papaveris.
Mohnkannen: Fruct. Papaveris.
Mohnköpfe: Fruct. Papaveris.
Mohnkrampensaft: Sir. Papaver.
Mohnmilch: Creta praeparata.
Mohnöl: Ol. Papaveris.
Mohnrautensaft: Sir. Papaver.
Mohnrosen: Flor. Rhoeados.
Mohnsaft, brauner: Sir. Papav.
 —, **roter:** Sir. Rhoeados.
Mohnschlötterche: Fruct. Papaveris.
Mohrenbalsam: Bals. Peruvian.
Möhrenbalsam: Bals. Peruvian.
Möhrenkümmel: Frct. Ajowan.
Mohrenkümmich: Herb. Dauci.
Mohrenkümmichsamen: Fruct. Dauci.
Möhrenmus: Succus Dauci.
Möhrenöl: Ol. Lini.
Möhrensaft: Succus Dauci.
Möhrensamen: Fruct. Dauci.
Mohrenthals Pflaster: Empl. fuscum.
Möhrenwurzel: Rad. Dauci. Rad. Bryoniae.
Mohrrübensaft: Succus Dauci.
Mohrrübensamen: Frct. Dauci.
Mohrsches Salz: Ferr. sulfur. ammoniat.
Mohrstein, türkisch: Conchae praep.
Moiber: Fruct. Rubi Idaei.
Molaine: Flor. Verbasci.
Molchpflaster: Empl. Lith. molle.

Molchenblüemli: Herba Malvae vulg.
Moli: Herb. Veronicae.
Molkenpulver: Tartar. depurat.
Molkensäure: Acid. lacticum.
Mollaine: Flor. Verbasci.
Mollenkrautsamen: Sem. Ricin.
Mollenpflaster: Empl. Lith. moll.
Mollkrautblumen: Flor. Primul.
Molukkenkörner: Sem. Tiglii.
Mombeeren: Fruct. Myrtilli.
Momordicablumen: Flor. Verbasci.
Momordicalöl: Ol. Sesami.
—, **grünes:** Ol. viride.
Momordicasaft: Sir. Aurant. flor.
Momordicasalbe: Ungt. cereum.
Momthun: Sem. Foenugraeci.
Monateln: Flor. Bellidis.
Monatsblümchen: Flor. Bellidis.
Monatsblumenblätter: Fol. Trifol. fibr.
Monatspulver: Pulv. menstrual.
Monatrösli: Flor. Rosae.
Monatstropfen: Tct. Ferri pomat.
Mönchenpulver: Plv. ctr. pedic.
Mönchsblumen: Herb. Taraxaci.
Mönchshafer: Pulv. ctr. pedicul.
Mönchskappe: Herb. Aconiti.
Mönchskatzenkraut: Hrb. Aconiti.
Mönchskirschen: Fruct. Alkekengi.
Mönchskopf: Rad. (Herb.) Taraxaci.
Mönchskrautwurzel: Rad. Taraxaci.
Mönchspfeffer: Fruct. Agnicasti.
Mönchspulver: Pulv. ctr. pedic.
Mönchspuppen: Frct. Alkekeng.
Mönchsrhabarber: Rad. Rhapontici.
Mönchswurzel: Rad. Arnicae. Tub. Aconiti.
Mondblumen: Flor. Calendulae.

Mondkörner: Fruct. Cocculi.
Mondkraut: Herb. Nummulariae.
Mondmilch: Lac Lunae. Creta praep. Magn. carb.
Mondraute: Herb.Lunariae.Herb. Capilli Veneris.
Mondsamen: Fruct. Cocculi.
Mondweide: Herb. Ligustri.
Mondwurzel: Rad. Valerianae.
Monikaöl: Ol. Hyperici.
Moniuröl: Ol. Hyperici.
Mönkenkraut: Herb. Agrimon.
Monkdenöl: Ol. Lumbricorum.
Montpelliergelb: Plumb.oxychlor.
Moor: Ebur ustum.
Mooräpfel: Fruct. Colocynthidis.
Moorwein: Aq. aromatica.
Moos, Irländisches: Carrageen.
—, **Isländisches:** Lich. Islandic.
Moosanken: Herb. Pinguicul.
Moosbeeren: Fruct. Oxycocos.
Moosbeerblätter: Fol. Uv. Ursi.
Moosgrün: Viride Schweinfurt.
Moosknoblauch: Herb. Teucrii.
Moosrosen: Flor. Rosae.
Moosknoblauch: Herb. Scordii.
Moospflanzentee: Lichen Islandicus.
Moospulver: Lycopodium.
Morabel: Herb. Marrubii.
Moräpfel: Fruct. Colocynthidis.
Moraß: Haarspiritus.
Mordwurzel: Rhiz. Galangae.
Morellsalbe: Ugt. Hydrarg. rubr.
Morgawurzkraut: Herb.Tanaceti.
Morgenblatt: Herb. Balsamitae.
Morgendistel: Herb. Card. Mar.
Morgenröschen: Herb. Globular.
Morgenröte: Flor. Calendulae.
Morgentau: Herb. Rorellae.
Morillen: Amygdalae dulces.
Morionweiblein: Tub. Salep.
Mörlensamen: Fruct. Dauci.

Mörsenmaukraut: Hrb. Lycopod.
Mörtöl: Ol. nucum Jugland.
Mörwurzel: Rad. Eryngii.
Mörzablad: Fol. Farfarae.
Mosch: Mastix. Moschus.
Moschatenbalsam: Bals. Nucist.
Moschatenblumen: Macis.
Moschatennus: Sem. Myristic.
Moschatensalbe: Bals. Nucist.
Moschen: Herb. Asperulae.
Möschtee: Herb. Asperulae.
Moschusblätter: Fol. Patschuli.
Moschuskörner: Sem.Abelmosch.
Moschuskraut: Herb. Achill. moschat. Herb. Mariveri.
Moschusöl: Tinct. Moschi.
Moschusrinde: Cort. Cascarill.
Moschussalbe: Ugt. Veratri alb.
Moschusscharfgarbe: Herb. Achilleae moschatae.
Moschustropfen: Spiritus Bretfeldi. Tinct. Moschi.
Moschuswurzel: Rad. Sumbul.
Mosholder: Fruct. Sorbi.
Most, eingesottener: Sir. Papav.
Mostbeeren: Fruct. Myrtilli.
Mostard, Mosterd: Senf.
Moteschmus: Lichen Islandicus.
Mottekrokt: Herb. Botryos.
Mottenblumen: Flor. Stoechad.
Mottenklee: Herb. Meliloti.
Mottenkraut: Herb. Chenopodii. Herb. Ledi. Herb. Patschuli.
Mottenöl: Ol. Bergamottae.
Mottenpflaster: Empl. Cerussae. Empl. Meliloti.
Mottenpulver: Camphora. Frct. Capic. plv. Naphthalin.
Mottensalz: Naphthalin crist.
Mottenspiritus: Spir. camphor. et Tinct. Capsici $\overline{aa}$. p. aequ.
Mövenöl: Ol. Lini.
Moxakraut: Herb. Artemisiae.

Muck, Mailänder: Empl. Canth. perp.

Muckeln: Cantharides.

Mücken, Spanische: Cantharid.

Mückenfett: Adeps. Ol. Jecoris Aselli.

Mückengift: Cobaltum crist.

Muckenholz: Lign. Quassiae.

Mückenholz: Lign. Quassiae.

Mückenkraut: Herb. Conizae.

Mückenöl: Ol. Caryophyllorum. Ol. Petrae nigr.

Mückensauger: Empl. Drouotti.

Mückenspiritus: Ol. Caryoph. c. Spirit. 1 : 5.

Mückenstaub: Lycopodium.

Mückenstein: Arsenic. album.

Mueterne: Herb. Calthae.

Muggert: Herb. Artemisiae.

Müggert: Herb. Artemisiae.

Mugwurz: Rad. Artemisiae.

Mühlbeersaft: Sirup. Mororum.

Mühleblümli: Flor. Bellidis.

Mühlebürstli: Flor. Bellidis.

Mühlenstein: Lap. Calaminar.

Mühliblüamli: Flor. Bellidis. Herb. Hepatic.

Muhmilch: Natr. bicarbonicum.

Mukin: Orleana.

Mulbeeri: Fruct. Mori.

Muldschmier: Ungt. Althaeae. Ungt. Laurinum.

Muljenspflaster: Empl. Melilot.

Mulkerskraut: Herb. Hyoscyami.

Müllerblümli: Flor. Bellidis.

Mülleringwer: Rhiz. Curcumae.

Müllerkraut: Herb. Origani.

Müllerkümmel: Fruct. Cumini.

Müllers Pflaster: Empl. fuscum.
— **Salbe:** Empl. Lithargyri.Ungt. Hydrarg. rubr.

Mültenkähm: Fruct. Cumini.

Mumienbalsam: Asphalt.

Mumilch: Natr. bicarbonic.

Mummei: Tartarus depuratus.

Mummelblumen: Flor. Nymph. alb.

Mummi und Puppi: Mumia. (Conchae praep.)

Münchener Hafer: Rhiz. Veratri. Pulv. contra pedicul.

Münchentee: Herb. Asperulae.

Münchsrhabarber: Rad. Rhapont.

Mündeltee: Herb. Trifol. arv.

Mundessig: Acetum Pyrethri.

Mundfäulekraut: Herb. Acetos.

Mundfäulesaft: Mel. rosat. borax.

Mundfäulnis: Herb. Acetosae.

Mundholz: Fol. Ligustri.

Mundhonig: Mel. rosat. boraxat.

Mundkali: Kali permanganic. Kali chloric.

Mundkraut: Herb. Veronicae.

Mundleim: Guttapercha alb. Gelatina saccharata.

Mundreinigung: Mel. rosatum. borax.

Mundrosen: Flor. Althaeae. Flor. Malvae arb.

Mundrosensaft: Mel. rosatum.

Mundrot: Rad. Alcannae.

Mundsalbe: Cerat. Cetac. rubr. Ungt. leniens.

Mundtinktur: Tinct. Ratanhae.

Mundtropfen: Tinct. Guajaci.

Mundwurz: Rad. Valerianae.

Munhemler: Bulb.Victorial. long.

Munihode: Tub. Colchici.

Muniseckel: Tub. Colchici.

Munnikenpoeder: Sem. Staphisagriae plv.

Münserlkraut: Fol. Menthae crisp. Herb. Bursae Pastor.

Münzbalsam: Fol. Menth. crisp.

Münze siehe Minze.

Münzenpulver: Pulv. albificans.

Mure: Daucus Carota.
Murensamen: Fruct. Dauci.
Murjahnskräuter: Spec. Catapl.
Murkenkraut: Herb. Anethi.
Murkensamen: Fruct. Dauci.
Mürkraut: Herb. Anagallidis.
Murmeltierfett: Adeps.
Murmeltieröl: Ol. Jecor. Asell.
Murrsamen: Fruct. Dauci.
Murubelkraut: Herb. Marrubii.
Mus: Meist Succ. Sambuci inspissat., aber auch andere Succi inspiss.
Muschkelblut: Macis.
Muschelkraut: Herb. Veronicae.
Muschelmehl: Conchae praep.
Muschelöl: Ol. camphorat.
Muschelschalen: Conch. praep.
Muschketnuß: Sem. Myristicae.
Müschs Tee: Fol. Uvae Ursi.
Musciusöl: Ol. Lavandulae.
Musikantenöl: Oleum Anisi. Ol. Olivarum.
Musikus: Pulv. contra pedicul.
Müsk: Moschus.
Muskatbalsam: Bals. Nucistae.
Muskatblätter: braune: Macis.
—, weiße: Fol. Ribis.
Muskatblüte: Macis.
Muskatbutter: Bals. Nucistae.
Muskatellerkraut: Fol. Salviae.
Muskatnüsse: Sem. Myristicae.
Muskatöl: Ol. Myristicae.
Muskatsaft: Sir. simpl. c. gtt. Ol. Macidis.
Muskatsalbe: Bals. Nucistae.
Muskatwachs: Bals. Nucistae.
Muskblätter: Herb. Patschuli.
Müskblätter: Fol. Patschuli.
Muskensalbe: Ungt. Hydrarg. rubr. Ungt. Zinci.
Musketiersalbe: Ungt. Hydrarg. pedic.

Muskus: Moschus.
—, umgewandter: Ungt. sulfurat. Ungt. contra scab.
Muskuspulver: Pulv. ctr. pedic.
Muskustee: Carrageen.
Müsli: Fol. Salviae.
Müsöhrli: Flor. Gnaphalii. Herb. Pilosellae.
Müstert: Sem. Erucae.
Muswethe: Triticum venenatum.
Muter: Herb. Matricariae.
Mutkraut: Herb. Anagallidis.
Mutmilch: Magnesia carbonica.
Mutpulver: Cantharides pulv.
Mutschengliederöl: Ol. Philos.
Mutscheröl: Ol. Philosophor.
Mutschkernöl: Ol. Papaveris.
Mutterbalsam: Aqu. aromat. Bals. Nucist. Mixt. oleos bals. Mixt. sulfuric. acid. Tinct. Aloës cmp. Tinct. Benzoës comp.
Mutterbandpflaster, gelbes: Empl. oxycroceum.
—, rotes: Empl. ad rupturas.
—, schwarzes: Emplastr. fusc. camph.
Mutterbescherungstropfen: Tinct. Castorei.
Mutterblätter: Folliculi Sennae.
Mutterblume: Herb. Polygalae amar. Herb. Pulsatillae.
Mutterblüte: Flor. Malvae silv.
Mutterbranntwein: Aq. Rosmarini spirit.
Mutterbutter, grüne: Unguent. Majoranae.
—, weiße: Ungt. leniens.
Mutterdistel: Herb. Cardui benedicti.
Mutterdistelsamen: Sem. Card. Mariae.
Muttere: Fol. Calthae.

Mutteregel: Hirudines.
Mutterelixir: Tinct. Aloës cps.
Mutteren: Meum athamanticum.
Mutteressenz: Tinct. carminat. Tinct. Cinnamom. Tinct. Valer. aether.
Muttergeduldtropfen: Tinctura Valer.
Muttergeist: Aq. carminativa. Spir. Melissae comp.
—, **roter:** Aq. aromat. rubr.
Mutterglasharz: Galbanum.
Muttergottesbrot: Herb. Bursae Past.
Muttergotteskraut: Herb. Centaurii.
Muttergottesmänteli: Alchemilla vulgaris.
Muttergottesrute: Hrb. Tanaceti.
Muttergummi: Galbanum.
Mutterharz: Galbanum. Resina Pini.
Mutterharzpflaster: Empl. Galbani croc. Empl. Litharg. cps.
Mutterhohlwurz: Rad. Arist. long.
Mutterkamillen: Flor. Chamom.
Mutterkanehl: Cort. Canell. alb.
Mutterkörner: Fruct. Amomi.
Mutterkorn: Secale cornutum.
Mutterkrampfpulver: Tubera Jalap. plv. et Rad. Rhei plv. $\overline{aa}$. p. aequ.
Mutterkrampftropfen: Spir. aeth. Tinct. Cinnamom. Tinct. Valer. aeth. Tinct. Castorei.
Mutterkraut: Herb. Alchemill. Herb. Matricar. Herb. Melissae. Herb. Tanaceti. Meum atham.
Mutterkräuter: Fol. Menth. pip.
Mutterkreide: Succ. Sorb. insp.
Mutterkümmel: Fruct. Cumini.
Mutterlorbeeren: Fruct. Lauri.

Muttermakemi: Fruct. Cumini.
Muttermutter: Ungt. Tutiae.
Mutternägele: Anthophylli.
Mutternelken: Anthophylli.
Mutterpflaster, rotes: Emplastr. saponat. rubr.
—, **schwarzes:** Empl. fuscum.
—, **weißes:** Emplastr. Litharg. molle.
Mutterpillen: Pilul. balsamic. Pilul. laxant. rubr.
Mutterpulver: Pulvis laxans.
— **fürs Vieh:** Rad. Mëu gr. plv.
Mutterrauch: Spec. ad suffiend.
Mutterromor: Elect. theriacale.
Muttersalbe: Cerat. Cetacei. Empl. fusc. Empl. Lith. molle. Ungt. Populi. Ungt. Rosmarin. comp.
Musterschnaps: Aqu. vitae carmin.
Muttersennesblätter: Follicul. Sennae.
Mutterspiritus: Spir. Mastich. comp. Spir. Angel. comp.
Mutterstillstandstropfen: Spir. aeth. Tinct. Cinnamom.
Muttertee: Flor. Cham. Rom. Herb. Melissae. Species. lax.
Muttertropfen, alte und neue: Aq. aromat. rubr. Tinct. Rhei aquos.
—, **braune:** Tinct. Castorei. Tinct. Valerianae.
—, **rote:** Tinct. aromatic. Tinct. carminat. Tinct. Cinnam. Tinct. Galbani.
—, **saure:** Mixt. sulfuric. acida.
—, **schwarze:** Elix. Proprietat. sine acido.
—, **weiße:** Aq. aromat. Liq. Ammon. anis. Spir. aether. Spir. Melissae comp.

Mutterwasser: Aq. aromatica.
Aqu. Cinnamomi.
—, **goldiges:** Tinct. Castor.
camph.
Mutterwurzel: Rad. Artemisiae.
Rad. Mëu.
Mutterzimt: Cort. Cass. alb.
Mützchenklee: Herb. Trifolii arv.
Mützchentee: Herb. Trifol. arv.
Mützenpulver: Pulv. albificans.
Pulv. contra pediculos.

Muzwut: Herb. Artemisiae.
Mynsichts Elixir: Tct. arom. acid.
Myrrhenessenz: Tinct. Myrrhae.
Myrrhengummi: Myrrha.
Myrrhenöl: Tinct. Myrrhae.
Myrrhentinctur: Tinct. Myrrhae.
Myrtenbeeren: Fruct. Myrtilli.
Myrtendorn: Fol. Ilicis.
Myrtensalbe, weiße: Unguent.
Kalii jodat.
Myrtenspiritus: Tinct. Myrrhae.

N.

Nabelbruchpflaster od. **-salbe:**
Cerat. fuscum. Empl. ad-
haesiv. ext. Empl. aromat.
Empl. fuscum camphor. Empl.
ad rupturas.
Nabelkraut: Herb. Pyrolae. Herb.
Linariae.
Nabelpflaster: Empl. fuscum.
Empl. saponatum.
Nabelsteine: Umbilici marin.
Nabelwurzel: Rhiz. Bistortae.
Rad. Taraxaci. Rhiz. Tor-
mentillae.
Nachlaßsalbe: grüne, Ungt. nerv.
Nachtheil: Herb. Virgaureae.
Nachtheiltropfen: Tinct.Val.aeth.
Nachtjadenpflaster: Empl. Conii.
Nachtigallöl: Ol. Amygdalar.
Nachtigalltropfen: Aeth. acetic.
Nachtkraut: Herb. Parietariae.
Nachtschadenpflaster od. **schwede**
weißes: Empl. Cerussae.
—, **schwarzes:** Empl. Conii.
Nachtschatten: Stipit. Dulcamar.
Herb. Solani. Herb. Scrophu-
lariae.
Nachtschattenessenz: Aq. Aur.
florum.

Nachtschattenöl: Ol. Hyoscyami.
Nachtschattenpflaster, schwarzes:
Empl. Conii.
—, **weißes:** Empl. Cerussae.
Nachtschattenschwede, weißer:
Empl. Cerussae.
Nachtschattenwasser: Aqua
Amygd. am. dil. Aq. Sambuc.
Nachtviolenwasser: Aq. destill.
Nachwasser: Aq. aromatica.
Nachwehtropfen: rote: Tinct.
Cinnamomi.
—, **weiße:** Spir. Angelicae cps.
Nackrosen: Flor. Malv. arbor.
Flor. Rhoeados.
Nackte Füße, Sem. Colchici.
— **Hure:** Sem. Colchici.
— **Mädel:** Pulv. Cantharid. dil.
Nadeldieb: Herb. Burs. Pastor.
Nadelgras: Herb. Plantagin.
Nadelwurzel: Rhiz. Bistortae.
Naderwurz: Rhiz. Bistortae.
Nagel = Nelken (holländ.)
Nagelblumen: Flor. Caryophyllor.
Nägelchen: Caryophylli.
Nagelholz: Cort. Caryophyl-
latae.
Nägeli: Flor. Dianthi.

Nagelkraut: Herb. Marrubii. Herb. Pilosell. Herb. Chelidonii.

Nagelwachs: Cerat. resin. Pini.

Nagelwurzel: Rad. Sanguinar.

Nägelzimmt: Cort. Caryophyllat.

Nagenwurz: Rhiz. Calami.

Nagerln: Caryophylli.

Nagerl = Nelken.

Nagerlöl: Ol. Caryophyllorum.

Nägleinbork: Cort. Caryophyll.

Nägleinkraut: Geum urbanum.

Nägleinwurz: Rhiz. Caryophyll.

Nagwart: Fol. Stramonii.

Nagwurz: Rad. Bryoniae.

Nähmaschinenöl: Paraff. liquid.

Nährdi: Pulv. pro equis.

Nährmehl: Amyl. Marantae.

Nahrungstee: Spec. Lini comp.

Naiele: Caryophylli.

Nancysäure: Acid. lacticum.

Nanziger Kugeln: Globul. Tart. ferrat.

Napellenkraut: Herb. Aconiti.

Naphtha: Aether. Spiritus aethereus.

Naphthabraun: Anilinum fuscum.

Naphthian, gelber: Tinct. Valer. aetherea.

—, roter: Tinct. Cinnam.

—, weißer: Spir. aethereus.

Naphthum: Naphthalinum.

Napoleon, umgewandter: Ungt. contra pediculos. (Ungt. neapolitan.)

Narbensalbe: Ungt. Calaminar.

Narde, deutsche: Lavandula officinalis.

—, wilde: Asarum europaeum.

Narden, Celtischer: Rad. Valerian. Celtic.

Nardensamen: Sem. Nigellae.

Nardenwurzel: Rad. Caryophyllatae. Rhiz. Asari. Rad. Valerian. celtic.

Nardusöl: Ol. Pini. Ol. Valerian.

Narduswurzel: Rad. Valerian.

—, wilde: Rhiz. Asari.

Narkotisches flüchtiges Vitriolsalz: Acid. boricum.

Narrenheil: Herb. Anagallidis.

Narrenkappen: Flor. Aquilegiae. Tub. Aconiti.

Nasam: Asa foetida.

Nasenblüten: Flor. Rhoeados.

Nasenpflaster: Empl. Lith. cps.

Natmierus: Tinct. Myrrhae.

Natron, blausaures: Ferro-natrium cyanatum.

—, doppeltes: Natrium bicarbon.

—, kaustisches: Natr. caustic.

—, kristallisiertes: Natr. carbonic.

— zum Backen: Natr. bicarbonic.

Natrum: Natr. bicarbonicum.

Natte tritum: Ungt. Plumbi.

Natterblumen: Herb. Polygalae.

Nattergoldkraut: Herb. Nummulariae.

Natterknöterich: Polygonum Bistorta.

Natterkopf: Rad. Echii.

Natternkraut: Herb. Lysimachiae. Polygonum Bistorta.

Natterwurzel: Rhiz. Ari. Rad. Bistortae. Rhiz. Tormentill.

Natterwurzelsaft: Sir. Senegae.

Natterzunge: Herb. Agrimoniae.

Naturgeblütstropfen: Tinctura Lignorum.

Natursalbe: Ungt. flavum. Ungt. Plumbi.

Naturtropfen: Tinct. amara.

Naumanns Saft: Sir. Rhei. Sir. Rhei c. Tub. Jalap. plv.

Neapelgelb: Plumbum stibicum.
Neapelrot: Terra de Siena.
Neapelsalbe: Ungt. Hydrargyri.
ciner. Ungt. neapolitan.
Neapolitaner Salbe: Unguentum
Hydrarg. pedicul.
Neapolitanisches Pflaster: Empl.
Hydrargyri.
Nebelkraut: Herb. Linariae.
Nebenaufkraut: Herb. Chamae-
dryos. Herb. Veronicae.
Nefferrinde: Cort. Ulmi.
Negelwurz: Rhiz. Caryophyll.
Rhiz. Asari.
Negen = Neun.
Negendeilspulver: Plv. pro equ.
Negenkracht: Rhiz. Imperatoriae.
Negenkraft: Pulv. fumalis.
Negenkraftkraut: Fol. Farfarae.
Negerkraut: Herb. Asperulae.
Negerplätzchen: Salmiak-
plätzchen.
Negertropfen: Elix. amarum.
Neglen: Caryophylli.
Nehmutheilspulver: Pulv. pro
equis nigr.
Neith: Zincum sulfuricum.
Nelken: Caryophylli.
Nelkenblüten: Caryophylli.
Nelkenessenz: Spir. Lavand. cps.
— **gegen Zahnschmerzen:** Ol.
Caryophyll.
Nelkenholz: Cort. Caryophyllat.
Nelkenkassie: Cort. Caryophyll.
Nelkenköpfe: Fruct. Amomi.
Nelkenkörner: Fruct. Amomi.
Nelkenmyrthe: Cort. Caryophyll.
Nelkenpfeffer: Fruct. Amomi.
Nelkenrinde: Cort. Caryophyll.
Nelkenwurz: Rad. Caryophyll.
Nelkenwürze: Rad. Caryophyll.
Nelkenzimt: Cort. Caryophyll.
Nengstöchel: Rad. Levistici.

Nenneck: Herb. Alchemillae.
Neptenkraut: Herb. Neptae.
Neroliblüten: Flor. Aurantii.
Neroliessenz: Ol. Aurantii flor.
Neroliöl: Ol. Aurantii florum.
Neroliwasser: Aq. Aurantii flor.
Nervenbalsam oder **-geist:** Spir. sa-
pon. camph. Mixt. oleos. bals.
s. auch Nervenspiritus.
Nervenöl: Spir. sapon. camph.
Ol. camphor. Ol. Spicae. Ol.
templinum. Ol. viride. Ol.
Rosmar.
Nervenpflaster: Empl. aromat.
Empl. sticticum.
Nervensalbe, gelbe: Unguent.
Rosmarini comp.
—, **grüne:** Ungt. nervn. viride.
Nervensalz: Ammon. phosphor.
Nervenspiritus: Mixt. ol. bals.
Spir. Angelic. cps. Spir. Ros-
mar. Spir. sap. camph. Spirit.
nervinus.
Nervenstärk: Rad. Angelicae.
Nervenstärkendes Pulver: Plv.
aromatic. c. Sacchar. Rad.
Artemisiae pulv.
Nerventinktur: Tinct. Ferri chlor.
aeth. Tinct. Valer. aeth.
Nerventod: Tinct. odontalgica.
Nerventropfen, Bestuscheff: Tct.
Ferr. chlor. aeth.
—, **eisenhaltige:** Tinct. Ferri.
chlorati aether.
—, **helle:** Spir. aeth. camphorat.
—, **rote:** Tinctura apoplect. rubra.
Tinctura Ferri acetic. aeth.
Tinct. Valerian. aeth.
—, **saure:** Aether acet. Tinct.
aromat. acid.
Nervenwasser: Aq. aromatic.
Nessel, neunte: Herb. Galeopsidis. Herb. Scrophular.

Nesselblüte: Flor. Lamii alb.
Nesselkraut: Herb. Urticae.
Nesselseide: Herb. Cuscutae.
Nesselwasser: Aq. Petroselini.
Nesselspiritus: Spir. Cochlear.
Neßle: Herb. Urticae.
Netelensaat: Semen Urticae.
Nettel = Nessel.
Nettelöl: Oleum Lumbricorum.
Nettelwasser: Aq. Menth. pip.
Neublau: Anilinum coerul.
Neuenburger Extrakt: Tinct. Absinthii.
Neuewürze: Fruct. Pimentae.
Neugeborenkindersaft: Sir. Rhei et Sir. Mannae aa. p. aequ.
Neugelb: Plumb. chromic. Plumb oxyd. flav.
Neugelenk: Herb. Serpylli.
Neugewürz: Fruct. Amomi.
Neugrün: VirideSchweinfurtense.
Neukorn: Pulv. contra pediculos.
Neumanns Pulver: Pulv. pro infantib.
— **Säftchen:** Sir. Rhei. Sir. Rhei c. Tub. Jalap. pulv.
Neunbruderblut: Succ. Kermes. Sang. Draconis. Bolus rubra.
Neunenkleppel: Herb. Scabios.
Neunerlei: Linim. saponato-camphor. liquid.
— **Blümchenwasser:** Aqu. arom.
— **Gewürz:** Fruct. Amomi. Pulv. aromatic.
— **Harz:** Spec. ad suffiend.
— **Kräuter:** Spec. amarae. Spec. aromaticae.
— **List:** Plv. Magn. c. Rheo.
— — **fürs Vieh:** Elect. theriac.
— **Lust:** Elect. e Senna.
— — **für Kinder:** Sir. Rhei. Sir. Rhoeados. Pulvis Magnes. c. Rheo.

Neunerlei Öl: Ol. Hyoscyami. et Ol. Terebinth. aa. p. aequ.
— **Pflaster:** Empl. ad rupturas. Empl. oxycroc. ven.
— **Pulver:** Pulv. epilept. March.
— — **fürs Vieh:** Plv. pro equis.
— **Salbe:** Ungt. contra scabiem.
— **Samen:** Semina mixta.
— **Spiritus:** Spir. sapon.-camph.
Neungleich: Herb. Lycopodii.
Neungliederöl: Ol. Hyoscyami.
Neunhämliwurz: Bulb. Victorial.
Neunhämmerleinwurz: Bulb. Victorial. long.
Neunhänderwurz: Bulb. Victorial.
Neunhäutewurz: Bulb. Victorial. long.
Neunheilkraut: Herb. Lycopodii.
Neunheilpulver: Lycopodium.
Neunhemderwurz: Bulb. Victorial. long.
Neunhemmler: Bulb. Victor. long.
Neunkircher Rezept: Species amarae.
Neunkraftkraut: Hrb. Conyzae.
Neunkraftsalbe: Ungt. nervin.
Neunmalgrün: Ungt. Populi. Ungt. nervin. virid.
Neunstöckel: Rad. Levistici.
Neunte Nessel: Herb. Scrofular. Herb. Galeopsidis. Herb. Squammariae nod.
Neunundneunziger Geblütspulver: Pulv. Liquirit. comp.
Neupfeffer: Fruct. Pimentae.
Neustein: Zinc. sulfur. pur.
Neuviolett: Anilin.
Neuweiß: Barium sulfuricum.
Neuwürz: Fructus Amomi.
Neven: Flor. Calendulae.
Nichthinundnichther: Tinctur. Chinoïdini.

Nichts: Zinc. oxydat. Zinc. sulfuricum.

—, blaues: Stib. sulfurat. nigr.

—, graues: Tutia praep.

—, schwarzes: Stibiumsulfur. nigr.

—, weißes: Zinc. oxydat.

— zum Auflösen: Zinc. sulfur.

Nichtssalbe: Ungt. Zinci.

Nickelkraut: Herb. Saniculae.

Nicolaische Magentropfen: Elix. Aurant. comp.

Nidelbrot: Sem. Phellandrii.

Nidelkumrumdipflaster: Empl. Lythargyr. comp.

Niederdulz: Spir. aether. nitros.

Niederdulztropfen: Spir. aetheris. nitrosi.

Niederflieder: Fruct. Ebuli.

Niedergeduldstropfen: Spirit. Aether. nitros.

Niederschlagendes Pulver: Pulv. temperans.

Niederschlagtropfen: Spiritus Aether. nitros.

Niedersenzöl und Mierentropfen: Tinct. Aloës, Tinct. Myrrha aa. p. aequ.

Niederstolzkühn: Spir. Aeth. nitr.

Niedwurzelsalbe: Ungt. Populi.

Niele: Herb. Clematitis.

Nierensalbe: Ungt. Rosmar. cps.

Nierentee: Fol. Uvae Ursi. Spec. diureticae.

Nierensteintee: Spec. diureticae.

Niesbeutel: Rhiz. Veratri pulv. in sacc.

Niesblumen: Flor. Convallariae.

Nieserpulver: Rad. Helleb. pulv. Rhiz. Veratri pulv.

Niesgarbe: Herb. Ptarmicae.

Nieskraut: Herb. Gratiolae. Herb. Ptarmicae.

Niespulver, grünes: Pulv. sternut. viridis.

—, weißes: Pulv. sternutat. alb.

Niessalbe, weiße: Ungt. Hydrarg. alb. dil. Ungt. Zinci.

Nieswurz, böhmische: Adonis vernalis.

—, grüne: Rad. Hellebori viridis.

—, schwarze: Rad. Helleb. nigr. plv.

—, weiße: Rhiz. Veratri.

Nieswurzkraut: Herb. Adonidis.

Nifferrinde: Cort. Ulmi.

Nigellensaat: Sem. Nigellae.

Nikolais Pflaster: Empl. fuscum.

Nilgen: Flor. Lilii.

Nilgenwurzel: Rad. Gentianae.

Nillgenöl: Ol. Olivarum album. oder Ol. Caryophyll.

Nimmernüchtern: Ungt. Plumbi.

Nimmirnichts: Herb. Herniar.

Ninihämele: Bulb. Victorialis.

Niobe-Essenz oder -Öl: Methylium benzoicum.

Nirenpanel: Ol. Mirbani (Nitrobenzol).

Nistel: Viscum album.

Nistelholz: Viscum album.

Niterdulz: Spir. Aether. nitrosi.

Niteröl: Acid. nitricum.

Niterstolzkühn: Spir. Aeth. nitr.

Nitridulcis: Spir. Aether. nitros.

Nitrispiritus: Spir. aeth. nitros.

Nitriz: Kali nitricum.

Nitrum: Kali nitricum.

Nix: Zinc. oxydat. Zincum sulfur.

—, aufgelöstes: Aq. ophthalmic. Sol. Zinci sulfurici 0,1 : 100.

Nixenblüten: Flor. Nymph. albae.

Nixensalbe: Ungt. Zinci.

Nixmehl: Lycopodium.

Nixpulver: Pulv. albificans. Zinc. oxydat. Zinc. sulfuric.

Nixsalbe: Ungt. Zinci.
Nixstaub: Lycopodium.
Noahsalbe: Empl. fuscum.
Nonnenklöppel: Herb. Scabios.
Nonnenkraut: Herb. Fumariae.
Nonnenro: Fumaria offic.
Nonnentritt: Ungt. Plumbi.
Norbeln: Fructus Lauri.
Nordernbeeren: Fructus Ebuli.
Nordhäuser Vitriol: Acidum sulfuricum fumans.
Nordlög: Bulbus Allii.
Normalsalbe: Ungt. Cereum.
Norwegische Tropfen: Tinct. Aloës comp.
Nöt = Nuß.
Notebladen: Fol. Juglandis.
Notebolsters: Cort.Fruct.Jugland.
Nötöl: Ol. nucum Juglandis.
Nuckedistel: Herb. Card. bened.
Nudelsalbe: Empl. Litharg. cps.
Nudelstoff: Pulv. aromaticus.
Nummermadrid: Ungt. Plumbi.
Nummertritt: Ungt. Plumbi.
Nummer 46: Species amarae.
Nummer 11: Spirit. camph. Ol. Terebinth., Liqu. Ammon. caust. $\overline{aa}$. p. aequ.

Nunhömlere: Bulb.Victorial.long.
Nüniblümli: Herb. Anagallid.
Nünikraut: Herba Anagallid.
Nunnenkraut: Herb. Fumariae.
Nürnberger Pflaster: Empl. fuscum camphoratum.
— **Salz:** Natr. bicarbonicum.
Nurrad: Galbanum.
Nuscht: Zinc. oxydatum.
Nußblätter: Fol. Juglandis.
Nüsse, griechische: Amygdalae.
—, **indianische:** Fruct. Cocculi.
Nüsserli: Fol. Malvae.
Nußkörn: schwarze: Semen Paeoniae.
Nußöl: Ol. Juglandis nuc.
Nußsalbe: Ungt. rosatum.
Nußschalenöl: Oleum viride.
Nußwurzel: Rhiz. Veratri.
Nüsterli: Fol. Malvae vulg.
Nutmeg: Sem. Myristicae.
Nutpflaster: Empl. adhaes. angl.
Nutritum: Ungt. Plumbi.
Nuttharz: Acaroidum.
Nutzenpulver: Pulv. vaccarum.
Nutz- und Nahrungsbalsam: Ol. Terebinth. sulfuratum.
Nyelen: Herb. Clematitis.

O.

Oachel = Eichel.
Oaga = Augen.
Obenaufwurzel: Rad. Aristoloch.
Oberhollwurzel: Rad. Aristoloch.
Oberkum: Gummi arabic.
Oberländerbalsam: Spir. aeth. nitros. c. Ol. Caryoph.
Obermüllerspiritus: Liq. Amm. caust. Ol. Terebinth.
Oblatenspiritus: Liq. Amm. caust.

Observantensamen: Sem.Staphisagriae.
Obstruktionspillen: Pil. laxant.
Ochselpulver: Stincus marinus.
Ochsenbeeren: Fruct. Rhamni.
Ochsenblumenkraut: Herb. Taraxaci.
Ochsenblut: Succ. Liquirit. Sang. Hirci.
Ochsenborche,-brech: Rad.Ononidis.

Ochsenbrechwurzel: Rad. Ononid.

Ochsenbrot: Herb. Solidaginis.

Ochsenbruch: Rad. Ononidis.

Ochsenburre: Rad. Ononidis.

Ochseneisspiritus: Liquor. Amm. caust.

Ochsengalle: Fel. Tauri insp.

Ochsenkopfs-, -krauts-, -kredit-, -krudionspflaster: Empl. oxycroceum.

Ochsenkrautwurzel: Rad. Ononidis.

Ochsenkürre: Ononis spinosa.

Ochsenmark: Medulla bovina.

Ochsenmülle: Fel. Tauri.

Ochsenschmalzsaft: Sir. Rhamni. cath.

Ochsenzunge, gelbe: Rad. Lapathi acuti. Hb. Scolopendrii.

—, rote: Herb. Buglossi.

—, scharfe: Herb. Pulmonar.

Ochsenzungenöl: Ol. Hyoscyami.

Ochsenzungensaft: Sirup Althaeae. Sirup. Liquiritiae. Sir. Papaveris.

Ochsenzungensamen: Semen Psyllii. Sem. Cynosbati.

Ochsenzungenwurzel: Rad. Alcannae. Rad. Buglossi. Rad. Taraxaci.

Ochskrochssalbe: Empl. oxycroc.

Ochswiedu: Herb. Card. bened.

Ockelskörner: Pulv. ctr. pedicul.

Ockelzinkpflaster: Empl. Litharg.

Ockernotenolie: Ol. Juglandis.

Octussalbe: Ungt. acre.

Oddelewang: Spir. Lavandulae.

Odemänteltee: Herb. Agrimoniae

Odenskopfwurzel: Rad. Helenii.

Odergeist: Spir. Rosmarini.

Oderlenge: Herb. Scabiosae.

Odermännli: Herb. Agrimon.

Odermengen: Herb. Agrimoniae.

Odermennig: Herb. Agrimoniae.

Oderminze: Fol. Menth. pip.

Odermufflär: Spir. odoratus.

Oderöl: Spirit. sapon. camph.

Odersalbe: Ungt. Rosmarin. cps.

Oderspiritus: Spir. Rosmarini.

Odokla: Tinct. aromatica.

Odon: Tinct. odontalgica.

Odontine: Pasta dentifric. rubr.

—, englische: Tinct. odontalg.

Odschöl: Eau de Javelle.

Oepfelblümli: Flor. Chamomillae.

Ofenbruch: Lap. calaminar. Tutia praep.

Ofenessig: Acetum fumale.

Ofenfarbe: Graphit. Plumbago.

Ofengalmei: Tutia.

Ofenlack: Massa ad fornacem.

Ofenpapier: Charta fumalis.

Ofenrauch: Pulv. fumalis.

Ofenschwärze: Graphites. Plumbago.

Ofenspiritus: Tinct. fumalis.

Ofentinktur: Tinct. fumalis.

Ofenwachs: Massa ad fornacem.

Offenbarungsholz: Rad. Althaeae.

Offenhohlwurzel: Rad. Aristolochiae cav.

Offizierfett: Ungt. ctr. pedicul.

Offiziersalbe: Ungt. Hydrarg. citr.

Öffnungssaft: Elect. e Senna.

—, flüssiger: Sir. Senn. c. Manna.

Offolderholz: Viscum album.

Offölter: Viscum album.

Ogennix: Ungt. Zinci.

Ogensteen, witter: Zincum sulf.

Ogentän: Rad. Taraxaci.

Ohland: Radix Helenii.

Ohlet: Alumen.

Ohmblätter: Fol. Farfarae. Herb. Rumicis.

Ohmblätterwurz: Rad. Bardan.

Öhmescher Balsam: Mixt. oleos. bals.

— **Gallentinktur:**Tct.Aloëscomp.

Ohmkraut: Herb. Alchemillae. Herb. Senecionis.

Ohmsengeist: Spir. Formicar.

Ohnblatt: Herb. Sedi acris.

Ohne Saturnek: Ungt. Plumbi.

Ohnmachtspulver: Pulv. temper.

Ohrenbecherschwamm: Fung. Sambuci.

Ohrenmüggel: Fol. Scolopendr.

Ohrenöl: Ol. camphoratum.

Ohrenpflaster: Empl. Drouotti.

Ohrenschwämmchen: Fung. Sambuci.

Ohrenzug: Empl. Drouotti.

Ohrkensalbei: Fol. Salviae.

Ohrkraut: Herb. Majoranae.

Ohrlöffelkraut: Herb. Rorellae.

Ohrnblatt: Lappa tomentosa.

Öl: Dippels,Ol.animaleaethereum.

—, **flüchtiges:** Linim. ammon.

—, **grünes:** Ol. viride. Ol. Hyoscyami.

—, **Harlemer:** Ol. Tereb. sulf.

—, **heiliges:** Ol. Ricini.

—, **klares:** Ol. Petrae.

—, **Russisches:** Ol. Rusci.

—, **weißes:** Linim. ammoniat.

Oland: Rad. Helenii.

Ölansatz: Ol. odorat. mixtum.

Ölbaumharz: Elemi.

Ölblau: Cuprum sulfuratum.

Olbrot: Cetaceum.

Oldwurz: Rad. Helenii.

Oleanderpulver: Cort.Aurant.plv.

Oleïn: Acid. oleïnicum.

Olekaputtropfen: Ol. Cajeputi.

Olenschadenpflaster: Epl.fuscum.

Olentinspiritus: Ol. Terebinth.

Oleoser Balsam: Mixt. oleoso-balsamica.

Olepeter: Ol. Petrae.

Oleum: Acid. sulfuricum anglic.

— **zum Putzen:** Acid. sulf. dilut.

Oleum causticum: Liq. Ammon. caust.

Oleumpetriöl: Ol. Petrae.

Oleumpopuleum: Ungt. Populi.

Oleumsanctum: Ol. Terebinth.

Oleum Tartari: Liq. Kal. carbon.

Oleumverwachstum: Ol. Hyperici

Ölgaiß: Spir. sapon. camph.

Ölgeist: Spir. Juniperi. Spir. Lavandul. Spir. Rosmarini.

Olivenöl: Ol. Olivarum.

Olivensalbe: Ungt. cereum.

Ölkenöl: Ol. Lumbricorum.

Ölkraut: Herb. Saturejae.

Ölkuchenmehl: Placent.Lini pulv.

Ölmagenblumen: Flor.Rhoeados.

Ollenschadenpflaster: Empl. fuscum camph.

Ollfruhollwort: Rad. Aristol. plv.

Ölmägen: Capit. Papaver.

Ölmagsamen: Sem. Papaveris.

Ölsäure: Acid. oleïnicum.

Ölsatz: Liq. Ammon. caust.

Ölsüß: Glycerin.

Oltelure: Ungt. flav. et Ol. Lauri aa. p. aequ.

Oltwurz: Rad. Helenii.

Ölzeltenmehl: Placent. Lini pulv.

Omes = Ameise.

Omißleröl: Spir. Formicarum.

Onderhave: Herb. Hederae.

Onderhave: Herb. Hederae.

Onegilke: Rad. Angelicae.

Oogenklar: Herb. Chelidonii.

Oossekroosjes: Empl. oxycroc.

Opedovskysches Brustpulver: Plv. Liquirit. comp.

Operment: Arsenium citrinum nativum.

Opfernblut: Herb. Verbenae.

Opiate: Elect. e Senna.
Opiatessig: Acetum Opii.
Opiatpflaster: Empl. opiatum.
Opiumlatwerge: Elect. theriac.
Opiummus: Elect. theriacale.
Opiumöl: Ol. Papaveris.
Opiumpillen: Pilul. odontalgic.
Opiumtropfen, schmerzstillende: Acet. Opii. Tct. Opii benzoic.
Opiumtropfen, versetzende: Tinct. antichol.
Opodeldoc: Linim. sapon. camph. Spirit. sap. camph.
Opodeldoctropfen: Spir. sapon. camphorat. Spir. camphorat.
Oppeneisspiritus: Liqu. Ammon. caust.
Oppenfallwurzel: Rad. Aristoloch.
Opperment: Auripigment.
Oquil: Ol. Terebinthinae.
Orakel = Diakel, Diachylon.
Oramentol: Herb. Anserinae.
Orangeat: Confectio Aurantii.
Orangenblüten: Flor. Aurantii.
Orangenessenz: Tinct. Aurant.
Orangenschalen: Cort. Aur. fruct.
Oranienäpfel: Fruct. Aur. immat.
Oranienwasser: Aq. Aurant. flor.
Orankraut: Herb. Origani vlg.
Orant, blauer: Herb. Origani.
— mit Gesicht: Herb. Antirrhin.
—, weißer: Herb. Marrubii.
Orcanett: Rad. Alcannae.
Orchiswurzel: Tub. Salep.
Orega, Orego: Herb. Origani vulg. oder cretici.
Orengelwurz: Rad. Eryngii.
Orieken: Herb. Centaur. minor.
Orientalische Erde: Bolus rubra.
— Kräuterpflaster: Empl. aromaticum.
Orkantwurzel: Rad. Alcannae.
Orkapostoto: Aqu. vulneraria.

Orlenrinde: Cort. Alni.
Orminkraut: Fol. Salviae sclar.
Ornamentenschmalz: Ungt. potabile rubr.
Oruch: Aqu. vulnerar. rubra.
Orumderjuden: Auripigm. pulv.
Orusch: Aqu. vulnerar. rubra.
Osbak: Ammoniacum.
Oschakgummi: Ammoniacum.
Öschen: Flor. Violae. Herb. Hepaticae.
Öskensaft: Sir. Violarum.
Ossenbreker: Herb. Ononidis.
OssenGassum: Empl. oxycroceum.
Ossentüngken: Hrb. Buglossi. Rad. Alcannae.
Ossentüngkensaft: Sir. Liquirit.
Ossentüngkenwörteln: Rad. Buglossi. Rad. Alkannae. Rad. Taraxaci.
Ostengwurz, Ostenzwurz: Rhiz. Imperatoriae.
Osterablüema: Flor. Calthae.
Osterbloma: Flor. Calthae.
Osterblumen: Flor. Hepat. Flor. Pulsatillae. Flor. Primulae.
—, weiße: Flor. Bellidis.
Osterglocken: Herb. Pulsatillae.
Osterikwürzel: Rhiz. Imperatoriae.
Osterkerzen: Flor. Verbasci.
Osterluzei: Rad. Aristolochiae.
Osterluzeiwasser: Aqu. aromat.
Osterschellen: Herb. Pulsatillae.
Osterveigeln: Flor. Viol. odor.
Osterwurzel, gemeine: Rad. Aristoloch.
Ostranzwurzel: Rhiz. Imperat.
Ostrenzwurzel: Rhiz. Imperatoriae.
Ostritschen: Rhiz. Imperatoriae.
Ostritzwurzel: Rhiz. Imperator.
Östritzwurzel: Rhiz. Imperator.

Otermännig: Herb. Agrimonniae.
Ötritzwurzel: Rhiz. Imperator.
Otschbeeren: Fruct. Ebuli.
Ottekolonje: Spir. Coloniens.
Otteminde: Herb. Agrimonniae.
Otterblumen: Flores Bellidis.
Otterfett: Ol. Jecoris Aselli.
Ottermännig: Herb. Agrimonniae.
Otterminze: Herb. Agrimonniae.
Otterwurz: Rhiz. Bistortae.
Otterzunge: Rad. Althaeae.
Ottichbeeren: Fruct. Ebuli.

Ottichblumen: Flor. Sambuci.
Ottichkraut: Hrb. Eupatorii cann.
Ottilienblumen: Flor. Calcatrip.
Ottokanaille: Spirit. Coloniens.
Ottwurzel: Rad. Helenii.
Ox-Krox-Pfl.: Empl. oxycroc.
Oxydierte Salzsäure: Aq. chlorat.
Oxygensalbe: Ungt. oxygenat.
Oxykrucius: Empl. oxycroceum.
Oxykumpflaster: Empl. oxycroc.
Ozogen: Balsamum fumale

P.

(Siehe auch B.)

Paard = Pferd.
Paardeblumenkruid: Herb. Taraxaci.
Pabstweide: Prunus Padus.
Pabunge: Herb. Beccabungae.
Pabunken: Flor. Paeoniae.
Packan: Sirup. simplex.
Pädde: Rhiz. Graminis.
Pädengras: Rhiz. Graminis.
Pädonikerne: Sem. Paeoniae.
Paffeblumen: Flor. Rhoeados.
Pagatzen: Tubera Cyclaminis.
Pagätzle: Tub. Cyclaminis.
Pagenblumen: Flor. Primulae.
Paguda: Herb. Chaerophylli.
Paketenpulver: Pulv. laxans.
Palmarinde (Holz): Cort. Quillayae.
Palm: Fol. Buxi.
Palmaechristisamen: Sem. Ricini.
Palmarosaöl: Ol. Geranii.
Palmblätter: Fol. Buxi.
Palmbutter: Oleum Cocos. (Palmin.) Ungt. flavum.
Palmen, saure: Fruct. Tamarind.
Palmendistel: Fol. Ilicis.

Palmensalbe: Ungt. leniens.
Palmöl: Ol. Cocos. Ol. Ricini. Ol. Sesami.
Palmpflaster: Empl. Lithargyr.
Palmrosenöl: Ol. Geranii.
Palmsalbe, harte: Empl. Litharg.
—, **weiche:** Ungt. diachylon.
—, **weiße:** Ungt. Paraffini.
Pampelkraut: Herb. Taraxaci.
Pampelblumenwurz: Rad. Taraxaci.
Pampholix: Zincum oxydatum.
Pampoleus: Ungt. populeum.
Panacee: Magnes. carbonic.
Panamaholz, -rinde, -späne, -wurzel: Cort. Quillayae.
Pandelbeeren: Fruct. Myrtilli.
Panoramaholz: Cort. Quillayae.
Pankul: Fruct. Foeniculi.
Pantoffelholz: Lign. Suberis.
Panzerie: Herb. Ballotae.
Päonienblätter: Flor. Paeoniae.
Päonienkörner: Sem. Paeoniae.
Päoniensirup: Mel. rosatum.
Papageiensalbe: Ungt. Hydrarg. pedic. Ungt. Populi.

Papankraut: Herb. Taraxaci.
Papellen: Fol. Malvae.
Papenkirschen: Fruct.Alkekengi.
Papenkraut: Herb. Taraxaci.
Papenpint: Rhiz. Ari.
Päper: Fructus Piperis.
Päperblome: Daphne Mezereum.
Päperkähm: Sem. Nigellae.
Papierröschen: Flor. Stoechados.
Papilloten = Bonbons.
Papkruiden: Spec. emollientes.
Papoischle: Flor. Convallariae.
Papolium: Ungt. Populi.
Pappelblätter: Herb. Malvae.
Pappelblumen: Flor. Malvae.
Pappelbutter: Ungt. Populi.
Pappelen: Flor. Malvae sylv.
Pappelkäse: Fol. Malvae sylv.
Pappelknöpfe: Gemmae Populi.
Pappelknospen: Gemm. Populi.
Pappelknospensalbe: Ugt. Populi.
Pappelkraut: Herb. Malvae.
Pappeln: Flor. Malvae arboreae.
Pappelöl: Ol. Olivarum.
Pappelpomade: Ungt. Populi.
Pappelpulver: Plv. pro equis virid.
Pappelrinde: Cort. Salicis.
Pappelrosen: Flor. Malv. arbor.
Pappelsaft: Sirup. Rhoeados.
Pappelsalat: Herb. Linariae.
Pappelsalbe: Ungt. Populi.
Pappelspiritus: Spiritus dilut.
Pappelwasser: Aqu. Tiliae.
Pappelwurzel: Rad. Althaeae.
Pappenmütz: Fol. Farfarae.
Paprika: Fruct. Capsici.
Parabalsam: Bals. Copaivae.
Paracelsuspflaster: Empl. fusc.
Paracelsustropfen: Elix. Propr.
Paradiesäpfel: Fruct. Colocynth.
Paradiesbaumholz: Lign. Aloës.
Paradiesholz: Lign. Aloës. Lign.
  Juniperi.

Paradieskörner: Grana Paradisi.
Paradieswurzel: Rad. Caryoph
Paraguayroux: Tinct. Spilanth.
  composita.
Paraguaytee: Fol. Mate.
Parakresse: Herb. Spilanthis.
Paratinktur: Tinct. Spilanthis.
Paratropfen: Tinct. Paraguay-
  Roux.
Pardehan: Herb. Absinthii.
Pardekon: Herb. Absinthii.
Pardesan: Herb. Absinthii.
Pardonkerne: Sem. Paeoniae.
Parisäpfel: Fruct. Colocynthidis.
Pariser Anis: Fruct. Foeniculi.
— **Balsam:** Bals. mammillare.
- **Pflaster:** Charta resinosa.
— **Pulver:** Caput mortuum. Tub.
  Jalapae pulv.
- - **Rot:** Ferr. oxydat. rubr.
— **Tropfen:** Tinct. odontalgica.
—, **Weiß:** Geschlämmter Kalk-
  spat.
Pariskraut: Paris quadrifolia.
Parisol: Herb. Alchemillae.
Parkenboombast: Cort. Frangu-
  lae.
Parme: Anilin.
Partenblatt: Herb. Plantaginis.
Parzenkraut: Herb. Cicutae.
Päschekräuter: Species amarae.
Paschenwasser: Aq.Amygdal.dil.
Paschkes Tropfen: Tct. Chinoïd.
Passelbeeren: Fruct. Berberid.
Passionspflaster: Empl. fuscum.
Passivuspflaster: Empl. fuscum.
Pasteksamen: Semen Cucurbit.
Pastel: Herb. Isatis.
Pastemenkraut: Herb. Abrotani.
Pastemkraut: Herb. Scabiosae.
Pastoksamen: Fruct. Cannabis.
Pastorchristpflaster: Empl. fusc.
Patenjen: Flor. Paeoniae.

Patenjenwurzel: Rad. Paeoniae.
Patentgelb: Plumbum oxychloratum.
Patentgrün: Schweinfurter Grün.
Paterblumen: Flor. Rhoeados.
Paternostererbsen: Sem. Sequirit.
Paterpeccavi: Balsam. Copaivae.
Patientiwortel: Rad. Lapathi acuti.
Patönnjele: Flor. Primulae. Flor. Paeoniae.
Patrianwurzel: Rad. Valerian.
Pätschelblüten: Flor. Sambuci.
Paukelbeeren: Fruct. Myrtilli.
Pauliandiekorinthertee: Cort. Frangulae.
Paulsblumen: Flor. Primulae.
Paulswurzel: Rad. Imperator.
Pavanne: Lign. Sassafras.
Paviljoenzalf: Ungt. Populi.
Pavot: Fruct. Papaveris.
Pawunke: Flor. Paeoniae.
Pech, Burgundisches: Res. Pini.
—, flüssiges: Pix liquida.
—, gelbes: Colophon.
—, Griechisches: Colophon.
—, schwarzes: Pix navalis.
—, weißes: Resina Pini.
Pechangelspiritus: Spir. Angelic. cps.
Pechbutterwachs: Cerat.Res.Pini.
Pecheltenkörner: Fruct. Lauri.
Pechnelken: Flor. Carthusianor. Flor. Tunicae.
—, weiße: Flor. Malv. vulg.
Pechöl, schwarzes: Pix liquid.
—, weißes: Ol. Terebinth.
Pechölwasser: Aqua Picis.
Pechpapier: Charta resinosa.
Pechpflaster, schwarzes: Empl. Picis nigr.
—, weißes: Empl. Resinae Pini.
Pechsalbe: Ungt. Picis.

Pechwasser: Aq. Picis.
Pechzucker: Succ. Liquiritiae.
Peden: Rhiz. Graminis.
Peersaat: Fruct. Phellandrii.
Peiselbeeren: Fruct. Berberidis.
Peiterlingssamen: Fruct.Petrosel.
Peitschenstock: Bulb. Asphodel.
Peltschen: Coronilla varia.
Pelzwachs: Cerat. Resinae Pini.
Penilien: Flor. Paeoniae.
Pensionaröl: Ol. Olivar.
Peperboombast: Cort. Mezerei.
Peperkähm: Sem. Nigellae.
Peponensamen: Sem. Cucurbit.
Pepsinessenz: Vinum Pepsini.
Peren = Birnen.
Perenpitjes: Sem. Cydoniae.
Perenrood: Coccionellae pulv.
Perenstaal: Tinct. Ferri pom.
Pergamentspäne: Corn.Cervi rasp.
Perlasche: Kali carbonicum.
Perlbalsam: Bals. peruvianum.
Perlhirse: Sem. Milii solis.
Perlinsamen: Fruct. Petroselin.
Perlkrautsamen: Sem. Mil. solis.
Perlmoos: Carrageen.
Perlmutteröl: Ol. Bergamottae.
Perlmutterpulver: OssaSepiae plv.
Perlmutterwasser: Sol. Magnes. sulf. 1 : 100.
Perlpulver: Conchae praep. Lycopodium.
Perlsalz: Natr. phosphoricum.
Perltang: Carrageen.
Perlwasser: Aq. aromat. rubra. Aq. Rosae c. Magnesia.
Permanentgelb: Baryum chromic.
Permanentweiß: Barium sulfuric.
Permanganat: Kal. permanganic.
Permantelwurz: Rhiz. Tormentillae.
Pernambukholz: Lign. Fernamb.
Pernotenpflaster: Empl. Melilot.

Perorim: Tinct. aromatica.

Perpetuelpflaster: Empl. Canth. perp.

Persiliensamen: Fruct. Petrosel.

Persisches Pulver: Plv. ctr. insect.

Perubalsam: Bals. Peruvian.

Perückenbaumholz: Lign. flavum.

Peruvianische Rinde: Cort. Chinae.

Pescherwurzel: Rhiz. Ari.

Pestessig: Acet. aromaticum.

Pestilenzessig: Acet. Sabadillae.

Pestilenzkraut: Fol. Farfarae.

Pestilenztropfen: Tinct. Castor.

Pestilenzwasser: Aqu. Valerian.

Pestilenzwurzel: Rad. Petassit. Rad. Taraxac. Rhiz. Filicis.

Pestkraut: Herb. Ledi.

Pestnagel: Rad. Pastinacae.

Pesttropfen: Elix. Proprietat. sine acido. Tinct. Benz. cps

Pestwurzel: Rad. Petassitidis.

Peterkrautwurzel: Rhiz. Ari.

Peterlandöl: Oleum Petrae.

Peterlein: Fruct. Petroselini.

Peterlessamen: Sem. Paeoniae.

Peterleswurzel: Rad. Petrosel.

Peterli, Peterlig: Fruct. Petrosel.

Peterling: Fruct. Petroselini.

Petermännchentee: Herba Agrimon.

Petermannssalbe: Empl. Litharg. molle. Empl. stictic.

Petermannstropfen: Tinct. Chinoïdin. comp.

Peteröl: Ol. Hyperici. Ol. Petrae. Ol. Rapae.

Petersalz: Magnesia sulfurica.

Petersblumen: Flor. Primulae.

Petersburger Tropfen: Tinct. anticholerica.

Peterschlüssel: Flor. Primula.

Petersilie: Herb. Petroselini.

Petersilieneppichsamen: Fruct. Petroselini.

Petersilienpomade: Ugt. Hydrarg alb. dil.

Petersilienpulver: Pulv. contra pediculos.

Petersiliensalbe, gelbe: Ungt. basilicum.

—, weiße: Ungt. boricum.

Petersilienwasser: Aq. Petroselini (Sambuc).

Peterskraut: Herb. Parietar. Hrb. Scabios. Hrb. Scordii.

Peterstab: Herb. Virgaureae.

Peterswurzel: Rad. Carlinae. Rad Succisae.

Petitgrain: Aq. Aurantii florum.

Petitgrainöl: Ol. Aurantii flor.

Petonigrallen: Sem. Paeoniae.

Petramkraut: Herb. Ptarmicae.

Petriblumen: Flor. Pyrethri.

Petroleumäther: Benzin. Petrol.

Petroleumfett: Vaselinum.

Petroleumgelee: Vaselinum.

Petroleumnaphtha: Benzin. Petrolei.

Petroleumsalbe: Vaseline.

Petroline: Vaseline.

Petrusschlüssel: Flor. Primulae.

Pevenzaad: Sem. Paeoniae.

Peyer: Rhiz. Graminis.

Pfaffenbeerblätter: Fol. Ribis nigr.

Pfaffenblatt: Herba Taraxaci.

Pfaffenblümchen: Herb. Betonic.

Pfaffenblutwurzel: Rhiz. Ari. Rhiz. Tormentillae.

Pfaffendistel: Herb. Taraxaci.

Pfaffenhafer: Pulv. ctr. pedicul.

Pfaffenhödchen: Herb. Ficariae. Herb. Chelidonii minor.

Pfaffenhütleinöl: Ol. Hyperici.

Pfaffenhütleinrinde: Cortex Evonymi.

Pfaffenkraut: Herb. Taraxaci. Herb. Betonicae. Fol. Melissae.

Pfaffenkümmel: Fruct. Cumini.

Pfaffenöhrlein: Rad. Taraxaci.

Pfaffenöhrleinwasser: Aqua Melissae.

Pfaffenpint: Rhiz. Ari.

Pfaffenschnell: Herb. Taraxaci.

Pfaffenstiele: Herb. Taraxaci.

Pfaffenzeitwurz: Tub. Ari.

Pfandpulver: Pulv. ctr. pedicul.

Pfannenstein: Talcum.

Pfannkuchenkraut: Herba Balsamit.

Pfarm = Farn.

Pfebenkerne: Sem. Cucurbitae.

Pfeffer, Afrikanischer: Sem. Paradisi.

—, **Brasilianisch:** Piper long.

—, **Deutscher:** Cort. Mezerei.

—, **Englischer:** Sem. Amomi.

—, **geschwänzter:** Cubebae.

—, **Indischer:** Fruct. Capsici.

—, **langer:** Piper longum.

—, **roter:** Fruct. Capsici.

—, **schwarzer:** Piper nigrum.

—, **Spanischer:** Fruct. Capsici.

—, **Türkischer:** Fruct. Capsici.

—, **weißer:** Piper album.

—, **Westindischer:** Fruct. Amom.

Pfefferäpfel: Fruct. Capsici.

Pfefferbaumrinde: Cort. Mezer.

Pfefferbeerblätter: Fol. Ribis nigr.

Pfefferblumen: Fruct. Capsici.

Pfefferessenz: Tinct. Capsici.

Pfefferkraut: Herb. Saturejae. Herb. Ledi. Herb. Sedi.

Pfefferkümmel: Fruct. Cumini.

Pfefferliniment: Tinct. Capsici. comp. (Pain Expeller.)

Pfefferminzbrötchen: Rotulae Menth. pip.

Pfefferminze: Fol. Menth. pip.

Pfefferminzgeist: Spir. Menth. pip.

Pfefferminzkampfer: Menthol.

Pfefferminzküchel: Rot. Menth. pip.

Pfefferminztropfen: Spir. Menth. pip.

Pfefferöl: Ol. Myrciae acris. Ol. Absinth. aether. c. Ol. Oliv. 1 : 50.

Pfefferröslein: Herb. Taraxaci.

Pfefferstengel: Piper longum.

Pfefferstrauchrinde: Cort. Mezerei.

Pfefferwurzel: Rad. Pimpinellae Rad. Armoraraciae. Rad. Asari.

Pfeifenerde: Bolus alba.

Pfeifenstielpflaster: Empl. Cerussae. Empl. Lith. simpl.

Pfeifenton: Bolus alba.

Pfeilgift: Curare.

Pfeilwurzelmehl: Amyl. Marant.

Pfellerrinde: Cort. Mezerei.

Pfengeltee: Herb. Thlaspi.

Pfennigkraut: Fol. Althaeae. Herb. Nummular. Herb. Burs. pastoris. Herb. Veronicae.

Pfennigkrautöl: Ol. Hyoscyami.

Pfennigsalat: Herb. Ficariae.

Pfennigwurzel: Rad. Paeoniae.

Pferdeblumen: Herb. Taraxaci.

Pferdefenchel: Fruct. Phellandr.

Pferdehaarwurzel: Rhiz. Bistortae.

Pferdehuf: Fol. Farfarae.

Pferdekümmel: Fruct. Phellandrii.

Pferdekümmelkraut: Herb. Chaerophylli sylv.

Pferdelust: Pulv. pro equis.

Pferdepappeln: Fol. Malvae.

Pferdepulver: Pulv. pro equis.

Pferderosen: Flor. Paeoniae.

Pferdesaat: Fruct. Phellandrii.

Pferdeschwanz: Herb. Equiset. arvens.

Pferdespicke: Ol. ped. Tauri.

Pferdetinte: Solut. Pyoktanini.
Pferdewurzel: Rad. Carlinae.
Pferdezahn: Zea Mays.
Pferdkastenrinde: Cort. Hippo-
castani.
Pferdshaarwurz: Rhiz. Bistort.
Pfifarinde: Cort. Frangulae.
Pfiffenerd: Bolus alba.
Pfiffenrösli: Herb. Corydalis.
Pfiffenrute: Cort. Salicis.
Pfingstblumen: Flor. Paeoniae.
Flor. Genistae.
Pfingstnägeli: Flor. Dianthi.
Pfingstpfriemenblumen: Flor.
Genistae.
Pfingstrosen: Flor. Paeoniae.
Pfingstruten: Herb. Genistae.
Pfirsichbluest: Flor. Persicar.
Flor. Acaciae.
Pfirsichblätter: Fol. Ribium.
Herb. Saniculi.
Pfirsichblütenwasser: Aqua Au-
rantii flor.
Pfirsichholz: Lign. Fernambuci.
Pfirsichkernwasser: Aq. Amygdal.
amar. dil. 1 : 20.
Pflanze, heilige: Herb. Absinth.
—, wilde: Folia Trifolii.
Pflanzenalkali: Kali carbonic.
Pflanzengrün: Succus viridis.
Pflanzenlaugensalz: Kali carb.
Pflanzenleim: Viscum aucupar.
Pflanzenmehl: Lycopodium.
Pflanzenmohr: Aethiops veget.
Pflanzenpapier: Chart. adhaes.
Pflanzensaft, grüner: Succus vi-
ridis.
—, roter: Succus ruber.
Pflanzenschwefel: Lycopodium.
Pflappenrose: Flor. Rhoeados.
Pflaster, Bachmanns: Empl. Drou-
otti.
—, Benders: Empl. fusc. camph.

Pflaster, Bertholds: Emplastr.
fusc. camph.
—, blaues: Empl. Hydrarg.
—, Bormanns: Empl. oxycroc.
—, Brenners: Empl. fusc. camph.
—, Christs: Empl. fusc. camph.
—, Dicks: Empl. fusc. camph.
—, Drouots: Empl. Drouotti.
—, dunkelgrünes: Empl. Meliloti.
—, Endtners: Empl. fusc. camph,
—, Englisches: Empl. Anglicum.
—, erweichendes: Empl. Meliloti.
Empl. saponatum.
—, Fleischmanns: Empl. oxycr.
—, gelbes: Cerat. Resin. Pini.
—, göttliches: Empl. fusc. camph.
—, graues: Empl. Hydrargyri.
—, grünes: Cerat. Aeruginis.
—, Hamburger: Empl. fuscum.
camph.
—, Helgoländer: Empl. fuscum
camph.
—, Hofmanns: Empl. fusc. cph.
—, Holländisches: Empl. fuscum
camph.
—, Hoppenthaler: Empl. fuscum.
camph.
—, Jäckels: Empl. Lith. comp.
—, Jägers: Empl. Canth. perp.
—, immerwährendes: Empl.
Canth. perp.
—, Karmeliter: Empl. fuscum
camph.
—, Klepperbeins: Empl. stomach.
Klepperbein. Empl. aromatic.
—, Köckels: Empl. fusc. camph.
—, Kunzens: Empl. Picis. liquid.
Empl. fusc. camph.
—, Lamperts: Empl. fusc. camph.
—, Lauers: Empl. fusc. camph.
—, Laurisches: Empl. fuscum
camph.
—, Lübecker: Empl. Canth. ord.

Pflaster, Magen-: Empl. aromaticum.

—, **Meyers:** Empl. fusc. camph.

—, **milchverteilendes:** Empl. saponatum.

—, **Mohrenthals:** Empl. fuscum camph.

—, **Neapolitanisches:** Empl. Hydrargyri.

—, **Nürnberger:** Empl. fuscum camph.

—, **orientalisches:** Empl. aromat. Klepperbein.

—, **Reichenauer:** Empl. fuscum camph.

—, **Richtersches:** Empl. fuscum camph.

—, **rotes:** Empl. oxycroceum.

—, **russisches:** Empl. ad rupt. nigrum.

—, **Siebolds:** Empl. fusc. camph.

—, **Spörcks:** Empl. Canth. perp.

—, **Stechelbergs:** Epl. fusc. camph.

—, **Tiroler:** Empl. Canth. perp.

—, **ungenanntes:** Cerat. Res. Pin.

—, **Wahlers:** Empl. fuscum.

—, **weißes:** Empl. Cerussae.

—, **Wiener:** Empl. fusc. camph.

—, **Winklers:** Empl. Meliloti et Empl. Litharg. $\overline{aa}$. p. aequ.

—, **Züllichauer:** Empl. fuscum camph.

Pflasterkäfer: Cantharides.

Pflaumenblüte: Flor. Acaciae.

Pflaumenlatwerge: Electuar. e Senna.

Pflugsterz: Rad. Ononidis.

Pflugwurzblumen: Flor. Malv. arboreae.

Pfriemenblüten: Flor. Genistae.

Pfriemenkraut: Herb. Genistae.

Pfriemensamen: Sem. Genistae.

Pfropfwachs: Cerat. arboreum.

Pfudijahns Pflaster: Empl. fusc. camph.

Pfundenkraut: Herb. Beccabung.

Pfundklee: Herb. Trifolii arvens.

Pfundrosen: Flor. Paeoniae.

Pfungenkraut: Herb. Beccabungae.

Phagadaen-Wasser: Aqu. phagadaenica.

Phasola: Fabae alba.

Phenylblau: Acid. rosolic. rubr.

Phenylrot: Acid. rosolic.

Philldron: Flor. Convallariae.

Philonium romanum: Elect. Theriac.

Philosophenessig: Acet. aromatic. Acid. acetic. dilut.

Philosophenöl: Ol. Lini et Ol. anim. foet. 20 : 1.

Philosophensalz: Ammon. chlor. ferrat.

Philosophenwolle: Zinc, oxyd.

Philosophische Säure: Ammon. chlorat. ferrat.

— **Tropfen, schwarze:** Tinct. Benz. cps. Tct. Chinoidin.

— —, **weiße:** Solut. Chinchonin. sulf. Spir. aether.

— **Vitriolblumen:** Acid. boric.

Phisikum, weißes: Sem. Foenugraec.

Phöse: Herb. Aquilegiae.

Phosphormehl: Calc. phosph. crud.

Phosphorsalz: Natr. phosphor. ammon.

Phu-Baldrian: Rad. Valerianae majoris.

Physik: Liq. Stanni chlorati.

Physikum, weißes: Sem. Foenugraeci.

Pichorimbohnen: Sem. Pichurim.

Pickbeeren: Fruct. Myrtilli.

Pickelbeeren: Fructus Myrtilli.
Pickelgrün: Viride Schweinfurt.
Pickelhäring: Tubera Salep.
Pickgummi: Gummi arabicum.
Picksalbe, schwarze: Unguent. basilic. fusc.
—, **weiße:** Ungt. Zinci.
Pickschwede: Empl. fusc. camph. Empl. Picis. Empl. sticticum.
Pielkenöl: Ol. Lumbricor.
Pienöl: Kreosot.
Piepenholzblätter: Fol. Taxi.
Piephackenpflaster: Empl. Cantharidum acre.
Pierenkruid: Herb. Tanaceti. Flor. Cinae.
Pieratzenöl: Ol. Lumbricor. Ol. Hyperici.
Piferkraut: Herb. Centaurii.
Piffenerd: Bolus alba.
Pifröhrwurzel: Rad. Pimpinell.
Pihlbeeren: Fruct. Sorbi.
Pijhout: Cort. Frangulae.
Pijlstartwortel: Rad. Althaeae.
Pikrenik: Zinc. sulfuric.
Pilarum poligrest: Pil. laxant.
Pilatustropfen: Tinct, Chinoïdin.
Pilatuswurzel: Bulb. Victorial. long.
Pilgerblumen: Herb. Polygalae.
Pillen, Blancards: Pil. Ferri jod.
—, **italienische:** Pil. aloët.-ferr.
—, **Leonhards:** Pilul. laxantes.
—, **Pariser:** Pil. Ferr. carb. sacch.
Pillenharz: Terebinthina.
Pillenmehl: Lycopodium.
Pillenstaub: Lycopodium.
Piment: Fructus Amomi.
Pimentkraut: Herb. Chenopod.
Pimerölwurzel: Rad. Pimpinellae
Pimpeljoen: Ungt. Populi.
Pimpernelle: Rad. Pimpinellae.
—, **rote:** Rad. Sanguisorbae.

Pimpernellenessenz: Tinct. Pimpinellae.
Pimpernüsse: Nuces Pistaciae.
Pimpinellstein: Lapis calamin.
Pinalwurzel: Rad. Pimpinellae.
Pinangnuß: Semen Arecae.
Pinellwurz: Rad. Pimpinellae.
Pingelsalbe, rote: Ungt. Hydrarg. rubr.
Pinkcolour: Stannum chromic.
Pinksalz: Stannum chlorat. am moniat.
Pinnblatt: Herb. Hepaticae.
Pinnrinde: Cortex Frangulae.
Pinselenblüten: Flor. Acaciae.
Pinselsaft: Mel. rosat. boraxat.
Pinselsamen: Fruct. Petroselin.
Pinselsaft: Mel. rosat. boraxat.
Pinselsamen: Fruct. Petroselin.
Pipakten: Flor. Paeoniae.
Pipaten: Flor. Rhoeados.
Pipenkraut: Herb. Chaerophyll.
Piperkopp: Fructus Capsici.
Pipiblumen: Flor. Stoechados.
Pipitropfen: Tinct. Pimpinellae.
Pipmenthol: Menthol.
Pippau: Rad. Taraxaci c. Herba.
Pippelkäse: Herb. Malvae.
Pippenholzblätter: Fol. Taxi.
Piratzöl: Ol. Lumbric. Ol. Lini. Ol. Hyperici.
Piretten: Fruct. Citri.
Pirkumkraut: Herb. Hyperici.
Pirusöl: Ol. Petrae.
Pissangliwurzel: Rad. Taraxaci.
Pissblumen: Flor. Stoechados.
Pissedieb: Rad. Mandragorae.
Pissenli: Rad. Taraxaci.
Pissranken: Stipit. Dulcamarae.
Pistazien: Sem. Pistaciae.
Pitschow: Species amarae.
Plaispulver: Lycopod. mixtum.

Plander: Bolus alba.
Planetenbalsam: Tinct. Benzoes. comp. Lin. sap. camph.
Planetenspiritus: Tint. Corallor.
Plankentee: Herb. Galeopsid.
Plapperrosen: Flor. Rhoeados.
Platanenblätter: Fol. Aceris.
Platenigeni: Flor. Primulae.
Platzblumen: Flor. Rhoeados.
Pluckpflaster: Empl. Lith. comp.
Plumbicum: Ungt. Plumbi.
Plumpenwurzel: Rhiz. Nymph.
Plusterbeutel: Rhiz.Veratr.in sacc.
Plutgen: Cucurbita Pepo.
Plutisquisanthemum: Flor. Chrysanthemi.
Plutzerkerne: Sem. Cucurbitae.
Pockenholz: Lignum Guajaci.
Pockenkraut: Herb. Galagae.
Pockenpulver: Pulv. Magnesiae. cum Rheo.
Pockensalbe: Ungt. Plumbi. Ungt. Tartari stibiat.
Pockenwurzel: Rhiz. Chinae.
Pockharz: Resina Guajaci.
Pockholz: Lign. Guajaci.
Pocksalbe: Ungt. Tartari stib.
Pockwurzel, chinesische: Rhiz. Chinae.
Podagraspiritus: Spir. russicus. Spir. sapon. camph. Spir. Angelic. comp.
Podenkullerpflaster: Emplastr. Cerussae.
Podexsalbe: Ungt. Linariae.
Pöden Rhiz. Graminis.
Poggen = Frosch.
Poggenkullerpflaster: Empl. Cerussae.
Poggenleichsalbe, rote: Ungt. Hydrarg. oxyd. rubr. dil.
—, **weiße:** Ungt. Cerussae. Ungt. Zinci.

Poggenlexpflaster: Empl. Cerussae.
Pöhlsöl: Ol. Lini, Ol. Terebinth. et Spir. camph. āā. p. aequ.
Pohoöl: Ol. Menthae pip. Japan.
Polei: Herb. Pulegii.
—, **gelber:** Lycopodium.
—, **wilder:** Herb. Serpylli.
Poleiwasser: Aq. aromatica. Aq. Menth. crisp. Aq. vulnerar. spir.
Polichkraut: Herb. Pulegii.
Poliererde: Terra tripolitana.
Polierertropfen: Liq. Stib. chlor.
Polierheu: Herb. Equiseti.
Polierlack: Vernix.
Polieröl: Ol. Hyperici.
Polierpulver: Ferr. oxydat. rubr. Stann. oxydat.
Polierrot: Ferr. oxydatum rubr.
Poliersalz: Stann. oxydatum.
Polierschiefer: Terra Tripolitana.
Polierstroh: Herb. Equiseti.
Polierwasser: Acid. sulfuric. dil.
Polnischer Hafer: Fruct. Cumin.
— **Kümmel:** Fructus Cumini.
PolnischeTropfen: Tinct. Guajaci ligni.
Polskenhafer: Sem. Cumini.
Polterhannes: Fruct. Capsici. Rad. Valerianae.
Poltersalbe: Ungt. Lauri.
Polychrestpillen: Pil. balsam. Argento obduct. Pil. laxant.
Polychrestsalz: Tart. natronat.
Pomade, blaue: Ungt. Hydr. cin.
—, **braune:** Ungt. Chinae.
—, **graue:** Ungt. Hydrarg. pedic.
—, **grüne:** Ungt. Populi.
—, **rote:** Ungt. Hydrarg. rubr.
—, **schwarze:** Ungt.Hydrarg.cin.
Pomadenbalsam: Bals. Peruv.
Pomadenöl: Ol. odoratum.

Pomagran: Flores Granati.
Pomeranzen: Fruct. Aur. immat.
Pomeranzenblüten: Flor. Aurant.
Pomeranzenelixier: Elix. Aurant. comp.
Pomeranzenlatwerge: Elect. e Senna.
Pomeranzenschalen: Cort. Aurant.
Pomeranzenspiritus: Tct. Aurant.
Pomoquinten: Fruct. Colocynth.
Pompelblumen: Flor. Tanacet. Flor. Paeoniae.
Pompelmus: Fruct. Citri.
Pompelwurz: Rad. Taraxaci.
Pompholyse: Zinc. sulfuricum.
Pomponrosen: Flor. Rosae. Flor. Paeoniae.
Poparollen: Herb. Trollii.
Popelrosen: Flor. Malv. arb. Flor. Paeoniae.
Popenblumen: Herb. Taraxaci.
Poperli: Flor. Cheiri.
Pöperli: Fruct. Coriandri.
Poppali: Arum macul.
Poppelkörner: Pulv. ctr. pedic.
Poppermänt: Stib. sulfur. aurant.
Populeumsalbe: Ungt. Populi.
Populisalbe: Ungt. Populi.
Porrich: Herba Boraginis.
Porsch oder **Porst:** Herb. Ledi.
Portchaisenpflaster: Empl. oxycroceum.
Portugalrot: Carthaminum.
Porzellanfarbe: Stannum chrom.
Porzellanmaleröl: Ol. Caryophyll.
Pöschpulver: Lycopodium.
Postapfelsalbe: Ungt. Populi.
Postchaisenpflaster: Emplastr. oxycroc.
Postchaisensalbe: Ungt. flavum.
Postemkraut: Herb. Abrotani. Herb. Scabiosae.
Postessig: Acet. aromaticum.

Postillonspulver: Pulv. Liq. comp.
Postkraut: Herb. Ledi.
Postmeistersalbe: Ungt. ophth. comp.
Postpflaster: Empl. fuscum.
Postsekretäröl: Ol. Rusci.
Potaarde: Bolus alba.
Potagenwurzel: Rad. Alcannae.
Potelgensaat: Pulv. ctr. pedicul.
Potenchenblätter: Flor. Paeoniae.
Potessalbe: Ungt. Hydrarg. rubr.
Potloth: Graphites. Plumbago.
Potpourri: Species fumales.
Potschen: Digitalis.
Potschullenblätter: Fol. Patchouli.
Pottangen: Herb. Betonicae.
Pottasche: Kali carbonicum.
—, spanische: Natr. carbonic. crud.
Pottaschensalz: Kal. carbonic.
Pottlack: Plumbago.
Poudre de riz: Amylum Oryzae.
Powidl: Electuar. e Senna.
Pracherläuse: Sem. Stapisagr. Pulv. contra pediculos.
Präcipitat, gelber: Hydrarg. oxydat. flavum.
—, roter: Hydrarg. oxyd. rubr.
—, weißer: Hydrarg. Praecipit. alb.
Präcipitatsalbe, gelbe: Ungt. Hydrarg. oxydati flavi.
—, rote: Ungt. Hydrarg. rubr.
—, weiße: Ungt. Hydrarg. alb.
Prägel: Herb. Senecion.
Pragerläuse: Sem. Staphisagriae.
Pragerwasser: Aq. foet. antihyst.
Präglerpulver: Pulv. Liqu. comp.
Prälatenpulver: Pulv. cibaricus.
Prangwurzel: Rad. Ononidis.
Präpariersalz: Natr. stannicum.
Präparierter Leintee: Spec. Lini. comp.

Präparierter Minschenschütt: Lapides Cancror.

— **Wallrat:** Cetaceum sacch.

Praußbeerblätter: Herb. Vitis Idaei.

Preibusch: Herb. Equiseti.

Preißelbeere, schwarze: Fruct. Myrtilli.

Preißelbeerkraut: Fol. Uvae Urs.

Preißelbeersaft: Sir. Ribium rubr.

Premensamen: Sem. Genistae.

Preschpulver: Pulv. stimulans.

Preßkraut: Herb. Tanaceti.

Preßschwamm: Spong. compr.

Presterpflaster: Empl.fusc.camph. Empl. Lithargyri.

Preußentee: Herb. Galeops. Spec. pectorales.

Preußischbrustpulver: Pulv. Liquirit. comp.

Priesebohne: Fabae Tonco.

Prikkelnöse: Prunella.

Prinz, roter: Ungt. Hydrarg. rubr.

—, **weißer:** Ungt. Hydrarg. alb.

Prinzdeputat: roter: Ungt. Hydrarg. rubr.

—, **weißer:** Ungt. Hydrarg. alb.

Prinzensalbe, rote: Unguent. Hydrarg. rubr.

—, **weiße:** Ungt. Hydrarg. alb.

Prinzentropfen: Liq. Ammon. succin.

Prinzens gelbe Tropfen: Liq. Ammon succin.

Prinz Friedrich-Pulver: Plv. epilept. March.

Prinz Friedrich-Tropfen: Spirit. aether.

Prinz Heinrich: Plv. sternut. vir.

Prinzipalsalbe, rote: Ungt. Hydrarg. rubr.

—, **weiße:** Ungt. Hydrarg. alb.

Prinziperi: Ungt. Hydrarg. rubr.

Prinzipitat: Ugt. Hydrarg. oxyd. rubr. oder alb.

Prinz Karl-Pulver: Pulv. Liquir. comp.

Prinzmetall: Minium.

Prinzmetallsalbe, rote: Ungt. Hydrarg. oxyd. rubr.

—, **weiße:** Ugt. Hydr. praec. alb.

Prinzsalbe: Ungt. Hydr. alb. ven.

Prisadewasser: Aq. vulner. spir.

Prohmetbieren: Fruct. Juniper.

Promerbeeren: Fruct. Juniper.

Prominenzenplätzchen: Rotul. Menth. pip.

Prominzentee: Fol. Menth. crisp.

Prophetenkraut: Fol. Hyoscyami.

Propositionssalbe: Ungt. Populi.

Proppwachs: Cerat. arboreum.

Prositsaft: Sirup Liquiritae.

Prosittropfen: Tinct. Chinae.

Provencer Öl: Ol. Olivarum.

Provinzenwasser: Aq. Menth. pip.

Provinzholz: Lign. Campechian.

Provisorchen: Candel. fumales.

Prozessionssalbe, rote: Ungt. Hydrarg. rubr.

—, **weiße:** Ungt. Hydrarg. alb.

Prüfungstropfen: Tinct. Chin. comp. Tinct. Chinoïdin.

Prummelbeeren: Fruct. Berberidis.

Prunelle: Herb. Prunellae.

Prunellenkoken: Kal. nitr. tabul.

Prunellensaft: Sir. Liquiritiae.

Prunellensalz: Kal. nitr. tabul.

Prunellenstein: Kal. nitricum.

Prunzblumenwurzel: Radix Taraxaci.

Pruum: Infus. Sennae comp.

Puckepulver: Lycopodium. Plv. salycil. c. Talco.

Pucksalbe: Ungt. Populi.

Pudenplaster: Empl. Lith. cps.
Puder, gelber: Lycopodium.
—, **grauer:** Pulv. contra pedicul.
—, **weißer:** Amylum.
Pudermehl: Lycopodium.
Puderreglise: Pulv. Liquir. cps.
Pudertäpli: Lycopodium.
Pugerlitzen: Flor. Rhoeados.
Puggelkraut: Herb. Artemisiae.
Puglieseröl: Ol. Olivar. commune.
Puhlmanntee: Herb. Galeopsidis.
Püllkraut: Herb. Pulegii.
Pulex: Herb. Pulegii.
Pulsterblätter: Fol. Farfarae.
Pulver aus dem schwarzen Kästchen: Pulv. ctr. pedicul.
—, **blutreinigendes:** Plv. laxans.
—, **dat rot lett, oder rot utseiht:** Plv. temperans ruber.
—, **Dowers:** Pulv. Ipecac. opiat.
—, **Eberhards:** Pulv. Liquir. cps.
—, **Elementlauer:** Cornu cervi ust.
—, **englisches:** Stib. chlorat. basic.
— **gegen Abweichen:** Rhiz. Tormentill. pulv.
—, **gegen Hämorrhoiden:** Pulv. Liquir. comp.
—, **gegen Schärfe:** Magnes carb.
— **gegen Veitstanz:** Conch.praep.
—, **kohlensaures:** Natr. bicarb.
—, **Konrads:** Pulv. pro equis.
—, **neunerlei:** Pulv. vaccarum.
—, **niederschlagendes:** Pulv. temperans.
—, **peruvianisches:** Cort.Chin.plv.
— **Prinz Friedrichs:** Pulv. epilepticus.
—, **Wedels:** Pulv. Liquir. comp.
Pulverdatrotheet: Pulv. temperans ruber.
Pulverholzrinde: Cort. Frangul.

Pulverrute: Cort. Frangulae.
Pulver zum Annehmen (z. Aufnehmen): Pulv. Canth. comp.
Pulvis anodynus: Kal. sulfuric.
Pulvis solaris: Pulv. temperans.
Pulvis vitalis: Pulv. Liquirit. comp. Pulv. temperans.
Pumpelrosen: Flor. Paeoniae.
Pumperblume: Taraxacum off.
Pumpernickel: Plv.epilept.March.
Pumpernüßli: Nuces Pistaciae.
Puniniche: Flor. Paeoniae.
Puntshacken: Herb. Corydalis.
Punziose: Tub. od. Sem.Colchici.
Puppenblumenwurz: Rad. Tarax.
Puppenkirschen: Frct. Alkekengi.
Purch: Borago off.
Purenplaster: Empl. Lith. cps.
Purganze: Fol. Phytolaccae.
Purgieräpfel: Fruct. Colocynthid.
Purgierbeeren: Fructus Rhamni.
Purgierdorn: Rhamnus cath.
Purgierblätter: Folia Sennae.
Purgierflachs: Herb. Lini cathart.
Purgierkassie: Cassia fistula.
Purgierkörner: Sem. Ricini.
Purgierkraut: Herb. Gratiolae.
Purgierlein: Linum catharticum.
Purgiermoos: Lichen islandicus.
Purgiernüsse: Semen Ricini.
Purgierpillen: Pilulae laxantes.
Purgierpulver: Pulvis laxans.
Purgiersalz: Magnes. sulfuric.
Purgierschoten: Cassia fistula.
Purgierschwamm: Agaricus alb.
Purgiertropfen: Tinct.Rhei aquos. Tinct. Aloes comp.
Purgierwurz: Tub. Jalapae.
Purgirwegdorn: Rhamnus cathartica.
Purpurblau: Indigopurpur.
Purpuressenz: Tinct. Lignor.
Purpurrosen: Flor. Paeoniae.

Pursch: Herb. Ledi.
Puschentee: Herb. Trifol. arv.
Puschkraut: Herb. Conyzae.
Pustade, braune: Mixt. vuln. ac.
—, weiße: Aqua vuln. vinos.
Pustblumen: Herb. Taraxaci.
Flor. Trifol. arvens.
Pustelkraut: Herb. Scrofular.
Pustelsalbe: Ungt. Tart. stib.
Pustenblumen: Flor. Paeoniae.

Putenkörner: Sem. Paeoniae.
Puttaenjenblätter: Flor. Paeoniae.
Puttenklaue: Conchae praep.
Putthähnchen: Sem. Paeoniae.
Puttlümchensamen: Sem. Paeon.
Putzdielaus: Pulv. ctr. pedicul.
Putzöl: Oleïnum.
Putzpulver: Calcar. Viennens.
Putzstein: Lapis Pumicis.
Putzwasser: Acid. sulfuric. dil.

Q.

Quabeben: Cubebae.
Quackelbeeren: Fruct. Juniperi.
Qualsterbeeren: Fruct. Sorbi.
Fruct. Juniperi.
Qualsterjahn: Lign. Quassiae.
Quältropfen: Sirup. Infantum.
Sir. Sennae c. Manna.
Quänel: Herb. Serpylli.
Quändel: Herb. Serpylli.
Quangelchen: Herb. Serpylli.
Quappenfett oder -öl: Ol. Jecor.
Aselli.
Quansterwurzel: Rad. Ononidis.
Quarkspitzen: Troch. Santonini.
Quassiaholz: Lign. Quassiae.
Quassienholz: Lign. Quassiae.
Quastwurz: Rad. Rubiae tinct.
Quatre fleurs: Spec. pectorales.
Quebekenblumen: Flor. Samb.
Queckenhonig: Mellago Gramin.
Queckenwurz: Rhiz. Graminis.
—, rote: Rhiz. Caricis.
Queckholder: Fruct. Juniperi.
Quecksilber, eingemacht: Ungt.
Hydr. ciner. dil.
—, zugerichtet: Ungt. Hydrarg.
cin. dilut.
Quecksilberklökelchen: Ungt. Hy-
drarg. cin. dilut.

Quecksilberklökelchen, rote:
Ungt. Hydrarg. rubr.
—, weiße: Ungt. Hydr. alb. praec.
Quecksilberpillen: Pilulae laxant.
Quecksilberpomade: Ungt. Hy-
drarg. cin. dilut.
Quecksilbersalbe, graue: Ungt.
Hydrarg. cin. dilut.
Quedenkerne: Sem. Cydoniae.
Queftchen: Flor. Sambuci.
Quellenehrenpreis: Herb. Becca-
bungae.
Quellmeisel: Laminaria.
Quellranken: Herb. Nasturtii.
Quellschwamm: Spong. compr.
Quellstrunk: Laminaria.
Quendel: Herb. Serpylli.
—, Römischer: Herb. Thymi.
Quengelchen: Herb. Serpylli.
Querniskraut: Herb. Farfarae.
Querzitron: Lignum citrinum.
Quesbenblumen: Flor. Sambuc.
Quespen: Flor. Sambuci.
Quespenwurzel: Rad. Ononidis.
Questenwurz: Rad. Ononidis.
Quetschenkernöl: Ol. Arachidis.
Quetschkenöl: Ol. Arachidis.
Quewetten: Flor. Sambuci.
Quewettenkernöl: Ol. Oliv. alb.

14*

Quickenbeeren: Fruct. Sorbi. Fruct. Juniperi.
Quickquick: Ungt. Hydrarg. pedic.
Quiessesalbe: Ungt. flavum.
Quillayarinde: Cort. Quillayae.
Quinappel: Fruct. Colocynthid.
Quintangtropfen: Tinct. Aloes. comp.
Quintangelwasser: Aq. aromat.
Quintappel: Fruct. Colocynthid.
Quintenappel: Fruct. Colocynth.
Quintessenz von Menschurin: Liq. Amm. carbon. pyrooleos.
Quinthangwasser: Aq. aromat.
Quinttropfen: Tinct. Aloës cps.
Quirinskraut: Fol. Farfarae.

Quirlstern: Lysimachia vulgaris.
Quitschen: Fruct. Sorbi.
Quitschenblumen: Flor. Sambuci.
Quitschenkraide: Succ. Sorbor.
Quitten: Fruct. Cydoniae.
Quittenappel: Fruct. Colocynth.
Quittenbrot: Troch. Santonini.
Quittenkerne: Sem. Cydoniae.
Quittenkernöl: Ol. Arachidis.
Quittenöl: Ol. Arachidis.
Quittensaft: Sir. Liquiritiae.
Quittenschnitzel: Fruct. Cydon.
Quittensteine Sem. Cydoniae. Zinc. sulfuricum.
Quitze: Sorbus aucuparia.
Quitzenkraide: Succ. Sorb. insp.
Quitzenmus: Succ. Sorbor insp.

R.

Raabsalbe: Cerat. fuscum.
Raapwortel: Rhiz. Graminis.
Räba: Flor. Napi.
Rabels Geist: Mixt. sulf. acida.
Rabels Wasser: Mixt. sulf. acid.
Rabenblut: Oleum Rusci.
Rabendistel: Rad. Eryngii.
Rabensilber: Graphites.
Rabentenöl: Oleum Terebinth.
Rabenwurzel: Tubera Jalapae.
Rabnerpflaster: Empl. fuscum camph.
Rabulleröl: Ol. Arachidis.
Rabullersalbe: Ungt. flavum.
Rabullertee: Flores Verbasci.
Racahout: Pulv. Cacao comp.
Rachbeerrinde: Cort. Mezerei.
Rackbeeren: Fruct. Juniperi.
Rackerwurz: Pulv. stimulans.
Rackerzeug: Ol. mixtum.
Rackholder: Fruct. Juniperi.
Räckholder: Fruct. Juniperi.

Racoles: Succus Liquiritiae.
Radblümel: Flor. Primulae.
Raddigbeeren: Fruct. Juniperi.
Raddigmus: Succ. Junip. insp.
Rade: Herb. Githaginis.
Radeln: Herb. Centaurii.
Radendistel: Rad. Eryngii.
Radeöl: Ol. Juniperi.
Radikalessig: Acid. acetic. dil.
Radteer: Pix. liquida.
Raf: Succinum raspatum.
Rafert, weißer: Herb. Ptarmicae.
Räffer: Herb. Tanaceti.
Raffsblod: Sang. Hirci.
Rafiöl: Ol. Raparum.
Ragwurz: Tubera Salep.
Rahmbeeren: Fruct. Rubi frut.
Raimain: Flor. Chamomillae.
Rainblumen: Flor. Stoechados.
Rainfarn: Herb. oder Flor. Tanaceti.
—, weißer: Flor. Ptarmicae.

Rainefase: Herb. Millefol.

Raingerte: Flor. od. Herb. Tanac.

Rainholzblätter: Fol. Ligustri.

Rainkümmel: Herb. Serpylli.

Rainpol: Herb. Serpylli.

Rainpolei: Herb. Serpylli.

Rainritze: Herb. Galli.

Rainweide: Fol. Ligustri.

Räkholder: Fruct. Juniperi.

Ramandelbast, Rambasjes: Cort. Frangulae.

Ramerian: Flor. Chamomillae.

Rami: Ungt. contra pediculos.

Ramisalbe: Ungt. contra pediculos.

Rammenasbast: Cort. Frangulae.

Rammerpflaster: Empl. fuscum camph.

Ramschfedern: Herb. Anthrisci.

Ramsel: Herb. Polygalae.

Ramselblumen: Flor. Polygalae.

Rämsere: Bulb. od. Herb. Allii.

Ramseren: Herb. od. Bulb. Allii.

Ränderpoley: Herb. Serpylli.

Rändepree: Flor. Ulmariae.

Rankkorn: Secale cornutum.

Rankwurzkraut: Herb. Scrophulariae.

Ranschpulver: Stibium sulfur. nigrum.

Ränze: Bulb. Allii.

Rapontika: Rad. Rhapontici.

Rapperwurzel: Rad. Rhei. Tubera Jalapae.

Räppige Salbe: Ungt. viride.

Rapsblüten: Flor. Napi.

Rapsöl: Ol. Rapae.

Rapsölpflaster: Empl. Lith. simpl.

Raritätensalbe: Ungt. flavum.

Rasenrübe: Rad. Bryoniae.

Rasenwurz: Fol. Hyoscyami.

Rasierpinsel: Bulb. Victor. long.

Rasierpulver: Sapo venet. pulv.

Rasiertborkpulver: Cort. Chin. plv.

Raspal, Raspel: Lichen Islandicus.

Ratte: Herb. Githaginis.

Rattenbeerenkraut: Fol. Belladonnae.

Rattenblumen: Flor. Verbasci.

Rattendistel: Rad. Eryngii.

Rattenfänger: Menthol.

Rattenkraut: Flor. Verbasci.

Rattenpfeffer: Pulv. contra pediculos. Sem. Sabadill. Sem. Staphisagriae.

Rattenpulver: Acid. arsen. color.

Rätterspuren: Flor. Calcatripp.

Ratzenwurz: Rad. Valerianae.

Räuber: Herb. seuFlor. Tanaceti.

Räuberessig: Acet. aromaticum.

Räubersalbe: Ungt. Hydr. ped.

Räuberwasser: Aq. aromatic.

Rauch = Rauh.

Rauchapfel: Herb. Daturae.

Räucherblüten: Pulv. fumal.

Räucheressenz: Tinct. fumalis.

Räucheressig: Acet. aromatic.

Räucherkerzen: Candel. fumal.

Räucherpapier: Chart. fumalis.

Räucherpulver: Pulv. fumalis.

Räucherschwamm: Fung. chirurgorum.

Räuchertee: Pulv. fumalis.

Rauchholz: Clematis vitalba.

Rauchkraut: Herb. Cynoglossi. Herb. Fumariae. In plattdeutschen Gegenden auch Arsenic. alb.

Rauchöl: Kreosot.

Rauchsalbei: Fol. Salviae.

Rauchwurzel: Rad. Scrophulariæ

Rauhe Salbe: Fol. Salviae.

Rauchbeeren (Raukbeeren): Stachelbeeren.

Rauhfutter: Pulv. equorum.

Rauschbeeren: Fructus Myrtilli (eigentlich die Früchte von Vaccin. uliginos., die aber giftig sind).

Rauschbeerkraut: Fol. Myrtilli.

Rauschgelb: Auripigmentum.

Rauschgranatenblätter: Fol. Uvae Ursi.

Rauschkraut: Fol. Uvae ursi.

Rauschpulver: Zinc. oxydat. Stib. sulf. nigr.

Rauschtropfen: Tinct. aromat. 2,0. Tinct. Canthar. 1,0.

Raute: Herb. Rutae.

—, wilde: Herb. Fumariae.

Rautensaft: Sir. Althaeae. Sir. Chamomillae.

Rautensalbe: Ungt. Populi.

Rautensamenpulver: Fruct. Cumini pulv.

Rauwuhlertee: Flor. oder Herb. Verbasci.

Rav: Succinum.

Raymondsblau: Coeruleum Berolinense.

Rebeckenwein: Tinct. Benzoës.

Rebel: Rhiz. Graminis.

Rebendoldenfrüchte: Fruct. Phellandrii.

Rebhuhnkraut: Herb. Parietar.

Rebschwefel: Sulfur. sublim.

Rechbeerrinde: Cort. Mezerei.

Rechgras: Rhiz. Graminis.

Rechhaide: Herb. Genistae.

Rechholderblumen: Fl. Sambuci.

Rechholz: Lign. Juniperi.

Recinusöl: Ol. Ricini.

Rechholderbeeren: Fruct. Junip.

Reckmanter- oder Reckmentenpflaster: Empl. oxycroceum.

Recköl: Ol. Hyoscyami.

Reckpflaster: Empl. Meliloti.

Reck- und Treckpflaster: Empl. oxycroc.

Recksalbe: Ungt. Rosmar. cps.

Recksehnenöl: Ol. camphor. Ol. viride.

Rectum: Sem. Foenugraeci.

Redantenpulver: Plv. ctr. pedicul.

Redlingerpillen: Pil. laxant. rubr.

Redlingerpulver: Pulv. vaccarum.

Reefern: Herb. Tanaceti.

Reffert-Tee: Hb. Tanaceti.

Reefkoöl: Oleum carminativ. Ol. viride c. Ol. Terebinth.

Reefkotropfen: Tinct. amara.

Reels: Herba Millefolii.

Regedurre: Fructus Juniperi.

Regenbogengeist: Spir. Serpyll.

Regenfahrt: Flor. Tanaceti.

Regenrösli: Flor. Primulae.

Regentenpulver: Plv. ctr. pedic.

Regenwurmgeist: Spir. Formic.

Regenwurmmehl: Farin. Fabar.

Regenwurmöl: Ol. Lumbric. Ol. Hyperici. Ol. Lini. Ol. Philosoph.

Regenwurmpulver: Sang. Hirci. pulv.

Regenwurmspiritus: Liq. Amm. carb. pyrooleos. Spir. Cochlear. Spir. Formicar. Spir. Serpylli.

Regenwurmwurzel: Rad. Helenii.

Reglise, braune: Past. Liquir.

—, schwarze: Succ. Liquiritiae.

—, weiße: Pasta gummosa.

Reglisenpulver: Pulv. Liqu. comp.

Rehdistelsamen: Sem. Card. Mar.

Rehhaidekraut: Herb. Spartii.

Rehhörnli: Sem. Foenugraeci.

Rehkörner: Sem. Foenugraeci.

Rehkörnli: Sem. Foenugraeci.

Rehkraut: Herb. Genistae.

Rehkrautblumen: Flor. Genistae.

Reibrübe: Rad. Rhei.
Reibwachs: Cerat. Terebinthin.
Reibwisch: Herb. Equiseti.
Reichhard: Herb. Verbenae.
Reifbeeren: Fruct. Berberidis.
Reifene: Flor. Tanaceti.
Reiferblumen: Flor. Tanaceti.
Reihbaumbeeren: Fruct. Junip.
Reiherfett: Ol. Jecoris Aselli.
Rein siehe auch Rain . . .
Reinakspann: Pulv. ctr. pedic.
Reinanis: Pulv. contra pedicul.
Reinaniswurzel: Rad. Hellebori.
alb. Rhiz. Veratri.
Reinbeeren: Fruct. Rhamni cath.
Reinbeeröl: Ol. Juniperi Ligni.
Reinblume: Helichrysum aren.
Reinblau: Anilinum.
Reineclaudensalbe: Ungt. Linar.
Reinefahrt: Herb. Tanaceti.
Reinejase: Herb. Millefol.
Reinigung, braune: Mcl. rosat.
Ungt. Aeruginis.
Reinigungsblätter: Folia Sennae.
Fol. Uvae Ursi.
Reinigungsholz: Cort. Frangulae.
Reinigungspillen: Pil laxant.
Reinigungssaft: Sirup. Rhei.
Reinigungssalz: Natr. bicarbon.
Natr. sulfuric.
Reinigungstee: Spec. laxantes.
Reinwurz: Rad. Consolid. maj.
Reisblei: Graphites. Plumbago.
Reisendersalbe: Ungt. Hydrarg.
pedicul. Ungt. nervinum. Ungt.
Populi.
Reiserwurzel: Rhiz. Caricis.
Reiskontent: Pulv. Cacao comp.
Reismehl: Amylum Oryzae.
Reisöl: Ol. Ricini.
Reispuder: Amylum Oryzae.
Reißbeeren: Fruct. Berberid.
Reißblei: Graphites. Plumbago.

Reißelbeeren: Fruct. Berberid.
Reißenderstein: Kali aceticum.
Reißgelb: Arsen. citrin. nativum.
Reißkraut: Herb. Polygoni aric.
Reißmanns Salbe: Ungt oph-
thalm. rubr.
Reisstärke: Amylum Oryzae.
Reitersalbe: Ungt. Hydrarg. dil.
Reiterseife: Sapo viridis.
Reitertropfen: Tinct. Chinoidini.
Reitpulver: Cantharides pulv.
Reizsalbe: Ungt. Cantharid. Ungt.
Sabinae.
Rekolter: Fruct. od. Lign. Juniperi.
Rekrutenpflaster: Empl. oxycr.
Relaka: Herb. Millefolii.
Relik: Herb. Millefolii.
Relitz: Herb. Millefolii.
Relkike: Herb. Millefolii.
Relktee: Herb. Millefol.
Rels: Achillea Millefol.
Remerey: Flor. Chamom. rom.
Remey: Flor. Chamom. rom.
Rendantenpulver: Pulv. contra
insect.
Renettensalbe: Ungt. pomad. alb.
Renköl: Ol. Juniperi ligni. Ol.
Terebinth. empyrheum.
Renkpflaster: Empl. oxycroc. ven.
Renksalbe: Ungt. nervinum.
Ungt. Populi.
Renkschmiere: Lin. ammon. u.
Ol. Terebinth. 2 : 1.
Renksehnenöl: Ol. camphorat.
Renkspiritus: Spir. sap. camph.
Rennefahrt: Herb. Tanaceti.
Renntierflechte: Lich. Islandicus.
Renntierwurzel: Rad. Helenii.
Renovatum: Sem. Foenugraeci.
Renscher Tee: Spec. laxantes.
Rentamtspflaster: Empl. fuscum.
Reps: Flor. Napi.
Rerlkraut: Herb. Taraxaci.

Resinaöl: Ol. Ricini.
Resinegalle: Resina Jalapae.
Resolvierender Spiritus: Spir. Rosmarini.
Resselbeeren: Fruct. Berberidis.
Resskenblumen: Flor. Sambuci.
Rettigpulver: Elaeos. Foenicul.
Rettigsaft: Sir. simplex c. Spir. Sinnapis 1000 : 1.
Rettigtropfen: Spir. Cochlear.
Reutersalbe: Ungt. Hydr. pedic.
Reutlinger Pillen: Pil. laxantes.
Reuzel = Fett, Adeps suillus.
Revelaar, Revelaarskind: Sem. Lini.
Revierblumen: Flor. Tanaceti.
Rewaldstee: Spec. aperientes.
Rewkohkenöl: Ol. Rapae.
Rewkosalbe: Ungt. flavum.
Rezkorn: Secale cornutum.
Rhabarber: Rhiz. Rhei.
—, **schwarzer:** Tub. Jalapae.
—, **wilder:** Rad. Lapathi.
Rhabarberbeeren: Fruct. Berber.
Rhabarbermagentropfen: Tinct. Rhei vinos.
Rhabarberöl: Ol. Papaveris.
Rhabarbersaft: Sir. Rhei.
Rhabarbertinktur, Darellis: Tinct. Rhei vinosa.
—, **wässerige:** Tinct. Rhei aqu.
—, **weinige:** Tinct. Rhei vinosa.
Rhabarbertropfen: Tinct. Rhei. aquos.
Rhabarberwein: Tinct. Rhei vin.
Rhapontica: Rad. Rhaponticae.
Rheinblumen: Flor. Stoechados.
Rheumatismusbalsam: Mixt. oleoso-bals. mit Chloroform 3 : 1.
Rheumatismusblätter: Fol. Castaneae. Herb. Taraxaci. Fol. Eucalypti.

Rheumatismuspastillen: Tablett. Acid. acetylosalicylic.
Rheumatismussalbe: Ungt. Rosmarini comp.
Rhinozerosöl: Ol. Ricini.
Rhodiserholz: Lign. Rhodium.
Ribbeblad: Fol. Plantaginis.
Ribel: Rhiz. Graminis.
Ribeselsaft: Sir. Ribium.
Ribizel, schwarze: Fruct. Rib. nigr.
Richardkraut: Herb. Verbenae.
Richters Salbe: Ungt. Lapid. Calaminar.
— **Pflaster:** Empl. fusc. camph.
Ricinelappe: Resina Jalapae.
Ricinusöl: Ol. Ricini.
Ricinussamen: Sem. Ricini.
Rickertsöl: Balsam. Peruvian.
Rickum: Sem. Foenugr. pulv. gr.
Ridikulblaadjes: Folliculi Sennae.
Riechäther: Aether aceticus.
Riechefichte: Herb. Chamaedryos. Herb. Teucrii.
Riechendes Wasser: Aqua foetid. comp. Spirit. Bretfeldi. Spirit. Coloniens.
Riechessig: Acet. aromaticum.
Riechgras: Herb. Anthoxanthi.
Riechsalz: Ammon. carbonicum.
Riechwasser: Liq. Ammon. caust. Spirit. odoratus.
Riederöl: Gemisch aus Ol. Hyperici 1,0. Ol. camph. 1,5. Liq. Ammon. caust. 1,0.
Riedgläsli: Fol. Trifol. fibrini.
Riedgras: Rhiz. Caricis.
Riegöl: Ol. Lumbricorum.
Riemenkraut: Herb. Hederae.
Riementang: Laminaria.
Riemerei: Flor. Chamom. Rom.
Riet: Rhiz. Caricis.
RieverscherTee: Hrb. Galeopsidis.

Riewöl: Oleum viride.
Riewsel: Ceratum Terebinthinae.
Riezenöl: Ol. Ricini.
Riffelbeeren: Fruct. Vitis Id.
Rifspitzbeeren: Fruct. Berberid.
Rigaer Balsam: Bals. Locatelli. Tinct. Benzoës comp. Mixt. oleos. bals.
Rijnbezien: Fruct. Rhamni cath.
Rilstee: Flor. Millefolii.
Rinde, faule: Cort. Frangulae.
—, **eröffnende:** Cort. Frangulae.
—, **peruvianische:** Cort. Chinae.
Rindeken: Cort. Cinnam. Zeyl.
Rindentee: Cort. Frangulae.
Rinderblumen: Flor. Arnicae. Flor. Calendul.
Rinderkugeln: Boletus cervinus.
Rinderlust: Boletus cervinus.
Rindermark: Medulla bovina.
Rinderpulver: Pulv. stimulans.
Rindsgalle: Fel Tauri.
Rindstropfen: Tinct. amara.
Ringelblumen: Flor. Calendul. Flor. Taraxaci.
—, **mineralische:** Ammon. chlor. ferrat.
Ringelblumensalbe: Ungt. flav.
Ringelhards Pflaster: Empl. fuscum camph.
Ringelken: Flor. Calendulae.
Ringelkraut: Herb. Cichorii.
Ringelmeyers Pflaster: Empl. fusc. camph.
Ringelrosen: Flor. Calendul. Flor. Rhoeados.
Ringelrosenbutter: Ungt. flav.
Ringelrosenöl: Ol. Papaveris.
Ringelrosensaft: Sir. Althaeae. Sir. Rhoeados.
Ringelrosensalbe: Ungt. flavum.
Ringelrosenspiritus: Tinct. Arnicae dil.

Ringelsalbe: Ungt. flavum.
Ringelwasser: Aq. Sambuci.
Ringeza: Fol. Taraxaci.
Ringöl: Ol. Lumbricorum.
Rinkenpflaster: Empl. oxycroc.
Rinnefahrt: Herb. Tanaceti.
Rippel: Herb. Millefol.
Rippenkraut: Herb. Millefol. Herb. Plantaginis.
Ripplikraut: Herb. Plantaginis.
Rippstangen: Rad. Lapathi.
Rispal, Rispel: Lichen Islandicus.
Ritgesöl: Ol. Ricini.
Ritterblumen: Flor. Calcatripp.
Ritterkerzen: Candelae fumales.
Ritterpomade: oder -salbe Ungt. pediculorum.
Ritterspiel: Flor. Calcatrippae.
Ritterspörli: Flor. Calcatrippae.
Rittersporn: Flor. Calcatrippae.
Ritterspornöl: Ol. viride.
Ritterspornsamenpulver: Plv. contra pedicul. Sem. Nigellae plv.
Ritterspornwasser: Aq. Tiliae.
Ritz: Herb. Plantaginis.
Ritzebüttelsalbe: Ungt. ophthalm.
Ritzelesöl: Ol. Ricini.
Ritzersaft: Succus Liquiritiae.
Riversches Tränkchen: Potio Riveri.
Rizala: Fruct. Berberidis.
Rizwurzelkraut: Herb. Pulsatillae.
Roabsalbe: Ceratum fuscum.
Röberblüten: Flor. Tanaceti.
Robertskraut: Herb. Geranii.
Robertwitt: Tinct. Chinae comp.
Rochbeerrinde: Cort. Mezereï.
Rochellersalz: Tartar. natronat.
Rochowstropfen: Tinct. Chinoid.
Rochustropfen: Tinct. Absinth.
Rockenblumen: Flor. Cyani.
Röckerkätschen: Candel. fumal.

Rocku: Orleana.
Röd = rot.
Rodamiustropfen: Tinct. Rhei vinosa.
Rodebodder: Cerat. Cetac. rubr.
Rodebrandschwede: Cerat. Cetacei rubr.
Rodebundica: Rad. Rhapontic.
Rödelkraut: Herb. Pedicularis.
Rodendistel: Rad. Eryngii.
Rodermennig: Herb. Agrimoniae.
Rödströggerod: Rhiz. Torment.
Rogenschmalz: Ol. Jecor. Aselli.
Roggenblumen: Flor. Cyani.
Roggenblütenwasser: Aqua Sambuci.
Roggenmutter: Secale cornut.
Roggennägeli: Flor. Githaginis.
Roggenöl: Ol. Jecoris Aselli.
Rogwurz: Rad. Bryoniae.
Rohfleischtupp: Alumen ust.
Rohheide: Flor. Spartii. Herb. Genistae.
Rohlegg: Herb. Millefolii.
Röhlk, Rölken, Röllike, Rölskraut: Herb. Millefolii.
Röhlkeblumen: Flor. Primulae.
Rohmbeeren: Fruct. Rubi frutic.
Röhrenkassie: Cassia fistula.
Rohrheide: Herb. Genistae.
Rohrkassie: Cassia fistula.
Röhrkraut: Herb. Taraxaci.
Rohrlack: Lacca in tabulis.
Röhrlekraut: Herb. Taraxaci.
Rohrminze: Herb. Calaminthae.
Rois Kräutermedizin: Infus. Sennae comp.
— **Kräutertee:** Spec. laxantes.
Rökertätschken: Candel. fumal.
Roku: Orleana.
Rolegger: Herb. Millefolii.
Roleiblumen: Flor. Millefolii.
Rölken: Herb. Millefolii.

Rölskraut: Herb. Millefolii.
Rölkwasser: Aq. Melissae.
Rollgerstl: Hordeum perlatum.
Rollspulver: Pulv. epilept. March.
Rollwödel: Herb. Equiseti.
Romantischer Essig: Acet. arom.
Romeien: Flor. Chamomillae. rom.
Romeikenöl: Ol. Chamom. coct.
Romer: Flor. Chamomillae rom.
Romerai: Flor. Chamomillae rom.
Römerien: Fol. Althaeae.
Romey: Flor. Chamomillae rom.
Römisch. Alaun: Alumen.
— **Bohnen:** Sem. Ricini.
— **Hanfsamen:** Sem. Ricini.
— **Kamillen:** Flor. Cham. Rom.
— **Kümmel:** Fruct. Cumini.
— **Quendel:** Hrb. Thymi.
— **Rübe:** Rad. Bryoniae.
— **Tee:** Herb. Chenopodii.
Rommelkruid: Fruct. Amomi. pulv. Piper nigr. pulv.
Rompennoten: Sem. Myristicae.
Rön Zaft: Sir. Rubi Idaei.
Roporellen: Rhiz. Rhei.
Roob Laffecteur: Sir. Sarsap. cps.
Roobol: Herb. Equiseti arvens.
Rooing: Ungt. Terebinthinae.
Roraxsalbe: Bals. Locatelli rubr.
Rosabalsam: Tinct. Aloës.
Rosamarei, Rosamari: Fol. Rosm.
Rosarum: Mel. rosatum.
Rosasalz: Stann. chlorat. ammon. (Pinksalz).
Rosaspiritus: Spir. Rosmarini.
Rosemarie: Fol. Rosmarini.
Rosenäpfel: Gallae Rosar.
Rosenbeeren: Fruct. Cynosbati.
Rosenblätter: Flor. Rosae.
Rosenbranntwein: Spir. odorat.
Rosenessenz: Ol. Tamarisci.
Rosenflor: Bezetta rubra.
Rosenholz: Lignum Rhodii.

Rosenholzöl: Ol. Lign. Rhodii. Ol. Palmae ros. et ol. Anis. aa. partes aequ.

Rosenhonig: Mel rosatum.

Rosenkerne: Semen Cynosbati.

Rosenknochensalbe: Ungt. Rosmarin. comp.

Rosenköhm: Aq. Rosmar. spir.

Rosenkranztee: Herb. Serpylli.

Rosenkraut: Fol. Ribis.

Rosenlatwerge: Conserv. Rosae. Electuar. e Senna.

Rosenlorbeerblätter: Fol. Oleand.

Rosenmehl: Flor. Rosae pulv. Pulv. ad erysipelas.

Rosenmilch: Aqua Rosae c. Tct. Benzoës.

Rosenöl, rotes: Ol. crinal. rubr.

Rosenpappeln: Flor. Malv. arb.

Rosenpflaster: Empl. Cerussae. Cerat. fusc. Empl. sapon. rbr.

Rosenpomade: Ungt. pomadin.

— **von Kampen:** Ungt. Cerussae. camph.

Rosenpulver: Flor. Rosae pulv. Pulv. ad erysipelas.

Rosenrotes Heilpflaster: Empl. fuscum.

Rosensaft: Mel rosatum.

Rosensalbe: Ugt. leniens. Ugt. rosatum. Ugt. ophthalmic.

Rosensamen: Sem. Cynosbati.

Rosenschwamm: Fung. Cynosb.

Rosenstein: Zincum sulfuricum.

Rosensteinsche Augensalbe: Ugt. Zinci.

— **Kinderpulver:** Pulv. Magnes. c. Rheo.

Rosenstocköl: Mixt. oleos. bals.

Rosentuch: Bezetta rubra.

Rosenvankampher: Ungt. Ceruss. camph.

Rosenwasser: Aq. Rosae.

Rosenzucker: Conserva Rosar.

Rosewieß: Sirup. Ribium rubr.

Rosinengalak, -gojak, -klappe, -polaken: Plv. Jalap. laxans.

Rosinengalle gegen Frost: Ungt. Plumbi.

Rosinenpulver: Chinin. sulfur. Tub. Jalapae pulv.

Rosinensalbe: Empl. Litharg. comp. Ungt. rosatum.

Rosinentropfen, braune: Tinct. Chinoidini.

— **weiße:** Solut. Chinini sulf.

Rosinenwein: Vin. Malacense.

Roskenblumen: Flor. Sambuci.

Röskenrot: Bezetta rubra.

Röslimaristuda: Fol. Rosmarini.

Rosmarin: Fol. Rosmarini.

—, **wilder:** Herb. Ledi pal.

Rosmarinbettstroh: Hrb. Serpylli.

Rosmarinbutter: Ungt. Rosmar. comp.

Rosmaringeist: Spir. Rosmarini.

Rosmarinkrautwein: Spir. Rosmarini.

Rosmarintinctur: „Kneipp": Tct. Rosmarini e Herb. recente.

Rosolblau: Acid. rosolic.

Rosölikraut: Herb. Rorellae.

Rospel: Lichen Islandicus.

Rostfleckensalz: Kali bioxal. Acid. tartaricum.

Röstgummi: Dextrin.

Rostocker Fiebertropfen: Tinct. Chinoidin.

— **Krampftropfen:** Tinct. Valerian. aether.

— **Magentropfen:** Tinct. amara.

Rostpulver: Kali bioxalicum. Acid. tartaricum.

Rostwasser: Acid. sulfur. crd. dil.

Roßaloê: Aloë.

Roßampfer: Herb. Acetosae.

Roßamselspiritus: Spir. Formicarum.

Roßäugli: Flor. Primulae.

Roßbeeren: Fructus Myrtilli.

Roßblätter: Fol. Farfarae.

Roßblume: Taraxacum off.

Roßessenz: Acet. pyrolignos. Tinct. Aloës et Tinct. Asae. foetid. aa p. aequ. Tinct. Aloës comp. Tinct. Valer. aeth.

Roßfarnwurzel: Rhiz. Polypod.

Roßfenchel: Fruct. Phellandrii.

Roßgelb: Arsenium citrin. nativ.

Roßhub, Roßhuebe: Fol. Farfarae

Roßhufen: Fol. Farfarae.

Roßhuftinktur: Tinct. Aloës et Tinct.Benzoës comp. aa p. aequ.

Roßkästenäschel: Cortex Hippocastani.

Roßkastanienrinde: CortexHippocastani.

Roßklee: Herb. Acetosellae.

Roßklettenwurz: Rad. Bardanae.

Roßkraut: Herb. Ledi.

Roßkümmel: Fruct. Cumini.

Roßkümmelkraut: Herb. Chaerophylli.

Roßlattig: Fol. Farfarae.

Roßlauchkraut: Herb. Scordii.

Rößlikraut: Herb. Corydalis.

Roßmalven: Herb. Malvae silv.

Roßmierenspiritus: Spir. Formicarum.

Roßnageln: Caryophylli.

Roßnösselkraut: Hrb. Siderititis.

Rossoli: Herb. Rorellae.

Roßpappeln: Fol. Malvae.

Roßpulver: Pulv. pro equis. Sem. Foenugraec. pulv. gr.

Roßrippe: Herb. Plantaginis.

Roßrübe: Rad. Bryoniae.

Roßtee: Spec. pectorales.

Roßtinktur: Tinct. Aloes.

Roßschwanz: Herb. Equiseti arv.

Roßschwefel: Sulfur. griseum.

Roßstupp: Pulv. pro. Equis.

Roßwurzel: Rad. Bryoniae. Rad. Carlinae.

Roßzähne: Fol. Hyoscyami.

Rötelwurz: Rad. Succisae.

Rot, englisches: Caput mortuum.

—, **florentiner:** LaccaFlorentina.

—, **nürnberger,** Terra rubra.

—, **pariser,** Ferr. oxydat. rubr. crud. Minium.

—, **preußisch:** Ferr. oxydat.rubr. crud.

Rot. Äpfelblüte: Flores Granati.

— **Anhaltspulver:** Pulv. temperans rubr.

— **Archenpulver:** Pulv. contra pediculos.

— **Augenbalsam:** Ugt. Hydrarg. rubr. dil.

— **Aurin:** Herb. Centaurii.

— **Baggeln:** Herb. Artemisiae.

— **Beettropfen:** Tct. Pini comp.

— **Beinsalbe:** Ungt. exsiccans.

— **Bethstropfen:** Tinct. bezoard.

— **Bolssalbe:** Ungt. exsiccans.

— **Brandschmer:** Cerat. Cetac. rubr.

— **Brandschwede:** Cerat. Cetac. rubr.

— **Brasilienholz:** Lign. Fernamb.

— **Bundika:** Rad. Rhapontic.

— **Butter:** Ungt. potabil. rubr.

— **Chinakinderpulver:** Pulv. pro infantibus.

— **Doste:** Herb. Origani.

— **Drachenpulver:** Pulv. pro equis ruber. Bolus rubra.

— **Edelherzpulver:** Pulv. epilept. ruber.

— **Edelsteinpulver:** Pulv. epilept. ruber.

Rot. Ernst: Rad. Gentianae.
— **Flor:** Bezetta rubra.
— **Flußtropfen:** Tinct. Lignor. Tinct. aloes comp.
— **Fritzensalbe:** Ugt. Hydr. rbr.
— **Gauchheil:** Herb. Anagallidis.
— **Guldenöl:** Ol. Petrae rubr.
— **Himmelssalbe:** Ungt. ophthalm. rubr.
— **Hirschhorn:** Caput mortuum.
— **Hundszunge:** Ugt. potab. rbr.
— **Kapuzinersalbe:** Ungt. Hydrarg. rubr.
— **Katharinenöl:** Ol. Petr. rubr.
— **Knoblauch:** Asa foetida. Rad. Asphodeli.
— **Kopfsalbe:** Ungt. Hydr. rubr.
— **Krätzsalbe:** Ugt. Hydr. rubr.
— **Kruciuspflaster:** Empl. oxycr.
— **Lappen:** Bezetta rubra.
— **Lawendeltropfen:** Tinct. Lavand. comp.
— **Liebespulver:** Pulv. aromat.
— **Lumpen:** Bezetta rubra.
— **Makari:** Ungt. Hydrarg. rubr.
— **Missetat:** Ungt. ophth. rubr.
— **Moos:** Carrageen.
— **Myrrhen:** Myrrha.
— **Nerventropfen:** Tinct. Ferr. acet. aeth.
— **niederschlagendes Pulver:** Plv. temper. rubr.
— **Nieröl:** Ol. philosoph.
— **Ochsenzunge:** Rad. Alcannae.
— **Olan:** Ol. Hyperici.
— **Olium:** Ol. Hyperici.
— **Pappeln:** Flor. Malvae. arbor.
— **Pimpinelle:** Rad. Sanguisorb.
— **Pingelsalbe:** Ugt. Hydr. rubr.
— **Präcipitat:** Ungt. Hydrarg. oxyd. rubr.
— **Prinz mit Haar:** Ungt. Hydr. rubr.

Rot. Pulver: Pulv. Magnes. c. Rheo. Pulv. temper. rubr
— **Rosenöl:** Ol. crinale rubrum.
— **Schlagtropfen:** Tinct. aromat.
— **Schreckpulver:** Pulvis temperans rubr.
— **Schwefel:** Cinnabaris.
— **Seidensalbe:** Ungt. Hydrarg. rubr. in sacc.
— **Sensen-Magentropfen:** Tinct. Sennae comp.
— **Stahlpulver:** Ferr. oxyd. rubr.
— **steigender Nachtschatten:** Stip. Dulcamar.
— **Tee:** Flor. Rhoeados.
— **Wegerich:** Herb. Plantag. maj.
— **Widerton:** Herb. Adiant. aur.
— **Wundbalsam:** Tinct. Benzoes. comp.
— **Wurzel:** Rad. Alcannae.
— **Zehrtropfen:** Tinct. aromatic.
— **Zungenwurzel:** Rad. Alcann.
Rotbackenküple: Pilul. Ferri carb.
Rotbackenpillen: Pil. Ferr. carb. Pil. aloet. ferrat.
Rotbackenpulver: Ferr. oxyd. sacch.
Rotbackentropfen: Liq. Ferri mang. sacchar. Tinct. Ferri pomati.
Rotbeerblätter: Fol. Fragariae.
Rotbeersaft: Sir. Berberidis. Sir. Rubi Idaei.
Rotbeersalbe: Ungt. potabile rubr.
Rotbeize: Liquor Alumin. acetici crud.
Rotblau: Anilin. rubr.
Röte, auch türkische: Rad. Alcannae.
Roteibenblätter: Fol. Taxi.
Roteisenstein: Lap. Haematitis.
Rötel: Lapis Haematitis.

Röteli: Flor. Primulae.

Rötelkreide: Lapis ruber fabrilis.

Rötelstein: Bolus rubra. Lap. Haematitis.

Rötelwurz: Rad. Rubiae.

Rotenze: Rad. Gentianae.

Roterde, armenische: Bolus rubra.

Rotfärberwurzel: Rad. Alcann.

Rotgungel: Rhiz. Tormentillae.

Rotheilwurzel: Rhiz. Torment.

Rotholz: Lignum Fernambuci.

Rotkali: Kal. permanganicum.

Rötke: Herb. Millefolii.

Rotkelchenbeersalbe: Ungt. potabile rubr.

Rotkelchenöl: Ol. Hyperici.

Rotkelchensaft: Sirup. Rubi Id.

Rotlaufkraut: Herb. Geranii.

Rotlaufkugeln: Globuli ad erysipelas.

Rotlauföl: Ol. Hyperici.

Rotlaufpflaster: Empl. Ceruss.

Rotlaufpulver: Pulv. ad erysip.

Rotlaufsalbe: Ungt. Cerussae.

Rotlaufschutz: Acid.hydrochl.dil.

Rotlümpel: Bezetta rubra.

Rotmachgelb: Crocus.

Rotmichelherzpulver: Pulv. epileptic. ruber.

Rotminenpflaster: Empl. Minii rubr.

Rotocker: Terra de Siena.

Rotöl: Ol. Hyperici.

Rotorinkraut: Herb. Centaurii.

Rotpräcipitat: Ugt. Hydrarg. rubr.

Rotrindentee: Cort. Frangul.

Rotsalz: Natr. aceticum crud.

Rotsantelholz: Lign. Santal. rubr.

Rotscharlakenpulver: Gutti pulv.

Rotschlütten: Fruct. Alkekengi.

Rotstahlpflaster: Empl. ad rupturas.

Rotstein: Lapis ruber fabrilis.

—, armenischer: Bolus rubra.

Rotwisplichöl: Ol. Hyperici.

Rotwundwasser: Aq. vuln. rubr.

Rotwurz: Rhiz. Tormentillae. Rad. Alcannae.

Rotwurzöl: Ol. Hyperici.

Rottenstein: Terra tripolit.

Rottenwurzel: Rad. Valerian.

Rotterdamsche Tritum: Ungt. Plumbi.

Röwe = Rübe.

Rozenheul: Flor. Rhoeados.

Rübe, faule: Rad. Bryoniae.

Rübenkraut, wildes: Fol. Farfar.

Rübenpflaster: Empl.fusc.camph.

— schwarzes: Empl. fuscum.

—, weißes: Empl. Cerussae.

Rübensaft: Succ. Dauci inspiss.

Rübezahltropfen: Tinct. amara. Tinct. Chinoidin.

Rubinschwefel: Arsenium sulfur.

Rübliwat: Flor. Napi.

Rüböl: Ol. Rapae.

Rubricke: Minium.

Rubrikrot: Minium.

Rubsalbe: Empl. fusc. camph.

Rübsamen: Sem. Napi.

Ruchelkörn: Pulv. contra pedic.

Ruchfutter: Pulv. pro equis.

Ruchgras: Herb. Anthoxanthi.

Ruchhörnli: Sem. Foenugraeci.

Rückelbusch: Herb. Abrotani.

Ruckerblüt: Flor. Bellidis.

Rüdbalsam: Balsam. peruvian.

Rudbalsam (-Salbe): Bals. peruvianum.

Rüdsalbe: Ungt. sulfuratum.

Ruffensalbe: Ungt. Hydrarg. alb.

Rufkraut: Herb. Sideritidis.

Ruf, Widerruf und Gegenruf: Hrb. Conyzae, Herb. Ptarmicae et Herb. Sideritidis aa p. aequ.

Rügelikümmi: Fruct. Coriandri.
Rugertee: Herb. Marrubii.
Ruh = rauh.
Ruhenicht: Liq. Ammon. caust.
Ruhepulver für Kinder: Plv. Magn. c. Rheo.
Ruhesaft: Sir. Papaveris.
Ruhewasser: Aq. Foeniculi.
Ruhhakeln: Ononis spinosa.
Ruhlatwerge: Electuar. e Senna.
Ruhpulver: Pulv. epilepticus. March. Pulv. carminativus. Pulv. Magnes. c. Rheo.
Ruhralant: Herb. Conyzae.
Ruhrblumen: Flor. Stoechados.
Ruhrkirschen: Fruct. Corni.
Ruhrkraut: Herb. Mercurialis. Herb. Eupatorii.
Ruhrkrautblüten: Flor. Stoechad.
Ruhröl: Oleum viride.
Ruhrrinde: Cort. Cascarillae. Cort. Simarubae.
Ruhrtropfen: Tct. Cascarillae.
Ruhrwurzel: Rad. Colombo. Rad. Ipecacuanh. Rhiz. Tormentillae.
Ruhsaft: Sirupus Chamomillae. Sir. Mannae. Sir. Papaver. Sir. Rhei. Sir. Valerian.
Ruhtropfen: Tinct. Valerianae.
Ruhwasser: Aq. aromatica. Aq. Foeniculi.
Ruku: Orleana.
Rulands Lebensbalsam oder Schwefeltropfen: Ol. Terebinth. sulfurat.
Rülsblumen: Flor. Millefolii.
Rumesch: Herb. Teucrii.
Rumorpflaster: Empl. ad ruptur.
Rund Allermannsharnisch: Bulb. Victorialis rot.
— Sigmarswurz: Bulb. Vict. rot.

Rundrie: Secale cornutum.
Runzerenbeerenkraut: Fol. Rub. frut.
Ruppenmünze: Fol. Menth. crisp.
Ruppimenthen: Fol. Menth. crisp.
Rüpplikraut: Herb. Millefol.
Rüppsuchtsalbe: Ungt. Rosmarini cps.
Ruprechtskraut: Herb. Geranii.
Rüpschpomade: Ugt. Hydr. pedic.
Ruschbeere: Fruct. od. Fol. Myrtilli.
Ruschbeerblätter: Fol. Myrtilli.
Ruscherrinde: Cort. Ulmi.
Ruskraut: Herb. Conyzae.
Rüsselkraut: Herb. Plantaginis.
Russelrinde: Cortex Ulmi.
Russenpulver: Pulv. ins. c. Borac.
Russisch. Balsam: Tct. Benz. comp.
— Bohnen: Sem. Ricini.
— Kalk: Calc. Viennensis.
— Öl: Oleum Rusci.
— Pflaster: Empl. fuscum.
— Schoten: Fruct. Capsici.
— Stahltropfen: Tct. Ferri chlor. aeth.
— Tropfen: Tinct. anticholeric.
— Wasser: Spir. Melissae comp.
Rußessenz: Tinct. Fuliginis.
Rußgelb, Rüßgelb: Ars. citr. nativ.
Rußnussenöl: Ol. Petrae.
Rußöl: Kreosot.
Rustelrinde: Cort. Ulmi.
Rüsterrinde: Cort. Ulmi.
Rustbaumrinde: Cort. Ulmi.
Rute: Tub. Ari. Herb. Rutae.
Rutenkraut: Herb. Rutae.
Rutenöl: Ol. Jecoris Aselli.
Rutenwurz: Rhiz. Ari.
Rütersaft: Succ. Liquiritiae.
Rütersalv: Ugt. Hydrarg. pedic.

S.

Rutheil: Fol. Rutae.
Ruthmachgähl: Crocus.
Rutschpulver: Talcum pulv.

Rütte: Herb. Rutae.
Rymbesinge: Fruct. Rhamni cathart.

Saafbrot: Fruct. Ceratoniae.
Saarbaumknospen: Gemmae Populi.
Saarbollenknospen: Gemmae Populi.
Saat = Samen.
Saatgras: Rhiz. Graminis.
Saatrosen: Flor. Malv. arbor.
Sabadill: Semen Sabadillae. Pulv. contra pediculos.
Sabadillsalbe: Ungt. Hydr. pedic.
Säbenbaumbeeren: Fruct. Junip. (Sabinae).
Säbendeispulver: Pulv. pro equis.
Sabikraut: Fol. Salviae.
Sabintinctur: Tinct. Arnicae.
Sachfriß: Herb. Millefol.
Sachsenfraß: Lign. Sassafras.
Sächsischblau: Coerulum Berolinense.
Sächsische Erde: Pulv. contra blattas.
— **Magentropfen:** Tinct. Aloës cps.
— **Schwefelsäure:** Acid. sulfur. fumans.
Säckchenpulver: Plv. ctr. insect.
Säckelkraut: Hrb. Burs. Pastoris.
Sackpackdi: Pulv. ctr. pedicul.
Sackuar: Herb. Scabiosae.
Sadebaum: Summit. Sabinae.
Sadebaumbeeren: Fruct. Juniperi (eigentlich Frct. Sabinae).
Sadebaumöl: Ol. Hyoscyami. Ol. Papaveris. Ol. Sabinae.
Sadewurzel: Lignum Quassiae.
Safengeist: Spiritus saponatus.

Safferblumen: Flores Carthami.
Safferet: Crocus.
Safferetblümli: Crocus.
Safferetstäbli: Empl. oxycroc.
Saffernt: Crocus.
Säffer: Crocus.
Saffian Herb. Salviae.
Saflat: siehe Salvolat.
Saflor: Flores Carthami.
Safran: Crocus.
—, **falscher oder wilder:** Flor. Carthami.
Safranpflaster: Empl. oxycroc.
Safranspiritus: Spir. camph. croc.
Safran und Blum: Crocus et Macis.
Safrich: Crocus.
Saftbraun: Catechu.
Saftgrün: Succus viridis. Chlorophyll.
Saftgrünbeeren: Fruct. Rhamni cathart.
Säftle: Sir. Mannae.
Säftpflaster: Empl. Lythargyri.
—, **vermehrtes:** Empl. Litharg. comp.
Sagapen: Sagapenum.
Sagarill: Cort. Cascarillae.
Sagebaum: Summitat. Sabinae.
Sägkraut: Herb. Millefolii.
Sagradarinde: Cort. Cascar. sagr.
Sagstoff: Pulv. contra pediculos.
Sahentsöl: Ol. Juniperi Ligni.
Saidschützer Salz: Magnes. sulf.
Sainfoin: Herb. Medicaginis.
Saint Germaintee: Spec. laxant.
Saint Germaintinktur: Tct. Sennae

Säkfitee: Flor. Chamomillae.
Sala: Cort. Salicis.
Salat, giftiger: Herb. Lactuc. vir.
Salatöl: Ol. Olivarum. Ol. Arachidis.
Salbe: Fol. Salviae.
—, ägyptische: Ungt. Aerugin. Ungt. ophthalm. rubr.
—, alte Schaden-: Ungt. Zinci.
—, aromatische: Ungt. nervin.
—, austrocknende: Ugt. exsiccans.
—, Authenrieths: Ungt. Plumb. tannicum.
—, blaue: Ungt. Hydrarg. pedic.
—, borsdorfer: Ungt. pomadin. album.
—, durchdringende:Ungt.nervin.
—, einfache: Ungt. cereum.
—, englische: Ungt. leniens.
—, erweichende: Ungt. flav. Ungt. Populi. Ungt. Hydr. ciner. ven.
—, flüchtige: Linim. ammoniat.
—, französische: Ungt. Hydr. citrin.
—, gelbe: Ungt. flavum.
—, Genfer: Ungt. strumale.
—, gewöhnliche: Ungt. cereum.
—, Glogauer: Ungt. Hydr. citr.
—, Goulardsche: Ungt. Plumbi.
—, graue: Ungt. Hydrarg. pedic.
—, grüne: Ungt. nervin. Ungt. Populi.
—, hebräische: Ungt. diachylon.
—, Hebras: Ungt. diachylon.
—, Königseer:Empl.fusc.camph.
—, Lauks: Ungt.Hydrarg.citrin.
—, Londoner: Ungt. leniens.
—, Neapolitanische: Ungt. pediculor.
—, neunerlei: Ungt. nervinum.
—, rauhe: Folia Salviae.

Salbe, Reißmanns: Ungt. ophthalm.
—, scharfe: Ungt. Cantharidum.
—, schmale: Folia Salviae.
—, schwarze: Empl. fuscum. Ungt. contra pediculos.
— tolle: Electuarium e Senna. Electuarium thericale.
—, weiße: Ungt. Cerussae.
—, Werthofs: Ungt. Hydr. alb.
—, zerteilende: Ungt. Kalii jodati. Ungt. Elemi.
Salbei: Folia Salviae.
Salbeiöl(Kneipp): Ol. Salviae coct.
Salbenblätter: Folia Salviae.
Salbine: Fol. Salviae.
Salbinetee: Folia Salviae.
Sale: Cort. Salicis.
Salegrag: Tubera Salep.
—, Amerikan.: Amyl. Marantae.
Sal essentiale tartari: Acid. tartaricum.
Salep, amerikanischer: Amyl. Marantae.
Salf = Salbe.
Salfere: Fol. Salviae.
Salfererbalsam: Ol. Lini sulf.
Salferertee: Folia Salviae.
Salicylstreupulver: Pulv. salicylicus cum Talco.
Salicylstupp: Pulv. salicyl. c. talco.
Saliter: Kali nitricum.
Salitergeist:Spirit. aetheris nitrosi
Salmblume: Flor. Bellidis.
Salmensalbe: Ungt. Rosmar. cps.
Salmiak: Ammon. chloratum.
—, fixer: Calcium chloratum.
—, flüchtiger: Ammon. carbon. Liq. Ammon. caust.
—, martialischer: Amm. chlorat. ferrat.
— zum Backen: Amm. carbon.

Salmiakblumen: Ammon. chlorat.
Salmiakgeist: Liq. Amm. caust.
—, blauer: Spiritus coeruleus.
—, versüßter: Liq. Ammon. anis. Liqu. Ammon. caust. spirit.
Salmiaklakrizen: Troch. Amm. chlor.
Salmiakpastillen: Troch. Amm. chlor.
Salmiaksalz: Ammon. carbon. (zum Backen). Amm. chlorat. (zum Einnehmen). Ammon. chlor. subl. (zum Löten).
Salmiakspiritus: Liquor Ammon. caustici.
Salmiakstein: Ammon. chlorat. subl. (zum Löten).
Salniter: Kali nitricum.
Salnitri: Kali nitricum.
Salomonssiegel: Rhiz. Polygon.
Salomonsstiefel: Rhiz. Polygon.
Salomontropfen: Ol. Tereb. sulf.
Salpeter: Kali nitricum.
—, cubischer: Natr. nitricum.
Salpeteräther: Spir. Aeth. nitros.
Salpetergeist: Acid. nitricum.
—, versüßter: Spir. Aeth. nitros.
Salpeterkügelchen: Kali nitric. tabulat.
Salpeternaphtha: Spir. Aeth. nitr.
Salpeterpapier: Charta nitrata.
Salpetertafeln: Kali nitr. tabul.
Salpetertropfen: Spir. Aeth. nitr.
Salpeterzeltchen: Kali nitr. tab.
Salsch: Cort. Salicis.
Salse: eingedickter Saft. Succus.
Salsendornbeeren: Fruct. Berber.
Saltaltri: Kali carbonicum pur.
Saltartari: Kali carbonicum pur.
Saltling: Herb. Acetosae.
Saltorter: Kali carbonicum.
Saltrianbeeren: Frct. Alkekengi.
Salus et vinus: Liq. Amm. caust.

Salus und Lavendel: Spir. Lavandul. ammonat. (3 + 1).
Salusspiritus: Acid. hydrochl. dil.
Sälv: Fol. Salviae.
Salvatorbalsam: Bals. Peruv. Tinct. Benzoës comp.
Salve, rauhe: Fol. Salviae.
Salverer: Folia Salviae.
Salvetinktur: Tinct. amara.
Sälvli: Fol. Salviae.
Salvolate, aromatische: Liq. Ammon. aromat.
—, blaue oder grüne: Aq. coerul.
—, gelbe: Liq. Ammon. anisat. besonders für d. Bienenzucht.
—, weiße: Liq. Amm. caust. Aq. vulner. spirit.
— — zum Einnehmen: Liq. Ammon. anisat.
Salvolatspiritus, innerlich: Liq. Ammon. anis.
—, äußerlich: Liq. Ammon. caust.
Sal volatile: Ammon. carbon.
Salz, Berliner: Natr. bicarbonic.
—, Berthollets: Kali chloricum.
—, Braunschweiger: Natr. sulfuricum.
—, Bremer: Natr. sulfuric.
—, Bullrichs: Natr. bicarbon.
—, Egerer: Magnes. sulfuricum.
—, englisches: Magnes. sulfuric.
—, flüchtig-englisch: Amm. carb.
—, flüchtiges: Ammon. carbon.
—, Frankfurter: Natr. bicarbonic.
—, Karlsbader: Sal. Carolinum.
—, Kreuzburger: Magnes. sulf.
—, Mohrsches: Ammon. sulfuric. ferrat.
—, Rocheller: Tartar. natronat.
—, Schlippes: Stibio-natr. sulfur.
—, Seidlitzer: Magnes. sulfuric.
Salzäther: Spir. Aether. chlor.
—, versüßter: Spirit. aeth. chlor.

Salzalkali: Natr. carbonicum.
Salzburger Tropfen: Elixir Proprietatis. Tinct. Aloës cps.
Salzgeist: Acid. hydrochloricum.
—, versüßter: Spir. Aeth. chlor.
Salzglas: Fel. Vitri.
Salzkraut: Herb. Salsolae.
Salzöl: Acid. hydrochloricum. Linim. resolvens.
Salzsäure: Acid. hydrochloric.
—, oxydierte: Aq. chlorata.
—, vollkommene: Aq. chlorata.
Salzschaff: Pulv. pro equis.
Salzspiritus: Acid. hydrochlor. Spir. Vini Gallic. c. Sale.
Salzstein: Sal Gemmae (Steinsalz).
Salzunger Tropfen: Elixir Proprietatis. Tct. Aloës cps. Tinct. salina Hallensis.
Samakt: Herb. Melissae. Herb. Saniculae.
Samariterbalsam: Ol. rubrum.
Samaritergeist: Spir. Meliss. cps.
Samariterpflaster: Empl. fusc. Empl. Cerussae. Empl. Lithargyri molle.
Samaritersalbe: Empl. Lith. molle.
Sämchenöl: Ol. Rapae.
Sämehl: Lycopodium.
Samen der Brautimhaar oder der Jungferimgrünen: Sem. Nigellae.
—, Spanischer: Sem. Canar.
—, wohlriechender: Frct. Amomi.
Samenlack: Lacca in granis.
Samenöl: Ol. Sesami.
Samensalz: Ammon. chloratum.
Samenstaub: Pulv. ctr. pedicul.
Sämersamen: Fruct. Cannabis.
Samlottenkraut: Hrb. Oreoselin.
Samtblümchen: Flor. Violae tricol. Flor. Bellidis.

Samtpappelblüten: Fol. Althaeae.
Samtpappeln: Flor. Malv. arb.
Samtpappelwurzel: Rad. Althaeae.
Samtschwarz: Carbo ossium. Spodium.
Sanamundenwurzel: Rhiz. Caryophyllat.
Sandbeerblätter: Fol. Uvae ursi.
Sandblackte: Fol. Farfarae.
Sandblätter: Fol. Farfarae.
Sandblüemli: Flor. Farfarae.
Sandblumen: Flor. Farfarae.
Sandbrot: Fruct. Ceratoniae.
Sanddistelwurzel: Rad. Carlinae.
Sandedroni: Flores Cinae.
Sandel, gelber: Rhiz. Curcum.
Sandelholz, blaues: Lignum nephriticum.
—, gelbes: Lign. Santali citrin.
—, rotes: Lign. Santali rubrum.
—, weißes: Lign. Santali album.
Sandelrot: Lign. Santali rubr.
Sandgoldblumen: Flor. Stoechados.
Sandimmortellen: Flor. Stoechad.
Sandkraut: Folia Farfarae. Herb. Ivae moschatae.
Sandrach: Sandaraca.
Sandrainblumen: Flor. Stoechad.
Sandriedwurz: Rhiz. Caricis.
Sandruhrblumen: Flor. Stoechad.
Sandsaat: Sem. Staphisagriae.
Sandsegge: Rhiz. Caricis.
Sandstrohblumen: Flor. Stoechad.
Sandwegtritt: Herb. Plantaginis.
Säneschlotten: Follicul. Sennae.
Sängerkraut: Herb. Saturejae. Herb. Erysimi.
Sängerschiffchen: Veilchenpastillen, Past. d'orateurs.
Sanikel: Herb. Saniculae.
Sanikelöl: Oleum viride.

Sanikelsalbe: Ungt. basilicum. Ungt. nervinum viride.
Sanikelstein: Lap. Calaminar.
Sanissalbe: Ungt. nervinum.
Saniter: Kal. nitricum.
Saniterspiritus: Spir. Aeth. nitros.
Sanktbernhardskraut: Herb. Cardui bened.
Sanktgeorgstropfen: Oleum Terebinth. sulfur.
Sanktgermaintee: Spec. laxantes.
Sanktjakobsöl: Ol. Hyoscyami. Ol. rubrum.
Sanktjakobstropfen: Tinct. Aloës. comp.
Sanktjohanniskraut: Herba Hyperici.
Sanktjürgenkrautwurzel: Rad. Valerian.
Sanktkatharinenkraut: Herb. Geranii.
Sanktkatharinenöl: Ol. Petrae rubr.
Sanktkatharinensamen: Sem. Nigellae.
Sanktkonradskraut: Herb. Hyperici.
Sanktlorenzwurz: Rad. Vincetoxici.
Sanktluziankraut: Herb. Arnicae.
Sanktorikraut: Herb. Centaurii.
Sanktottilienkrautwurzel: Rad. Consolidae.
Sanktpaulswurzel: Rhiz. Imperatoriae.
Sanktpeter: Kal. nitricum.
Sanktpeteröl: Ol. Petrae rubr.
Sanktpeterskoken: Kali nitric. tabulat.
Sanktpeterskraut: Herb. Parietariae.
Sanktpeterswurzel: Rad. Succis.
Sanktpetristab: Herb. Virgaur.

Sanktumholz: Lign. Guajaci.
Sankt Yves Augenbalsam: Ungt. ophthalm. comp.
Sansonatebalsam: Bals. Peruv.
Santredoni: Flores Cinae. Troch. Santonini.
Santelholz: Lign. Santalinum.
Santeywurzel: Rad. Saniculae.
Santorie: Herb. Centauri.
Saphedentee: Fol. Salviae.
Sappikanten: Succ. Liquiritiae.
Sapsüß: Succ. Liquiritiae.
Sarazenkraut: Aristoloch. Clemat.
Sarbacheknospen: Gemmae Populi.
Sarbollenknospen: Gemmae Populi.
Sareptasenf: Sem. Erucae.
Sarratisalbe: Ungt. Plumbi.
Sarriette: Herb. Saturejae.
Sarsaparillian: Sir. Sarsap. cps.
Sarsaparille: Rad. Sarsaparill.
—, deutsche: Rhiz. Caricis.
Sartoriuspflaster: Empl. Lith.spl.
Sassafras: Lign. Sassafras.
Sassafrasnüsse: Sem. Pichurim.
Saßdaundhatabrillauf: Rad. Sarsaparill.
Saßundfraß: Lign. Sassafras.
Satermannskraut: Herb. Saturej.
Satinocker: Terra Ochrea (Ocker).
Satteldrucksalbe: Oxymel Aeruginis.
Sattlerspiritus: Acid. hydrochlor. dilut.
Satureikraut: Herb. Saturejae.
Saturnbalsam: Liq. Plumb. subacetici.
Saturnessig u. Saturnextrakt: Liq. Plumbi subacet.
Saturnicerat: Ungt. Plumbi.
Saturnus, umgewandter: Ungt. Plumbi.

Saturnusöl: Acet. Plumbi.
Saturnsalbe: Ungt. Plumbi.
Satzmehl: Amylum.
Säuberungssalbe: Ungt. Hydrarg. pedicul.
Saublöamla, Saublümlein: Flor. Violae tricolor. Herb. Taraxaci.
Säublumenkraut: HerbaTaraxaci.
Saubohnenkraut: Fol.Hyoscyami.
Saubrot: Rhiz. Cyclaminis.
Saudann: Herb. Ledi.
Saudistel: Rad. Taraxaci c. Herb.
Saudrain: Flor. Stoechados.
Sauer: Herba Acetosellae.
—, Hallers: Mixt. sulf. acid.
Sauerachrinde: Cort. Berberid.
Sauerampfer: Herb. Acetosae.
Sauerampfersalz: Kali bioxalic.
Sauerampföl: Acid. sulfuric. dil.
Sauerbalsam: Ol. Tamarisci.
Sauerbeeren: Fruct. Berberidis.
Sauerbeerensaft: Sir. Berberid.
Sauerbeerkraut: Fol. Vitis Id.
Sauerbittergallenmagendarm-
    wasser: Liqu. Ammon. pyro-oleos. dilut.
Sauerdattel: Pulp. Tamarind. depur.
Sauerdorn: Fruct. Berberidis.
Sauergras: Rhiz. Caricis.
Sauergugger: Herb. Rumicis. Herb. Acetosellae.
Sauerhonig: Oxymel simplex.
Sauerklee: Herb. Acetosellae.
Sauerkleesalz: Kali bioxalic.
Sauerkleesäure: Acid. oxalic.
Sauerkraut: Herb. Levistici. Herb. Majoranae.
Sauerlampe: Herb. Acetosae.
Säuerli: Herb. Rumicis acetos.
Säuerling: Herb. Acetosae.
Sauerlump: Herb. Acetosae.

Sauermus: Pulp. Tamarind. dep.
Sauerpulver: Tartar. depurat.
Sauerrachbeeren: Fruct. Berberidis.
Sauersaft: Sirup. Citri.
Sauersalz: Acidum tartaricum.
Sauersirup: Sir. Citri.
Sauertropfen: Mixt. sulf. acida. Tct. aromat. acida.
Sauerwasser: Acid. sulfur. dil.
Saufenchel: Rad. Peucedani.
Saufris siehe Sulfuris.
Saugift: Fol. Hyoscyami.
Saugränze: Herb. Ledi palustr.
Saugras: Herb. Polygoni.
Sauigel: Herb. Mercurialis.
Saukirsche: Fol. Belladonnae.
Saukraut: Herb. Hyoscyami. Herb. Levist. Herb. Polygoni.
Saukrautwurz: Rad. Taraxaci.
Saulausschmiere: Ungt. pedi-culor.
Saulstropfen: Tct. Chinoidini.
Saumehlwurz: Rad. Peucedani.
Saumelke: Herb. Taraxaci.
Saumias: Lich. Islandicus.
Saunuß: Datura Stramon.
Saumwurz: Rad. Bryoniae.
Saunickel: Herb. Saniculae.
Saupulver: Stib. sulfurat. nigr.
Säupulver: Stib. sulfurat. nigr.
Saur. Elixier: Mixt. sulfuric. acid.
— Nerventropfen: Aether. ace-ticus. Tinct. aromat. acid.
— Tropfen: Mixt. sulfur. acid. Tinct. aromat. acida.
— Zahntropfen: Mixt. sulf. acid.
Saurachbeeren: Fruct. Berberid.
Säure, Hallersche: Mixt. sulf. acid.
—, preußische: Acid. hydrocyan.
Saurebe: Stipit. Dulcamarae.
Sauringel: Herb. Anserinae.
Saurüsselkraut: Herb. Plantagin.

Saurüsselwurz: Rad. Taraxaci.
Saustampfer: Herb. Rumicis.
Saustock: Herb. Taraxaci.
Saustupp: Schweinepulver.
Sautanne: Herb. Lycopodii.
Sauwurz: Rhiz. Veratri alb.
Savenbaum: Summit. Sabinae.
Savolat = Salvolat.
Säwersaat: Flores Cinae pulv.
Säwkenpulver: Flor. Cinae pulv.
Schabab: Herb. Millefolii. Herb. Adonidis.
Schababsamen, zahmer: Sem. Nigellae.
Schaback: Ungt. contra scabiem.
Schabarisalbe: Ungt. sulf. gris.
Schaben: Blatta orientalis.
Schabekraut, Schabenkraut: Fol. Patschuli. Herb. Meliloti.
Schabenkrautblumen: Flor. Stoechados.
Schabenpulver: Plv. insector. Borax.
Schabensalz: Naphthalin.
Schabertee: Herb. Millefolii.
Schabijak: Ungt. Hydrarg. alb.
Schablone: Ungt. flavum.
Schaborblüten: Flor. Millefol.
Schabrell: Cort. Cascarillae.
Schabrian, umgewandter: Ungt. contra scabiem.
Schabstein: Talcum pulv.
Schabziegerklee: Herb. Melilot. coerul.
Schachtelhalm, Schachtelhala, Schachtla, Schachtelhä: Herb. Equiseti.
Schachtelpflaster: Empl. fusc.
Schächterhai: Herb. Equiseti.
Schachtkraut: Herb. Genistae.
Schackerillenbork: Cort. Cascarill.
Schadenpflaster: Empl. Litharg. molle.

Schadensalbe, alte: Unguent. exsiccans. Ungt. Zinci.
Schadentunpflaster: Empl. ad rupturas.
Schadenwasser: Aq. phagaedaen.
Schadheil: Rad. Consolidae.
Schafdistel: Herb. Card. bened.
Schafeminzwurz: Rhiz. Veratri.
Schafennigwurzel: Rhiz. Veratri.
Schafentel: Flor. Lavandulae.
Schafentelwurz: Rad. Bryoniae.
Schäferbalsam: Liq. Ammon. anisat.
Schäferkern: Pulv. contra pedic.
Schäferkraut: Herb. Burs. Pastor.
Schaferltee: Follicul. Sennae.
Schäfermädchensalbe: Ungt. ophthalm.
Schäferpflaster: Empl. fuscum.
Schäfersalbe: Ungt. basilic. fusc. Ungt. cereum. Ungt. ophthalmicum. Ungt. Zinci.
Schäfertropfen: Tinct. aromat.
Schäferwurzel: Rhiz. Galangae.
Schaffkraut: Herb. Teucrii.
Schaffrus: Herb. Equiseti.
Schafgarbe: Herb. Millefolii.
Schafgarbenessenz: Tinct. amara. Tinct. Millefolii.
Schafheu: Herb. Equiseti.
Schafklee: Fol. Trifolii alb.
Schafkopfkraut: Herb. Chenopodii.
Schafkunz: Fung. Sambuci.
Schafminzwurz: Rad. Hellebori albi. Rhiz. Veratri alb.
Schafmullensaat: Fruct. Phellandrii.
Schafpfennigsaat od. -wurz: Rad. Helleb. alb. Rhiz. Veratr. alb.
Schafrippchen: Herb. Millefolii.
Schafrippelblumen: Flores Millfolii.

Schafsalbe: Lanolin (Adeps Lanae).

Schafschwanz: Flor. Verbasci.

Schafstroh: Herb. Equiseti.

Schafteken: Herba Equiseti.

Schaften: Herb. Equiseti.

Schafthalm: Herb. Equiseti.

Schaftheu: Herb. Equiseti.

Schaftreck: Rad. Bryoniae.

Schafzungen: Flor. Millefolii.

Schaiblers Pulver: Plv. pro equis.

Schakalpulver, Indianisches: Cort.
Chinae pulv.

Schakarillenbork: Cort. Cascarill.

Schakorinde: Cort. Cascarillae.

Schalberrisalbe: Ungt. sulf. gris.

Schalottenblumen: Herb. Pulsatillae.

Schämdich: Stincus marinus.

Schämgraff: Herb. Linariae.

Schampanierwurz: Rhiz. Veratri.

Schampionkraut: Hrb. Scabios.

Schängräff: Herb. Linariae.

Schanikel: Herb. Saniculae.

Schankersalbe: Ugt. Hydr. rubr.

Schanzwurz: Rad. Consolidae.

Schapiosenkraut: Herb. Scabiosae.

Schappang: Ungt. Hydrarg. alb.

Schappox: Ungt. Hydrarg. alb.

Schappsalbe: Ungt. ctr. scabiem.

Schapschartee: Herb. Millefolii.

Schapschinken: Herb. Bursae
Past.

Schapshose: Herb. Scabiosae.

Scharbe: Herb. Genistae.

Scharbockheil: Herb. Cochleariae.

Scharbockklee: Fol. Trifol. fibr.

Scharbockkraut: Herb. Arnicae.
Hrb. Cochlear. Herb. Ficar.

Scharbocksalbe: Ungt. ctr. scab.

Scharbockspiritus: Spirit. Cochleariae.

Scharbocktropfen: Tinct. Chinae.
comp. Tinct. Myrrhae.

Scharchkrautblüten: Flor. Genistae.

Scharf, Juni: Ol. Olivarum.

— **Salbe:** Ungt. Cantharidum.

— **Schmiere:** Ungt. sulfurat. cps.
Ungt. acre.

— **Spießglanztinktur:** Tinct. kalina.

Schärfepulver: Natr. bicarbon.
Pulv. Liquiritiae comp.

Schärfkräutig: Herb. Sideritid.

Scharfkopfsalbe: Ungt. basilic.

Scharfkraut: Herb. Sideritidis.

Scharfnessel: Herb. Urticae.

Scharfrichterpflaster: Empl. fusc.
camph.

Scharfrichterpulver: Rhiz. Tormentill. pulv.

Scharfrichtersalbe: Ungt. contra
scabiem. Unguent. Populi.

Scharfrichtertropfen: Tct. Chinoidini.

Scharfruß: Herb. Equiseti.

Schärläch: Herb. Sphondylii.

Scharlachbeeren: Fruct. Phytolaccae.

Scharlachgrün: Grana Kermes.

Scharlachkäfer: Coccionella.

Scharlachkörner: Gran. Kermes.

Scharlachkraut: Fol. Salviae.

Scharlachwasser: Sol. Carmini.

Scharlachwurzel: Rad. Alcannae.
Rad. Rubiae tinct.

Scharlakenpulver: Tubera Jalapae pulv.

Scharlei: Fol. Salviae.

Schärlez: Herb. Sphondylii.

Scharlottenpulver: Tub. Jalapae
pulv.

Scharmakwurzel: Rad. Consolidae.

Scharnikel: Herb. Saniculae.
Scharnokel: Herb. Hyperici.
Scharnpiepen: Herba Chaerophylli.
Scharpiesalbe: Ungt. basilicum.
Scharpionöl: Ol. Hyperici. Ol. Lumbricor. Ol. Olivar.
Scharte: Herb. Genistae.
Schartenöl: Ol. Amygdalarum.
Scharwekraut: Fol. Patschuli.
Schascharellenbork: Cort. Cascarillae.
Schathütlichkraut: Herb. Alchemillae.
Schattenklee: Flor. Trifolii albi.
Schauderbalsam: Spirit. aromat.
Schauerbalsam: Ungt. Rosmarin. comp. Spir. Melissae comp. Spir. Angelic. comp.
Schäufeln = Plätzchen.
Schaumhütchen: Troch. Santonini.
Schaumkraut: Herb. Cardamin.
Schaupen: Flor. Convallariae.
Schedelkraut: Herb. Burs. Past.
Schedelwater: Acid. nitricum.
Scheefbein: Cornu Cervi ustum.
Scheefennigsaat: Flor. Pyrethri pulv. Pulv. ctr. pedic. Rhiz. Veratri pulv. Sem. Staphisagriae.
Scheele'sches Süß: Glycerin.
Scheepseeschwede: Empl. defensiv. rubr.
Scheere, feine: Herb. Chaerophylli.
Scheerenkraut: Hrb. Chaerophyll
Scheerkraut: Herb. Taraxaci.
Scheesenträgerpflaster: Empl. ad rupturas. Empl. oxycroceum.
Scheetpulver: Pulv. pro pecore.
Scheibelkraut: Asar. europ.
Scheibenwurz: Rhiz. Asari.
Scheidewasser: Acid nitricum.

Scheikgras: Rhiz. Caricis.
Scheißbeeren: Fruct. Cathartic.
Scheißbeerholz: Cort. Frangul.
Scheißbeerstengel: Stip. Dulcamar.
Scheißblätter: Fol. Sennae.
Scheißholzschalen: Cort. Frangul.
Scheißkraut: Herb. Mercurial.
Scheißlorbeeren: Fruct. Mezerei.
Scheißpillen: Pil. Jalapae.
Scheißwurzel: Rad. Bryoniae.
Schelardin: Gelatinae.
Sschellack: Lacca in tabulis.
Schellkraut: Herb. Chelidonii.
Schelmenkraut: Hrb. Antirrhini.
Schenderbeeri: Fruct. Myrtilli.
Schenscheidemenschentee: Spec. laxantes.
Scherbelstein: Talcum.
Scherbenkobalt: Arsen metall.
Scherenschleifertropfen: Tinct. aromat. acid.
Scherkraut: Herb. Sideritidis.
Scherlig: Herb. Sphondylii.
Schermöntee: Species laxant. St. Germain.
Schernekelöl: Ol. Hyperici.
Schernekeltee: Herb. Hyperici.
Schertlig: Herb. Sphondylii.
Scherzenkraut: Herb. Semperviri.
Scherzensalbe: Ungt. oxygenat.
Schetschken: Flor. Sambuci.
Schetschkensaft: Succ. Sambuc.
Scheuerchenpulver: Pulv. pro infant.
Scheuergras: Herb. Equiseti.
Scheuerkraut: Herb. Equiseti.
Scheuermannstee: Spec. laxantes St. Germain.
Scheuertee: Hrb. Equiseti arvens.
Scheurles Pflaster: Empl. fusc.
Schibberschaber: Pulv. contra pediculos.

Schibken: Flor. Sambuci oder Fruct. Sambuci.

Schickerill: Cortex Cascarillae.

Schiefergrün: Viride montanum (Berggrün).

Schieferöl: Ichthyol, Benzin. Oleum Petrae rubr.

Schieferstein: Tutia praep.

Schieferweiß: Cerussa.

Schielkraut: Herb. Chelidonii.

Schielkrautpflaster: Empl. aromat.

Schiemen: Rhiz. Calami.

Schienenwurz: Rhiz. Calami.

Schierling: Herb. Conii.

Schierlingswasser: Aq. Petrosel.

Schierwasser für Kühe: Acid. nitr. crud.

Schießbeeren: Fruct. Rhamni. cath

Schießlerenwurzel: Rhiz. Polypod.

Schießwurz: Rad. Bryoniae.

Schiewecken: Flor. Sambuci oder Fruct. Sambuci.

Schifferstein: Tutia praeparat.

Schiffspech: Pix navalis.

Schiffsteer: Pix liquida.

Schiggoree: Herb. Cichorei.

Schikerill: Cort. Cascarillae.

Schilbken: Flor. Sambuci.

Schildfarn: Rhiz. Filicis.

Schildkraut: Lichen Pulmonar.

Schildmoos: Lichen Pulmonar.

Schillardie: Gelatine.

Schillkrautsalbe: Ungt. Linariae.

Schiltwort: Rad. Bryoniae.

Schimmelsalz: Acid. salicylic.

Schimpfkapseln: Caps. bals. Copaivae.

Schinakelsalbe: Empl. Litharg. comp.

Schinderpflaster: Empl. basilic.

Schindholdersalbe: Ungt. oxygenatum.

Schindkraut: Herb. Chelidonii.

Schinken: Herb. Bursae Pastor.

Schinkensteel: Herb. Burs. Past.

Schinnkraut: Herb. Chelidonii.

Schinnpulver: Spec. emollient.

Schirmentee: Spec. laxantes.

Schirpklee: Flor. Trifolii alb.

Schischib: Pasta Jujubae. Pasta Liquiritiae.

Schisgelte: Herb. Cardaminis.

Schismaltere: Herb. Chenopod.

Schismartelle: Herb. Chenopodii.

Schismuskörner: Semen Tiglii.

Schißkraut: Herb. Mercurialis.

Schißmelde: Herb. Mercurialis.

Schiwiken: Flor. Sambuci oder Fruct. Sambuci.

Schlabeeren: Frct. Rhamni cath. Atropa Belladonna.

Schlafäpfel: Fruct. Papaveris. Fung. Cynosbati.

Schlafkraut: Fol. Belladonn. Fol. Hyoscyami.

Schlafkunzen: Fung. Cynosbati.

Schlafpulver: Bromuralpulver.

Schlafsaft: Sir. Chamomill. Sir. Papaver.

Schlaftee: Fruct. Papaveris.

Schlaftrunk: Sir. Papaveris.

Schlagbaumrinde: Cort. Frangulae.

Schlagbeeren: Fruct. Rhamni. c.

Schlagessig: Acet. aromaticum.

Schlagflußtropfen: Tinctura apoplectica.

Schlagkraut: Herb. Chamaepit.

Schlagpulver: Pulv. temperans.

Schlagtropfen, rote: Tinct. aromat. Tinct. apoplect. rubr.

— **weiße:** Spirit. aeth.

Schlagwasser: Aq. aromatica. Aq. vulnerar. acid. Spirit. Angelic. comp. Spirit. Coloniensis. Spir. Lavandulae comp.

Schlagwasser mit Gold: Aq. aromatica c. Aur. foliat.

—, Weißmanns: Tinct. Arnicae c. Tinct. Kino 10 : 1.

— z. Aufriechen: Liq. Ammon. caust. arom.

— z. Einnehmen: Aq. Melissae.

Schlangenbeeren: Fruct. Belladonnae.

Schlangenfett: Adeps. Ol. Jecor. Aselli.

Schlangengras: Rhiz. Graminis.

Schlangenhaut: Colla Piscium.

Schlangenholz: Lign. Guajaci.

Schlangenknoblauchwurzel: Rad. Victor. long.

Schlangenkraut: Herb. Consol. Herb. Lycopodii. Herb. Veronicae.

Schlangenkrautsaft: Sirup. communis.

Schlangenmehl: Lycopodium.

Schlangenmoos: Herb. Lycopod.

Schlangenmord: Rad. Consolid.

Schlangenöl: Ol. Jecoris Aselli.

Schlangenpulver: Lycopodium. Millepedes pulv. Rad. Serpentariae pulv.

Schlangenrippenpulver: Pulv. Infantum.

Schlangenschmalz: Adeps. Ol. Jecoris. Aselli.

Schlangentritt: Rhiz. Bistortae.

Schlangenwasser: Aq. aromat.

Schlangenwundkraut: Herba Veronicae.

Schlangenwurz: Rad. Serpentariae. Rad. Vincetoxici. Rhiz. Bistortae.

Schlaraffenpulver: Tubera Jalapae pulv.

Schlechtwurzel: Rad. Dictamni alb.

Schlecksirup: Sir. Althaeae.

Schlegelöl: Ol. Papaveris.

Schlegeltee: Spec. laxantes.

Schlehbeeri: Fruct. Pruni spinos. Fruct. Scorbor.

Schlehblüten: Flor. Acaciae.

Schlehdorn: Flor. Acaciae.

Schlehdornwurzel: Rad. Consolidae.

Schlehe: Prunus spinosa.

Schlehenblut: Flor. Acaciae.

Schlehenmoos: Musc. Acaciae.

Schlehenmus: Succ. Sorborum.

Schlehenöl: Oleum viride.

Schlehenpech: Gummi arabic.

Schlehensaft: Sir. Berberidis.

Schlehenwasser: Aq. Melissae.

Schleichöl: Ol. Olivarum.

Schleimkörner: Sem. Cydoniae.

Schleimkreim: Creta alba.

Schleimmoos: Carrageen.

Schleimpflaster: Empl. Lith. cps.

Schleimpulver: Plv. Liquir. cps.

Schleimsaft: Sir. gummosus.

Schleimschäufeln: Rotulae lax.

Schleimtee: Rad. Althaeae. Spec. emoll. Spec. pector.

Schleimtropfen: Tinct. Jalap. dil.

Schleimundgallenpillen: Pilulae laxantes.

Schleimwurzel: Rad. Althaeae.

Schlenzkersche Magentropfen: Tinct. Chinae comp.

Schleppchenpulver: Tub. Salep. pulv.

Schletterlestee: Fruct. Papaveris.

Schliche, Schliehe = Schlehe.

Schlichtmoos: Carrageen.

Schlickspottche: Elect. e Senna.

Schliefgras: Rhiz. Graminis.

Schlieköl: Ol. Arachidis.

Schliesgras: Rhiz. Graminis.

Schlimmblut: Flor. Acaciae.
Schlingbohnen: Sem. Phaseoli.
Schlingdornblüte: Flor. Acac.
Schlingwurzel: Rad. Ononidis.
Schlingeblüten: Flor. Acaciae.
Schlinkenblüten: Flor. Acac.
Schlipfblümli: Flor. Farfarae.
Schlippenwurz: Rhiz. Bistortae.
Schlirpklee: Flor. Trifol. rep.
Schloßkraut: Herb. Eupatorii. cannabini.
Schloßstein: Lapis Belemnites.
Schlotfegertropfen: Tinct. Ferri pomat.
Schlotten: Fruct. Alkekengi.
Schlottenkraut: Herb. Pulsatill.
Schlotterblumen: Flor. od. Herb. Pulsatillae.
Schlotterhosenkraut: Herb. Pulmonariae.
Schluche- od. Schluckerwurz: Rad. Bistortae.
Schluckenwehrrohr: Rad. Levistici.
Schluckerwurz: Rhiz. Bistortae.
Schluckpulver: Rad. Gentianae pulv. gross.
Schlupfpulver: Talcum pulv.
Schlüsselblumen: Flor. Primul.
Schlüsselblumenwasser: Aqua Amygdal. am. dil.
Schlüsseli: Flor. Primulae.
Schlüsselkraut: Herb. Saponar.
Schlüsselwurz: Rad. Saponar.
Schlutten: Fruct. Alkekengi.
Schluttenkraut: Herb. Pulsatillae.
Schmack: Fol. Sumach.
Schmackblätter: Fol. Rhoïs.
Schmähle: Rhiz. Graminis.
Schmale Salve: Fol. Salviae.
— **Sophie:** Fol. Salviae.
Schmalz: Adeps.

Schmalzblume: Taraxacum off. Flor. Calthae.
Schmalzbluema: Flor. Arnicae. Herb. od. Flor. Taraxaci.
Schmalzhefen: Rad. Ononidis.
Schmalztee: Spec. nutrientes.
Schmalzwurz: Rad. Consolidae.
Schmandsalbe: Ungt. leniens.
Schmärwurz: Rad. Bryoniae.
Schmatzerltee: Herb. Silenae.
Schmeckbirnkerne: Semen Cydoniae.
Schmecke: Herb. Centaur. min.
Schmeckelswasser: Spir. odorat.
Schmeckenicht: Pulv. laxans.
Schmecketsöl: Ol. odoratum.
Schmecketswasser: Aqua Coloniensis.
Schmeckwasser: Spirit. Coliniens.
Schmeerstein: Talkum.
Schmerblumen: Flor. Arnicae. Flor. Verbasci.
Schmergel: Herb. Chenopodii. Herb. Serpylli.
Schmerkraut: Herb. Cannabis.
Schmersamen: Fruct. Cannabis.
Schmerstein: Talcum.
Schmerwurz, Schmerwürze: Rad. Bryoniae. Rad. Symphyti.
Schmerwurzel: Rhiz. Ari. Rad. Consolid.
Schmerzstillende Essenz: Tinct. carminativa.
— — **fürs Kind:** Sir. Chamomill. Sir. Valerian.
— **Liquor:** Spiritus aethereus.
— **Opiumtropfen:** Acet. Opii. Tct. anticholer.
— **Saft:** Sir. Papaveris.
— **Spiritus:** Spir. aethereus. Spir. Angel. comp. Spir. Melissae comp.

Schmerzstillender Tee: Flor. Chamom., Fol. Menth. pip., Rad. Valer. āā. pts. aeq.

— **Wasser:** Aq. sedativa. Aq. Petroselini.

Schmerzwurzel: Rad. Consolid.

Schmettenschmiere: Liniment. ammoniat.

Schmidlipulver: Pulv. aromat. Schmidlii.

Schmidts Pflaster: Empl. Res. Pini.

Schmiere, Schmiern = Salbe.

Schmierpflaster: Empl. fuscum.

Schmierpulver, schwarzes: Graphit.

Schmiersalbe: Sapo viridis.

Schmierseife: Sapo viridis.

Schminkbohnen: Sem. Phaseoli.

Schminke, rote: Carmin. rubr.

— **weiße:** Bismut. subnitr.

Schminkläppchen: Bezett. rubr.

Schminkpulver, mineralisches oder spanisches: Bismut. subnitr.

Schminkweiß: Bismut. subnitr.

Schminkwurzel: Rad. Alcannae.

Schmirgel: Lapis Smiridis.

Schmitze: Lign. campechian.

Schmitzerlein: Fruct. Jujubae.

Schmöckwasser: Spir. Coloniens.

Schmöhle: Rhiz. Graminis.

Schmolt: Adeps.

Schmuckers Pflaster: Emplastr. consolid.

Schmutzkreide: Bol. alba. Creta alba.

Schnabelwurz: Rad. Levistici.

Schnackenblume: Taraxacum officinale.

Schnakenfett: Ol. Jecor. Asell.

Schnakengeist: Liq. Ammon. caust.

Schnakenöl: Ol. Arachidis.

Schnakenpulver: Plv. ctr. insect.

Schnallen: Flor. Rhoeados.

Schnallensaft: Sir. Rhoeados.

Schneckenblätter: Herb. Lappae.

Schneckenfett: Adeps. Ol. Jecor. Asell. Ol. Lumbricor.

Schneckengeist: Liq. Ammon. caust. Spirit. aromaticus.

Schneckengruß: Sir. Althaeae.

Schneckenhäuschen: Trochisci Santonin.

Schneckenhauspulver: Conchae praep.

Schneckenöl: Ol. Lumbricor. Ol. Jecor. Asell. Ol. Lini sulfur.

Schneckensaft: Sir. Althaeae. Sir. Aurant. flor. Sir. Liquirit.

Schneckensalbe: Ungt. Plumbi.

—, **schwarze:** Ungt. basil. fusc.

Schneckensteine: Lapid. Cancror.

Schneckenzähne: Conch. plv. Sem. Paradisi.

Schneeberger Schnupftabak: Plv. sternutatorius alb.

Schneebitterwurz: Rad. Gentianae

Schneeblumwurzel: Rad. Hellebori.

Schneerose: Helleborus niger. Rhododendron.

Schneesalbe: Ungt. leniens. Ungt. Plumbi. Ungt. Zinci.

Schneesalz: Ammon. carbonicum.

Schneetropfen: Flor. Convallar.

Schneeweiß: Zincum oxydatum.

Schneggenblagge: Lappa tomentosa.

Schneiderbalsam: Ungt. ctr. scab.

Schneiderblumen: Flor. Acaciae.

Schneiderkurasche: Ungt. ctr. scabiem.

Schneiderlein: Polygala am.

Schneiderleistenspiritus: Spir. Lavand. comp. Spir. sapon. camph.

Schneiderliebe: Ungt. ctr. scab.

Schneiders Kurzweil oder Vergnügen: Ugt. contra scabiem.

Schneischenbeeren: Fruct. Sorbi.

Schnellbleiche: Calcar. chlorat.

Schnellerblumen: Flor. Rhoead.

Schnellsalz: Ammon. carbonic.

Schnelltropfen: Tinct. Jalapae.

Schnelzen: Flor. Rhoeados.

Schneppdiwepp: Infus. Sennae. comp.

Schniderbeeren: Fruct. Rubi. Idaei.

Schnitterblumen: Flor. Stoech.

Schnittgras: Rhiz. Caricis.

Schnitttropfen: Sir. Sennae.

Schnitzelrotstein: Lap. Haematit.

Schnitzerlein: Fruct. Jujubae.

Schnitzewitt: Ungt. sulfur. cps.

Schnuderbeeren: Fruct. Myrtill.

Schnüffelsalbe: Ungt. Zinci.

Schnupfensalbe: Ungt. Majoran.

Schnupfkapseln: Caps. Bals. Cop.

Schnupfpulver, Schneeberger: Pulv. sternutatorius alb.

Schnupftabaksblumen: Flor. Arnicae.

Schnur: Rhiz. Graminis.

Schnürligras: Rhiz. Graminis.

Schobbijak, weißer: Ungt. Hydrarg. alb. dil.

Schober, Flor. Millefolii.

Schofripple: Flor. Millefolii.

Schofbeinöl: Ol. Olivar. alb.

Schokoladenpflaster: Empl. fusc.

Schokoladensalbe: Cerat. fusc. Ungt. basil. fusc.

Schöllkraut: Herb. Chelidonii.

Schöllwurzelpulver: Rhiz. Veratr. pulv.

Schöllwurzkraut: Herb. Chelidonii.

Scholzenpflaster: Empl. fuscum.

Scholzensalbe: Ugt. basilic. fusc.

Schömwurzel: Rad. Hellebori.

Schönefrau: Fol. Belladonnae.

Schönemarie: Sem. Foenugraeci.

Schönhacke: Rad. Carlinae.

Schönheitsmilch: Aqua Rosae. benzoinat.

Schönheitspflaster: Empl. angl. nigr.

Schönkraut: Herb. Chelidonii.

Schönliebe: Flor. Stoechados.

Schönmädchen: Fol. Belladonnae.

Schonungspflaster: Empl. Cantharid. perp.

Schop: Ungt. contra scabiem.

Schopfsalbe: Ungt. sulfuratum.

Schöpstalg: Sebum ovile.

Schorfkopfsalbe: Ungt. basilic.

Schorfkraut: Herb. Scabiosae.

Schorflattichwurzel: Rad. Oxylapathi.

Schornsteinfegertropfen: Tinct. Ferri pomati.

Schoßbeeren: Solan. Dulcam.

Schoßkraut: Herb. Abrotani.

Schoßmaltenkraut: Herb. Artemisiae.

Schoßwurz: Herb. Abrotani.

Schoten, griechische: Fructus Ceraton.

Schotenklee: Herb. Meliloti.

Schotenpfeffer: Fruct. Capsici.

Schotentee: Follicul. Sennae.

Schotenzucker: Sacchar. Lact.

Schotschen: Flor. Sambuci.

Schottendorn: Prunus spinosa.

Schottenzucker: Sacch. lactis.

Schradel: Fol. Ilicis.

Schraminenstein: Lap. Calam.

Schrankschmier: Polierwachs.

Schrapelsalbe: Ungt. ctr. scab.
Schreckbirnen: Sem. Paeoniae.
Schreckblumen: Flor. Arnicae.
Schreckensalbe: Ugt. sulfur. cps.
Schreckkörner: Sem. Paeoniae.
Schreckkoppen: Flor. Trifol. albi. Flor.Centaureae Jaceae. Herb. Centaureae paniculat.
Schreckkraut: Herb. Conyzae. Herb. Centauri panic. in Bündeln. Herb. Chenopodii. Herb. Sideritidis.
Schreckpulver: Pulv. epilept. Pulv. pro infant. ruber. Pulv. temperans ruber.
Schrecksteine: Flach abgeschliffene, durchbohrte dreieckige Serpentinsteine.
Schrecktropfen: Mixt. oleos. balsam. Tinct. Valerian.
—, rote: Aq. aromat. rubr.
—, weiße: Spirit. aethereus. Spiritus aetheris nitros. Spiritus Melissae comp.
Schreckwasser: Aq. aromatic.
Schreikraut: Herb. Sideritidis.
Schrindwurz: Rad. Lapathi.
Schrockdistel: Datura Stram.
Schrotschußpulver: Pulv. contra pediculos.
Schrundensalbe: Ungt. cereum. Lanolin. Sebum.
Schrunesalbe: Ungt. Terebinth.
Schrunnöl: Glycerin.
Schrunnwasser: Glycerin.
Schubijak: Ungt. ctr. scabiem.
Schublak: Lacca in tabulis.
Schülerkraut: Herb. Acmellae.
Schulholz: Cort. Dita.
SchulzesBalsam: Tct. odontalgic.
Schulzucker: Sacchar. rubrum.
Schumack: Herb. Sumach.
Schumannstropfen: Tinct. amara.

Schumarkel: Herb. Asperulae.
Schuppenflechte: Lich. Island.
Schuppensalbe: Ungt. Zinci.
Schuppenwurz: Rhiz. Bistort. Rhiz. Filicis.
Schürmannpflaster: Empl. fusc.
Schürwurz: Rhiz. Tormentillae.
Schußblattersalbe: Ungt. Zinci.
Schlüsseli: Flor. Primulae.
Schüssersalbe: Ungt. sulfurat.
Schußwasser: Mixt. vuln. acid.
Schusterkraut: Herb. Majoranae.
Schusterpech: Pix nigra.
Schusterpuder: Talcum pulv.
Schusterpulver: Alum. plumos.
Schustersalbe: Ungt. sulfurat.
Schustertropfen: Tct. Chinoid.
Schüttelbölli: Pil. laxant.
Schutzpflaster, grünes: Emplastr. Meliloti.
Schwabel = Schwefel.
Schwabenkraut: Herb. Chenopod.
Schwabenöl: Ol. Ricini.
Schwabenpulver: Pulv. contra insect.
Schwabentod: Borax pulv. Pulv. contra blattas.
Schwalbenkraut: Herb. Chelid. Herb. Fumariae.
Schwalbenkrautöl: Oleum Amygdal. Ol. compositum. Ol. Hyoscyami.
Schwalbenöl: Ol. Amygdal. Ol. Jecor. Aselli fusc. Ol. Philosoph. Ol. viride. Spir. saponat.
Schwalbenwasser: Aq. aromatica. Aq. carminativa. Aq. Tiliae.
—, schwarzes: Aq. Foeniculi.
Schwalbenwurzel: Rhizoma Bistortae. Rad. Vincetoxici.
Schwälkenöl: Ol. viride coct.

Schwammbüchseltropfen: Spirit. odorat.
Schwämmchensaft: Mel borax.
Schwammerlwasser: Sol. Boracis.
Schwammkohle: Carbo Spong.
Schwammsaft: Sir. Althaeae. Mel boraxat.
Schwammsäftchen: Mel borax.
Schwammstein: Lap. Spongiae.
Schwammtee: Lichen Island.
Schwammwurz: Rad. Asparagi.
Schwammzucker: Sacchar. rubr.
Schwanensalz: Tartar. natronat.
Schwanzpfeffer: Curbebae.
Schwärkraut: Herb. Scabiosae.
Schwärkräuter: Spec. emollient.
Schwärpflaster: Empl. Lith. comp.
Schwarteehr: Mumia pulv.
Schwarte Päperkern: Sem. Nigellae.
Schwartenpeterkähm: Semen Nigellae.
Schwarz. Ahrand: Styrax.
— **Andorn:** Herb. Ballotae.
— **Beere:** Fruct. Myrtilli.
— **Besinge:** Fruct. Myrtilli.
— **Chinaöl:** Bals. Peruvian.
— **Degen:** Ol. animale foet. Ol. Rusci.
— **Ehr:** Mumia.
— **Essig:** Acet. pyrolignos. crud.
—, **Frankfurter:** Ebur ustum.
— **Hafer:** Pulv. contra pedicul.
— **Heilpflaster:** Empl. fusc. camph. Empl. angl. nigr.
— **indischer Balsam:** Balsam. Peruvian.
— **Königssalbe:** Ungt. basilic. nigr.
— **Koriander:** Sem. Nigellae.
— **Kümmel:** Sem. Nigellae.
— **Malven:** Flor. Malv. arbor.

Schwarz. Muttertropfen: Tinct. Ferri pomati.
— **Nießwurz:** Rad. Helleb. nigr.
— **Nüsse:** Mirobalani.
— **Paperkähm:** Sem. Nigellae.
— **Pech:** Pix navalis.
— **Pfeffer:** Fruct. Piper immat.
— **Picksalbe:** Ungt. basilic. nigr.
— **Platintropfen:** Tinct. Aloës.
— **Rhabarber:** Tub. Jalapae.
— **Schneckensalbe:** Ung. basilic. fusc.
— **Seife:** Sapo kalinus venalis.
— **Senf:** Sem. Sinapis.
— **Steinöl:** Ol. animale foetid. Ol. Petrae nigr. Ol. Rusci.
— **Stundentropfen:** Tct. Aloës.
— **Tafelsalbe:** Empl. fusc. camph.
— **Tropfen:** Elix. Aurant. cps. Tinct. amara.
— **Uran:** Styrax calamita.
— **Waschung:** Aq. phagad. nigr.
— **Wasser:** Aq. phagadaen. nigr.
— **Wundertropfen:** Tinctur. Aloës comp.
— **Zucker:** Succ. Liquirit. anis. (Cachou).
Schwarzbeerblätter: Fol. Rubi. frutic.
Schwarzbeeren: Fruct. Myrtilli.
Schwarzbeersaft: Sir. Moror.
Schwarzbeize: Liqu. ferri acetici. crud.
Schwarzbergöl: Ol. Rusci.
Schwarzblätter: Herb. Hepatic.
Schwarzblei: Graphit. Plumbago.
Schwarzbleiweiß: Graphites. Plumbago.
Schwarzbreitenpflaster: Emplastr. fuscum.
Schwarzbrühe: Liqu. ferri acetici. crud.

Schwarzburgerbalsam: Ol. Lini sulfurat.

Schwarzburgerpflaster: Emplast. fuscum.

Schwarzdegenöl: Oleum animale foetid.

Schwarzdornblüten: Flor. Acac.

Schwarzdornbrei: Succ. Samb.

Schwarzdornrinde: Cort. Ulmi.

Schwarzdornwurzel: Radix Ononidis. Rhiz. Tormentill. Rad. Consolidae.

Schwarzedelherzpulver: Pulv.epilept. niger.

Schwarzenbergsalbe: Empl. fusc.

Schwarzespenknospen: Gemmae Populi.

Schwarzfegertropfen: Tinct. Ferri pomat. Tinct. Fuliginis. Elix. uterin. Anglic. (Ph. Sax.).

Schwarzgallenmagentropfen: Tct. Aloës comp.

Schwarzglaspulver: Stib.sulf.nigr.

Schwarzheilpflaster: Empl. fusc.

Schwarzholder: Flor. Sambuci.

Schwarzholzrinde: Cort. Frang.

Schwarzkirschenwasser: Aqua Amygdal. amar. dilut.

Schwárzkorn: Secale cornutum.

Schwarzkümmel: Sem. Nigellae.

Schwarzlosenpulver: Pulv. pro equis.

Schwarzmalven: Flor. Malvae arbor.

Schwarznessel: Herb. Scrophul. Herb. Ballotae.

Schwarzpappeln: Flor. Malvae. arbor.

Schwarzpflaster: Empl. fuscum.

Schwarzrabenblut, innerlich: Tct. Asae foetid.

—, äußerlich: Ol. Rusci.

Schwarzrhabarber: Tub. Jalap.

Schwarzruschelrinde: Cort. Ulmi.

Schwarztaffetpflaster: Emplastr. Drouotti.

Schwarzwäldertropfen: Tinctur. Aloës comp.

Schwarzwaldpulver: Pulv.epilept. niger.

Schwarzwaldwurzel: Radix Consolid.

Schwarzwurzel: Rad. Consolid.

Schwarzwurzelöl: Ol. viride.

Schwarzwurzelpflaster: Empl. fusc. Empl. ad rupt.

Schwarzwurzelpulver: Radix Althaeae pulv.

Schwarzwurzelsaft: Sir. Consolid.

Schwarzwurzelsalbe: Ungt.basilic. fusc. Ungt. flavum.

Schwebelrinde: Cort. Frangul.

Schwede = Pflaster.

—, alter: Spec. amarae. Tinct. Aloës comp.

Schwedentrank: Tinct. Aloës comp.

Schwedisch. Balsam: Tinctur. Aloës cps. Tct. Benz. cps.

— Elixier: Tinct. Aloës comp. Tinct. Benzoës comp.

— Kräuter: Species amarae.

— Magentropfen: Tinct. Aloës comp.

— Pomade: Ungt. sulfurat. cps.

— Tinktur: Tinct. Aloës comp. Tinct. Benzoës comp.

— Tropfen: Elix. e succo Liquir.

Schwefel, umgewandter: Ugt.sulf.

—, ungenützter: Sulf. citrin.

—, zugerichteter: Ungt. sulfurat.

Schwefeläther: Aether.

Schwefeläthergeist: Spirit.aether.

Schwefelalkali: Kal. sulfuratum.

Schwefelalkohol: Carbon. sulf.

Schwefelbalsam: Ol. Lini sulf.

Schwefelbalsamtropfen: Oleum Terebinth. sulf.

Schwefelblumen: Sulf. sublim.

Schwefelbraun: Kal. sulfurat.

Schwefelerde: Sulfur sublim.

Schwefelgeist: Mixt. sulf. acid. Acid. sulfur. fum.

—, flüchtiger: Liqu. Ammon. hydrosulfur.

Schwefelleber: Kal. sulfurat.

—, flüchtige: Liqu. Ammon. hydrosulfur.

Schwefelleinöl: Ol. Lini sulfur.

Schwefelmehl: Lycopodium. Sulfur. depurat.

Schwefelmilch: Sulfur. praecip.

Schwefelnaphtha: Aether.

Schwefelöl: Acid. sulfur. crud. Ol. Terebinth. sulfurat.

Schwefelpräzipitat: Sulf. praecipit.

Schwefelpulver: Sulfur. sublim.

Schwefelrahm: Sulfur. praecipit.

Schwefelsäure: Acid. sulfuric.

—, englische: Acid. sulfur. angl.

—, Nordhäuser: Acid. sulfuric. fumans.

—, sächsische: Acid. sulfur. fum.

— zum Putzen: Acid. sulfur. dil.

Schwefelsalbe: Ungt. sulfurat.

—, schwarze: Ungt. sulfur. cps.

Schwefelspäne: Sulfur. in foliis.

Schwefelspießglanz: Stibium sulfurat. nigr.

—, roter: Stib. sulfurat. rubeum.

Schwefelspiritus, versüßter: Spirit. aethereus.

Schwefelstätt: Aether.

Schwefeltartar: Ol. Tereb. sulf.

Schwefelterpentinöl: Ol. Terebinth. sulfurat.

Schwefeltmodur: Ol. Terebinth. sulfurat.

Schwefelwurzel: Bulb. Asphodeli. Rad. Peucedani.

Schwefelwurzkraut: Stip. Dulcamarae.

Schweinblagde: Herb. Acetosae.

Schweinebrot: Tubera Cyclamin.

Schweinebrunst: Boletus cervinus.

Schweinefenchel: Meum athamanticum.

Schweinefraß: Lign. Sassafras.

Schweinegras: Rhiz. Graminis.

Schweinegruse: Herb. Polygoni.

Schweinepulver: Stib. sulfur. nig.

Schweinerösl: Taraxacum offic.

Schweineschneidersalbe: Ungt. Hydrg. rubr. venal.

Schweintropfen: Arsenic. III. homoeop.

— Tinct. Aloës comp.

Schweingaeder Nervensalbe: Ugt. nervin. virid.

Schweinigeltropfen: Ol. Tereb. sulf.

Schweinsbeutel: Rhiz. Veratr. plv. in sacc. (sogen. Niesbeutel).

Schweinsbrechwurzel: Rhizom. Veratri.

Schweinsbrot: Rad. Cyclaminis.

Schweinsbubenpflaster: Emplast. Litharg. comp.

Schweinwurz: Rad. Bryoniae.

Schweißkraut: Hrb. Mercurial.

Schweißmelde: Mercurialis perennis.

Schweißpulver: Plv. salicyl. c. Talco.

— zum Härten: Kal. ferrocyan.

Schweißtreiber: Tinct. bezoartic.

Schweißtropfen: Liq. Amm. acet.

Schweißwurzel: Rhiz. Chinae.

Schweizerkräuter: Spec. amar.

Schweizermädeltee: Flor. Rhoead.

Schweizerpillen: Pil. laxantes.

Schweizertee: Herb. Abrotani. Herb. Galeops.

Schweizertropfen: Elixir. Succini.

Schweizerzucker: Sacch. lact.

Schwellkraut: Fol. Malvae.

Schwellstein: Cupr. aluminat.

Schwerkraut: Herb. Scabiosae.

Schwernottropfen: Tinct. Chinoidini.

Schwersaat: Flor. Cinae.

Schwerwurzelpflaster: Empl. Lithargyri.

Schwertelwurzel: Rhiz. Irid. Flor.

—, **wilde:** Bulb. Asphodeli. Bulb. Victorial. rot. Rad. Pyrethri. Rad. Consolid. Rhiz. Pseudacori.

— — **gegen Zahnschmerzen:** Rhiz. Galangae.

Schwertwurzel: Rhiz. Iridis.

Schwestern, die ungleichen: Herb. Pulmonar.

Schwiblume: Herb. Taraxaci.

Schwidern: Fruct. Berberidis.

Schwiedenbeere: Frct. Berberidis.

Schwiegerle: Flor. Violae tricoloris.

Schwiegermütterchen: Herb. Violae tricol.

Schwiensbütel: Rhiz. Veratri in sacc.

Schwiensbulenpflaster: Emplast. Litharg.

Schwienwörtel: Rhiz. Veratri.

Schwigerli: Herb. Violae tricol.

Schwillpflaster: Empl. Litharg.

Schwindelbeere: Fruct. Berberidis. Atropa Belladonna.

Schwindelblumen: Flor. Primulae.

Schwindelkörner: Fructus Cocculi. Fructus Cubebae. Fruct. Coriandri. Sem. Sinapis alb.

Schwindelkraut: Coriandrum sativ.

Schwindelöl: Ol. Terebinthinae.

Schwindelpulver: Pulv. temper.

Schwindelriechgeist: Liq. Amm. caust.

Schwindelwurzel: Rad. Arnicae.

Schwindensalbe: Ugt. Hydr. alb.

Schwindsuchtskraut: Herb. Galeopsidis.

Schwindsuchtwurzel: Radix Actaeae.

Schwinenöl: Ol. Buechleri.

Schwingelkörner: Sem. Staphisagr

Schwiniöl: Ol. Buechleri.

Schwinisalbe: Ol. Buechleri.

Schwinskraut: Herb. Anserinae.

Schwirzelkörn: Sem. Staphisagr.

Schwitzerlack: Plv. vaccarum.

Schwitzerlein: Fruct. Jujubae.

Schwitzpastillen: Tablett. acid. acetylosalicylic.

Schwitzerpulver: Pulv. lactesc.

Schwitzsaft, Schwitzsalse: Succ. Sambuci insp.

Schwitztee: Flor. Sambuci. Flor. Tiliae.

Schwitztropfen, grüne: Tinctur. Menthae pip.

—, **weiße:** Liq. Ammon. acet. Spir. Angelicae comp.

Schwögerli: Herb. Viol. tricol.

Schwollkraut: Fol. Malvae silv.

Schwülkenöl: Ol. Philosophor. Ol. viride.

Schwülkenwasser: Aqu. aromatica. Aqu. Foeniculi.

Schwulstkraut: Herb. Chelidon. Herb. Senecionis.

Schwulstsalbe: Ungt. Kali jodat.

Schwundbalsam: Liqu. Ammon. caust. 1,0. Tinct. Arnicae, Spir. camph., Spir. sapon. $\overline{aa}$. 5,0.

Schwundsalbe: Ungt. Rosmar. comp. Ungt. Zinci.

Schwundspiritus: Spir. Angelic. cps.

Schwungsalbe: Ungt. Populi.

Schwungsalz: Ammon. carbon.

Scillabol: Bulb. Scillae.

Scorbutkraut: Herb. Cochleariae.

Scorbutsalz: Kal. chloric.

Scorbutspiritus: Spir. Cochlear.

Scorbuttinktur: Tinct. Lignor.

Scordienkraut: Herb. Scordii.

Scorpionöl: Ol. Lini. Ol. camphorat. Ol. Petrae rubr.

Sebarsaat: Flor. Cinae.

Sebast: Cort. Mezerei.

Sebastiantee: Lign. Quassiae.

Sebenbaum: Summit. Sabinae.

Sebenbaumblätter: Herb. Sabinae.

Sebersaat: Flor. Cinae.

Sechserlei Pflaster: Empl. ad rupt.

Sechserleischmiere: Ungt. nervin.

Sechswöchnerintee: Herb. Violae tricol.

Seckelkraut: Herb. Bursae Past.

Seckelmeister: Rad. Caryophyll.

Sedativhalbsäure: Acid. boric.

Sedativsalz: Acid. boricum. Natr. bicarbon.

Seebbeeren: Fruct. Myrtilli.

Sedlitzer Salz: Magnes. sulfur.

Seeblumensamen: Sem. Paeon.

Seebohnen: Umbilic. marin.

Seechrüseli: Flor. Nymphaeae alb.

Seeeiche: Fucus vesiculosus.

Seefkesad: Tanacetum vulg.

Seegamselspiritus: Spir. Formic.

Seege: Rhiz. Caricis.

Seegras: Herb. Equiseti min.

Seegraswurzel: Rhiz. Caricis.

Seejungferfett: Ol. Jecor. Asell.

Seeländerklee: Herb. Trifol. prat.

Seelenbalsam: Ungt. Elemi.

Seelenpolekten: Lycopodium.

Seelenspeck: Cetaceum.

Seelnonnenpflaster: Ungt. Tereb.

Seelotenklee: Herb. Meliloti.

Seemoos: Carrageen.

Seeperlen, rote: Corall. rubr.

—, weiße: Conchae praep.

Seerosen: Flor. Nymphaeae.

Seesalz: Sal marinum.

Seeschaum: Ossa Sepiae pulv.

Seeschwede: Empl. Ceruss. rubr.

Seetang: Fucus vesiculosus.

Seewebaum: Summit. Sabinae.

Seewersaat: Flor. Cinae.

Seewurzel: Rhiz. Galang. tot.

Sefelbaum: Summitates Sabinae.

Sefenbaum, Sefi, Sefler, Segelbaum, Segenbaum: Juniperus Sabina.

Sefi: Herb. Ericae. Summ. Sabinae.

Segelbaum: Summit. Sabinae.

Segelstern: Succinum raspatum.

Segelsterntropfen: Tinct. Succin.

Segenbaum: Summit. Sabinae.

Segenkraut: Herb. Verbenae.

Seggenwurzel: Rhiz. Caricis.

Sehmsblätter: Fol. Sennae.

Sehnengras: Rhiz. Graminis.

Sehnenöl: Ol. camphoratum. Ol. nervinum.

Sehnenrecksalbe: Ol. Hyoscyami. c. Ol. Terebinth. Ungt. Populi. Ungt. nervinum.

Sehnentreck: Ugt. Hydrarg. alb.

Sehnenziehöl: Ol. Hyoscyami. Ol. Philosophorum. Linim. ammoniat.

Sehnsuchtsblätter: Fol. Majanthemi bifol.

Seichdiakel: Empl. Litharg. cps.

Seicherin: Rad. Taraxaci c. herb.

Seidelbast: Cort. Mezereï.

Seidenbinse: Herb. Eriophori.

Seidenblau: Coeruleamentum.

Seidenrosentee: Flor. Malv. arb.

Seidensalbe: Ugt. Hydrarg. rubr. in sacc.

Seidenspiritus: Liquor Ammon. carbon. pyrooleos.

Seidlitzer Salz: Magnes. sulfur.

Seidlitzpulver: Pulv. aerophor. laxans.

Seidschützer Salz: Magn. sulfur.

Seife, Alikantische, Spanische od. Venetische: Sapo Venet.

—, **chemische:** Ammon. carbon.

—, **Englische:** Sapo oleaceus.

—, **grüne od. schwarze:** Sapo kalin. venalis.

Seifenbalsam: Linim. sap. camph.

Seifengeist: Spirit. saponatus.

Seifenholz: Cort. Quillajae.

Seifenkampferspiritus: Spiritus saponat. camph.

Seifenkraut: Herb. Saponariae.

Seifenpflaster: Empl. saponat.

Seifenrinde: Cort. Quillajae.

Seifensiederfluß: Kal. chloratum.

Seifensiederlauge: Liquor. Natri caust.

Seifensiedersalbe: Ungt. Plumbi.

Seifenspiritus: Spir. saponatus.

Seifenstein: Natr. causticum crud.

Seifenwürze: Rad. Saponar.

Seifenwurzel: Rad. Saponariae.

—, **weiße:** Rad. Saponar. alba.

Seigamseln = Ameisen.

Seigamselspiritus: Spir. Formicar.

Seignettesalz: Tart. natronatus.

Seihblumen: Herb. Taraxaci.

Seihdiakel: Empl. Litharg. cps.

Seihkrautsamen: Lycopodium.

Seilerschmiere: Tinct. Arnicae.

Seilkraut: Herb. Lycopodii.

Sellkrautsamen: Lycopodium.

Seitholt: Rad. Liquirit.

Sektenpulver: Flor. Pyrethri plv.

Selap: Tub. Jalapae.

Selbenblätter: Fol. Salviae.

Selbin: Fol. Salviae.

Selbstheil: Herb. Prunellae.

Self: Fol. Salviae.

Sellerieöl: Ol. Philosophorum.

Selleriepomade oder -salbe: Ugt. Hydrarg. alb. dil. Ugt. Zinci.

Selleriesamen: Fruct. Apii.

Sellerietropfen: Spir. Petrosel.

Selleriewurzel: Rad. Apii. Rad. Petrosel. Rad. Bardan.

Selotten: Flor. Meliloti.

Selvenblätter: Fol. Salviae.

Selz = eingedickter Saft. Succus.

Semen contra: Flor. Cinae.

Semensblätter: Fol. Sennae.

Semhamundjaphet: Fol. Sennae, Rad. Liquir., Fol. Aurant. $\overline{aa}$. pts. aequ.

Semmelgelb: Rhiz. Curcum. plv.

Sempervigensalbe: Ungt. Popul.

Sendbeeren: Fruct. Myrtilli.

Senden: Herb. Ericae

Senegalgummi: Gummi arab.

Senf, Englischer: Sem. Erucae.

—, **Französischer:** Sem. Sinap.

—, **gelber oder weißer:** Semen Erucae.

—, **grüner oder schwarzer:** Sem. Sinapis.

—, **Holländischer od. Russischer:** Sem. Erucae.

—, **roter:** Sem. Sinapis.

Senfblätter: Fol. Sennae. Charta sinapisata.

Senfkraut: Herb. Saturejae.

Senföl: Spiritus Sinapis (eigentlich Ol. Sinapis, welches aber rein zu scharf ist).

Senfpflaster: Charta sinapisata.
Senfspiritus: Spiritus Sinapis.
Senftblätter: Fol. Sennae.
Senfteig: Sem. Sinapis pulv. Chart. Sinapis.
Sengenessel: Flores Lamii.
Sennenblätter: Herb. Alchemillae.
Sennesamdihle: Fruct. Sabadill.
Sennesbälge, -schäfen oder -schäffle: Folliculi Sennae.
Sennesblätter: Folia Sennae.
Sennesmus: Electuar. e Senna.
Sennessaft: Sir. Sennae.
Sennesschoten: Folliculi Sennae.
Sennesselblüten: Flor. Lamii albi.
Sensenblätter: Fol. Sennae.
Sensentropfen: Inf. Sennae cps.
Sentbeeren: Fruct. Myrtilli.
Sentichblätter, Sentischblätter: Sum. Sabinae.
Sentinellpulver: Magn. carbon.
Sepedillensaat: Plv. ctr. pedic. Sem. Sabadillae.
Sepiaschalen: Ossa Sepiae.
Septemwurzel: Rad. Zedoariae.
Serbelsaat: Flores Cinae.
Sergenkraut: Herb. Saturejae.
Serpentilsamen: Sem. Sabadill.
Serpentin: Rhiz. Bistortae.
Sersch: Rhamnus carthartica.
Servelati: Mixt. oleos. balsamic.
Sevenbaum: Sumit. Sabinae.
—, sibirischer: Hrb. Balotae lanat.
Sevenkraut: Herb. Sabinae.
Sevi siehe Sefi.
Sevikraut: Fol. Salviae.
Seviöl: Ol. Sabinae.
Sibbeeren: Fruct. Myrtilli.
Sibirisches Salz: Magnes. sulfur.
Sibyllenessig: Acet. Sabadillae.
Sibyllentropfen: Tinct. Chinoid.
Siccatif: Plumbum oleinicum.
Siccatifpulver: Mangan. boricum.

Sichelblumen: Flor. Cyani. Flor. Millefolii.
Sichelschnitt: Herb. Millefolii.
Siddensalv: Ungt. Plumbi.
Sidelbast: Cort. Mezerei.
Sidenblümli: Flor. Trifol. fibr.
Sidenhamstropfen: Tct. Opii crocat.
Sië: Herb. Cuscutae.
Sieblumenöl: Ol. Olivar. alb.
Siebenbaum: Summit. Sabinae.
Siebenblatt: Rhiz. Tormentill.
Siebenblümchen: Menyanthes trifoliata.
Siebenerlei Pflaster: Emplastr. oxycroceum.
— Schmiere: Ungt. nervinum virid.
— Tee: Spec. lax. Dresd.
— Tropfen: Tct. Chinoidini.
Siebenfarbenblümlein: Herb. Viol. tricol.
Siebenfrüchtetee: Spec. pectoral. cum fructib.
Siebengartenkraut: Herb. Millefolii.
Siebengezeugsamen, Siebengezeit: Semen Foenugraeci.
Siebenhämmerleinwurzel: Rad. Victor. long.
Siebenkraut: Herb. Meliloti.
Siebenmannstrank: Flor. Tanaceti.
Siebennagelspitzen: Herba Marrubii.
Siebenstundenkraut: Herb. Fumariae. Herb. Meliloti.
Siebenundsiebziger: Spec. aromaticae.
Siebenundsiebzigerlei Borkpulver: Cort. Chinae pulv
— Tropfen: Tinct. Chinoïdin.
Siebenzeit: Herb. Meliloti.

Siebenzeiten: Sem. Foenugraeci.
Siebolds Pflaster: Empl. fuscum.
Siebziger fürs Vieh: Pulv. pro vaccis.
Siedeblümchen: Fol. Trifol. fibr.
Siedelkraut: Herb. Sideritidis.
Sieden-Langenbecker-Schulzen-pflaster: Empl. Litharg. simpl.
Siedesudesalzöl: Liquor. antarthritic. Pottii.
Siegelerde: Bolus alb. oder rubr.
—, weiße: Bolus alba. Terra sigillata.
Siegelöl: Ol. philosophor.
Siegelwachs, grünes: Cerat. Aerugin.
Siegelwurz: Rhiz. Polygonat.
Siegertsches Pflaster: Emplastr. fusc. camph.
Siegwurz: Bulb. Victorialis. Rad. Hellebori alb.
Siergwurz: Rhiz. Calami.
Siewemannstark: Flor. Tanacet.
Sigge: Rhiz. Calami.
Sigmarsblumen: Flor. Malvae arbor.
Sigmarskraut: Fol. Malvae.
Sigmarswurzel: Bulb. Victorial.
Sigmundblumen: Flor. Malvae arbor.
Silberaufdermilch: Magn. carbon.
Silberbalsam: Ol. Lini sulfur. Ol. Terebinth. sulf.
Silberblatt: Herb. Anserinae.
Silberdistel: Fruct. Cardui Mar. Rad. Carlinae.
Silberglätte: Lithargyrum.
Silberglätteessig: Liq. Plumbi subacet.
Silberglättpflaster: Emplastrum Lithargyri.
Silberglättsalbe: Ungt. Ceruss. Ugt. diachyl. Ugt. Plumb.

Silberglätttropfen: Oleum Tereb. sulf. Tinct. Chinoïdin.
Silberglücksalbe: Ungt. Plumbi.
Silberknopf: Herb. Ptarmicae.
Silberkraut: Herb. Alchemillae. Herb. Anserinae.
Silberkristalle: Argent. nitricum.
Silbersalbe: Ungt. Hydrarg. alb.
Silbermänteli: Alchemilla alpina.
Silbersalpeter: Argent. nitr. c. Kalio nitric.
Silberschaum: Argent. foliatum.
Silberstein: Argent. nitricum.
Silbertropfen: Ol. Tereb. sulfur.
— gegen Fieber: Tinctura Chinae cps. Tct. Chinoïdin.
Silberweiß: Cerussa.
Silberzuckerln: Cachou (versilbert).
Silfiktrin: Acid. sulfuric. dilut.
Silgenkraut: Herb. Oreoselin.
Silgenöl: Ol. Anethi. Ol. Petroselini.
Silgensamen: Fruct. Sabadill. Pulv. contra pediculos.
Siliensamen: Fruct. Petroselini.
Silksamen: Fruct. Petroselini.
Sillenöl: Ol. Anethi. Ol. Petroselini.
Sillerkraut: Herba Artemisiae.
Simeonsblumen: Flor. Malv. arb.
Simio: Herb. Serpylli.
Simonsblätter: Fol. Salviae.
Simplexpflaster: Emplastr. Lithargyri simpl.
Simplexsalbe: Ungt. cereum.
Simplextinktur: Tinct. Arnicae.
Simsamdill: Sem. Sabadillae.
Simsen: Stipites Junci.
Simsons Pflaster: Empl. oxycr.
— —, braunes: Empl. fuscum.
— —, weißes: Empl. Litharg.
Sinaäpfelschale: Cort. Aurant.

Sinabork: Cort. Chinae.

Sinau: Herb. Alchemillae.

Sinaukraut: Herb. Alchemillae.

Sindaukraut: Herb. Rorellae.

Sinfersaat: Flor. Cinae.

Singsalbe: Ungt. Zinci.

Sinnestropfen: Spir. Menth. pip.

Sinngrün: Herb. Vincae.

Sinntau: Herb. Rorellae.

Sinustee: Folliculi Sennae.

Sippenbeeren: Fruct. Sorbi.

Sirenzwurzel: Rhiz. Imperator.

Siriigehlwater: Liqu. Ammonii aromatic.

Sisendisenpulver: Pulv. Magnes. c. Rheo.

Skabiosenpulver: Pulv. Liquiritiae cps.

Skabiosensaft, roter: Sir. Rhoeados.

—, weißer: Sir. Aurant. florum.

Skabiosenwasser: Aq. Foenicul.

Skali: Kali chloricum.

Skink: Stincus marinus,

Skitzelnsamen: Sem. Colchici.

Skorbutkraut: Herb. Cochlear.

Skorbutsalz: Kal. chloricum.

Skorbuttee: Spec. Lignorum.

Skorbuttinktur: Tct. Myrrhae. Tinct. Lignorum.

Skorbutwasser: Sol. Kal. chlorici. 4,0/90,0, Spir. Cochlear. 10,0.

Skorpionöl: Ol. Chamomill. Ol. Hyperici. Ol. Lini. Ol. Lumbricor. Ol. Rapae.

Skorpionwurzel: Rad. Succisae.

Skrofelkraut: Hrb. Scrofulariae. Herb. Violae tricol.

Skuttie: Gutti.

Slagwater: Aq. apoplectica. Aq. aromatic.

Slimtee: Spec. emollientes.

Slimwörteln: Rad. Althaeae.

Smak: Pulv. Sumach.

Smalle Sophie: Fol. Salviae.

Smalte: Cobalt. silicicum kalin.

Smartpulver: Lycopodium.

Smeersel, flüchtig: Linim. ammon.

Smetpoeder: Talcum. Lycopodium.

Smetzalf: Ungt. Zinci.

Snerkpoeder, Snertpoeder: Lycopodium.

Snotpoeder: Sem. Foenugraeci plv.

Smokblumen: Flor. Rhoeados.

Smolt: Adeps.

Soda: Natr. carbon. crud.

—, caustische: Natr. caustic.

—, präparierte: Natr. bicarbon.

Sodakraut: Herb. Salsolae.

Sodalaugensalz: Natr. carbon.

Sodasalz: Natr. bicarbonicum.

Sodaseife: Sapo medicatus (Natronseife).

Sodatropfen: Liq. Kali carbon.

Sodbrot: Fruct. Ceratoniae.

Söggel oder Sögli: Herb. Hyssopi.

Sögöl: Ol. Foeniculi.

Sögpulver: Plv. Magnes. foenicul.

Sogpflaster: Empl. ad rupturas.

Sohlakraut: Herb. Plantaginis.

Sohn vor dem Vater: Herb. Farfarae.

Sohrsäftchen: Mel. rosat. borax.

Söht = süß.

Soichbluma: Herb. Taraxaci.

Solarispulver: Herb. Absinth. plv.

Soldatenholz: Lign. Guajaci.

Soldatenknabenkraut: Orchis militaris.

Soldatenkraut: Fol. Matico.

Soldatenmixtur: Mixtura solvens.

Soldatensalbe: Ungt. ctr. pedic.

Soldatenton: Talcum pulv.

Soldatentropfen: Tinct. Chinoid.

Solfer: Salvia off.
Solferbloem: Sulfur. sublim.
Solferwurz: Rad. Peucedani.
Solotanzpflaster: Emplastr. consolidans.
Some = Samen.
Sommerbingel: Herb. Mercurial.
Sommerdorn: Herb. Taraxaci.
Sommergrün: Herb. Veronicae.
Sommerstaub: Flor. Pyrethri pulv. Pulv. contra pedicul.
Sommertürle: Fol. Farfarae.
Sommerwurzel: Rad. Taraxaci.
Sommerzwiebel: Bulb. Cepae.
Sondaukraut: Herb. Rorellae.
Sonnenauge: Herb. Matricariae.
Sonnenblätter: Herb. Alchemill.
Sonnenblumen: Flor. Calendul.
Sonnenblumenöl: Ol. Aracidis.
Sonnenbrand: Rad. Cichorii.
Sonnenbraut: Flor. Calendulae.
Sonnendächli: Herb. Petasitidis.
Sonnendistelwurzel: Rad. Carlin.
Sonnendraht: Rad. Cichorii.
Sonnengold: Flor. Stoechados.
Sonnenhirse: Sem. Milii solis.
Sonnenkäfer: Coccionella.
Sonnenkrautöl: Ol. Ricini.
Sonnenkrautwurzel: Rad. Cichorii.
Sonnenlöffelkraut: Hb. Rorell.
Sonnenpulver: Pulv. herbar.
Sonnenrosen: Flor. Calendulae.
Sonnenrosenöl: (Ol. Papaveris).
Sonnensalz: Ammon. chlorat. Sal marinum.
Sonnenschiit: Herb. Scordii.
Sonnentau: Herb. Rorellae.
Sonnentauöl: Ol. Arachidis.
Sonnenwedel: Herb. Artemisiae. Flor. od. Herb. Cichorii.
Sonnenwende: Flor. Calendulae.

Sonnenwendkraut: Herb. Hyperici.
Sonnenwendgürtel: Herb. Artemis.
Sonnenwirbel: (wirtel) Herb. Taraxaci.
Sonnenwirbelwurz: Rad. Cichorii. Rad. Taraxaci.
Sonnenwurzel: Rad. Taraxaci.
Soodbrot: Fruct. Ceratoniae.
Soodschote: Fruct. Ceratoniae.
Sophie, schmale: Fol. Salviae.
Sophienblätter: Fol. Salviae.
Sophienmargarethenpulver: Sem. Foenugraeci pulv.
Sophienpulver: Plv. epilept. alb.
Sophiensaft: Mel. rosat. boraxat.
Söpli: Herb. Hyssopi.
Söppelkraut: Herb. Hyssopi.
Sorsäftchen: Mel. boraxatum.
Sötpich: Succus Liquiritiae.
Sottöl: Kreosot.
Sowassalbe: Ugt. ctr. pedicul. Ungt. sulfurat. comp.
Spalmöl: Ol. Pini.
Spaltgras: Rhiz. Caricis.
Spaltersalbe: Ungt. Rosmar. cps. Ungt. Populi.
Spaltholzöl: Oleum cadinum. Ol. Lauri. dil.
Spandeersalbe: Ungt. Rosm. cps.
Spangrün: Aerugo.
Spanierpulver: Borax pulv.
Spanisch. Erde: Catechu.
— **Fliedertee:** Herb. Origani.
— **Fliege:** Cantharides.
— **Fliegenpflaster:** Emplastrum Cantharid.
— **Fliegensalbe:** Ungt. Cantharid.
— **Flor:** Bezetta rubra.
— **Glas:** Glacies Mariae.
— **Hafer:** Pulv. contra pedicul.

Spanisch. Hafermehl: Pulv. contra pedicul.

— **Heidelbeerblätter:** Folia Uvae Ursi.

— **Hopfen:** Herb. Origani Cretic.

— **Hopfenöl:** Ol. Origani Cretic.

— **Kornpulver:** Plv. ctr. pedicul.

— **Kreide:** Talcum.

— **Kreuztee:** Hrb. Galeopsid. Spec. pectorales.

— **Lappen oder Lumpen:** Bezetta rubra.

— **Metwurst:** Cassia fistula.

— **Mücke:** Cantharides. Empl. Cantharid.

— **Mücken, immerwährende:** Empl. Canth. perp.

— **Pfeffer:** Fruct. Capisci.

— **Reitersalbe:** Ungt. ctr. pedic.

— **Saft:** Succ. Liquiritiae.

— **Samen:** Sem. Canariense.

— **Seife:** Sapo venetus.

— **Tee:** Herba Chenopodii. Herb. Galeopsid. Spec. Hispanicae. Spec. laxantes.

— **Weiß zum Schminken:** Bismut. subnitr.

Spannsalbe: Ungt. flavum. Ungt. nervinum.

Sparadrap: Empl. adhaes. extens.

Spargelwurzel: Rad. Asparagi.

Spargensamen: Sem. Nigellae.

Sparlei: Fol. Salviae.

Sparrfadenkraut: Herb. Lycopod.

Sparsach: Rad. Asparagi.

Sparsich: Rad. Asparagi.

Sparz: Rad. Asparagi.

Spathsalbe: Ungt. Cantharid. acre.

Spatzenwurzel: Rad. Saponar.

Spechtwurzel: Rad. Carlinae. Rad. Dictamni.

Specificum cephalicum: Pulv. epilept. Marchionis. Pulv. temperans ruber.

Speckblümchen: Flor. Lavand.

Speckgummi: Resina elastica.

Specklilienwasser: Spir. dilut.

Speckmelde: Herb. Mercurial.

Specknarresblüten: Flores Lavandulae.

Specköl: Ol. Spicae.

Speckstein: Talcum pulv.

Speckwurzel: Rad. Consolidae.

Speenzalf: Ungt. camphorat., Ungt. Populi.

Speerkrautwurzel: Rhiz. Iridis. Rhiz. Ari. Rad. Valerianae.

Speerminze: Fol. Menth. crisp.

Speerwurzel: Rhiz. Ari. Rhiz. Iridis.

Speichelwurz: Rad. Pyrethri. Rad Saponariae.

Speierlingsbeeren: Fruct. Sorbi.

Speikraut: Herb. Senecionis.

Speikwurzel: Rad. Valerianae.

Speimiezel: Herb. Trifol. arvens.

Speimiezeltee: Herb. Trifolii arvensis.

Speisekümmel: Fruct. Carvi.

Speisepulver: Natr. bicarbonic.

Speisesoda: Natr. bicarbonic.

Speiskraut: Herb. Linariae.

Speispulver: Natr. bicarbonic.

Speiswurz: Rad. Bryoniae.

Speiwurzel: Herb. Senecionis. Rad. Pyrethri.

Spektakelpflaster: Emplastr. Lithargyri. Empl. saponat.

Sperberbaum: Sorbus aucuparia.

Sperberbeeren: Fruct. Berber.

Sperberkraut: Hrb. Sanguisorb.

Spergelbaumrinde: Cort. Frangul.

Sperlingskraut: Herb. Anagall.

Spermacet: Cetaceum.
Spermacetpflaster: Cerat. Cetac.
Spermacetsalbe: Ungt. leniens.
Spermacettäfelchen: Cerat. Cetacei.
Sperrmäuler: Fumaria offic.
Sperwurzel: Rhiz. Iridis.
Spi: Lavandula officinalis.
Spiauter: Zincum metallicum.
Spickatblüte: Flor. Lavandul.
Spickblütenöl: Ol. Spicae.
Spickblumen: Flor. Lavandul.
Spicke: Lawandula Spica.
Spickernalienöl: Ol. Spicae.
Spickeröl: Ol. Spicae.
Spickerrinde: Cort. Frangulae.
Spicknarden- od. -nervenöl: Ol. Spicae.
Spickrohr: Rad. Angelicae.
Spiegelharz: Colophonium.
Spiegelruß: Fuligo.
Spiegelsaat: Fruct. Foeniculi.
Spike: Flor. Lavandulae.
Spieknardenöl: Ol. Spicae.
Spieknervenöl: Ol. Spicae.
Spieköl: Ol. Spicae.
Spienmüggli: Sem. Nigellae.
Spierblume, Spierkraut: Herb. Spiraeae.
Spierlingssaft: Succus Sorbor.
Spießglanz: Stib. sulfurat. nigr.
Spießglanzbutter: Liqu. Stibii chlorati.
Spießglanzleber: Hepar. Antim.
Spießglanzöl: Liq. Stibii chlorati. Acid. hydrochl. fum.
Spießglanzschwefel: Stibium sulfurat. aur.
Spießglanztinktur: Tinct. kalina. Butyr. Antimonii.
Spießglas: Stib. sulfurat. nigr.
Spießglasbutter: Liq. Stibii chlor.
Spießkraut: Herb. Plantaginis.

Spik, Spikat, Spike: Lavandula Spica.
Spikanard: Rad. Nardi. Flor. Lavandul.
Spikanardöl: Ol. Spicae.
Spikatblüten: Flor. Lavandul.
Spikblüten: Flor. Lavandulae.
Spikgeist: Spir. Lavandulae.
Spiknardblüten: Flor. Lavand.
Spiköl: Ol. Spicae.
Spilettenschmiere: Ungt. leniens.
Spilfiktrin: Acid. sulfuric. dilut.
Spillbaumrinde: Cort. Frangul.
Spillingblüten: Flor. Acaciae.
Spiltersalbe: Ungt. flavum.
Spiltertropfen: Ol. Tereb. rectif.
Spinatschbeeren: Fruct. Berber.
Spindelbaum: Evonymus europaeus.
Spindlers Pflaster: Emplastr. fuscum. Empl. Litharg. comp.
Spinellenblüten: Flor. Acaciae.
Spinnblumen: Flor. Colchici.
Spinnenblumenwurzel: Tub. Colchici.
Spinnendistelkraut: Herba Cardui bened.
Spinnemüggeli: Sem. Nigellae.
Spinnenklette: Lappa tomentosa. Rad. Bardanae.
Spinnkraut: Herb. Chelidonii. Herb. Senecionis.
Spinnlichkraut: Herb. Equiseti arv.
Spiraltropfen: Acid. hydrochlor. dilut.
Spirifiktrin: Acid. sulfuric. dilut.
Spiritus, ablitus: Spir. Angel. cps.
—, acomoneceus: Liquor. Ammon. caust.
—, adulcius: Spirit. Aether. nitros.
—, apoplectic: Aqua aromatica. Spirit. coloniensis.

Spiritus, armonacerus: Liquor. Ammon. caust.

—, **aromatischer:** Spir. Melissae comp.

—, **dulcis:** Spir. Aetheris nitrosi.

— **Dzondii:** Liqu. Ammon. caust. spirit.

— **electricus:** Ol. Terebinthinae.

—, **fliegender:** Liq. Amm. caust.

—, **flüchtiger:** Liq. Amm. caust.

—, **grüner:** Spir. nervin. virid.

—, **hussarius:** Liquor. Ammon. caust.

—, **Laufmanns:** Spir. Formicar.

—, **matricarius:** Spiritus Ma-stich. comp.

—, **Minderers:** Liq. Amm. acet.

—, **nitri:** Spir. Aetheris nitrosi. Acid. nitric.

— —, **dulcis:** Spir. aeth. nitros.

—, **politicus:** Spir. odorat.

—, **resolvens:** Spiritus Rosmarini.

—, **salis:** Liqu. Ammonii caustici.

— — **dulcis:** Spir. Aether. chlorati.

— — **fumans:** Acid. hydrochl. crud.

— **Salis u. Lavendel:** Spir. La-vandul. ammoniat.

—, **saturni:** Liqu. Plumbi sub-acetici.

—, **schmerzstillender:** Spiritus aethereus.

—, **Turnis:** Liq. Plumbi subacetici.

—, **vitrioli:** Acid. sulfur. dil.

Spiritusbranse: Ol. Terebinth.

Spiritus dulcis: Spir. Aeth. nitros.

Spiritusfiktri: Acid. sulfuric. dil.

Spiritusflink: Liq. Ammon. caust.

Spiritushoch: Alcohol.

Spiritusniteröl: Acid. nitric. crud.

Spiritusrabineröl oder -rebenten-öl: Ol. Hyoscyami c. Ol. Tere-binth. āā. p. aequ.

Spiritusrein: Spir. camphorat.

Spiritussalfolat: Liq. Amm. caust.

Spiritussavile: Ol. Rusci.

Spiritustinktur: Tinct. Arnicae.

Spiritusturnus: Liquor Plumbi subacet.

Spiritusverbind: Ol. Terebinth.

Spiritusverteidig: Liq. Ammon. caust.

Spiritusvictrinöl: Acid. sulfuric. Anglicum.

Spirling: Fruct. Sorbor.

Spirsäure: Acid. salicylicum.

Spirvictrin: Acid. sulfuric. dilut.

Spitz: Ol. Spicae. Spirit. Lavan-dulae.

Spitzampfer: Rad. Lapathi.

Spitzawägeli: Herb. Plantaginis.

Spitzbeeren: Fruct. Berberidis.

Spitzblackenwurzel: Rad. Lapathi.

Spitzbläer: Herb. Ranunculi.

Spitzblumen: Flor. Lavandulae.

Spitzbubenessig: Acet. aroma-ticum. Acet. Sabadillae.

Spitze Lenore: Spec. Lignor.

Spitzentee: Summitates Sabinae.

Spitzewaederi: Herb. Plantagin.

Spitzfeder: Herb. Plantaginis.

Spitzfederich: Herb. Plantag.

Spitzglas: Stib. sulfurat. nigr.

Spitzklette: Herb. Xanthii.

Spitzkugeln: Troch. Santonin.

Spitzöl: Ol. Spicae.

Spitzpulver, englisches: Tub. Jalapae pulv.

Spitzspiritus: Spir. Lavandul.

Spitzwegerich: Herb. Plantagin.

Spitzwegerichsaft: Sir. Plantag.

Spitzwegerichsalbe: Ungt. flav.

Spitzwegramsaft: Sir. Planta-ginis. Sir. Althaeae. Sir. Liquiritiae.

Splietwasser: Aq. aromatica.

Splintbeeren: Fruct. Rhamni Frang.

Splittersalbe: Ungt. flavum.

Splittertropfen: Ol. Terebinth.

Spodium: Carbo ossium.

Spökern- oder Spörgelbeeren: Fruct. Rhamni cathart.

Spörks Pflaster: Empl. Canthar. perp.

Spöttlich: Herb. Euphrasiae.

Spor: Moschus.

Sporenstichwurzel: Rad. Gentianae.

Sporkerrinde: Cort. Frangulae.

Spornblumen: Flor. Calcatripp.

Sporngrünpflaster: Ceratum Aeruginis.

Sprangers Magentropfen: Tinct. Aloës comp.

Sprätzenrinde: Cort. Frangulae.

Sprausalbe: Ungt. Zinci c. Bals. Peruv.

Spreckenrinde: Cort. Frangulae.

Spreesalbe: Ungt. rosatum.

Spregelbaumrinde: Cort. Frangul.

Spreusaft: Mel. rosar. boraxat.

Spreuwasser: Sol. Boracis 1 : 20.

Sprillpulver Borax pulv.

Sprillsalv: Mel. boraxatum.

Springaufblumen: Flor. Convallar.

Springgurke: Fruct. Elaterii.

Springkörner: Sem. Ricini.

Springkörneröl: Ol. Ricini.

Springkraut: Herb. Impatiens.

Springsalz: Ammon. carbonic.

Springwurzel: Rad. Dictamni.

Springwurzelmilch: Tinct. Benzoës, Ol. Cajeputi āā. pts. aequ.

Springwurzelöl: Ol. Cajeputi.

Spritzewurzel: Rad. Angelicae.

Spröhpulver: Borax pulv. Zinc. oxydat.

Spröhsaft: Mel. rosatum boraxat.

Sprokkenhoutblast: Cort. Frangulae.

Sproßöl: Ol. Olivarum. Ol. Lumbricorium. Ol. Lini.

Sprözerrinde: Cort. Frangulae.

Sprühhonig: Mel. rosat. boraxat.

Sprüllsaft: Mel. rosat. boraxat.

Sprungöl: Ol. Philosophor. Ol. Terebinth.

Sprungpulver: Boletus cervinus plv.

Spulwurz: Rhiz. Graminis.

Spulwurzblumen: Flor. Trifol. alb.

Spygblümli: Flor. Lavandulae.

Stäblisalbe: Empl. Plumbi comp.

Stabkraut: Herb. Abrotani.

Stabwurzel: Rad. Artemisiae. Rhiz. Ari.

Stabwurzelbeifuß: Herba Abrot.

Stabwürzenkraut: Herb. Abrotani.

Stabwurzmännlein: Herb. Abrotani.

Stachel, finsterer: Rad. Ononid.

Stachelkraut: Herb. Card. bened.

Stachelkrautwurz: Rad. Ononidis.

Stachelnuß: Sem. Stramonii.

Stachelpulver: Ferr. pulv. Ferr. carbonic sacch.

Stachwurzel: Rad. Taraxaci.

Stachyssalbe: Ungt. Linariae.

Staffadrian: Pulv. contra pedicul.

Stahlfeile: Ferrum pulveratum.

Stahlhärter: Kal. ferrocyanat.

Stahlkraut: Herb. Verbenae. Herb. Ononidis.

Stahlkugeln: Tart. ferr. in glob.

Stahlpillen, schwarze: Pilul. aloëticae ferratae.

—, **weiße:** Pil. Ferr. carb. sacch.

Stahlpulver, braunes: Ferrum oxydatum sacchar.

—, **gelbes:** Ferrum citric. efferv.

—, **graues:** Ferr. carbon. sacch.

Stahlpulver, schwarzes: Ferr. pulver. Ferr. reduct. Plv. Ferr. cps.

—, weißes: Ferr. latic. c. sacch.

Stahlsalz: Ferrum sulfuricum.

Stahlsalbe: Ungt. simplex.

Stahlschwefel: Ferr. sulfuric.

Stahltropfen, äpfelsaure oder schwarze: Tinct. Ferri pomati.

—, ätherische oder gelbe: Tinct. Ferri chlor. aeth.

—, braune oder saure: Tinctur. Ferri acet. aeth.

Stahlwein: Vinum ferratum.

Stahlzucker: Ferr. oxyd. sacch.

Stahupundgehweg: Herba Veron.

Stäkkorn: Fruct. Cardui Mariae.

Stallkraut: Herb. Linariae. Ononis spinosa.

Stahlkrautwurzel: Rad. Ononid.

Stallwurz: Herb. Abrotani.

Standelbeere: Fruct. Myrtilli.

Standsalbe: Ungt. consolidans.

Stangenheft: Empl. adhaesiv.

Stangenlack: Lacca in ramulis.

Stangenpfeffer: Piper longum.

Stangenpflaster: Emplastr. adhaesiv. Empl. Litharg. cps.

Stangenrosen: Flor. Malv. arbor.

Stangensalbe: Empl. Lith. cps.

Stangenschwefel: Sulf. in bacul.

Stänker: Liq. Ammon. caust. Ol. Lini sulfuratum.

Stänkerbalsam: Ol. Lini sulfur.

Stänkerteer: Pix liquida Ol. animale foet.

Stännes: Succ. Liquir.

Stanzelkraut: Herb. Heraclei.

Stanzmarie: Stincus marinus.

Staphisander: Plv. ctr. pedicul.

Stärkeglanz: Stearin. Paraffin. Borax.

Stärkegummi: Dextrinum.

Stärkeweiß: Borax.

Stärkezucker: Glycose. Sacch. Uvae.

Starkkraut: Herb. Linariae.

Stärkungskugeln: Tartar. ferrat. in glob.

Stärkungspillen: Pil. Blaudii.

Stärkungstropfen: Tinct. Chinae. comp. Tinct. Cinnam.

Starkwurzel: Rad. Hellebor. nigr.

Starrkraut: Herb. Linariae.

Starzelkraut: Herb. Heracleï.

Stätt: Aether.

Staubmehl: Lycopodium.

Staubwurzel: Rhiz. Imperator.

Staudelbeeren: Fruct. Myrtilli.

Staversaat: Pulv. ctr. pedicul. Pulv. flor. Pyrethri. Sem. Sabadillae plv.

Stearinöl: Oleïnum (Acid. elainic.).

Stebbwolle: Gossypium ferrat.

Stebmehl: Lycopodium.

Stechapfel: Folia Stramonii.

Stechapfelsamen: Sem. Stramon.

Stechbeeren: Fruct. Juniperi. Fruct. Rhamni.

Stechbeersaft: Sir. Rhamn. cath.

Stechblaka: Fol. Ilicis.

Stechdistel: Rad. Eryngii.

Stechdornblätter: Fol. Ilicis.

Stechdornblüten: Flor. Acaciae.

Stecheiche: Fol. Ilicis.

Stechelbergs Pflaster: Empl. fusc.

Stechginster: Herb. Genistae.

Stechholz: Lign. Juniperi.

Stechkörner: Fruct. Card. Mar.

Stechkraut: Herb. Mariveri.

Stechlaub: Fol. Ilicis.

Stechöl: Ol. Chamomillae.

Stechpalme: Fol. Ilicis.

Stechpfriemen: Herb. Genistae. Rad. Ononidis.

Stechsaat: Fruct. Card. Mariae.

Stechwart: Herb. Mariveri.

Stechwasser: Spirit. sap. camph.

Stechwindenwurzel: Rad. Sarsaparill.

Stechwurzel: Rad. Eryngii.

Steckbeeren: Fruct. Juniperi. Fruct. Rhamni.

Steckelkrautöl: Ol. Hyoscyami.

Steckflußsaft: Sirup. Althaeae c. Liq. Ammon. anis.

Steckflußwasser: Aqua antiasthmatica.

— **gegen Schwämmchen:** Mel. rosat. boraxat.

— **gegen Krämpfe:** Aq. aromat. c. Liq. Ammon. anis.

Stecknadelsamen: Sem. Psyllii.

Steckrinkenrinde: Cort. Ulmi.

Stefania: Herb. Pulmonariae.

Steffadrian: Sem. Staphisagr.

Steffensalbe: Ungt. ctr. scabiem.

Steffenskörn: Sem. Staphisagriae Pulv. ctr. pediculos.

Steftsamen: Sem. Staphisagriae.

Stehaufundgehweg oder Stehaufundwandle: Bulb. Victorial. long. Herb. Veronic. Rad. Gentian. Rad. Levistici. Ungt. contr. scabiem.

Stehkörner: Frct. Card. Mariae.

Steibrüchel: Herb. Senecion.

Steierscher Kräutersaft: Sirup. Rhoead.

Steifmehl: Amylum.

Steigaufblüten: Flor. Malvae arb.

Steiklee: Herb. Meliloti.

Stein, göttlicher: Cupr. sulf. aluminat.

— —, **blauer:** Cupr. sulf. aluminat.

— —, **weißer:** Zincum sulfuricum.

— —, **weißer (für die Augen):** Zincum sulfuricum.

Steinalaun: Alumen.

Steinasche: Kali carbonic. crud.

Steinbeerblätter: Fol. Uvae Urs.

Steinbibernell: Rad. Pimpernell.

Steinblumen: Flor. Stoechados.

Steinbrech, weißer: Rad. Pimpin.

Steinbrechherz: Fruct. Alkekeng.

Steinbrechkraut: Flor. Stoechados. Herb. Pyrolae.

Steinbrechsamen: Sem. Lithospermi. Sem. Milii solis.

Steinbrechwasser: Aq. Petroselini. Aq. Tiliae.

Steinbrechwurzel: Rad. Saxifragae.

Steinbruchwasser: Aq. foetida.

Steinessenz: Elix. Aurant. cps.

Steinfarn: Rhiz. Polypodii.

Steinfassel: Lichen Pulmonariae.

Steinflachs: Alumen plumosum.

Steinfußeltee: Herb. Pulmon. arb.

Steingrün: Viride Montanum (Berggrün).

Steingünsel: Herb. Ajugae.

Steinhägeröl: Ol. Junip. e baccis.

Steinharz: Res. Dammara.

Steinhirse: Sem. Milii solis.

Steinhocker: Herb. Sedi.

Steinkirsche: Fruct. Alkekengi.

Steinklee: Herb. Meliloti. Herb. Trifol. arvensis.

Steinknöterich: Herb. Polygoni.

Steinkohlenbenzin: Benzol.

Steinkohlenkampfer: Naphthalin.

Steinkohlenkreosot: Acid. carbolicum.

Steinkohlenöl: Ol. Lithanthrac.

Steinkraut: Herb. Agrimoniae. Herb. Asperulae. Herb. Sedi. Herb. Herniariae. Herb. Potentillae.

Steinkrautöl: Ol. Chamomill.

Steinkresse: Herb. Cardaminis.

Steinlakritzen: Rhiz. Polypodii.
Steinleckens: Rhiz. Polypodii.
Steinlecker: Rad. Taraxaci.
Steinleim: Minium.
Steinlungenmoos: Lichen Pulmonariae.
Steinmark: Bolus alba. Medulla saxorum.
—, grünes: Ungt. nervin. virid.
Steinmarköl: Ol. Olivarum.
Steinminze: Herb. Nepetae.
Steinnelken: Flor. Tunicae. Herb. Centaurii.
Steinnessel: Herb. Galeopsidis. Herb. Nepetae.
Steinöl, rotes: Ol. Petrae Italic.
—, schwarzes: Ol. animale foet.
—, weißes: Ol. Petrae album.
Steinpeterlein: Rad. Pimpinell.
Steinpfeffer: Sem. Nigellae. Herb. Sedi.
Steinpflanze: Herb. Pyrolae.
Steinpilzkugeln: Bolet. cervin.
Steinpilzöl: Ol. Papaveris.
Steinpimpinelle: Rad. Pimpin.
Steinpolei: Herb. Acynos.
Steinpulver: Lycopodium.
Steinpuppen: Fruct. Alkekengi.
Steinquendel: Herb. Serpylli.
Steinrauten: Herb. Adianti.
Steinrösli: Flor. Rosae.
Steinsalbe: Ungt. cereum.
Steinsalz: Sal Gemmae.
Steinsamen: Sem. Milii Solis.
Steinschlüsseli: Flor. Primulae.
Steinsetzertee: Herb. Pyrolae.
Steinspiritus: Spir. Vini Gallic.
Steintee: Flor. Stoechados.
Steintinktur: Tinct. Lignorum.
Steinveilchen: Flor. Cheiri.
Steinwallseife: Sapo Venetus.
Steinwurz: Herb. Agrimoniae. Herb. Polypodii.

Steinwurzel: Rhiz. Polypodii.
Stelzmarie: Stincus marinus.
Stempelienöl: Oleum Lini.
Stendelbeeren: Fruct. Myrtilli.
Stendelwurz: Tubera Salep.
Stengelpflaster: Empl. Litharg. comp.
Stenker: Betonica off.
Stenzelmarie: Stincus marinus.
Stenzelpulver: Pulv. pro equis.
Stenzmarin: Stincus marinus.
Stenzmarinöl: Ol. Lini.
Stenzmarintropfen: Tinct. aromat.
Stephanientee: Herb. Pulmon.
Stephanpulver: Pulv. contra pediculos.
Stephanskörner: Sem. Staphisagr. Pulv. ctr. pedicul.
Stephenssalbe: Ungt. ctr. scab.
Sterenblumen: Flor. Arnicae.
Sternanis: Fruct. Anisi stellat.
Sternbalsam: Linim. sap. camph.
Sternblümchen, blaue: Flor. Anchusae.
—, gelbe: Flor. Narcissi.
Sterndistel: Herb. Calcatrippae.
Sternflockenblumen: Flor. Calcatrippae. Herb. Centaurii.
Sternkraut: Herb. Alchemill. Herb. Asperulae. Herb. Galii. Herb. Veronicae.
Sternkuchen: Troch. bechic. nigr.
Sternleberkraut: Hrb. Asperul. Herba Pyrolae.
Sternniere: Alsine media.
Sternöl: Ol. Olivarum album.
Sternsamen: Fruct. Anisi stell.
Sternsmarie: Stincus marinus.
Sternundplanetenbalsam: Linim. sapon. camph.
Sternwurzel: Rad. Anchusae.
Stettlertropfen: Tinct. antarthritica.

Steudelpflaster: Empl. domesticum.

Stichbeeren: Fol. Ribis nigr.

Stichkörner: Fruct. Card. Mar.

Stichkraut: Herb. Card. bened. Herb. Arnicae.

Stichkrautblumen: Flor. Arnic.

Stichpflaster: Empl. stictivum. Papier Wlinsi. Cerat. resin. Pini.

—, **gelbes:** Empl. oxycroceum.

—, **Hamburger:** Empl. Litharg. comp.

—, **rotes:** Empl. ad rupturas.

—, **schwarzes:** Empl. Canthar. perp.

Stichsaft: Sir. Althaeae.

Stichsalbe: Ungt. flavum.

Stichtikum: Empl. sticticum.

Stichtropfen: Elix. e Succo Liquir.

Stichwurz: Rad. Arnicae. Rad. Helenii.

Stickdurusöl: Ol. Philosophor.

Stickrübe: Rad. Bryoniae.

Sticksaft: Sir. Althaeae.

Stickschwede: Empl. fusc. camph.

Stickwurzel: Rad. Helenii.

Stickwurzstengel: Stip. Dulcamarae.

Stieckwurz: Stipit. Dulcamar.

Stiefelknechtstropfen: Tinctur. Asae foetid.

Stiefkinderkraut: Herb. Viol. tric.

Stiefmütterchen: Flor. Viol. tric.

Stiefmütterchenbutter: Ugt. Populi.

Stiefmütterchenkraut: Herba Violae tricol.

Stiefpfeffer: Cubebae.

Stiefstandwurzel: Rad. Taraxac.

Stielpfeffer: Fructus Cubebae.

Stierbolus: Boletus cervinus.

Stierkörner: Semen Paradisi.

Stierkraut: Herb. Euphorbiae.

Stierkugeln: Boletus cervinus.

Stierpulver: Pulv. stimulans.

Stievels: Amylum.

Stiftungspillen: Pilul. laxantes.

Stiktumpflaster: Empl. stictic.

Stillende Krampftropfen: Tinct. Valerian. aeth.

Stillpulver: Plv. Magn. c. Rheo.

Stillsaft: Sir. Papaveris.

Stillsalz: Acidum boricum.

Stillstand: Tinct. Cinnamomi.

Stilltropfen: Sir. Papaveris. Tinct. Valerianae.

Stimmer: Succus Liquiritiae.

Stimmharz: Succ. Liquirit.

Stimmkuchen: Succ. Liquirit.

Stimmküchel: Troch. Am. chlor.

Stimmwachs: Succus Liquirit.

Stingelkörner: Sem. Staphisagr.

Stinkasant: Asa foetida.

Stinkbalsam: Ol. Terebinth. sulf.

Stinkbaumrinde: Cort. Frangul.

Stinkdillsamen: Frct. Coriandri.

Stinkeidechse: Stincus marinus.

Stinkendes Tieröl: Ol. animale foet.

Stinkholzblätter: Herb. Sabinae.

Stinkkraut: Herb. Geran. Robert.

Stinkmarie: Stincus marinus.

Stinkmarietropfen: Ol. Lini sulfurat.

Stinkmelde: Herb. Chenopod. vulg.

Stinköl: Ol. animale foetidum.

Stinkrosen: Flores Paeoniae. Flores Rhoeados.

Stinksalat: Lactuca virosa.

Stinktropfen: Ol. Terebinth. sulfurat. Tinct. Asae foetid.

Stinkus: Stincus Marinus.

Stinkwasser: Aq. foetid. antihyst.

Stinkwurzel: Rad. Valerianae.

Stinolis: Amylum.

Stinzenmarinöl: Ol. Spicae.

Stipstap: Pulv. contra pedicul. Sem. Staphisagriae.

Stip-Stap-Salbe: Ungt. contra pediculos.

Stiptikum: Tinct. haemostyptica. Lycopodium.

Stiwelsch: Gelatina alba.

Stockdohntropfen oder Stockdumm: Elixirium viscerale Stoughton. Tinct. Pini comp. Liquor. Ammon. caust. Tinct. Aloës comp. Tct. amara. Tct. aromat. Tct. apoplect. rubra. Tct. Chinae comp.

Stockerlsalbe: Empl. Litharg. cps.

Stockfischholz: Lign. citrinum.

Stockfischkiemen: Conchae praep.

Stockfischtran: Oleum Jecoris.

Stockflußwasser: Aq. aromatic.

Stockkraut: Herb. Linariae.

Stocklack: Lacca in ramulis.

Stockmalven: Flor. Malvae arbor.

Stockrosen Flor. Malvae arbor.

Stocksalbe: Empl. fuscum.

Stockschwungkraut: Herba Virgaureae.

Stockwurzel: Rad. Althaeae.

—, wilde: Stipit. Dulcamarae.

Stoffsaat, Stoffsack, Stoffschrot: Pulv. contra pediculos.

Stoh up un goh hen: Flor. Arnicae.

Stoi = Stein.

Stoibembernell: Rad. Pimpinellae.

Stolzemarie: Stincus marinus.

Stolzerheinrich: Hrb. Chenopod.

—, gestoßen: Pulv. pro vaccis.

Stomachaltropfen: Tinct. Amara.

—, gekrönte: Tct. Chinae comp.

Stomeienblumen: Flores Chamomillae.

Stoogrosen: Flor. Malvae arbor.

Stoom van elixir: Elixir stomachicum.

Stopfbeeren: Fructus Myrtilli.

Stopfkraut: Herb. Trifol. arvens.

Stopfzu, Stopparsch, Stoppkeert, Stoppsloch: Flor. Stoechad. Fol. Trifol. fibrin. Herb. Solidaginis. Flor. Trifol. arvensis. Herb. Perfoliatae.

Stoppäsekentee: Flor. Trifol. arv.

Stoppmaustee: (Stopmouse-tea): Flor. Trifolii arvens.

Storaxsalbe: Ungt. Styracis.

Storbiswurzel: Rad. Lapathi.

Storchensalbe: Adeps.

Storchfett: Adeps. Ol. Jecoris Aselli.

Storchschnabel: Hrb. Geranii. Herb. Rorellae.

Storchschnabelfett: Adeps.

Störgruß: Cerussa. Zincum oxydatum.

Störkenfett: Adeps.

Stötten = gestoßen.

Stöttenklander: Fruct. Coriand.

Strämmels: Liqu. seriparus.

Strahlstein: Alumen plumos. Cuprum aluminatum.

Strahltinktur: Tinct. Aloës.

Strandriedgras: Rhiz. Caricis.

Strängelpulver: Pulv. pro equis.

Stränze, Strenze: Rad. Imperator.

—, schwarze: Rad. Astrant. maj.

Straßburger Terpentin: Tereb. venet.

Straßenräubersalbe: Ungt. contra pediculos.

Straublümli: Flor. Gnaphalii.

Strauchdistel: Rad. Eryngii.

Strehmelsch: Liq. seriparus.

Streichblumen: Flor. Stoechad.

Streichkraut: Herb. Luteolae.

Streichöl, braunes: Oleum Philosophorum.

—, **grünes:** Ol. Hyoscyami.

Streichsalbe: Ungt. flavum. Ungt. Populi.

Streifwurzel: Rad. Rumicis.

Streippert: Rad. Lapathi.

Streite, Strite(n): Herba Vincae.

Streitwurzel: Rad. Lapathi.

Strengselpulver: Plv. pro equis.

Strenzwurzel: Rhiz. Imperator.

Streumehl: Lycopodium. Amylum. Zinc. oxydat. Pulv. exsiccans.

Streupulver: Lycopodium. Pulv. salicyl. c. talco. Pulv. exsiccans. Amylum.

Stricksalbe: Ugt. Hydrarg. pedic.

Strieköl, braunes: Ol. Philosoph.

—, **grünes:** Ol. Hyoscyam.

Strigauer Erde, rote: Bolus rubra.

— —, **weiße:** Bolus alba.

Striggertwurzel: Radix Oxylapathi.

Strit, blauer: Herb. Vincae.

Stritten: Herb. Vincae.

Strizelpflaster: Empl. Litharg.

Strohblumen: Flor. Stoechados.

Strohöl: Balsamum Copaivae. Kreosot. dilut.

Stroop = Sirup.

Strompack: Styrax liquidus.

Strühmahl: Lycopodium.

Stryte: Herb. Vincae.

Stüb: Lycopodium.

Stubenöl: Ol. Lini.

Stubkraut: Herb. Agrimoniae. Herb. Lycopodii.

Stuchablümli: Flor. Convallariae.

Stuck- und Sehnenöl: Ol. nervin.

Studentenblumen: Flores Calendulae.

Studentenpflaster: Emplastr. fuscum. Empl. Meliloti.

Studentenpillen: Rotul. Liquir.

Studentenpulver: Pulv. contra pediculos.

Studentenrösli: Flor. Parnassiae.

Studentensalbe: Ungt. ctr. pedic.

Stühlkenwurz: Rhiz. Caryophyllat.

Stuhlkrautwurzel: Rad. Ononidis.

Stulkenwurzel: Rhiz. Caryoph.

Stumpenstoff: Pulv. ctr. pedicul.

Stundenkrautsamen: Sem. Foenugraeci.

Stupkraut: Herb. Bidentis.

Stupp: Lycopodium. Auch ganz allgemein = Pulver.

Stuppflaster: Empl. Litharg. cps.

Stuppstein: Talcum pulv.

Sturack: Styrax calamitus.

Sturmfederwein: Vinum aromatic.

Sturmhut: Herb. Aconiti.

Stute: Tubera Ari.

Styraxbalsam: Styrax liquidus.

Sublimat: Hydrarg. bichlorat.

—, **milder:** Hydrarg. chlorat.

—, **süßer:** Hydrarg. chlorat.

—, **roter:** Hydrarg. oxyd. rubr.

Subsidientropfen: Tinct. Chinoïd.

Suchtenpulver: Rhiz. Curcumae pulv.

Suchtkraut: Herb. Pilosellae.

Suckade: Confect. Citri (Zitronat).

Suckeltee: Flor. Lamii alb.

Suckotrina: Aloë.

Suckpflaster: Empl. fuscum. Empl. Litharg. comp.

Suckulizsch: Succ. Liquiritiae.

Sudensalbe, graue: Unguent. contra scab. gris. Unguent. Hydrarg. pediculor.

Südweh: Aloë.

Suëröl: Acid. sulfuricum anglic.
Süerwater: Acid. sulf. crud. dilut.
Sufkesaat: Flor. Cinae pulv.
Sügede: Flor. Lamii alb.
Sugeratee: Flor. Lamii alb.
Sugerletee: Flor. Lamii alb.
Sührkesalbe: Ungt. sulfur. comp.
Sukade: Condit. Citri (Zitronat).
Sulfaurat: Stib. sulfurat. aurant.
Sülfür: Ol. Lini sulfurat.
Sulfuris: Ol. animale foet. Ol. Lini sulfur.
Sulfurtropfen: Ol. Tereb. sulfur.
Sulfurwurzel: Rad. Peucedani.
Sultansalbe: Ungt. ophth. rubr.
Sulz = eingedickter Saft. Succus.
Sulzbacher Tropfen: Tinctura Aloës comp.
Sulzbergers Flußtinktur: Tinct. Aloës comp.
Sulzsalbe: Linim. sapon. camph.
Sülzsalbe: Linim. sapon. camph.
Sumach: Fol. Rhoïs Toxicodendr.
Sumpfbeeren: Frct. Oxycoccos.
Sumpfbenedikte: Rhiz. Caryophyllatae.
Sumpfdotterblume: Caltha palustris.
Sumpfeinblatt: Parnassia palustris.
Sumpfeppich: Apium graveolens.
Sumpffingerkraut: Rad. Comari.
Sumpfgarbe: Herb. Ptarmicae.
Sumpfiriswurzel: Rhiz. Iridis.
Sumpfklee: Fol. Trifol. fibrin.
Sumpfmäuseohr: Herb. Myosotis palustr.
Sumpfporst: Herb. Ledi.
Sünnenstoff: Pulv. ctr. pedicul.
Sünnentau: Herb. Rorellae.
Sünnentauöl: Ol. Arachidis.
Sünnt = Sankt.
Sünntkathrinenöl: Ol. Petrae.

Sünntpeter: Kali nitricum.
Sünntpeteröl: Ol. Petrae Ital.
Superintendenttropfen: Tinctur. Pimpinellae.
Suppenfarbe: Tinct. Sacchari tosti.
Supulver: Pulvis aerophorus.
Surampfele: Herb. Rumicis.
Surbalsam: Acid. sulfur. dilut.
Surbeeri: Fruct. Vitis Id.
Surbeertropfen: Mixt. sulf. acid.
Surbeli: Kal. ferrocyanat.
Surchlee: Herb. Acetosellae.
Surchrut, Surkrut: Hrb. Rumicis.
Süreli: Herb. Acetosellae.
Suren: Herb. Acetosellae.
Sureni: Herb. Rumicis.
Süring: Herb. Acetosellae.
Sürrachtäfele: Rotul. Acid. citric.
Süß, Scheelesches: Glycerin.
Süßbitterholz: Stipit. Dulcam.
Süßbastrinde: Cort. Mezerei.
Süß-Chieriwasser: Aqua Amygd. amar. dil. 1 : 20.
Süßer Kümmel: Fructus Anisi.
Süßerle: Flor. Lamii.
Süßholz: Rad. Liquiritiae.
—, gebacknes oder gekochtes: Succus Liquiritiae.
Süßholzpasta: Pasta Liquirit.
Süßholzpulver, zusammengesetztes: Plv. Liquirit. cps.
Süßholzsaft: Succ. Liquiritiae.
Süßholzstengel: Rad. Liquirit.
Süßnachtschatten: Stipites Dulcamarae.
Süßöl: Glycerin.
Süßpech: Succus Liquiritiae.
Süßsauersaft: Sirupus Citri.
Süßundsaurertee: Rad. Liq. et **Herb.** Centaurii $\overline{aa}$.
Süßwurzel: Rhiz. Polypodii.
Süttsapp: Succus Liquiritiae.

17*

Süwersaat: Flor. Cinae.
Süwkenpulver: Flor. Cinae pulv.
Swarten Däg: Hyoscyamus niger.
Swattentogplaster: Empl. fusc.
Swattentogsalbe: Ungt.basil.fusc.
Swattenverweken: Empl. basilic.
Sweetsabber: Succ. Liquirit.
Swinegras: Herb. Polygoni.
Sylvesterblumen: Hrb. Veronicae.

Sylvisches Digestivsalz: Kalium chloratum.
Sympathiebalsam: Tct.Benz.cmp.
Sympathiepulver: Pulv. Herbar.
Sympathiestein: Cupr. alumin.
Sympathietropfen: Tct.Pimpinell.
Syriigehlwater: Liq.Amm.aromat.
Syrischgartengummi: Galbanum.
Syrup, holländischer: Sir. comm.
—, **weißer:** Sir. simplex.

T.

(Siehe auch D.)

Tabak, Asiatischer, Brasilianisch., Mexikanischer, Türkischer, Ungarischer, Virginischer: Fol. Nicotian.
—, **Indischer:** Herb. Lobeliae.
Tabaksblumen: Flor. Arnicae. Flor. Lavandul.
Tabaksbohnen: Fabae Tonco.
Tabaksholz oder -Rinde: Cort. Cascarill.
Tabakwasser: Aq. Nicotianae Rademacher. Aq. Kreosoti.
Tabaskapfeffer: Fruct. Amomi.
Tachandel: Juniperus communis.
Tachtak: Tacamahaca.
Tackenkraut: Herb. Linariae. Herb. Malvae.
Tackenöl: Ol. Hyoscyami.
Tackensalbe: Ungt. Linariae. Ungt. Populi. Unguent. Rosmarini. comp.
Tackmack: Tacamahaca.
Tafelbalsam, gelber: Unguent. Hydrarg. citrin.
Täfelchen: Cerat. Resinae Pini.
Tafellack: Lacca in tabulis.
Tafelöl: Ol. Olivarum. Ol. Arachidis.

Tafelsalbe, braune: Empl. fusc.
— **gegen Krätze:** Ungt. Hydr.citr.
—, **gelbe:** Cerat. Resinae Pini.
—, **schwarze:** Empl. fuscum.
—, **weiße:** Ceratum Cetacei alb.
Tafelverweichen: Empl. basilic.
Taferlpflaster: Cerat. Cotacei alb. od. rubr.
Taffetpflaster: Empl. anglicum. Empl. Canth. perp.
Taffia = Rum.
Taftan: Spiritus aethereus.
Tagebruchkraut: Hrb. Euphras.
Tagesschlaf: Herb. Pulsatillae.
Taggenkraut: Folia Malvae. Herb. Linariae.
Taggensalbe: Ugt. Linar. Ugt. Plumbi. Ugt. Rosmar. comp.
Täghüffli: Fruct. Cynosbati.
Tagleuchte: Herb. Euphrasiae.
Tagrödelwasser: Aq. aromatica.
Tagundnachtblumen: Flor. Violae tricol.
Tagundnachtharz: Tacamahac.
Tagundnachtkraut: Herb. Parietariae. Herb. Succisae.
Tählzäpfli: Turion. Pini.
Takamahak: Tacamahaca.
Takinöl: Ol. Juniperi empyreum.

Taksalbe: Ungt. Plumbi.
Talblumen: Flor. Convallariae.
Talerkraut: Herb. Nummulariae.
Talg: Sebum.
Talgsäure: Acid. stearinicum.
Talk: Talcum.
Talkerde: Magnesia carbonica.
—, gebrannte: Magnes. usta.
Talkstein: Talkum.
Talkstoff: Stearinum.
Tamargwurz: Rad. Valerian.
Tamarinden: Pulpa Tamarind.
Tamarindenlatwerge: Elect. Senn.
Tamariskenessenz: Tinctura Myrrhae. Tinct. Pini comp.
Tamariskenöl: Acet. pyrolignos rectif.
Tamariskenwurzel: Rad. Tarax.
Tandwurzel: Tantenwurzel: Rhiz. Iridis pro inf. Rad. Althaeae.
Tang: Fucus vesiculosus.
Tankarellen: Fruct. Tamarind.
Tannapfelöl: Ol. Terebinthinae. Ol. Pini.
Tännegras: Herb. Polygoni.
Tannemarkwurz: Rad. Valerian.
Tannenmyrthe: Herb. Ericae.
Tannenrindenmark: Pulpa Tamarind. dep.
Tannenspitzen: Turion. Pini.
Tannenspitzenöl: Ol. Pini. Ol. Terebinth.
Tannharz: Resina Pini.
Tannknospen: Turiones Pini.
Tannkraut: Herb. Tanaceti.
Tannlengert: Terebinthina.
Tannmary: Rad. Valerian.
Tannnessel: Herb. Galeopsidis.
Tannpech: Resina Pini.
Tannporst: Herb. Ledi.
Tannsprossen(-Spitzen): Turiones Pini.

Tannzapfenöl: Oleum Pini. Ol. Terebinth.
Tannzapfensalbe: Ungt. nervin.
Tanzbodenpulver: Talcum pluv.
Tanzpulver: Talcum pluv.
Tapferundgeschwind: Liquor. Ammon. caust.
Tapioka: Amyl. Marantae.
Tappedi: Terebinthina.
Tapta: Ceratum fuscum.
Tarant = Dorant.
Tarpentillwurzel: Rhiz. Tormentillae.
Tartarisierter Weinstein: Kali tartaricum.
Tartschenflechte: Lich. Islandic.
Tartzentingpflaster: Ceratum Resinae Pini.
Täschelkraut: Herba Bursae Past.
Taschenblumentee: Herb. Burs. Past.
Taschendieb: Herb. Burs. Pastor.
Taschenkraut: Herb. Burs. Past.
Taschenpfeffer: Fruct. Capsici.
Taschenwachs: Cera nigra.
Tasjeskruid: Herb. Burs. Pastoris.
Taternkraut: Herb. Stramonii.
Taternöl: Ol. animal. foetidum.
Tatersalbe: Ungt. flavum.
Tätschi: Herba Plantaginis.
Tattenwurzel: Rad. Bryoniae.
Taubehalt: Herb. Alchemillae.
Taubenanis: Fruct. Anisi.
Taubenfuß: Herb. Fumariae. Herb. Geranii.
Taubenköpfe: Flor. Primulae.
Taubenkörbel: Herb. Fumariae.
Taubenkraut: Herb. Verbenae. Rad. Liquirit.
Taubenkropf: Herb. Fumariae. Herb. Equiseti.
Taubenkropfwurz: Rhiz. Torm.
Taubenöl: Ol. Anisi.

Taubenwasser: Aq. Valerianae.
Taubenweißkraut, Taubenweizen: Herb. Sedi.
Taubkorn: Secale cornutum.
Taublätter: Herb. Alchemillae.
Taubnessel: Flores Lamii.
Taudenbloma: Flor. Rhoeados.
Taufstein: Lycopod. Talcum.
Taugenichtssalbe: Ugt. sulf. cps.
Taumantelkraut: Herb. Alchemill.
Taumänteli: Herb. Alchemillae.
Taunessel: Flor. Lamii.
Taunesselblüten: Flor. Lamii albi.
Taurosen: Herb. Alchemillae.
Taurosenkraut: Herb. Alchemill.
Tauschüsseli: Herb. Alchemillae.
Tausendblatt: Herb. Millefolii.
Tausenderlei: Pulv. pro vaccis.
Tausendfüße: Millepedes.
Tausendgüldenkraut: Herba Centaurii.
Tausendknöterich: Herb. Polygoni.
Tausendkorn: Herb. Herniariae.
Tausendloch: Herb. Hyperici.
Tausendnessel: Herb. Urticae.
Tausendschön: Herb. Violae tricolor. Flor. Bellidis.
Tauteöl: Ol. Hyoscyami.
Taxbaum: Summitates Taxi.
Tazubensamen: Fruct. Anisi.
Teaterling = Diachylon.
Tee, abführender: Spec. laxant.
—, **Augsburger:** Spec. pectoral.
—, **Berliner:** Species laxantes.
—, **Blankenheimer:** Herba Galeopsidis.
—, **Chinesischer:** Thea nigra.
—, **Dresdner:** Species laxantes.
—, **Emanuels:** Species laxantes.
—, **Europäischer:** Hrb. Veronic.
—, **Französischer:** Spec. laxant.
—, **Griechischer:** Fol. Salviae.

Tee, Hamburger: Spec. laxantes.
—, **Kanadischer:** Fol. Gaulther.
—, **Königsrieder:** Stipit. Dulcam.
—, **Liebers:** Herb. Galeopsidis.
—, **Mexikanischer:** Herb. Chenopod. ambros.
—, **Müschs:** Fol. Uvae Ursi.
—, **Rivers:** Herb. Galeopsidis.
—, **Römischer:** Herb. Chenopod.
—, **roter:** Flor. Rhoeados.
—, **Russischer:** Thea nigra. Rad. Liquirit.
—, **schwarzer:** Thea nigra.
—, **Schweizer:** Herb. Galeopsid.
—, **Spanischer:** Herb. Ghenopod
—, **Ungarischer:** Herb. Chenop.
Teebadenga: Flor. Primulae.
Teeblatt: Herb. Betonicae.
Teeblumen: Flor. Primulae. Flor. Farfarae.
Teebu: Thea nigra.
Teegelsteenöl: Ol. Philosophor.
Teekraut: Herb. Asperulae. Herb. Chenopodii. Herb. Fragariae. Herb. Millefolii.
Teer: Pix liquida.
Teerbandpflaster: Emplastr. oxy. croc. Empl. ad ruptur.
Teerjacke: Elect. theriacale.
Teeröl: Oleum Fagi. Oleum Rusci. Ol. Lithantracis.
Teerpflaster: Empl. Picis.
Teersalbe: Ungt. Picis. Ungt. Wilkinsonii.
Teerschwefelsalbe: Unguent. sulfurat. comp.
Teerwachspflaster: Empl. fuscum.
Teerwasser: Aq. Picis.
Teetropfen: Aq. aromatica.
Teewurzel: Rad. Althaeae. Rhiz. Iridis.
Teichlilie: Rhiz. Pseudacori.
Teighäuflein: Fruct. Cynosbati.

Teilöl: Ol. Hyoscyami.

Telegreman: Sem. Foenugraeci.

Tempelöl: Ol. Petrae rubr.

Temperierpulver: Pulv. temper.

Templinöl: Ol. Pini Pumilionis. Ol. Terebinthinae rectif.

Tenakelpflaster: Empl. Litharg. comp.

Tennants Bleichpulver: Calcar. chlorata.

— Säure: Aq. chlorata.

Tepelbalsem, Tepelzalf: Brustwarzenbalsam.

Terlch: Talcum.

Terpantpflaster: Empl. oxycroc. Empl. ad ruptur.

Terpentillwurzel: Rhiz. Tormentill

Terpentin, dicker, gemeiner, weißer: Terebinth. comm.

—, umgewandter: Ungt. Tereb.

—, venetianischer: Tereb. laricin.

Terpentingeist: Ol. Terebinth.

Terpentinliniment: Liniment. Terebinthinae.

Terpentinöl: Ol. Terebinthinae.

Terpentinpflaster: Ceratum Resin. Pini. Tereb. comm. Ungt. Terebinthinae comp.

Terpentinsalbe: Terebinthin. communis. Ugt. basilicum. Ungt. Terebinthinae.

Terpentinschwefelbalsam: Ol. Terebinth. sulfur.

Terpentinseife: Sapo terebinth.

Terpentinspiritus: Ol. Terebinth.

Tesachten: Fructus Vanillae.

Tester: Ceratum fuscum.

Teufelchen: Rotul. Menth. pip.

Teufelsabbiß: Rad. Succisae. Herba Scabiosae. Rad. Taraxaci.

Teufelsabwärtspulver: Rhizoma Tormentillae pulv.

Teufelsäpfel: Fruct. Colocynth.

Teufelsauge: Herb. Adonidis. Fol. Hyoscyami.

Teufelsbeerblätter: Fol. Bellad.

Teufelsbeeren: Fruct. Belladonnae. Actaea spicata. Paris quadrifol.

Teufelsbirnen: Flor. Taraxaci.

Teufelsbißwurzel: Rad. Succisae.

Teufelsblumen: Herb. Euphras.

Teufelsblut: Sang. Draconis.

Teufelsdreck: Asa foetida. Ol. animale foetid.

Teufelsflucht: Herb. Hyperici.

Teufelshütchen: Herb. Plantag.

Teufelskirchblätter: Fol. Belladonnae.

Teufelskirschen: Frct. Alkekengi.

Teufelsklatten: Stipit. Dulcam.

Teufelsklauden: Stipit. Dulcam.

Teufelsklaue: Herb. Lycopodii.

Teufelsklauenwurz: Rhiz. Filicis.

Teufelskot: Asa foetida.

Teufelskrallenmehl: Lycopod.

Teufelskraut: Herb. Scabiosae. Herb. Linariae.

Teufelsöl: Ol. Philosophorum.

Teufelspeterlein: Herb. Conii.

Teufelspeterling: Herb. Conii.

Teufelspflaster: Empl. fuscum camphorat.

Teufelspuppen: Fruct. Alkekengi.

Teufelsraub: Herb. Hyperici.

Teufelsrippen: Herb. Taraxaci.

Teufelssalbe: Ungt. nervinum.

Teufelsschutt: Herb. Lycopodii.

Teufelsstein: Argent. nitricum.

Teufelswurzel: Tubera Aconiti.

Teufelszwirn: Herb. Cuscutae. Penghawar Djambi.

Teveken: Rhiz. Graminis.

Thalblumen: Flor. Convallariae.

Thamillen: Flor. Chamomillae.

Thea amara: Fol. Trifol. fibrin.
Thebau: Thea nigra.
Thebetpfeffer: Fruct. Amomi.
Thebu: Thea nigra.
Thedens Pulver: Pulv. Liquir. comp.
— **Umschlag od. Wundwasser:** Mixt. vulnerar. acid.
Thee siehe Tee.
Theimiänche: Herb. Thymi.
Theklasalbe: Ungt. diachylon.
Therant: Herb. Ptarmicae. Herb. Mari veri.
Theriak: Elect. theriacale.
Theriakgeist: Spirit. Angel. cps.
Theriakkraut: Herb. Mari veri.
Theriakwurzel: Radix Angelicae. Rad. Pimpinellae. Rad. Valerianae.
Thomasbalsam: Bals. Tolutanum.
Thomaszucker: Brauner Kandis.
Thorand: Herb. Origani.
Thomienich: Ungt. ctr. scabiem.
Thumantel: Herb. Alchemillae.
Thymchen: Herb. Thymi.
Thymian: Herb. Thymi.
—, **Römischer:** Flor. Lavandul.
—, **wilder:** Herb. Serpylli.
Thymianwurzel: Rad. Serpent.
Thymseide: Herb. Epithymi.
Thyrmann: Herb. Thymi.
Tick-Tack: Tacamahaca.
Tickewitiki: Spec. amarae.
Tiedemannstropfen: Tinct. anticholerica.
Tiefenkraut: Fol. Trifol. fibrin.
Tiefstandwurzel: Rad. Taraxaci.
Tief-und-tief-Salbe: Ugt. digestiv.
Tierisches Öl: Ol. animale.
Tierkohle: Ebur ustum.
Tierlaugensalz: Ammon. carb.
Tierlisalbe: Ungt. pediculor.

Tieröl, Dippels: Ol. animale aeth.
—, **stinkendes:** Ol. animale foet.
Tigerlikraut: Herb. Chaerophylli.
Tijloos: Colchicum.
Tikmehl: Amyl. Marantae.
Tillyöl: Ol. Terebinth. sulfurat.
Tillytropfen: Ol. Terebinth. sulf.
Timotheus, grauer: Stib. sulf. nigr.
Tinctur: Tinctura Benzoës. Tinct. Cinnamomi.
—, **balsamische:** Tinct. Benzoës comp.
—, **gehörige:** Ol. (Olivar.) rubr.
Tincturasolaris: Tinct. Lignor.
Tinkal: Borax.
Tinkturtropfen: Mixt. sulf. acid.
Tinktussalbe: Ungt. Kal. jod.
Tinte, sympathetische: Cobaltum chlorat. solut.
Tintenbeeren: Fruct. Rhamni.
Tintenblumen: Flor. Rhoeados.
Tintenfischbein: Ossia Sepiae.
Tintenflecksalz: Acid. tartaric. Kali bioxalic.
Tintengummi: Gummi arabic.
Tintenholz: Lign. Campechian.
Tintenpulver: Spec. ad atram.
Tiptap: Rad. Dictamni.
Tirmenöl: Ol. Tamarisci.
Tirmensalbe: Ungt. Aeruginis.
Tirolerpflaster: Emplastr. Cantharid. perp.
Tirolerweiß: Cerussa.
Tisanewasser: Aqu. vulnerar. spirit.
Titan: Herb. Pulmonariae.
Tizianwasser: Mixt. vuln. acid.
Tobkraut: Fol. Stramonii.
Tochpflaster: Empl. Litharg. cps.
Tockenkraut: Herb. Linariae.
Tockensalbe: Ungt. Linariae.
Tödlicher Nachtschatten: Fol. od. Rad. Belladonnae.

Tödliches Wundwasser: Mixt. vulnerar. acid.

Togemakt = zur Salbe angerieben.

Togemaktklöckelchen, -quecksilber, -stafadrian,-stiptap,-stoffsaat: Ungt. Hydrarg. pedicul.

Togemaktschwefel: Ungt. sulfur.

Togemakttrippmadam: Unguent. Hydrarg. oxyd. rubr.

Togemakttripptrapp: Ugt. Plumb.

Togemakttutian: Ungt. Zinci.

Toggensalbe: Ungt. Linariae. Ungt. Rosmar. comp.

Togplaster gegen Zahnweh: Empl. Canth. perp.

—, gelbes: Empl. Litharg. comp.

—, schwarzes: Empl. Picis.

Togrödelsalv: Ugt. Rosmar. cps.

Togrödelwater: Aq. aromatica.

Togroisalv: Ungt. Rosmar. cps.

Toiletteessig: Acetum cosmetic.

Toilettenwasser: Spir. Coloniensis. Aq. Kummerfeldi.

Toilettesalbe: Ungt. Glycerini. Ungt. leniens.

Tolle Salbe: Elect. theriacale.

Tollerjahn: Rad. Valerianae.

Tollkirsche: Fol. Belladonnae.

Tollkörbel: Herb. Conii.

Tollkörner: Fruct. Cocculi. Sem. Stramonii.

Tollkraut: Fol. Belladonnae. Fol. Stramonii. Fol. Hyoscyami.

Tollmantel: Herb. Alchemillae.

Tollrübe: Rad. Bryoniae.

Tollwurzel: Rad. Belladonnae. Rad. Hyoscyami.

Tölpelsamen: Sem. Rapae.

Tolubalsam: Bals. Tolutan.

Tomasbalsam: Bals. Tolutan.

Tomasöl: Rubramentum.

Ton, roter: Bolus rubra.

—, weißer: Bolus alba.

Töni, Töneni: Flor. Trollii.

Tonkabohnen: Fabae Tonco.

Tonkakraut: Herb. Asperulae.

Tonkarellenmus: Pulp. Tamarindorum.

Tonnenzaad: Sem. Lini.

Toortsbloemen: Flor. Verbasci.

Tootsaft: Mel rosat. boraxat.

Töpferblau: Cobalt. oxydat.

Töpferblei: Graphites.

Töppelblätter: Folia Malvae.

Torand: Herb. Origani vulg.

Torfriet: Rhiz. Caricis.

Torkenkraut: Herb. Linariae.

Tormentill: Rhiz. Tormentillae.

Tornamiras Salbe: Ungt. Ceruss.

Tornes: Tinct. Aloës comp.

Torsköl: Mel rosat. boraxat.

Torsksaft: Mel rosat. boraxat.

Torwartspflaster: Empl. oxycroc.

Totenbein: Conchae praep. Rad. Dictamni. albi.

Totenbeinstropfen: Kreosot. dilut. Tinct. Spilanth. cps.

Totenblätter: Herb. Vincae.

Totenblumen: Flor. Calendul.

Totenblumenkraut: Herb. Hyoscyami.

Totenblumensalbe: Ungt. flav.

Totengräberwasser: Kreosot. dil.

Totengrün: Herb. Vincae.

Totenkopf: Ferr. oxydat. rubr.

—, weißer: Ossa Sepiae.

Totenkopfblüten: Herb. Linariae.

Totenkopfpflaster: Emplastr. ad rupturas. Empl. Lith. cps.

Totenkraut: Fol. Rutae. Fol. Vitis Jol.

Totenmucker: Liq. Am. caust.

Totenmyrte: Herb. Vincae.

Totennessel: Flor. Lamii alb.

Totenöl: Kreosot. dilut. Ol. Petrae.

Totenstille: Ungt. ctr. pedicul.

Totenveilchen Herb. Vincae.

Totenwecker: Liq. Ammon. caust. Kreosot. dilutum.

Totenweckeröl: Ol. Papaveris

Totenzahnöl: Kreosot. dilutum.

Tournesol: Bezetta rubra.

—, **blauer:** Bezetta coerulea.

Tournesolläppchen: Bezetta rbr. oder coerulea.

Trabantentropfen: Ol. Terebinth. rectif.

Traben: Herb. Dracunculi.

Trackenwurz: Rhiz. Bistortae.

Trädeli: Cornu Cervi rasp.

Tragantensalbe: Ungt. flavum.

Traganth: Tragacantha pulv.

Traganthpulver, zusammenge-setztes: Pulv. gummos.

Tragemete: Bacc. Dactyli.

Tramilben: Flor. Cham. Roman.

Tranikel: Herb. Saniculae.

Trank, Wiener: Inf. Sennae cps.

— **Zittmanns:** Decoct. Sarsa-parillae. comp.

Traubencerat: Cerat. Cetacei.

Traubenkirschrinde: Cortex Pruni Padi.

Traubenkraut: Herb. Chenopod. Herb. Teucrii.

Traubenpfeffer: Piper longum.

Traubenpomade, rote: Cerat. Cetacei rubr.

Traubensalbe fürs Haar: Ungt. pomadin.

—, **weiße:** Ungt. rosatum.

Trauelschlägel: Herb. Scabiosae.

Traufkraut: Herb. Parietariae.

Trauungskraut: Herb. Sideritid.

Treber: Sem. Foenugraeci.

Treckploster: Empl. Cantharid.

Treiax: Theriaca.

Treibaus: Sem. Plantaginis.

Treiber: Ammon. carbonicum.

Treibkörner: Sem. Ricini.

Treibkraut: Herb. Trifol. arvens.

Treiböl: Oleum Ricini.

Treibsalz: Ammon. carbonicum.

Treibwurzel: Rad. Turpethi.

Tremsen: Flor. Cyani.

Tremsenblumenwasser: Aq.Tiliae.

Trenzenblumen: Flor. Cyani.

Triachels: Elect. theriacale.

Triakelsalbe: Empl. Litharg. cps.

Triaks: Elect. theriacale.

Triantensalbe: Ungt. flavum.

Trieb: Ammon. carbonicum.

Triebesöl: Ol. Hyperici.

Trieblepomade, rote: Cerat. Cetacei rubr.

—, **weiße:** Ungt. leniens.

Triebpulver: Natr. bicarbonic.

Triebsalz: Ammon. carbonicum.

Trinitatis: Tartarus depuratus.

Trinitrin: Nitroglycerinum.

Trinjäockdi: Ungt. Zinci.

Trinkpulver: Pulvis temperans.

Tripel: Terra Tripolitana.

Tripmadam: Herb. Sedi.

Tripp: Ammonium carbonicum.

Trippelerde: Terra Tripolitana.

Trippelton: Terra Tripolitana.

Tripperbalsam: Bals. Copaivae.

Tripperpillen: Capsulae Balsam. Copaïvae.

Tripperpulver: Cubebae pulv.

Triptrap: Tacamahac. Rotul. Menth.

Triptraptrull: Ugt. Hydrg. rubr.

Trisonettpulver: Pulv. aromat. c. sacch.

Tritrumtratrum: Moschus.

Trittau: Ungt. Plumbi.

Tritteinundtrittaus: Unguent. Plumbi.

Trittvortritt: Ungt. Plumbi.

Tritum: Ungt. Plumbi.

—, umgewandt: Ungt. Plumbi.

Triweln = Trauben.

Triwelpomade, rote: Cerat. Cetac. rubr.

—, weiße: Ungt. leniens.

Tröchnepulver: Lycopodium.

Trockensalbe: Ungt. exsiccans.

Trockenstein: Lap. Calam. praep.

Troddelmehl: Lycopodium.

Trögewehtatspflaster: Emplastr. oxycroceum.

Trogschmiere, flüssige: Linim. ammon. camph.

—, gelbe: Ungt. flavum.

—, grüne: Ungt. mixtum viride.

Trolla: Pulsatilla vu g.

Trollblumen: Flor. Trollii.

Trollidistelwurz: Rhiz. Polypod.

Trommelschlägel: Hrb. Scabiosae.

Trompetenmoos: Lich. pyxidatus.

Trompetenpulver: Conch. praep.

Trompeterpulver: Cubebae plv.

Trooß, Troß: Fol. Betulae.

Tropfen, aromatische: Tinctur. aromatica.

—, aromatische saure: Tinct. aromatica acid.

—, Augsburger: Tinct. Aloës cps.

—, Baumanns: Tinct. aromatic.

—, Bergmanns: Tinct. aromatic.

—, bittere: Tinct. amara.

—, Dänische: Elix. e Succo Liqu.

—, Danziger: Tinct. aromatica.

—, Englische: Liquor Ammon. carbon. pyrooleos.

—, Erlauer: Spir. Meliss. comp.

—, Feldheimer: Tinct. Valerian.

—, Flecks: Elix. e Succo Liquir.

Tropfen, gelbe, Prinzens: Liq. Ammonii succinici.

—, Hallersche: Mixt. sulf. acid.

—, Hoffmanns: Spir. aethereus.

—, Jenaer: Tinct. Aloës comp.

—, Klapproths: Tinct. Ferr. acet. aetherea.

—, Kollmanns: Tinct. carminat.

—, Lamottes: Tinct. Ferri chlor. aetherea.

—, Mainzer: Tinct. Aloës, Spir. aethereus āā. p. aequ.

—, Mariazeller: Tinct. Aloës cps.

—, Petermanns: Tinct. Chinoïd.

—, Prinzens: Liq. Ammon. succ.

—, Rockows: Tinct. Chinoïdin.

—, rote: Tinct. aromatica.

—, rote saure: Tinct. aromat. acid.

—, Salzburger: Tinct. Aloës cps.

—, saure: Mixt. sulfurica acida.

—, schwarze: Tinct. amara.

—, Schwarzwälder: Tinct. Aloës comp.

—, Schwedische: Tct. Aloës cps.

—, siebenundsiebzigerlei: Tinct. Chinoïdin.

—, Sulzberger: Tinct. Aloës cps.

—, Ungarische: Spirit. Rosmar.

—, Wads: Tinct. Benzoës comp.

—, Wedels: Tinct. carminativa.

—, Whytts: Tinct. Chinae cps.

—, zerteilende: Tinct. strumalis.

Tropfkraut: Herb. Parietariae.

Tropfsteinwasser: Aq. Petrosel.

Tropfwurzel: Rhiz. Filicis. Rhiz. Polypodii.

Tropp: Succus Liquiritiae.

Tropschmiere: Unguent. flav. et Unguent. Populi āā. p. aequ.

Trossis Brustpulver: Gelatina. Lich. Island. sacchar.

Trostderkrätzigen: Herba Fumariae.

Trottenmehl: Lycopodium.
Trubachschelleli: Flor. Primulae.
Trubaknöpfli: Flor. Primulae.
Trubentaknöpfli: Flor. Primulae.
Truddemälch: Herb. Chelidonii.
Trudelmehl: Lycopodium.
Trüdingerpflaster: Emplastrum Lithargyri comp.
Trumpetenpulver: Conch. praep.
Trumpeterpulver: Cubeb. pulv.
Truttenmehl: Lycopodium.
Tschemer: Veratrum alb.
Tschickan: Herb. Chaerophylli.
Tschöggliwurz: Rad. Carlinae.
Tückertück: Species amarae.
Tucktuk, weißer: Rad. Dictamni albi.
Tüfelsmilch: Herb. Euphorbii.
Tugendblumenkraut: Herb. Eupator. Herb. Hyperici.
Tugendsalbe: Fol. Salviae.
Tümchen: Herb. Thymi. Herb. Serpylli.
Tumerik: Rhiz. Curcumae.
Tumirnichtssalbe: Ungt. sulfurat. griseum.
Tumirnichtspulver: Pulv. ctr. pedicul. Stib. sulf. nigr.
Tümmelthymian: Herb. Thymi.
Tungenrübe: Rad. Bryoniae.
Tunkpulver: Tutia praeparat.
Tunröw: Rad. Bryoniae.
Tupfstein: Cupr. aluminatum.
Turanken: Rad. Bryoniae.
Türbandpflaster: Emplastr. oxycroc.
Turbenried: Rhiz. Caricis.

Turbithwurzel: Rad. Turpethi. Tub. Jalapae.
Turisches Gummi: Gummi arab.
Türkenblut: Resina Draconis. Sanguis Hirci.
Türkenbund: Flor. Lilii.
Türkenkopfkerne: Semen Cucurbitae.
Türkenpulver: Sang. Draconis.
Türkisch. Beifuß: Herb. Botryos.
— **Gras:** Rhiz. Graminis.
— **Hanföl:** Oleum Ricini.
— **Kümmel:** Fruct. Cumini.
— **Mohrstein:** Conchae praep.
— **Pfeffer:** Fruct. Capsici.
— **Röte:** Rad. Alcannae.
Türlestrich: Sebum.
Turmerik: Rhiz. Curcumae pulv.
Turnips: Brassica Rapa.
Turpethwurzel: Radix Turpethi. Tubera Jalapae.
Turpith: Rad. Turpethi. Tubera Jalapae.
Tusigguldenkraut: Herb. Centaurei.
Tutiansalbe, graue: Unguent. ophthalm. gris.
—, **weiße:** Ungt. Zinci.
Tutz: Tutia praeparata. Zinc. oxyd. crud.
Tutztee: Herb. Cardui bened.
Thymchen: Herb. Thymi.
Tymelärrinde: Cort. Mezerei.
Tyrolerpflaster: Empl. Canth. perp.
Tyrschenöl: Ichthyol.

U.

Überich: Fol. Heraclei.
Überrüthesalbe: Empl. fusc. Ungt. Plumbi.

Überseeisches Pulver: Pulv. insector.
Überwachsöl: Ol. viride.

Überwachstropfen: Tinctura bezoardica.

Überwurzel: Rad. Carlinae.

Überzuckert. Wurmsamen: Confectio Cinae.

Ubrike: Minium.

Uchtblumensamen: Sem. Colchic.

Udram: Herb. Hederae.

Uferblumen: Flor. Farfarae.

Ulanenholz: Rad. Saponariae.

Ulanenrinde: Cort. Quillayae.

Ulmenkraut: Herb. Lycopodii.

Ulmenpotzensalbe: Ungt. Populi.

Ulmenrinde: Cort. Ulmi.

Ulmensprossensalbe: Ugt. Populi.

Ulmspierkraut: Herb. Ulmariae.

Ulrichs Pflaster: Empl. Ceruss.

— **Pulver:** Natrium bicarb.

— **Zahntropfen:** Tinct. Guajaci ammon.

Ultram: Herb. Hederae.

Ultramarin, gelber: Barium chromic. (Chromgelb).

—, **Wiener:** Cobalt. aluminat.

Ultramaringelb: Chromgelb.

Ultramincastoriumöl: Tinctur. Arnicae.

Ultramkraut: Herb. Hederae.

Umber: Terra Umbrac. (Umbra).

Umbraun: Terra Umbraceae (Umbra).

Umbreits Tee: Spec. amarae.

Umgewandt. Boneta: Unguent. contra pediculos.

— **Böbel:** Ungt. contra pedicul.

— **Degenstiefel:** Ungt. digestiv.

— **Dickentief:** Ungt. digestiv.

— **Merkurius:** Ugt. Hydr. pedic.

— **Muskus:** Ungt. ctr. scabiem.

— **Napoleon:** Ugt. Hydrg. pedic.

— **Nervum:** Ungt. nervinum.

— **Nutritum:** Ungt. Plumbi.

— **Papolium:** Ungt. Populi.

Umgewandt. Plumbikum: Ungt. Plumbi.

— **Prinzdeputat, rot:** Unguent. Hydrarg. rubr.

— —, **weiß:** Ugt. Hydrarg. alb.

— **Schabrian:** Ugt. ctr. scabiem.

— **Trittum:** Ungt. Plumbi.

Umschlag, Authenrieths: Ungt. diachyl. Ugt. Plumbi tannic.

—, **blauer:** Ungt. Hydrarg. ciner. pedic.

—, **Burows:** Liq. Alumin. acet.

—, **Thedens:** Aq. vulnerar. acid.

Umschlagkräuter: Spec. emoll.

Umschlagtee: Spec. resolvent.

Umundumarsenicum: Unguent. basilicum flavum.

Umwand, blauer: Ungt. Hydrarg. pediculor.

—, **gelber:** Ungt. flavum.

—, **grüner:** Ungt. Populi.

—, **weißer:** Ungt. Zinci.

Unbekannt: Empl. Litharg. cps.

Uneet: Herb. Equiseti arvens.

Unflatpulver: Pulv. ctr. pedicul.

Unflatsalbe: Unguent. contra pedicul.

Ungarisch. Balsam: Aq. aromat. Mixt. oleos. balsam. Terebinthina Veneta.

— **Essenz:** Ol. Lini sulfuratum.

— **Hafer:** Pulv. contra pedicul.

— **Steinlacköl:** Ol. Jecor. Asell.

— **Tee:** Herb. Chenopodii.

— **Tropfen:** Spir. Rosmarini.

— **Wasser:** Aq. aromatica. Spir. Lavandulae. Spir. odoratus. Spir. Rosmar. cps.

Ungefärbte Altheesalbe: Ungt. Rosmarini dil.

Ungelöschtes Feuer: Chinoïdin.

Ungelswater: Spiritus odoratus.

Ungenannt. Kräuter: Species resolventes.

— **Pflaster:** Cerat. Resinae Pini.

— **Politant:** Unguent. Hydrarg. cin. dil.

Ungerblumen: Flor. Malv. arbor.

Ungers Augensalbe: Unguentum Hydrarg. rubr.

Ungezieferöl: Ol. Anisi.

Ungeziefersalbe: Ungt. contra pediculos.

Ungsenöl: Ol. carbolicum.

Ungsensaft: Sir. Sarsaparill. cps.

Ungsensalbe: Ungt. Zinci.

Unheilspulver: Pulv. pro equis.

Unholdkerzen: Flor. Verbasci.

Unholdkraut: Herb. Verbasci.

Unholdwurz: Bulb. Victorial. long. Rad. Mandragorae.

Unjerkruid: Herb. Equiseti arvens.

Universalbalsam: Tinct. Aloës comp. Tct. Benzoës comp. Ol. Lini sulf. Ol. Tereb. sulf. Ungt. basilic. fusc.

Universalkinderbalsam: Aqua aromat. spirituos.

Universallebensöl: Mixt. oleos. balsam. Tinct. Aloës cps.

Universalpflaster: Empl. fusc. Empl. Litharg. comp.

Universalpillen: Pilul. laxantes.

Universalpulver: Natr. bicarb. Pulv. carminativ. Wedel.

Universalreinigungssalz: Natr. bicarb.

Universalsalbe: Ungt. exsiccans. Ungt. Plumbi.

Universalsalz: Natr. bicarbonic.

Universalspiritus, gelber: Mixt. oleos. balsam.

Universitätssalbe, elektrische: Ugt. Hydrarg. alb.

Unkengries: Ungt. ctr. pedicul.

Unkraut: Herb. Equiseti.

—, **heidnisch:** Herb. Eupatorii.

Unkrautpulver: Pulv. Magnes. c. Rheo.

Unksenöl: Ol. animale foetidum.

Unksensaft: Sir. Sarsaparill. cps.

Unlenkwurz: Rad. Helenii.

Unnützesorgen: Hrb. Violae tricol.

Unreife Pomeranzen: Fruct. Aurant. immat.

Unreinkot: Asa foetida.

Unreinpomade: Ugt. ctr. pedicul.

Unruhe: Lycopodium.

Unruhpulver: Lycopodium.

Unruhwasser: Spirit. Anhaltin.

Unruhwurzel: Rad. Eryngii.

Unschlitt: Sebum.

Unseegenkraut: Herb. Virgaureae.

Unsererliebenfrauenhandschuh: Herb. Aquilegiae. Fol. Digitalis.

Unsererliebenfrauenmantel: Herb. Alchemillae.

Unserliebenfrauenbettstroh: Herb. Galii. Herb. Hyperici. Herb. Serpylli.

Unserliebenfrauendistel: Herb. Cardui Mariae.

Unserliebenfrauenmilchkraut: Herb. Pulmonar.

Unstätpulver: Plv. Liquirit. cps.

Untergütterlikraut: Herb. Grossulariae.

Unterhaltungssalbe: Unguent. epispastic. Ungt. Hydrarg. cin.

Untermast: Bolet. cervinus.

Untermladentisch: Spirit. Angelicae. comp. c. Ol. Terebinth. et Liq. Ammon. caust. mixt.

Untertumunter: Ungt. Plumbi.

Unterwachssalbe: Ungt. flavum.
Unverleid: Hrb. Polygoni.
Unvermischter göttlicher Balsam: Tinct. Benzoës cps.
Unvertritt: Hrb. Polygon. avigul.
Uptochsöl: Oleum viride.
Uralholz: Rad. Saponariae.
Uralsches Pulver: Pulv. Liquiritiae comp.
Urament: Ungt. potabile rubr.
Uran, schwarzer: Styrax Calam.
—, weißer: Olibanum.
Urangelb: Uranum oxydat. natr.
Urantpulver: Herb. Origani plv.
Urbare Schmier: Ungt. laurinum.

Ürbsele: Fruct. Berberidis.
Urian: Orleana.
—, gebrannter: Alumen ustum.
Uriaöl: Oleum rubrum.
Urin: siehe Aurin.
Urinblumen: Flores Lamii. alb. Flores Stoechados.
Urinkraut: Herb. Herniariae.
Urinspiritus: Liq. Ammon. caust.
Uruku: Orleana.
Uschak: Ammoniacum.
Utechsöl: Oleum viride.
Utram: Herba Hederae.
Ützenpulver: Sanguis Hirci.

V.

(Siehe auch unter F.)

Vahrenkraut: Fol. Belladonnae.
Valander: Flor. Lavandulae.
Vallerln: Flor. Violae odorat.
Valmnesaft: Sir. Papaveris.
Vanille: Fruct. Vanillae.
Vanillenöl: Bals. peruvianum.
Vaselwurz: Rad. Bryoniae.
Vaterkorn: Secale cornutum.
Vaterunserwasser: Aq. Petros.
Vegetabilisch. Äther: Aeth. acetic.
— Kalomel: Podophyllin.
— Laugensalz: Kali carbonic.
— Mohr: Carbo pulv.
— Pulver: Pulv. Liquir. cps. Tub. Jalapae pulv.
Vehdriakel: Elect. theriacale.
Vehedistel: Fruct. Card. Mariae.
Veielotenblau: Flor. Viol. odorat.
Veielotenkraut: Hrb. Viol. tricol.
Veielotesaft: Sir. Violarum.
Veielotewurzel: Rhiz. Iridis.
Veigeln: Flor. Violae odoratae.
—, gelbe: Flor. Cheiri.
Veigelwurz: Rhiz. Iridis.

Veilchenkraut: Hrb. Viol. tricol.
Veilchensaft: Sir. Violarum.
Veilchensalbe: Ungt. pomad. rubr.
Veilchenschwamm: Fungus suaveolens.
Veilchenwasser: Aq. Sambuci.
Veilchenwurzel: Rhizoma Iridis.
— „Kneipp": Rad. Viol. odor.
Veilchenwurzelzucker: Pulvis Iridis sacchar.
Veitsalbe: Ungt. Hydrarg. alb.
Veitsblumerekraut: Hrb. Prunell.
Veitstanzpulver: Conch. praep.
Veld = Feld.
Veldrijs: Herb. Taraxaci.
Venetian. Zug: Cerat. Res. Pini.
Venetisch. Balsam: Tereb. venet.
— Dreiacker: Elect. Theriac.
— Kümmel: Fruct. Cumini.
— Rosen: Flor. Paeoniae.
— Seife: Sapo venetus.
— Terpentin: Terebinth. laricin.
Venusblätter: Fol. Sennae.
Venusblut: Herb. Verbenae.

Venusdistel: Silybum marianum.
Venusfinger: Herb. Cynoglossi.
Venushaar: Herb. Adianti aur.
Venuskörner: Sem. Foenugraec.
Venusmilch: Aq. Rosae benzoïn.
Venustinktur: Tinct. Benzoës.
Venuswagen: Aconitum Napellus.
Verbandöl: Ol. carbolisat.
Verbandsalbe: Ungt. cereum.
—, weiße: Ungt. Zinci. Ungt. boric.
Verbindspiritus: Ol. Terebinth.
Verborgenharz: Pix Burgund. Tereb. veneta.
Verborgenwiederkunft: Herb. Beccabungae. Herb. Veronicae.
Verdauungsessenz: Vin. Pepsin.
Verdauungspastillen: Troch. Natr. bicarb.
Verdauungspulver: Pulvis carminativus.
Verdauungssalz: Natr. bicarbon.
Verdauungstee: Species laxantes.
Verdauungstropfen: Tct. Chinae. comp., Tct. Rhei vinos $\overline{aa}$. pts. aeq.
Verdauungswein: Vin. Pepsin.
Verdauungszeltchen: Troch. Natr. bicarbon.
Verdeulungsöl: Oleum viride.
Verdigries: Cuprum subacetic.
Verdrehtkörn: Fruct. Card. Mar.
Verdwijnzalf: Unguent. Hydrarg. cin.
Verfangkraut: Herb. Arnicae.
Verfangpulver: Bol. cervin. plv.
Verfluchte Jungfer: Herb. oder Rad. Cichorii.
Vergängnispulver: Pulvis temperans.
Vergehkraut: Herb. Plantaginis.

Vergehundkommnichtwieder: Herb. Violae tricolor.
Vergiftet Ameisenpulver: Semen Nigellae pulv.
Vergißmeinnicht: Flor. Jaceae. (Myosotis.)
Vergüldungssalbe: Ungt. basilic.
Verhaltungstropfen: Tinct. antispast.
Verlachwurzel: Rad. Gentianae.
Vermächtnispflaster: Empl. fusc.
Vermächtniszucker: Sacchar. rubrum.
Vermen: Amygdalae.
Vermillon: Cinnabaris.
Verneds Drejakel: Elct. theriacale.
Vernedsch: = venetianisch.
Vernunftkraut: Herb. Anagallidis.
Vernunftundverstand: Herb. Anagallidis.
Veronikenwurz: Rhiz. Ari.
Verrufkraut: Herb. Conyzae.
Versichbeeren: Fruct. Berberidis.
Versuchbeeren: Fruct. Berberid.
Verteilungskräuter: Species resolventes.
Verteilungsöl: Oleum viride.
Verteilungspflaster: Empl. fuscum. Empl. Hydrargyri. Empl. saponatum.
Verteilungssalbe: Unguent. flavum. Unguent. Kal. jodat. Unguent. nervin. Ungt. Rosmarin. comp.
Vertreibungstropfen: Tinct. Croci.
Verusdistelkörner: Fructus Cardui Mariae.
Verwachsundverrufungskraut: Herb. Conyzae.
Verweckensalbe: Ungt. basilic. fuscum.
Verzehrungspflaster: Empl. saponat. rubr.

Verziehungsspiritus: Spiritus Angelicae comp.

Verzuckerte Wurmsaat: Confect. Cinae.

Vesicatoressenz: Tinct.Cantharid.

Vesicatorpflaster: Empl. Canth.

Vesicatorsalbe: Ungt. Cantharid.

Vesperkraut: Herb. Sideritis.

Vetiverwurzel: Rad. Ivarancusae.

Vexierkastanienrinde: Cort. Hippocast.

Vichypastillen: Troch. Natri bicarbon.

Vichypulver: Natrium bicarb. Pulv. Liquiritiae comp.

Viefasalbe: Ungt. Hydrarg. alb.

Viehdistel: Herb. Cardui bened.

Viehkalk: Calc. phosphor. crud.

Viehkraut: Herb. Veronicae. Herb. Beccabungae.

Viehkrautwurzel: Rad. Valerian.

Viehmirakel: Elect. theriacale.

Viehpulver: Pulv. pro vaccis.

Vielackerpulver: Pulv. Liquir. cps.

Vielenmargarethenpulver: Semen Foenugraec. pulv.

Vielfraß: Pulv. pro vaccis gris. Stib. sulfurat. nigr.

Vielgut: Herb. Oreoselini.

Vielwuchs: Herb. Oreoselini.

Viereckiger Zug: Cerat. Resin. Pini.

Viererlei Geister: Spirit. camph. Spir. saponat. Spir. Rosmarin., Liq. Ammon. caust. $\overline{aa}$. p. aequ.

— **Pflaster:** Empl. oxycroc. ven.

— **Ruhpulver:** Pulv. pro infant.

— **Salbe:** Ungt. nervinum.

— **Tee:** Spec. pector. c. frutib.

Vierjahreszeitentee: Spec. laxantes.

Vierräuberessig: Acet. aromatic.

Vierspitzbubenessig: Acetum aromaticum.

Vier Wasser für Pferde: Aqua Melissae c. Aqua Foenic.

Vierzigerlei Kräuter: Spec. amar.

Vigacke: Electuar. theriacale.

Vigeli = Veilchen.

Viktoriaviolett: Anilinviolett.

Viktrill, blauer: Cupr. sulfur.

—, **grüner:** Ferr. sulfur.

—, **weißer:** Zinc. sulfur.

Viktusbalsam: Mixt. oleosobals. Bals. Vitae.

Villatsche Flüssigkeit: Plumb. acet. 2,0. Zinc. sulf., Cupr. sulf. $\overline{aa}$. 1,0 Aceti 16,0.

Villumfallum: Flor. Convallar.

Vinum cretum: Sem. Foenugraeci.

Violen: Flor. Violae odorat.

Violenöl: Oleum Hyperici.

Violenpulver: Rhiz. Iridis pulv.

Violenramor: Elect. theriacale.

Violensaft: Sirup. Violarum.

Violentinktur: Tinct. Lignorum.

Violenwasser, gelbes: Aqua Chamomillae c. Tinct. Croci.

Violenwurzel: Rhiz. Irid. Flor.

Violkraut, Vioolkruid: Herb. Violae tricol.

Viönli, Viöndli: Flor. Viol. odor.

Vipernöl: Ol. Jecoris Aselli.

Vipernspiritus: Liq. Ammon.carbon. pyro-oleos.

Virginie: Vaselinum flavum.

Virginienhohlwurz: Radix Serpentariae.

Virginisch. Klapperschlangenwurzel: Rad. Senegae. Rad. Serpentariae.

— **Tabak:** Fol. Nicotian.

— **Viperwurz:** Rad. Senegae. Rad. Serpentariae.

Visceralelixier: Elix. Aurant. cps.
Visetholz: Lignum citrinum.
Visitatorwachs: Cerat. Aeruginis. Cerat. Resinae Pini.
Visselzalf: Ungt. Mezerei.
Vitriol, blauer: Cuprum sulfuric.
—, **cyprischer:** Cupr. sulfuric.
—, **englischer:** Ferr. sulfuric.
—, **gemeiner:** Ferr. sulfuricum.
—, **Goslarer:** Zinc. sulfuric.
—, **grüner:** Ferr. sulfuric.
—, **roter:** Cobalt sulfuricum.
—, **weißer:** Zinc. sulfuricum.
Vitriolelixier: Tinct. aromat. acid.
Vitriolgeist: Acid. sulfuric. dil.
—, **versüßter:** Spirit. aeth.
Vitriolnaphtha: Aether.
Vitriolöl: Acid. sulfuric. fumans.
Vitriolsalz, flüchtiges narkotisch.: Acidum boricum.
Vitriolsäure: Acid. sulfur. angl.
Vitriolspiritus: Acid. sulfur. dil.
Vitriolvateressenztropfen: Tinct. aromat. acid.
Vitriolwasseressenz: Tinct. aromat. acid.
Vitriolweinstein: Kali sulfuric.
Vitschenblumen: Flor. Genistae.
Vivat, gelber: Ungt. ctr. scabiem.
—, **grauer:** Ungt. Hydrarg. pedic.
—, **weißer:** Ungt. Hydrarg. alb.
Vizedreiägele: Elect. theriacale.
Vlas = Flachs.
Vlier = Flieder.
Vlies, weißes: Zinc. sulfuricum.
Vlugsmeer: Linim. ammoniat.
Vogelasch: Fruct. Sorbi.
Vogelbeeren: Fruct. Sorbi.
Vogelbeersaft: Succ. Sorbi insp.
Vogelbräune: Herb. Plantagin.
Vogelbrot: Ossa Sepiae.
Vogelgarbe: Herb. Plantaginis.
Vogelgras: Herb. Polygoni avic.

Vogelherzlein: Anacardia.
Vogelhirse: Sem. Lithosperm. Sem. Milii. Solis.
Vogelholz: Viscum album.
Vögelikraut: Herb. Bursae Past. Herb. Senecionis.
Vogelknöterich: Herb. Polygon. avicularis.
Vogelkraut: Herb. Anagallidis. Herb. Plantaginis. Herb. Senecionis. Viscum alb. Stellaria.
Vogelkreuzkraut: Herb. Senecionis.
Vogelleim: Viscum album.
Vogelleimholz-Kraut: Viscum album.
Vogelmiere: Herb. Anagallidis.
Vogelnestsamen: Fruct. Dauci.
Vogelsbrot: Ossa Sepiae.
Vogelsporn: Secale cornutum.
Vogeltod: Herb. Conii.
Vogelwürstchen: Hrb. Plantagin.
Vogelzucker: Sacchar. album. pulv.
Vogelzungen: Alsine media. Sem. Fraxini.
Vögerlsalbe: Ungt. flavum.
Vögleinimnest: Fruct. Dauci.
Vogt = Flüssigkeit.
Völkersalbe: Ungt. Zinci.
Völkertropfen: Tinct. Valer. aeth.
Volle Schübel: Herb. Lycopodii.
Vollerde: Bolus.
Vollkommene Salzsäure: Aq. chlorata.
Vomitivsalz: Zinc. sulfuric.
Von A bis Z: Species amarae.
Vorgang, Vorlauf: Spir. Frumenti.
Vorhofgeist: Spir. Vini Gallici.
Vorsprung: Liq. Amm. caust. Spirit. dilut.
Vorwitzchen: Herb. Hepaticae.

Vossische Wundsalbe: Bals. univers.
Vosskraut: Herb. Linariae.
Vosslungensaft: Sir. Liquiritiae.
Vosssaft: Mel. rosat. boraxat. Sir. Liquiritiae.
Vosssalv, witte: Ungt. Plumbi.
Vosssteert: Herb. Epilobii.
Vozpomade: Ceratum Cetacei.
Vrämte: Herba Absinthii.
Vyeli: Flor. Violae odor.

W.

Wachandelbeeren: Frct. Juniper.
Wachenbeeren: Fruct. Rhamni.
Wachkraut: Herba Cannabis.
Wacholder, stinkender: Summitates Sabinae.
Wacholderalse, -gebälz, -honig, -latwerge, -mus, -saft, -salze: Succ. Junip. insp.
Wacholderbeeren: Frct. Juniper.
Wacholdergeist: Spir. Juniperi.
Wacholderharz: Sandaraca.
Wacholderholz: Lign. Juniperi.
Wacholderkerne: Fruct. Junip. pulv. gr.
Wacholderkernöl: Ol. Junip. bacc.
Wacholdersalbe: Ungt. Rosmarini comp.
Wacholderspitzen: Summit. Juniperi.
Wacholdertee: Fruct. Junip. Lign. Junip. Summit. Junip.
Wacholderteeröl: Ol. Cadinum.
Wachs, blaues: Cera coerulea.
—, gelbes: Cera flava.
—, grünes: Cerat. Aeruginis.
—, Japanisches: Cera Japonica.
—, mineralisches: Ceresin. Ozokerit.
—, rotes: Cerat. rubrum.
—, weißes: Cera alba.
Wachsbeere: Myrica Gale.
Wachskerzensalbe: Empl. Litharg. cps. Ungt. cereum.
Wachskrautwurzel: Rad. Saponariae.
Wachsöl: Oleum Cerae.
Wachspflaster, gelbes: Cerat. Resinae Pini.
Wachssalbe: Ungt. cereum.
Wachsschwamm: Spong. cerat.
Wachsundöl: Ungt. cereum.
Wachsundschweinefett: Ungt. cereum.
Wachteln: Fruct. Juniperi.
Wadsche Tropfen: Tinct. Benzoës comp.
Waffensalbe: Ungt. cereum.
Wagenblumen: Flor. Calendul.
Wagenholzrinde: Cort. Ulmi.
Wagenteer: Pix liquida.
Wägisse: Herb. Plantaginis.
Wägluege (luegere): Herb. Plantaginis.
— —, wilde: Herb. Taraxaci.
Wäglungere: Herb. Plantaginis. Rad. Cichorei.
Wähle: Fruct. Myrtilli.
Wahlers Pflaster: Empl. fusc.
Wahlwurz: Rad. Consolidae.
Wähnertspiritus: Liq. Ammon. caust.
Waid: Herb. Isatis tinctor.
Waidasche: Kal. carbon. dep.
Waisenhauspflaster: Empl. fusc.
Walbaum: Herb. Belladonnae.
Waldandorn: Herb. Stachydis.

Waldbart: Herb. Ulmariae.
Waldbeeren: Fructus Myrtilli.
Waldbeerstrauchblätter: Fol. Myrtilli. Fol. Uvae Ursi.
Waldbingel: Herb. Mercurialis.
Waldchriesi: Fol. Belladonnae.
Walddistelkraut: Herb. Eryngii. Fol. Ilicis.
Walddosten: Herba Origani.
Waldesche: Fructus Sorbi.
Waldfarnwurzel: Rhiz. Filicis.
Waldflachs: Herb. Linariae.
Waldfräulein: Herb. Achill. moschatae.
Waldglocken: Fol. Digitalis.
Waldhengstengeist: Spir. Formicar.
Waldhirse: Sem. Lithospermi. Sem. Milii Soli.
Waldhopfen: Herb. Hyperici.
Waldklee: Herb. Acetosellae.
Waldklette: Herb. Circaeae.
Waldklettenwurzel: Rad. Bardanae.
Waldmalven: Fol. Malvae silv.
Waldmangold: Herb. Pyrolae.
Waldmännlein: Herb. Asperulae.
Waldmeister: Herb. Asperulae.
Waldnachtschatten: Fol. Belladonnae. Stipit. Dulcamarae.
Waldochsenzunge: Herb. Pulmonariae.
Waldquendel: Herb. Calaminthae.
Waldrebe: Herb. Clematidis.
Waldrübe: Tub. Cyclaminis.
Waldsalbei: Herb. Scorodon. Herb. Salviae silv.
Waldschellenkraut: Fol. Digitalis.
Waldspeikwurzel: Rad. Valerian.
Waldstaub: Lycopodium.
Waldstein: Lac Lunae pulv.
Waldstroh: Herb. Galii.

Wald- und Feldhopfen: Herb. Majoranae. Herb. Origani.
Waldwollextrakt: Extr. Pini.
Waldwollöl: Ol. Pini silvest.
Waldwollspiritus: Aether Pini silv.
Waldwurz: Rad. Consolidae.
Walfischdreck: Ambra.
Walfischöl: Ol. Jecor. Aselli.
Walfischsalz: Sal. Jecoris. Das Salz, in dem die Dorsche konserviert werden (enthält Trimethylamin).
Walfischschuppen: Ossa Sepiae.
Walkererde: Bolus alba. Talcum pulv.
Wallbaum: Atropa Belladonna.
Wallblumen: Flor. Verbasci.
Wallhengste: Formicae.
Wallwurzel: Rad. Consolidae. Rad. Paeoniae.
Wallwurzelkraut, kleines: Herb. Pulmonariae.
Wallwurzelgeist: Spir. Consolidae.
Walnußblätter: Fol. Jugland.
Walnußöl: Ol. Juglandis.
Walnußschalen: Cort. Jugland.
Walpurgiskraut: Herb. Hyperic.
Walpurgisöl: Ol. Petrae.
Walpurgiswurzel: Rad. Aristoloch. cav.
Walrat: Cetaceum.
—, präparierter: Cetac. sacchar.
Walratpflaster: Cerat. Cetacei.
Walratpulver: Cetac. sacchar.
Walratsalbe: Ungt. cereum. Ungt. leniens.
Walratzucker: Cetac. sacchar.
Walschot: Cetaceum.
Wälschstein: Alumen plumos.
Walstroo: Herb. Galii.
Waltersalbe: Empl. Lith. molle.
Walwürze: Symphit. offic.

Wamperlschmier: Ungt. carminativum.

Wandelpulver: Pulv. ctr. insect.

Wändelepulver: Plv. ctr. insect.

Wandkraut: Herb. Parietariae.

Wandlauspulver: Pulv. contra insect.

Wandraute: Herb. Rutae murar.

Wannebobbele: Hrb.Viol.tricolor.

Wäntelebrut: Herba Geranii.

Wäntelenkraut: Herb. Geranii.

Wanzenbeerblätter: Fol.Rib.nigr.

Wanzendillsamen: Frct. Coriand.

Wanzenkraut: Fol.Melissae. Folia Patschuli. Hrb. Ledi palustris.

Wanzenöl: Ol. Terebinthinae.

Wanzenpulver: Flor.Pyrethri plv.

Wanzensalbe: Ungt. Hydrg. ped.

Wanzentinktur: Tinct. Colocynth.

Wanzenwurz: Rhiz. Filicis.

Wärmde: Herb. Absinthii.

Wärmdt: Herb. Absinthii.

Wärmkensalz: Kal. carbonicum.

Wärmkraut: Herb. Absinthii.

Warmüde: Herb. Absinthii.

Warz: Herb. Acetosellae.

Warzenbalsam: Bals. Peruvian. Emuls. ad papill. Mammar.

Warzenblumen: Flor. Calendul.

Warzenkraut: Herb. Geranii. Herb. Euphorbii.

Warzenpulver: Gummi arab. plv.

Warzensalbe: Ungt. leniens.

Warzentupp: Argt. nitric. Acid. nitricum.

Wärzlikraut: Herba Sedi.

Was = Wachs.

Waschblau, flüssiges: Sol Indici.

Waschblaupulver: Ultramarin.

Wäschelauge: Mucilago Gummi arab. c. Natr. carb.

Waschessig: Acetum aromatic.

Waschholz: Cort. Quillayae.

Waschkalk: Calcar. chlorat.

Waschkraut: Herb. (Rad.) Saponariae.

Waschpulver: Natr. carbonic. sicc. Borax. pulv. Pulv. cosmeticus.

Waschrinde: Cort. Quillayae.

Waschspäne: Cort. Quillayae.

Waschtinktur: Ol. Tereb. c. Liq. Ammon. caust. 1 + 2.

Waschwurzel: Rad. Saponariae.

Wasmachtmich: Ugt. contra scab.

Wasser, abgezogenes: Aqua destillata.

—, **Blähung treibendes:** Aqua Chamomill. Aqua carminativa.

—, **blaues:** Liquor Aeruginis.

—, **Burowsches:** Liqu. Alumin. acetic.

— **gegen Reißen:** Aqua carminativa.

—, **Javellesches:** Liqu. Natri hypochloros.

—, **Mandragora:** Aqu. aromatica.

—, **Prager:** Aqu. foetida antihysteric.

—, **Ravels:** Mixt. sulfuric. acida.

—, **schwarzes:** Aqu. phaegadaenic. nigra.

Wasseraster: Herb. Bidentis.

Wasserandorn: Herb. Lycopi.

Wasserangelik: Rad. Angelicae.

Wasserbaldrian: Rad. Valerian. major.

Wasserbathengel: Herb. Scordii.

Wasserblau: Coeruleum Berolinense.

Wasserblei: Plumbago.

Wasserblumen: Flor. Lamii alb.

Wasserbohne: Herb. Beccabung.

Wasserbungen: Hrb. Beccabung.

Wasserdorn: Herb. Marrubii.

Wasserdost: Herb. Eupatorii.

Wasserdreiblatt: Fol. Trifol. fibr.
Wasserfenchel: Fruct. Phellandr.
Wasserfieberkraut: Fol. Trifol. fibr.
Wassergauchheil: Hb. Beccab.
Wasserglas: Liq. Natrii silicici.
Wasserhähnchen: Anemone nemorosa.
Wasserhanf: Herba Eupatorii.
Wasserheil: Herb. Beccabungae.
Wasserkerbel: Fruct. Phellandri.
Wasserkies: Ferr. sulfurat. nativ.
Wasserklee: Fol. Trifol. fibrin.
Wasserkletten: Fol. Petassitid.
Wasserknoblauch: Hrb. Scord.
Wasserkörbel: Fruct. Phellandr.
Wasserkrautwurzel: Rhizoma. Hydrastis.
Wasserkresse: Herb. Nasturtii.
Wasserkunigunde: Herb. Eupat.
Wasserlatwari: Succ. Juniperi.
Wasserlauch: Herb. Nasturtii.
Wasserlilien: Flor. Nymphaeae alb.
Wasserlungenkraut: Herb. Antirrhini.
Wassermandrachora: Aqua aromatica.
Wassermännchenwurzel: Rhiz. Nymphaeae.
Wassermarksamen: Fruct. Apii.
Wasserminze: Fol. Menth. crisp.
Wasseroxyd: Hydrogen. peroxydat.
Wasserpech: Resina Pini.
Wasserpeersaat: Fruct. Phellandrii.
Wasserpeterlein: Apium graveolens.
Wasserpfeffer: Herb. Persicariae.
Wasserpflaster: Empl. Litharg.
Wasserpfunde: Herb. Beccabungae.

Wasserpoley: Herb. Pulegii.
Wasserpursaat: Fruct. Phellandr.
Wasserranken: Stip. Dulcamar.
Wasserraute: Herb. Nasturtii.
Wasserottigkraut: Herb. Euptorii.
Wassersalat: Herb. Beccabungae.
Wassersalze: Succ. Juniperi.
Wasserschierling: Herb. Cicut. viros.
Wasserschwertel: Rhiz. Iridis.
Wasserseide: Herb. Herniariae.
Wassersenf: Herb. Nasturtii.
Wassersilber: Hydrargyrum.
Wassersuchtlatwerge Succ. Juniperi.
Wassersuchtsalbe: Ungt. Junip.
Wassersuchttee: Spec. diuretic.
Wassersulz: Succ. Juniperi insp.
Wassertee: Spec. diureticae.
Wassertritt: Herb. Polygoni.
Wasserwartwurzel: Rad. Cichorii.
Wasserwendel: Fruct. Phellandr.
Wasserwurz: Hrb. Menth. crisp.
Watscherling: Herb. Cicutae.
Watvonschwarten: Asa foetid.
Watzwurzel: Rad. Lapathi acut.
Wau: Herba Luteolae.
Waude: Herb. Luteolae.
Waukraut: Herb. Luteolae.
Webers Brustpflaster: Empl. saponatum.
Wecheln: Rhiz. Calami.
Wechockel: Empl. Litharg. molle.
Weckbröseln: Flor. Calendulae.
Weckelderbeeren: Fruct. Junip.
Wedels Brustpulver: Pulv. pectoral. Wedel. Pulv. Liq. comp.
— **Pulver:** Pulv. carminat. Wedel.
Wedels Windtropfen: Tinct. carminat.
Wederrimpe: Rhizoma Ari.
Weechogel: Empl. Litharg. molle.

Weedasche: Kal. carbon. crud.
Wegbaumbeeren: Fruct. Junip.
Wegblätter: Herb. Plantaginis.
Wegbreit: Herb. Plantaginis.
Wegbreitborstchen: Sem. Psyllii.
Wegbreitöl: Oleum Papaveris.
Wegbreitsaft: Sirup. Plantagin. (Sir. Althaeae.)
Wegbreitsalbe: Ungt. Linariae.
Wegbreitsamen: Semen Psyllii.
Wegbreitwasser: Aqua Tiliae.
Wegbreitwurzel: Rad. Consol.
Weg damit: Ungt. Hydrarg. alb. dil. Ungt. ctr. pedicul.
Wegdistelsamen: Sem. Card. Mar.
Wegdornbeeren: Fruct. Rhamni.
Wegdornrinde, glatte: Cort. Frangulae.
Wegebaumöl: Ol. Juniperi.
Wegerich: Herb. Plantaginis.
Wegetritt, kleiner: Herb. Herniariae.
— **„Kneipp":** Herb. Polygoni avic.
Weggras: Herb. Polygoni.
Weghanf: Herb. Erysimi.
Wegholder: Juniperus.
Wegkümmeich: Fruct. Carvi.
Weglattich: Rad. Taraxaci c. herba.
Weglauf: Herb. Polygoni.
Wegleuchte: Herb. Euphrasiae.
Weglunge: Rad. Cichorii.
Wegmalve: Fol. Malvae vulg.
Wegrich: Herb. Plantaginis.
Wegröslein: Flor. Calendulae.
Wegstroh, Wägstroh: Herb. Galii.
Wegtrette: Herb. Polygoni avic.
Wegtritt: Herb. Polygoni avic.
Wegsenf: Sisymbrium offic.
Wegwart: Flores (Rad.) Cichorei.
Wegwarttinktur „Kneipp": Tct. Cichorii e Herb. rec.

Wegweiß: Herb. Cichorei.
Wegwurzwasser: Aq. destillat.
Wehdornbeeren: Fruct. Rhamni cath.
Wehdornpflaster: Cerat. Aeruginis.
Wehdornrinde: Cort. Frangulae.
Wehdriakel: Elect. theriacale.
Wehedistel: Hrb. Cardui Mariae.
Weheldornbeeren: Fruct. Junip.
Wehenpulver: Secal. corn. pulv.
Wehetropfen: Tinct. Cinnamomi.
Wehlen: Fruct. Myrtilli.
Wehmutspulver: Pulv. temper.
Wehnertspiritus: Liq. Ammon. caust.
Wehrtropfen: Tinct. Cinnamom.
Wehtatpflaster: Empl. oxycroc.
Wehtropfenpflaster: Empl. adhaesiv.
Wehwinnen (Wehwinden): Flor. Convolvuli.
Wei: Flor. Malvae arbor.
Weiberaquavit: Aq. arom. spirit.
Weibergelle: Castoreum.
Weiberklatsch: Rad. Ononidis.
Weiberkraut: Herb. Artemisiae.
Weiberkrieg: Rad. Ononidis.
Weibernessel: Flor. Lami albi.
Weiberschmögge: Herb. Abrotani.
Weiberstrauß: Herb. Hepaticae.
Weiberzorn: Rad. Ononidis.
Weichdosten: Herb. Chenopodii.
Weichselsaft: Sir. Cerasorum.
Weichselstein: Zinc. sulfuric.
Weichselstengel: Stip. Cerasor.
Weidablätter: Herb. Epilobii.
Weideallerweide: Tartar. crud. plv.
Weidenblätter: Fol. Ligustri.
Weidenkraut: Herb. Lysimach.
Weidenrinde: Cortex Salicis.
Weidenschwamm: Boletus suaveolens. Fung. Chirurgor.

Weiderich: Herb. Salicariae.
Weidkraut: Herb. Isatis.
Weidmannssalbe: Ungt. Zinci.
Weidsamenpulver: Cort. Salicis. pulv.
Weiherfenchel: Frct. Phellandr.
Weiherrosen: Flor. Nymph. alb.
Weihnachtsrose: Helleborus niger.
Weihnachtswurzel: Rad. Hellebori.
Weihrauch: Olibanum.
—, **wilder:** Fichtenharz von d. Weihrauch ähnlicher Farbe.
Weihrauchkraut: Fol. Rosmarini. Asarum Europ.
Weihrauchrinde: Cort. Thymiamatis.
Weihrauchwurzel: Rhiz. Asari.
Weihrauchwurzblätter: Fol. Rosmarini.
Weilaischbeeren: Fruct. Sorbi.
Weinäther: Aether. Aether oenanthic.
Weinäuglein: Fruct. Berberidis.
Weinbeeröl: Aether oenanthicus.
Weinbeersalbe: Cerat. Cetacei rubr. Ungt. potabile rubr.
Weinblätter, englische: Herb. Rutae.
Weinblättertinktur: Tinct. Violae odorat.
Weinblumen: Flor. Spiraeae (Filipendulae).
Weinblumenwurz: Rad. Filipendulae.
Weinespe: Herb. Hyssopi.
Weinessigsalbe: Ungt. Plumbi.
Weinfarnblumen: Flor. Tanaceti.
Weingartenkraut: Herb. Mercurialis.
Weingeist: Spiritus.
Weingeistsäure: Acid. acet. glac.

Weingrün: Herba Vincae. Herb. Lycopodii.
Weingrünsamen: Lycopodium.
Weinige Rhabarbertinktur: Tct. Rhei vin.
Weinigtspulver: Rad. Helenii plv.
Weinkläre: Ichthyocolla.
Weinköpfelkraut: Herba Adianti aur.
Weinkraut: Fol. Rutae. Fol. Vitis vinifera. Herb. Pulsatillae.
Weinkrautsamen: Lycopodium.
Weinlaubtee: Herb. Hederae.
Weinlingbeeren: Frct. Berberid.
Weinnägelein: Fruct. Berberidis.
Weinöl: Aetheroleum d. amer. Pharmakopoe. Liq. Kali carbonici. Aether oenanthic.
Weinperlsalbe: Cerat. Cetac. rbr.
Weinraute: Herb. Rutae.
Weinrosen: Flor. Malvae arbor.
Weinsalz: Tartarus depuratus.
—, **neutrales:** Kali tartaricum.
—, **saures:** Acid. tartaricum.
Weinsäure: Acid. tartaricum.
—, **flüchtige:** Acid. acetic. dilut.
Weinschadl: Fruct. Berberidis.
Weinschärl: Fruct. Berberidis.
Weinschöne: Ichthycolla.
Weinsprit: Cognac. Spir. Vini Gallici.
Weinstein: Tartarus depuratus.
—, **abführender:** Tart. natronat.
—, **alkalischer:** Kali tartaric.
—, **martialischer:** Ferro-Kali tart.
—, **präparierter:** Kali bitartar.
Weinsteincreme: Tart. depuratus.
Weinsteinerde: Kali carbonic.
—, **blättrige:** Kali aceticum.
Weinsteingeist: Liq. Kali pyrotartar.

Weinsteinkristalle: Tart.depurat.

Weinsteinöl: Liq. Kali carbonic.

—, dickes: Ol. Rusci.

Weinsteinrahm: Tartarus deput.

Weinsteinsalz: Kali carbonic.

Weinsteinsäure: Acid. tartaric.

Weinsteintinktur: Tinct. kalina.

Weintraubenpomade: Cerat. Cetacei.

Weintraubensalbe: Ungt. potabile rubr.

Weinwermut: Herb. Tanaceti.

Weinwurzel: Rhiz. Caryophyll. Rad. Paeoniae.

Weipenwurzel: Rad. Ononidis.

Weipenzäpfchen: Fruct. Berberidis.

Weiraute: Fol. Rutae.

Weiroasa: Flor. Malvae arbor.

Weiselklee: Herb. Meliloti.

Weisenmangold: Fol. Trifol. fibr.

Weisheitssalz: Hydrg. bichlorat. c. ammon. chlor. (Alembrothsalz).

Weistai, Weiste: Rad. Ononidis.

Weiß. abgezogene Blutreinigungstropfen: Tinct. Lignorum.

— Ahrand: Olibanum.

— Andorn: Herb. Marrubii.

— Anhaltspulver: Plv. temper.

— Anton: Herb. Marrubii.

— Apfelblüte: Flor. Acaciae.

— Apfelbutter oder -salbe: Ungt. rosatum.

— Ätzstein: Kali causticum.

— Augenbalsam: Ungt. Zinci.

— Augenlicht: Ungt. Zinci.

— Augensalbe: Ungt. Zinci.

— Augenstein: Zinc. sulfuricum.

— Augentrost: Herb.Euphrasiae.

— Aurin: Herb. Gratiolae.

— Balsam: Spir. aethereus.

— Bergöl: Ol. Terebinth.

Weiß. Baumöl: Ol. Olivar. album.

— Bienensaug: Flor. Lamii alb.

— Blutreinigungstropfen: Tinct. Lignor.

— Brustleder: Pasta gummosa.

— Chambon: Ungt.Hydrarg.alb.

— Diptam: Rad. Dictamni.

— Dorant: Herb.Marrubii.Herb. Ptarmicae.

— Drache: Kali nitricum.

— Edelherzpulver: Pulv.epil.alb.

— Edelsteinpulver: Pulv.epilept. alb.

— Elektrische Salbe: Ungt. Hydrarg. alb.

— Enzian: Conchae praeparatae.

— Erdbeersalbe: Ungt. Plumbi.

— Ernst: Conchae praeparatae.

— Fischbein: Ossa Sepiae.

— flüchtig. Öl: Linim. ammon.

— Flußtropfen: Mixt. sulf. acid.

— Galizienstein: Zinc. sulfuric.

— Ganzert: Flor. Lamii alb.

— Gliedergrindsalbe: Ungt. Hydrarg. alb.

— Hamburger: Cerussa.

— Hamburger Tropfen: Spirit. Aether nitrosi.

— Haukstein: Zinc. sulfuric.

— Himmelstein: Zinc. sulfuric.

— Immer: Rhiz. Zingiberis.

— Judenpech: Alumen plumos.

— Kanehl: Cort. Canellae alb.

— Kapuzinersalbe: Ungt. Hydrarg. alb. dil.

— Katharinenpflaster: Empl. Lithargyri.

— Kinderbalsam: Aq. aromatic.

— Klewer: Flor. Trifolii albi.

— Kohlsaft: Sir. Aurant. florum.

— Krampftropfen: Spir. aether.

— Krätzsalbe: Ugt. Hydrg. alb.

Weiß. Kremser: Cerussa.
— **Krimmsalbe:** Ugt. Hydrg. alb.
— **Kuckuck:** Flor. Lamii alb.
— **Kümmel:** Fruct. Cumini.
— **Kupferrot:** Zinc. sulfuric.
— **Lebensbalsam fürs Vieh:** Ol. Terebinth.
— **Lehm:** Bolus alba.
— **Leuchte:** Herb. Marrubii.
— **Liebespulver:** Sacchar. lact.
— **Lilienöl:** Ol. Olivarum alb.
— **Luchs:** Sir. Althaeae.
— **Lungenfuhl:** Sir. Althaeae.
— **Magentropfen:** Spir. aether.
— **Magnesia:** Magnesia carbon.
— **Matratze:** Argilla. Bolus alba.
— **Mutterkrampftropfen:** Spirit. aethereus.
— **Mutterpflaster:** Emplastr. Lithargyri molle.
— **Muttertropfen:** Mixt. sulf. acid.
— **Nachtschattenschwede:** Empl. Cerussae.
— **Naphtha:** Aether. Spir. aethereus. Acid. sulfuricum.
— **Nesselblüte:** Flores Lamii albi.
— **Nichts:** Zincum oxydatum.
— **Nichtssalbe:** Ungt. Zinci.
— **Nießpulver:** Plv. sternut. alb.
— **Öl:** Ol. Ricini. Ol. Oliv. alb.
— **Orant:** Herba Marrub. Herba Matricar.
— **Palmsalbe:** Ungt. Plumbi.
— **Pappel:** Rad. Althaeae.
— **Pariser:** geschlämmter Kalkspat.
— **Pech:** Resina Pini.
— **Pechöl:** Ol. Terebinth.
— **Pfeffer:** Fruct. Piperis. alb.
— **Präcipitat:** Ugt. Hydrarg. alb.
— **Präcipitatsalbe:** Unguent. Hydrarg. alb.
— **Puder:** Amylum.

Weiß. Rainfarn: Herb. Ptarmicae.
— **Rauch:** Zinc. sulfuric.
— **Rauschpulver:** Zinc. oxydat.
— **Reglise:** Pasta gummosa.
— **Rittersalbe:** Ungt. Hydrarg. alb. dil.
— **Rosenblumen:** Flor. Lamii. albi.
— **Rosinentropfen:** Sol. Chinin. sulfurici.
— **Roßwurz:** Rad. Carlinae.
— **Salbe:** Ungt. Cerussae. Ugt. rosatum. Ungt. Zinci.
— **Sauertropfen:** Acid. hydrochl. dil. Mixt. sulf. acid.
— **Schabbijak:** Ugt. Hydrg. alb.
— **Schappang:** Ungt. Hydrarg. alb.
— **Schappox:** Ungt. Hydrarg. alb.
— **Schlagtropfen:** Spir. aether.
— **Schmiere:** Linim. ammon.
— **Schminke:** Bismut. subnitric.
— **Schwede:** Empl. Cerussae.
— **Schwitztropfen:** Spir. aether.
— **Senf:** Sem. Erucae.
— **Sirup:** Sir. simplex.
— **Spanisches:** Bismutum subnitricum.
— **Sprungöl:** Ol. Terebinth.
— **Stein:** Zinc. sulfuricum.
— **Steinöl:** Oleum Petrae.
— **Sügete:** Flor. Lamii alb.
— **Terpentin:** Tereb. commun.
— **Tiroler:** Cerussae.
— **Totenkopf:** Ossa Sepiae.
— **Tuck-Tuck:** Rad. Dictamni.
— **Uran:** Olibanum.
— **Vitriol:** Zincum sulfuricum.
— **Vlies:** Zincum sulfuricum.
— **Weidmannssalbe:** Ugt. Zinci.
— **Widerton:** Herb. Ptarmicae.

Weiß. Widertonwurzel: Rad. Bryoniae.
— **Wiener:** Creta alb. plv.
— **Wiesenwurzel:** Rhiz. Gramin.
— **Winde:** Spir. Menthae pip.
— **Wirk:** Olibanum.
— **Wolkensalbe:** Ungt. Zinci.
— **Wundbalsam:** Aq. vuln. spir.
— **Zahntropfen:** Spir. aethereus.
— **Zimt:** Cort. Canellae alb.
— **Zinkfederjoll:** Zinc. sulfuric.
Weißbaum: Populus alba.
Weißbensenöl: Ol. Rosmarin.
Weißdistel: Sem. Cardui mar.
Weißdornblüte: Flor. Acaciae.
Weißdornöl: Ol. Terebinthinae.
Weißenzen: Rad. Gentian.
Weißfelberrinde: Cort. Salicis.
Weißfreßpulver: Ossa Sep. pulv.
Weißfünf: Herb. Anserinae.
Weißgrüner Gliederbalsam: Lin. amm. et Ol. Hyosc. āā. p. aequ.
Weißharz: Resina Pini alba.
Weißkalk: roher essigs. Kalk.
Weißkupferrot: Zinc. sulfuric.
Weißlabeschen: Fol. Farfarae.
Weißleuchterkraut: Herb. Marrub.
Weißlich geistlich Hirschhorntropfen: Mixt. pyrotartarica. Liq. Ammon. carb. pyrooleos.
Weißlilienöl: Ol. Olivar. album.
Weißmutteramarandiöl: Spirit. aethereus.
Weißnichts: Zinc. oxydatum. Zinc. sulfuricum. Ungt. Zinci.
Weißöl: Oleum Rapae.
— **(innerlich):** Oleum Ricini.
Weißpech: Resina Pini alb.
Weißpulver: Kali carbonicum.
Weißrauch: Herb. Absinthii.
Weißvitriol: Zinc. sulfuricum.
Weißwasser: Aq. Plumbi Goul.
Weißwollöl: Oleum Olivarum.

Weißwurz: Rhiz. Graminis.
Weißwurzel: Rad. Althaeae. Rad. Dictamni. Rhiz. Polygonat.
Weixenwurz: Rad. Ononidis.
Weizenbastrinde: Cort. Mezerei.
Weizenstärke: Amylum Tritici.
Weizenvitriol: Cupr. sulfuric.
Welge: Cort. Salicis.
Weikblumen: Flor. Verbasci.
Wellblumen: Flor. Verbasci.
Wellerwurz: Rad. Consolidae.
Wellstein (äußerlich): Cupr. aluminat.
— **(innerlich):** Glacies Mariae.
Welsch. Bibernelle: Radix Sanguisorbae.
— **Eichenlaub:** Herb. Botryos.
Welschkorn: Sem. Card. Mariae. Zea Mays.
Welters Bitter: Acid. picrinic.
Wende: Herb. Isatis tinctoriae.
Wendedocker: Veratrum alb.
Wendel: Rad. Cichoriae.
Wendelkraut: Chrysanthemum Parthenium.
Wendelpulver: Flor. Pyrethr. plv.
Wendewurz: Rhiz. Veratri.
Wendkraut: Parietaria erecta.
Wendwurzel: Rad. Hellebori. Rad. Valerianae.
Werchsamen: Fruct. Cannabis.
Wergenkrut: Herb. Conyzae.
Werlachwurzel: Rad. Gentian.
Werlhofs Salbe: Ugt. Hydrg. alb.
Wermde: Herb. Absinthii.
Wermet: Herb. Absinthii.
Wermut: Herba Absinthii.
—, **edler: italienischer, pontischer, römischer, welscher:** Herb. Absynth. pontici.
Wermutbranntwein: Tinct. Absinthii, 1,0 Spir. dilut., Aq. dest. ca. 4,5.

Wermutelixier: Tct. Absinth. cps.

Wermutöl: Oleum Absinthii. Oleum viride.

Wermutsalz: Kali carbonicum.

Wermuttropfen: Tinct. Absinth. Tinct. amara.

Werners Lebenselixier: Tinctura Aloës comp.

Werschlabeschen: Fol. Farfarae.

Wersenbeeren: Fruct. Rhamni cathart.

Wersenrinde: Cort. Rhamni cath.

Werz: Herb. Acetosellae.

Wesentliches Benzoësalz: Acid. benzoïcum.

Weßmuth: Wismut.

Westendorfs Essig: Acid. acetic. glaciale.

Westfälische Augensalbe: Ungt. Hydrarg. alb.

Westindischer Pfeffer: Fruct. Amomi.

Wetterblumen: Flor. Verbasci. Herb. Anagallidis.

Wettersdistel: Rad. Carlinae.

Wetterhahn: Herb. Acetosell.

Wetterkerze: Flor. Verbasci.

Wetterklee: Herba Eupatorii.

Wetterkraut: Herba Eupatorii.

Wetterrosen: Flor. Malvae arbor.

Wewinne: Flor. Convolvuli. Flor. Malvae vulg.

Whigste: Rad. Ononidis.

Wibbelken: Crataegus oxyacant.

Wiberbächle: Ononis spinosa.

Wickeblumen: Flor. Verbasci.

Wicken, türkische: Sem. Lupini.

Wickenkerne: Semen Paeoniae.

Widdertod: Herb. Rorellae.

Widergift: Rad. Contrajervae.

Widerruf: Herba Sideritidis. Herba Hepaticae.

Widerstand: Pulv. pro vaccis.

Widerstockwurzel: Rad. Saponar.

Widerton, goldner oder roter: Herba Adiant. aur.

— weißer: Herba Marrubii. Herb. Lysimach.

Wie, Wiede, Wieden = Weide (Salix).

Wiede: Herb. Luteolae.

Wiederhellerleuchttüg: Ol. Olivar.

Widerkehr: Pulvis pro vaccis.

Wiederkehrwurzel: Bulb. Victorial. long.

Wiederkomm: Plv. pro vaccis. Herba Capill. Vener.

Wiedertod: Herb. Capill. Vener. Herb. Droserae.

Wiedertodwurzel: Bulb. Victor.

Wiedornbeeren: Fruct. Rhamni cath.

Widukommstsogehstdu: Liq. Ammon. caust.

Wiegantsamen: Lycopodium.

Wiegenkraut: Herb. Absinthii.

Wiegenwolle: Herb. Taraxaci.

Wiekerinde: Cortex Ulmi.

Wieleschenbeeren: Fruct. Sorbi.

Wiëlistee: Herb. Violae tricolor.

Wiëliswurz: Rhiz. Iridis flor.

Wien = Wein.

Wiener Balsam: Tinct. Benz. comp. Mixt. oleos. balsam.

— Blätter: Folliculi Sennae.

— Brusttee: Spec. pect. c. fruct.

— Flachwerk: Elect. e Senna.

— Öl: Acid. oleïnicum (Oleïn).

— Pflaster: Emplastr. fuscum.

— Salbe: Ungt. diachylon.

— Tränkchen: Infus. Senn. cps.

— Weiß: Calc. carbonicum.

— Zeltchen: Pasta Liquiritiae.

— Zucker: Pasta Liquiritiae.

Wienrute: Folia Rutae.

Wiensche Tropfen: Mixt. oleos. balsam. rubr.

Wienschwanz: Folia Taraxaci.

Wierauch: Olibanum.

Wieselblut: Herba Verbenae.

Wiesenabbiß: Herb. Succisae.

Wiesenampfer: Herb. Rumicis.

Wiesenanemone: Herb. Pulsatillae.

Wiesenbertram: Herb. Ptarmic.

Wiesendragun: Herb. Ptarmic.

Wiesenestragon: Herb. Ptarmic.

Wiesenflachs: Herb. Lini cath.

Wiesengeisbart: Herb. Ulmariae.

Wiesengeld od. **Wiesengold:** Herb. Nummulariae.

Wiesengünsel: Herb. Ajugae.

Wiesenhohlwurz: Rhiz. Bistort.

Wiesenkas (-Käse): Rad. Carlinae.

Wiesenklee: Flor. Trifolii albi.

Wiesenknopf: Rad. Sanguisorb.

Wiesenknöterich: Rhiz. Bistort.

Wiesenkönigin: Flor. Spiraeae.

Wiesenkresse: Herba Nasturtii.

Wiesenkümmel: Fruct. Carvi.

Wiesenlattich: Herb. Taraxaci.

Wiesenmangold: Fol. Trifol. fibr. Hb. Pulegii.

Wiesennelken: Flor. Dianthi.

Wiesensafran: Semen Colchici.

Wiesensinau: Herb. Alchemill.

Wiesensirde: Hrb. Adianti aurei.

Wiesenwedel: Herba Ulmariae.

Wiesenwolle: Flor. Gnaphalii. Flor. Trifol. arvens.

Wiestein: Tartarus depuratus.

Wigandsamen: Lycopodium.

Wilche = Weide (Salix).

Wild. Aurin: Herba Gratiolae.

— Hanf: Herba Mercurialis.

— Kümmel: Sem. Nigellae.

— Löwenmaul: Herb. Antirrhin.

Wild. Repen: Fruct. Cynosbati.

— Rübenkraut: Fol. Farfarae.

— Safran: Flor. Carthami.

—Taurant: Herb. Marrubii. Herb. Ptarmicae.

— Teesamen: Sem. Lithosperimi. Sem. Milli Solis.

— Wurmkraut: Herb. Ptarmic.

Wilde Eh: Ungt. Althaeae.

Wildemannwurzel: Bulb. Victorial. long.

Wildfarnwurzel: Rhiz. Filicis.

Wildfleischtupp: Alum ustum.

Wildfräulein: Herb. Ivae mosch.

Wildgartheil: Herba Hyperici.

Wildgramwurzel: Radix Filipendulae.

Wildholzblüten: Flor. Genistae.

Wildmannskraut: Herb. Pulsatill.

Wildniskraut: Herb. Ivae mosch.

Wildschweinzahnpulver: Conchae praep.

Wilge = Weide.

Wilhelmmachtrapp: Ungt. ctr. scabiem.

Wilhelmsdorfer Wasser: Spirit. Coloniens.

Wilhelmstropfen: Tt. Rhei amara.

— gegen Zahnweh: Tinct. odontalgic.

Wille, letzter: Kreosotum dil.

Willeblumen: Flor. Verbasci.

Willemlopop: Ungt. ctr. scabiem.

Wimmele = Johannisbeeren.

Windäpfel: Agaricus alb. Fruct. Colocynthidis.

Windbeere: Atropa Belladonna.

Windblumen: Flor. Hepaticae. Herb. Pulsatillae.

Windbruchöl: Ol. Papaveris,

Windbruchsaft, purgierender: Scammonium.

Windbruchsalbe: Ungt. flavum.
Winde, blaue: Flor. Malv. vulg.
—, **weiße:** Spirit. Menthae pip.
Windensaft: Scammonium.
Windentee: Flor. Convolvuli.
Flor. Malvae vulg.
Windenwurzel: Rad. Ononidis.
Windfarn: Rhizoma Polypodii.
Windfett: Ungt. Rosmarini comp.
Windgeist: Aqua carminativa.
Windharnkraut: Herb. Herniar.
Windkirsche: Atropa Belladonna.
Windkoliktropfen: Tinct. carmi-
nativa.
Windkörner: Fruct. Cubebae.
Windkraut: Herb. Herniariae.
Windküchel: Rotul. Menth. pip.
Windkümmel: Semen Cumini.
Windla: Herba Convolvuli.
Windmamsellen: Rotul. Menth.
pip.
Windmohn: Flor. Rhoeados.
Windpfeffer: Fruct. Cubebae.
Windpolizeiäpfel: Colocynthides.
Windpulver: Elaeos. Menth. crisp.
Pulv. carminat. Wedel. Pulv.
digestivus. Pulv. Liqu. comp.
— **für Kinder:** Elaeos. Foenic.
Pulv. antiepileptic. Pulv.
laxans. Pulv. Magn. c. Rheo.
— **fürs Vieh:** Pulv. pro equis.
Rad. Valerian. pulv.
Windröschen: Anemone nemo-
rosa.
Windrosen: Herb. Hepaticae.
Windrubensalv: Cerat. Cetac.
rubr.
Windsaft: Sir. Foeniculi. Sir.
Menthae pip. Sirup. Rhei.
Sir. Sennae.
Windsalbe: Ungt. carminat. Ungt.
nervin. Ungt. Rosmarini comp.
Ungt. Zinci.

Windschwefel: Sulf. caballin.
Windtee: Rad. Valerianae.
Windtropfen: Spir. Menth. pip.
Tinct. carminativa.
Windundruhpulver: Pulvis Mag-
nesiae c. Rheo.
Windundruhwasser: Aqua Foeni-
culi.
Windwasser: Aq. aromatica spiri-
tuos. Aq. carminativa. Aq.
Chamomill. comp. Aq. Foeni-
culi. Aq. Menth. pip.
—, **königlich:** Aq. aromat. rubra.
—, **rotes:** Aqua aromatica rubra.
Windworg: Sanguis Hirci.
Windwundwurz: Rad. Valerian.
Windwurzel: Rad. Dentariae.
Windzelteln: Rotul. Menth. pip.
Winkelmannschmiere: Liqu. Am-
mon. caust.
Winklerbaumblüten: Flor. Aca-
ciae.
Winklers Pflaster: Empl. fuscum
camph.
Winruh: Herba Rutae.
Winsergrün: Herb. Pyrolae.
Herba Vincae.
Winterbeeren: Frct. Oxycoccos.
Winterblumen: Flor. Stoecha-
dos. Flor. Verbasci.
Wintergreenöl: Methylium sa-
licylicum. Ol. Gaultheriae.
Wintergrünholz: Viscum alb.
Wintergrüntee: Herb. Vincae.
Wintergrünwasser: Aq. Petros.
Winterisches Lungenpulver: Plv.
Liquirit. comp.
Winterkirschen: Frct. Alkekeng.
Winterkrinchen: Flor. Bellidis.
Winterkümmel: Flor. Stoechad.
Winterlieb: Herb. Pyrolae.
Wintermistel: Viscum album.
Winterpflanze: Herba Pyrolae.

Winterrosen: Helleborus niger. Flor. Malv. arbor.

Winzerfett: Adeps.

Wirbeldosten: Herb. Chenopodii.

Wirbelöl: Ol. Hyperici. Ol. Spicae. Ol. viride.

Wirk, weißer: Olibanum.

Wirkundmasch: Mastix.

Wirtschaftssalbe: Cerat. fusc.

Wisch: Herb. Artemisiae.

Wismutbutter: Bismut. chlorat.

Wismutschminke: Bism. oxychlor. Bismut. subnitric.

Wismutweiß: Bism. oxychlorat. Bismut. subnitric.

Wispelsaat: Semen Hyoscyami.

Wispen: Viscum alb.

Wisselnkraut: Herb. Virgaureae.

Wissesügetee: Flor. Lamii.

Wißkornblümelsaft: Sir. Papav.

Wißmanns Tropfen: Spirit. aether. Tinct. anticholeric.

Wißnix: Zincum sulfuricum.

Witherit: Baryum carbon. crd.

Witschenblumen: Flor. Genistae.

Witschge: Rad. Ononidis.

Witt = weiß.

Witteblumen: Flor. Verbasci.

Wittehonigsugen: Flor. Lamii.

Wittenbergersalbe: Ungt. ctr. perniones.

Wittenklever-Klee: Flor. Trifol. alb.

Wittenstoffensieda: Ungt. Hydr. alb. dil.

Witterdenblätter: Herb. Scabios.

Witterkümen: Hrb. Adiant. aur.

Witterluchs: Sirup. Althaeae.

Witterschwede: Empl. Ceruss.

Witterung: Moschus. dil. Ol. Anisi. Ol. Succini. Tinct. Moschi. Zibeth. arteficiale.

Witterviktril: Zinc. sulfuricum.

Witterwirk: Olibanum.

WittesTropfen: TincturaChin. cps.

Wittevosssalv: Ungt. Plumbi.

Wittkopperrot: Zinc. sulfuric.

Wittlebenpflaster: Empl. Cantharid. perp.

Wittlewerpulver: Rhiz. Veratri.

Wittseeschum: Ossa Sepiae.

Witwenblumen: Flor. Scabios.

Wochenmus: Electuar. e Senna.

Wöchnerinpillen: Pil. laxant.

Wöchnerintee: Herb. Violae tricoloris. Spec. laxant.

Woerthaak: Herb. oder Radix Ononidis;

Wogenhäusersche Tropfen: Tct. Benzoës cp.

Wögeratkraut: Herb. Plantag.

Wohlfahrtspflaster: Cerat. Cetac.

Wohlgemut: Herb. Beccabungae. Fol. Menth. crisp. Herb. Majoranae. Herb. Boraginis.

Wohlgemutöl: Ol. Menthae crisp.

Wohlriechend. Essig: Acet. aromat.

-- **Samen:** Fructus Amomi.

Wohlstandwurzel: Rhiz. Imperatoriae.

Wohlverleih: Flor. Arnicae.

Wohlverleihtinktur: Tinct. Arnicae.

Wohlwurzel: Rhiz. Tormentillae.

Wolber: Fructus Myrtilli.

Wolfbeerblätter: Fol. Uvae urs.

Wolfbeeren: Fruct. Belladonae.

Wolfbeerenöl: Oleum viride.

Wolfblumen: Flores Arnicae. Herb. Pulsatillae.

Wolfblut: Sanguis Hirci.

Wolfblüten: Flor. Verbasci.

Wolfdistelöl: Ol. Hyoscyami.

Wolfenfürz: Bolet. cervin.

Wolferstropfen: Tinct. Arnicae.

Wolffuß: Herba Lycopodii.
Wolfgerste: Herb. Adiant. aur.
Wolfkirsche: Fol. Belladonnae.
Wolfklauen: Herba Lycopodii.
Wolfkraut: Herb. Aristoloch.
Herba Hyperici. Herba Verbasci.
Wolfkrautsamen: Semen Staphisagriae.
Wolfleber: Ebur ustum.
Wolflunge: Sanguis Hirci.
Wolföl: Oleum Rusci.
Wolframblumen: Flor. Arnicae.
Wolfratspflaster: Cerat. Cetacei.
Wolfratspulver: Cetac. sacchar.
Wolfsbastrinde: Cort. Mezerei.
Wolfsbeerblätter: Fol. Uvae Ursi.
Wolfsbeersamen: Sem. Belladon.
Wolfsblumen: Flor. Arnicae. Herb. Pulsatillae.
Wolfschote: Herba Meliloti.
Wolfsfuß: Lycopus europaeus.
Wolfsgelena od. -gehle: Flor. Arnicae.
Wolfskirsche: Atropa Belladonna.
Wolfsklee: Herb. Meliloti.
Wolfsmilch: Herb. Euphorbiae.
Wolfspoot: Lycopodium.
Wolfsvrees: Bovista.
Wolftrapp: Herba Ballotae.
Wolfwurzel: Radix Carlinae. Tub. Aconiti.
Wolfzähne: Semen Paeoniae.
Wolfzahnkorn: Secale cornut.
Wolfzottenblumen: Flor. Verbasc.
Wolgemut: Fol. Menth. crisp. Hrb. Beccabungae. Hrb. Boraginis. Herb. Origani.
Wolgemutessenz: Tinct. Cardui benedict.
Wolgemutkraut, kretisches: Origani cretici.

Wolgemutwasser: Aq. Menthae crisp.
Wolkensalbe, blaue: Ungt. Hydrarg. cin. dilut.
Wollblumen: Flor Verbasci.
Wollblumenöl: Ol. Papaveris.
Wolldistelsamen: Sem. Cardui Mariae.
Wollenbergsöl: Ol. nervinum.
Wollenkraut: Herb. Burs. Past.
Wollenöl: Oleum Olivarum.
Wollfett: Adeps Lanae.
Wollkraut: Fol. Farfarae. Fol. Althaeae. Herb. Verbasci. Herb. Marrubii. Herb. Ballotae.
Wollkrautwurzel: Rad. Althaeae. Rad. Gentianae.
Wollstangen: Flores Verbasci.
Wollwurz: Rhiz. Tormentillae.
Wollwurzwasser: Aq. Melissae.
Wollzottenblumen: Flor. Verbasci.
Wolram: Cetaceum.
Wolrat: Cetacenm.
Wolsblöm: Flores Arnicae.
Wolstandwurz: Rhiz. Imperator.
Wolters Pflaster: Empl. fuscum.
Wolverlei: Flores Arnicae.
Wolwurz: Radix Consolidae. Rhizoma Tormentillae.
Wör = Wermuth.
Worbelen: Fruct. Myrtilli.
Wörken: Herba Absinthii.
Wörmannsheiligerübe: Radix Helenii.
Wormet, Wörmd: Herba Absinthii.
Wörmke: Herba Absinthii.
Wörmkensaat: Flor. Cinae.
Wörmkensolt: Kali carbonicum.
Wörmkenzucker: Conf. Cinae.
Wörmöl: Ol. Absinthii mixtum.

Wörteln und Körn: Radix et Semen Paeoniae.

Woudbezie: Fruct. Myrtilli.

Wrämte: Herba Absinthii.

Wrangenwörtel, Wrangenwurzel: Rad. Angelicae. Rhizoma Polypodii. Rhiz. Hellebori.

Wrangkraut: Helleborus nigr. et viridis.

Wreeten: Rhizoma Graminis.

Wricksalv: Ungt. flavum.

Wrinelken: Herba Centaurii.

Wrömbk, Wrömp: Herba Absinthii.

Wröpenkraut: Herb. Plantag.

Wucherblumen: Flor. Chrysanth.

Wulferling: Herb. Arnicae.

Wulheistergeist: Spirit. Formicar.

Wulfskoppen: Flor. Verbasci.

Wullenblumen: Flor. Verbasci.

Wullenöl: Oleum viride.

Wüllichblumen: Flor. Verbasci.

Wundbalsam: Aq. vulnerar. spir. Bals. Peruvian. Tinct. Benzoës comp.

—, **fester:** Ugt. Elemi. Ungt. Zinci.

Wundelixier: Tinct. Benzoës cps.

Wundenkörner: Fruct. Cardui. Mariae.

Wunderbalsam: Aq. vulnerar. spir. Bals. Peruvian. Mixt. oleos. bals. Tinctura Benz. comp. Ungt. Elemi.

Wunderbalsam, englischer: Tct. Benzoes composit.

Wunderbaumkörn: Sem. Ricini.

Wunderbaumöl: Oleum Ricini.

Wunderbaumrinde Cort. Fraxini.

Wunderblumen: Flor. Verbasci.

Wundereier: Ricinusölkapseln.

Wunderessenz: Mixt. oleos. bals.

Wunderkraut: Herb. Hyperici. Herba Virgaureae.

Wundermennig: Herb. Agrimon.

Wunderöl: Ol. Ricini. Ol. Terebinth. sulfurat.

Wunderpfeffer: Fruct. Amomi.

Wunderpflaster: Empl. fuscum.

Wundersalz: Ammon. chlorat.

— **Glaubers:** Natr. sulfuricum.

Wundertropfen: Tinct. Aloës comp. Tinct. Chinoïdini.

—, **saure:** Tinct. aromatica acida.

—, **schwarze:** Tinct. Ferri pom. Elix. Aurant. comp.

Wunderwurz: Rad. Consolidae.

Wundessig: Acet. carbolisat. Mixt. vulnerar. acid.

Wundfarn: Penghawar Djambi.

Wundheil: Herba Veronicae.

Wundholzrinde: Cort. Fraxini.

Wundklee: Herba Anthyllidis.

Wundkörner: Fruct. Cardui mar.

Wundkraut: Herb. Virgaureae. Herb. Perfoliatae. Herb. Veronicae.

—, **Christi:** Herb. Hyperici.

—, **heidnisches:** Herb. Virgaur. Herb. Senecionis.

—, **heiliges:** Fol. Nicotianae.

—, **indianisches:** Fol. Nicotianae.

—, **peruvianisches:** Fol. Nicotianae.

Wundmoos: Helminthochorton.

Wundodermennig: Herba Agrimoniae.

Wundöl: Oleum carbolisatum. Oleum Hyperici.

Wundram, Wundran: Herba Hederae.

Wundsalbe: Ungt. boricum. Ungt. Zinci.

—, **braune:** Lanolinum crudum.

—, **gelbe:** Ungt. basilic. flav. Unguent. cereum. Lanolin.

Wundsanikel: Herb. Saniculae.

Wundschwamm: Fung. Chirurg.
Wundstein: Cupr. aluminatum.
Wundtee: Herb. Absinthii. Herb.
Veronicae.
Wundtropfen, schwarze: Balsam
Peruvian.
Wundwasser: Aqua vulneraria.
—, **saures, scharfes, Thedensches
tödliches:** Mixt. vulnerar. acid.
—, **weiniges:** Aq. vulnerar. spirit.
Wundwurz: Radix Consolid.
Radix Valerianae.
Würfelkörner: Cubebae.
Würfelsalpeter: Natr. nitricum.
Würgling: Herb. Conii. Tub.
Aconiti.
Wurmblüte: Flores Koso. Flor.
Cinae.
Wurmdettle: Troch. Santonini.
Wurmdoggn: Confect. Cinae.
Wurmei: Herba Absinthii.
Wurmeier: Confectio Cinae.
Wurmet: Herba Absinthii.
Wurmfarn: Rhizoma Filicis.
Wurmfarnblumen: Flor. Tanacet.
Wurmfarnkraut: Herb. Tanaceti.
Wurmgeist: Tinct. Benzoës comp.
Tinct. Cinae.
Wurmgras: Rhiz. Graminis.
**Wurmhäusel: -konfekt, -kreisel,
-kuchen, -luft, -makronen:**
Troch. Santonini.
Würmken: Herba Absinthii.
Wurmkraut: Herb. Scrofulariae.
Herba Tanaceti. Herba Ul-
mariae. Polygon. bistorta.
—, **wildes:** Herba Ptarmicae.
Herba Artemisiae.
Wurmkuchen: Troch. Santonini.
Wurmmehl: Flor. Cinae pulv.
Lycopodium.
Wurmmoos: Helminthochorton.
Wurmnessel: Flores Lamii.

Wurmnüsse: Troch. Santonini.
Wurmöl: Ol. Absinthii mixt.
Oleum Lini.
Wurmpasserln: Troch. Santon.
Wurmpfaffekäpple: Trochisi.
Santonini.
Wurmpulver: Flor. Cinae pulv.
Wurmrinde: Cort. Geoffroyae.
Wurmrübchen: Troch. Santonini.
Wurmsamen: Flores Cinae.
—, **falscher:** Flores Tanaceti.
—, **überzuckerter:** Confect. Cinae.
Wurmschnecken: Troch. Santon.
Wurmschümli: Troch. Santonini.
Wurmstaub: Lycopodium.
Wurmstupp: Flor. Cinae pulv.
Wurmtang: Helminthochorton.
Wurmtanzknöpfe: Troch. Santon.
Wurmtod: Flor. Cinae. Flores
Tanaceti. Herba Absinthii.
Herb. Artemisiae.
Wurmtropfen: Tinct. Absinthii.
Wurmwermut: Herb. Tanaceti.
Wurmwürze: Rhiz. Polypodii.
Wurmwurzel: Rhiz. Bistortae.
Rhiz. Filicis.
—, **amerikan.:** Rad. Serpentariae.
Wurmzelteln: Troch. Santonini.
Wurmzucker: Confectio Cinae.
Wurstkraut: Herba Basilici.
Herba Majoranae et Herba
Thymi āā. Herba Saturejae.
Wurstpulver: Hrb. Saturej. plv.
Wurströhrlein: Cassia fistula.
Würzblumen: Herb. Taraxaci.
Würze, deutsche: Sem. Nigellae.
—, **neue:** Fructus Amomi.
Wurzel: Daucus.
—, **rote:** Rad. Alcannae.
Wurzelsaft: Succ. Dauci insp.
Würzenholz: Rad. Ononidis.
Würzerling: Fruct. Phellandrii.
Würzkraut: Herb. Senecionis.

Würznägelein: Caryophylli.
Wurzpflaster: Empl. fuscum. Empl. Meliloti.
Wüste: Radix Ononidis.
Wüstenkönigintee: Flor.Verbasci.
Wutbeere: Atropa Belladonna.

Wüterich: Herba Conii. Hb. Cicutae.
Wutkirsche: Fol. Belladonnae.
Wutkraut: Herba Anagallidis.
Wütscherlingbeeren: Fruct. Berberidis.

X.

Xirkast: Manna.
Xortkom: Semen Nigellae.
Xylaloë: Lignum Aloës.

Xyland: Cort. Mezerei.
Xylokassie: Cort. Cinnam. Cass.

Y.

Ybe = Eibe.
Ybenblätter: Folia Taxi.
Ybisch: Radix Althaeae.
Ybschenblätter: Fol. Taxi.
Yrbe: Ulmus campestris.
Ysenbaumrinde: Cortex Ulmi.

Ysop: Herba Hyssopi.
Ysopsaft: Sir. Chamomillae.
Ysopwasser: Aquae Tiliae.
Yspenrinde: Cortex Ulmi.
Yvesbalsam: Ungt. ophthalm. cps.

Z.

Zachariasblumen: Flor. Cyani.
Zachariaspflaster: Cerat. Cetacei rubr.
Zachariastropfen: Tinctura Cinnamomi. Tinct. Chinae. comp. Tinct. Chinoïdin.
Zacherlin: Pulv. contra insect.
Zacherls Pulver: Plv. ctr. insect.
Zackensalbe: Ungt. flavum. Ugt. Linariae. Ugt. Plumbi.
Zaffe: Fol. Salviae.
Zahlkraut: Herb. Nummulariae.
Zahdroascht: Herb. Euphrasiae.
Zahnbalsam: Tinct. odontalgic.
—, Knapps: Tinct. Caryophyll., Tinct. Catechu a̅a̅. p. aequ.

Zahnbein: Cornu Cervi ust.
Zahnbohnen: Semen Paeoniae.
Zahnerbsen: Semen Paeoniae.
Zahnerde: Catechu.
Zahnessig: Acetum Pyerthri.
Zahnfeigen (für Kinder): Rhiz. Iridis flor.
— gegen Zahngeschwür): Caricae.
Zahnfrucht: Semen Paeoniae.
Zahnhustenpulver: Tart. depurat.
Zahnkitt: Guttapercha.
—, flüssiger: Sol. Mastichis.
Zahnkörner: Semen Paeoniae.
Zahnkorallen: Semen Paeoniae.
Zahnkrallerlen: Sem. Paeoniae.

19*

Zahnkraut: Herba Betonicae. Herba Dentariae. Herb. Hyoscyami.

Zahnkügerl: Pilul. odontalgicae.

Zahnlosenkraut: Herb. Ballotae.

Zahnöl: Oleum Caryophyllorum.

Zahnpatterlen: Sem. Paeoniae.

Zahnperlen: Semen Paeoniae.

Zahnpetterlein: Sem. Paeoniae.

Zahnpflästerchen: Empl. Cantharid. Drouoti.

Zahnpillen: Pilul. odontalgicae.

Zahnpläckerlestee: Herb. Violae. tricolor.

Zahnpulver: Pulv. dentifricius.

—, **englisch.**: Plv.dentifr.camph.

Zahnräuchergummi: Mastix. Olibanum.

Zahnschmerzessig: Acetum Pyrethri.

Zahnschmerzöl: Ol. Cajeputi.

Zahnschmerzpapier: Charta antirheumat.

Zahnschmerzpflaster: Emplastr. Drouoti.

Zahnschmerzwurzel: Radix Pyrethri.

Zahnschwamm: Fung. Chirurg.

Zahntropfen, grüne: Tinctura Spilanthis comp.

—, **saure:** Mixt. sulfur. acida.

—, **weiße:** Spiritus aethereus.

Zahntrost: Herba Euphrasiae. Tinct. Myrrhae. Tinct. odontalgica.

Zahnwehholz: Cort. Xanthoxyli.

Zahnwurzel: Radix Pyrethri. Rhizoma Calami. Rhiz. Irid. flor. Rhiz. Galangae.

Zährwasser: Aq. Menthae crisp.

Zamarintensalbe: Ungt. flavum.

Zamdill: Pulv. contra pediculos.

Zankkraut: Folia Hyoscyami.

Zankteufel: Folia Hyoscyami.

Zapfenholz: Cortex Frangulae.

Zapfenkorn: Secale cornutum.

Zapfenkraut: Herb. Uvulariae.

Zapfenrinde: Cortex Frangulae.

Zäpflimehl: Lycopodium.

Zäpflipulver: Lycopodium.

Zärtikern: Semen Melonis.

Zaserkraut: Herb. Mesembryanthemi.

Zäu = Zähne.

Zäubchen: Flor. Convallariae.

Zauberbalsam: Bals. Peruvian. Oleum Petrae nigr. Ol. Terebinth. sulfurat. Tinct. Benzoës comp.

Zauberöl: Ol. Terebinth. sulfur.

Zauberpulver: Pulv. pro equis.

Zaubertropfen: Ol. Tereb. sulfur.

Zauberwurzel: Rad. Mandragor.

Zauken: Flores Convallariae.

Zaukenessig: Acet. Convallariae.

Zaukenöl: Ol. crinale odoratum.

Zaukenwurzel: Rhiz. Convallariae.

—, **weiße:** Rhiz. Polygonati.

Zaunglocken: Herb. Convolvuli.

Zaunhopfen: Strobuli Lupuli.

Zaunkönigspulver: Carbo pulv.

Zaunlattich: Herb. Lactucae.

Zaunraute: Herb. Hederae.

Zaunreben: Stipit. Dulcamarae.

Zaunriegel: Folia Ligustri.

Zaunrikel: Sanicula europ.

Zaunrosen: Flores Rosae.

Zaunrübe: Radix Bryoniae.

Zaunweide: Folia Ligustri.

Zaunwinde: Flores Caprifolii.

Zäuwih: Flor. Chamomillae.

Zaupenblüten: Flor.Convallariae.

Zautschen: Flor. Convallar.

Zäwersaat: Flor. Cinae.

Zebastrinde: Cort. Mezerei.

Zechkraut: Folia Scolopendrii.
Zeckenkörner: Semen Ricini.
Zeckenkörneröl: Oleum Ricini.
Zeckensalbe: Ungt. Populi.
Zeckensamen: Semen Ricini.
Zederbaum: Summit. Sabinae.
Zederessenz: Ol. Citri.
Zederwurzel: Rhiz. Zedoariae.
Zedernholz: Lign. Junip.
Zedernholzöl: Ol. Junip. Lign.
Zedroöl: Oleum Citri.
Zeep = Seife.
Zehnerlei Tee: Spec. Hispanicae.
Zehrgras: Herba Polygoni.
Zehrkraut: Herba Betonicae. Herb. Senecionis.
Zehrpflaster: Empl. fuscum. Empl. Litharg. cps. Empl. oxycroceum. Empl. sapon.
Zehrsalbe: Cerat. Cetacei.
Zehrtropfen: Tinctura amara. Tinctura Cinnamomi.
—, rote: Tinctura apoplect. Tinctura aromatica.
—, weiße: Spiritus aethereus.
Zehrwasser: Aq. Menthae crisp.
Zehrwurz: Rhiz. Ari. Rhiz. Calami.
Zeiakraut: Herb. Clematidis.
Zeibchen: Flores Convallariae.
Zeibchenessig: Acet. Convall. Acet. aromaticum.
Zeigkrautwurz: Rhizoma Ari.
Zeiland: Daphne Mezereum.
Zeilandrinde: Cortex Mezerei.
Zeisigkraut: Herba Anagallid.
Zeiskraut: Herba Millefolii.
Zeispen: Herba Sideritidis.
Zeißchenkraut: Herb. Sideritid.
Zeitbeerblätter: Fol. Ribis nigr.
Zeithaide: Herba Chamaedryos.
Zeitheil: Herba Ledi.
Zeitkrautsamen: Sem. Foenugr.

Zeitlöslen: Folia Farfarae.
Zeitrösli: Fol. Farfarae.
Zeitschenkraut: Herb. Sideritidis.
Zeitungsblätter: Folia Sennae.
Zella, Zellerer = Sellerie.
Zellers, Zellerich- od. Zellerie-Pomade: Ungt. Hydrarg. alb.
Zeltbeerblätter: Fol. Ribis nigr.
Zeltchen: Pastilli. Tablettae. Trochisci.
—, Wiener: Past. Liquirit.
Zemelbladen: Fol. Sennae.
Zementtropfen: Tinct. Cinnam.
Zenger: Empl. Cantharid. perp.
Zenghi: Fruct. Anisi stellati.
Zentgras: Potentilla silv.
Zentifolienblätter: Flor. Rosae.
Zeptersamen: Flores Cinae.
Zepterspiritus: Spiritus nervin.
Zepterwurzel: Rhiz. Zedoariae.
Zerflossenes Kali: Liquir. Kali carb.
Zerrgras: Herb. Polygoni avic.
Zerteilende Kräuter: Species resolvent.
— Öl: Ol. Hyoscyami.
Zerteilungspflaster: Emplastr. Meliloti. Empl. saponatum.
Zerteilungssalbe: Ungt. digestivum. Unguentum flavum. Unguent. nervin. Unguent. Populi.
Zervelatspiritus: Liquir. Amm. caust.
Zeschwitzsche Zahntinktur: Tct. odontalg. nigr.
Zetsalbe: Ungt. Elemi.
Zetschkenblumen: Flor. Sambuc.
Zetterlosa, Zitterlosa: Flor. Primul.
Zeugniskraut: Herba Pulegii.
Zeuling: Herba Asperulae.
Zeussalbe: Ungt. Hydrarg. rubr.

Zewersaat: Flores Cinae.
Zeylonmoos: Agar-Agar.
Zeylonzimmt: Cort. Cinnamomi Ceylanic.
Ziaderer: Veronica Beccab.
Zibbensaat: Flores Cinae.
Zibeben: Passulae majores.
Zibellentropfen: Tinct.Chinoïdin.
Zibetbalsam: Bals. Nucistae.
Zibiliargeist: Spir. Meliss. comp.
Zibkenblumen: Flores Sambuci.
Zible: Bulb. Allii.
Zichorie: Rad. Cichorei.
Zidrichsalbe: Ungt.Hydrarg.alb. dil. Ungt. Plumbi.
Zidriwurz: Sempervivum tect.
Ziebele: Bulb. Allii.
Zieferwasser: Aqua Foenicul., Aq. Menth. pip. aa. p. aequ.
Ziegelbeere: Daphne Mezereum.
Ziegelblumen: Flor. Calendulae.
Ziegelmehl: Bolus rubr.
Ziegelnsalbe: Ceratum fuscum.
Ziegelöl oder -steinöl: Oleum Hyperici. Ol. Petrae rubr. Ol. Philosophorum. Ol. Tereb. rubrefact. Ol. Succini.
Ziegelstein, Zimbelstein: Lapis Lyncis.
Ziegenbart: Flores Ulmariae. Herba Abrotani.
Ziegenbartpulver: Lycopodium.
Ziegenbein: Flores Cyani.
Ziegenblumen: Flores Cyani. Herba Adonid.
Ziegenbock: Flores Cyani.
Ziegenbutter: Ungt. flavum.
Ziegendill: Herb. Conii.
Ziegenhörnli: Sem. Foenugraec.
Ziegenklappen: Fol. Trifol. fibr.
Ziegenklee: Semen Foenugraec.
Ziegenkraut: Herba Conii. Herba Euphrasiae.

Ziegenöl: Oleum Philosophorum.
Ziegenraut: Herba Galegae.
Ziegensamen: Sem. Foenugraec.
Ziegenschwutze: Rad. Valerianae.
Ziegentod: Herba Aconiti.
Ziegentropfen: Tinctura amara.
Ziegerklee: Herb. Meliloti. Sem. Foenugraeci.
Ziegerkraut: Herb. Meliloti.
Ziegerli: Herb. Malvae vlg.
Zieglers Magentropfen: Tinctur. Chinae comp.
Zieglig- od. Zieglingrinde: Cort. Mezerei.
Ziehgemsenspiritus: Spirit. Formicarum.
Ziehhonig: Mel crudum.
Ziehsalbe: Ungt. Cantharidum. Ungt. Elemi.
Zielkenkraut: Herb. Sideritidis.
Zieratsalbe: Ceratum Cetacei. Unguent. cereum. Unguent. Plumbi.
Ziergras: Herba Polygal.
Zieselbart: Cortex Mezereï.
Zieserlein: Fructus Jujubae.
Zieskenkraut: Herb. Sideritidis.
Ziest: Herba Stachydis.
Zifferwasser: Aq. Menthae pip.
Zigerli: Folia Malvae silv.
Zigeunerblume: Cichorium Intybus.
Zigeunerkorn: Fol. Hyoscyami.
Zigeunerkraut: Fol. Hyoscyami. Herb. Stramonii.
Zigeunerkrautsamen: Lycopod. Sem. Hyoscyami.
Zigeunerlauch: Bulbus Allii.
Zigeunerpulver: Plv. aromat. Flores Pyrethri pulv.
Zilander: Cort. Mezereï.
Ziletti: Cort. Mezereï.
Zilinder: Cort. Mezereï.

Zilksaft: Mel rosat. boraxat.

Zilkstein: Cupr. sulfuric. ammon.

Zimchen: Herb. Equiseti.

Zimeslein: Herba Thymi.

Zimmermannsäpfel: Gallae.

Zimmermannskraut: Herba Millefolii.

Zimmermannsöl: Tinct. Aloës, Tinct. Myrrhae aa. p. aequ.

Zimmermannstropfen: Tinctura Chinoïdin.

Zimmerrauch: Spec. fumales.

Zimmet = Zimt.

Zimpelkraut: Herba Ficariae.

Zimt: Cort. Cinnamomi Cassiae.

—, **feiner:** Cort. Cinnamom. Ceyl.

—, **weißer:** Cort. Canellae alb.

—, **wilder:** Herb. Serpylli.

Zimtblüten: Flores Cassiae.

Zimtessenz: Tinct. Cinnamomi.

Zimtkassie: Cort. Cinnam. Cass.

Zimtkelche: Flores Cassiae.

Zimtnägelchen: Flores Cassiae.

Zimtpflaster: Empl. sapon. rubr.

Zimtpomade: Ungt. pomad. Chin.

Zimtsalbe, rote: Bals. Locatelli.

Zimtsamen: Flores Cassiae.

Zimtschinden: Cort. Cinnamomi.

Zimtsorte: Cort. Cinnam. Cassiae.

Zimttee: Cortex Cinnamomi.

Zimttinktur: Tinct. Cinnamomi.

Zimttropfen: Tinct. Cinnamomi.

Zinasent: Asa foetida.

Zingalwurzel: Rad. Gentianae.

Zingerkraut: Hrb. Chaerophylli.

Zinkasche: Zinc. oxydat.

Zinkblumen: Zincum oxydatum.

Zinkbutter: Zinc. chlorat.

Zinkelpflaster: Empl. sapon. rbr.

Zinkgelb: Zinc. chromic.

Zinkgrau: Tutia.

Zinkheilpflaster: Empl. Litharg.

Zinkkalk: Zincum oxydatum.

Zinkmehl: Zinc. oxydat.

Zinkpaste: Pasta Zinci.

Zinksalbe: Ungt. Zinci.

Zinkspath: Lapis Calaminaris.

Zinkvitriol: Zincum sulfuricum.

Zinkweiß: Zincum oxydatum.

Zinnasche: Stannum oxydatum.

Zinnbeize: Stannum chloratum.

Zinnessenz: Tinct. Cinnamom.

Zinnfolie: Stanniol.

Zinngras: Herba Equiseti.

Zinnheu: Herba Equiseti.

Zinnkraut: Herba Equiseti.

Zinnober: Cinnabaris.

Zinnsalz: Stannum chlorat.

Zinnsand: Stannum oxydatum.

Zinnsäure: Stann. oxydat.

Zinnsalz: Stannum chloratum.

Zinnweiß: Stannum oxydatum.

Zinsalwurz: Radix Gentianae.

Zinsenminztee: Species laxant.

Zinserlein: Fructus Jujubae.

Zinsundzins: Tinct. aromatica.

Zinzikum: Zincum oxydatum.

Zipollen: Bulbus Allii.

Zippel = Zwiebel.

Zippenbeeren: Fructus Sorbi.

Zipperlessamen: Flores Cinae.

Zipperlikraut: Herb. Aegopodii.

Ziptersamen: Flores Cinae. Tannacetum.

Zirkelpfeffer: Piper longum.

Zirkelskraut: Herba Hederae.

Zisserlein: Fructus Corni.

Zitli: Herba Veronicae.

Zitrachsalbe, weiße: Ungt. Hydrarg. alb. Ungt. Zinci.

Zitronat: Confectio Citri.

Zitronelle: Fol. Melissae.

Zitronellwasser: Aq. Melissae.

Zitronenbasilie: Herb. Basilic.

Zitronenblüte: Herb. Melissae.

Zitronenbrausepulver: Magnesium citr. efferv. Pulv. aërophor. c. Elaeosacch. Citri.

Zitronengelb: Plumb. chromic.

Zitronenkraut: Herb. Melissae. Herb. Abrotani.

Zitronenmelisse: Hrb. Melissae.

Zitronenpflaster: Cer. Res. Pini.

Zitronenpulver: Elaeos. Citri.

Zitronenquendel: Herb. Serpyll.

Zitronensalbe: Cerat. Cetaceï. flav. Ungt. flavum. Ungt. Hydrarg. citrin.

Zitronensalz: Acid. citricum.

Zitronentäfele: Ugt. Hydrg. citr.

Zitronenterpentin: Tereb. laricina.

Zitronentropfen: Spir. Meliss. cp.

Zitronenzucker: Elaeos. Citri.

Zitrongelb: Plumb. chromicum.

Zitrösli: Flor. Farfarae.

Zittauer Pflaster: Empl. fusc. camph.

Zittelbast: Cort. Mezerei.

Zitterassalbe: Ungt. Plumbi.

Zittererkraut: Herb. Chrysosplenii.

Zitterichkraut: Herb. Sedi.

Zitterrösle: Flores Bellidis. Flor. Farfarae.

Zittersalbe: Ugt. Hydrarg. citrin.

Zitterwasser: Aq. Menthae pip.

Zitterwurz: Radix Lapathi.

Zittwer: Rhizoma Zedoariae.

—, **deutscher:** Rhiz. Calami.

—, **langer:** Rhizoma Galangae. Rhizoma Zedoariae.

Zittweringwer: Rhiz. Zedoariae.

Zittwerkraut: Herb. Dracunculi.

Zittwersamen: Flores Cinae.

—, **überzogener:** Confect. Cinae.

Zittwerwurzel: Rhiz. Zedoariae.

Zitzeritz: Succus Liquiritiae.

Zitzerin: Fructus Berberidis.

Zoch: Empl. Lithargyri.

Zoet = Süß (-holz usw.).

Zofinger Pflaster: Epl. matris. alb.

Zofninntee: Folia Salviae.

Zöhr = Zehr.

Zöllichblumen: Flor. Verbasci.

Zoniköl: Oleum viride.

Zopfballen: Herb. Plantaginis.

Zöpfli: Flores Lavandulae.

Zoppenblumen: Flor. Verbasci.

Zottenblätter: Fol. Trifol. fibrin.

Zottenblumen: Flor. Trifol. alb.

Zout = Salz.

Zschochersche Parade: Liniment. ammon. et Ol. Terebinth. āā. pp. aequ.

Zucker, gebrannt: Sacchar. tost.

—, **schwarzer:** Succ. Liquiritiae.

Zuckeräther: Aether formicicus.

Zuckerbatengenblumen: Flor. Primulae.

Zuckerbrot: Plantago lanc. Trifol. prat.

Zuckerbrödli: Herb. Trifol. prat.

Zuckercouleur: Sacch. tost. solut.

Zuckerei: Radix Cichorii.

Zuckerfarbe: Sacchar. tost. sol.

Zuckerholz: Rad. Liquiritiae. Succ. Liquiritiae in bacul.

Zuckerkand: Sacchar. cristall.

Zuckerluchtsam: Sir. Althaeae.

Zuckermeß: Zinc. sulfuricum.

Zuckerpenith: Sir. Rubi Idaei.

Zuckerplätzchenkraut: Fol. Malv.

Zuckerpulver f. Säuglinge: Magnes. ust. c. Elaeosacch. Foenicul. āā. p. aequ.

Zuckerretchen: od. -Ritschen: Succ. Liquiritiae.

Zuckerrosen: Flores Rosae.

Zuckerrosör: Conserva Rosar.

Zuckerrot Seef: Confect. Cinae.

Zuckersäure: Acidum oxalicum.

Zuckersaft: Sirup. simplex.

Zuckersalz: Acidum oxalicum.

Zuckersüsi: Acid. oxalic.

Zuckerweiß (z. Augenwasser): Zinc. sulfur.

Zucköl: Oleum Petrae alb.

Zug, brauner: Empl. fuscum. Empl. Lithargyri comp.

—, **gelber:** Cerat. Resin. Pini. Empl. Lithargyri comp.

—, **venetianischer:** Cerat. Res. Pini. Empl. oxycroceum. Terebinth. laricina.

—, **viereckiger:** Cerat. Resinae Pini. Empl. oxycroceum.

—, **weißer:** Emp. Litharg. simpl.

Zugdiakel: Empl. Litharg. comp.

Zugebrochnes Gliederöl: Oleum Papaveris.

Zugerichtet. Bleiweiß: Unguent. Cerussae.

— **Kupfer:** Ungt. Hydrarg. alb. dil. Ungt. Zinci.

— **Quecksilber:** Unguent. Hydrarg. cin. dilut.

Zugpflaster auf Wunden: Cerat. Resin. Pini. Empl. Litharg. comp.

—, **gegen Zahnweh:** Emplastrum Drouoti.

Zugsalbe auf Wunden: Empl. Litharg. cps. Ungt. basilic.

—, **braune:** Ceratum fuscum.

— **mit span. Fliegen:** Unguent. Cantharidum.

Zug- und Heilpflaster: Emplastr. Litharg. comp.

Zuhnikel = Sanikel.

Zu Hause ist er nicht: Herba Veronicae.

Züllichauer Pflaster: Empl. fusc.

Züllo: Adeps suillus.

Zumpenkraut: Herb. Sedi.

Zunder: Fungus igniarius.

Zündschwamm: Fungus Igniarius.

Zunehmkraut: Herb. Taraxaci.

Zunenwirvel: Flor. Calendulae.

Zungenkraut: Herba Ledi.

Zungenwurzel: Rad. Alcannae.

Zungwurz: Rhizoma Ari.

Zurampfer: Herba Acetosae.

Zure: Herba Acetosae.

Zurke: Linaria vulgaris.

Zurkensalbe: Ungt. Linariae.

Zurnak: Herba Saniculae.

Zutat: Kali carbonicum.

Züwersaat: Flores Cinae.

Zwackholzrinde: Cort. Berberid.

Zwangkraut: Herba Sideritidis.

Zwebstbeeren: Fruct. Sambuci.

Zwebste: Flores Sambuci.

Zweckenbaumrinde: Cortex Frangulae.

Zweckenwurzel: Rhiz. Graminis.

Zweigblatt: Flor. Convallariae.

Zweierlei Kräuter: Species resolventes.

Zweiharz: Cera arborea.

Zweimalgrün: Ungt. mixtum. viride.

Zweiwachs: Cera arborea.

Zwergeberwurzel: Rad. Carlin.

Zwergheide: Herba Ericae.

Zwerghollunderwurzel: Radix Consolidae. Rad. Ebuli.

Zwergwurzel: Radix Carlinae.

Zwetschengesälz: Elect. e Senna.

Zwetschenmus: Elect. e Senna.

Zwetschenpflaster: Empl. fusc. Empl. Litharg. comp.

Zwetschensteinöl: Ol. Amygdal.

Zwickholzblüten: Flores Caprifolii.

Zwiebelerdrauch: Rad. Aristo-
loch.
Zwiebelessig: Acet. Scillae.
Zwiebelhonig: Oxymel Scillae.
Zwiebelöl: Spiritus Sinapis.
Zwiebelpflaster: Empl. saponat.
album.
Zwiebelsaft: Sirup. Scillae.
Zwiebelspiritus: Spir. Sinapis.
Zwiebeltropfen: Tct. Asae foetid.
Zwiebelysop: Herb. Saturejae.
Zwieseldorn: Folia Ilicis.

Zwieselbeeren: Fruct. Pruni spi-
nosae (Ebereschen).
Zwieseldorn: Folia Ilicis.
Zwischenkraut: Herba Malvae.
Zwitschen: Flores Sambuci
(eigentlich Sambucus Ebulus).
Zwöbbsten: Sambucus nigr.
Zylander, Zylang, Zylanz: Cort.
Mezereï.
Zymis: Herba Serpylli.
Zyperwurzel: Rhiz. Graminis.
Zytenrösli: Flor. Farfarae.

Verlag von Julius Springer / Berlin

Neue Arzneimittel und pharmazeutische Spezialitäten
einschließlich der neuen Drogen-, Organ- und Serumpräparate, mit zahlreichen Vorschriften zu Ersatzmitteln und einer Erklärung der gebräuchlichsten medizinischen Kunstausdrücke. Von Apotheker G. Arends, Medizinalrat. S i e b e n t e , vermehrte und verbesserte Auflage. Neu bearbeitet von Professor Dr. O. Keller. X, 648 Seiten. 1926.   Gebunden RM 15.—

Spezialitäten und Geheimmittel aus den Gebieten der Medizin, Technik, Kosmetik und Nahrungsmittelindustrie. Ihre Herkunft und Zusammensetzung. Eine Sammlung von Analysen und Gutachten von Apotheker G. Arends, Medizinalrat. A c h t e , vermehrte und verbesserte Auflage des von E. Hahn und Dr. J. Holfert begründeten gleichnamigen Buches. IV, 564 Seiten. 1924.   Gebunden RM 12.—

Volkstümliche Anwendung der einheimischen Arzneipflanzen. Von Apotheker G. Arends, Medizinalrat. Z w e i t e , vermehrte und verbesserte Auflage. VIII, 90 Seiten. 1925.   RM 2.40

Die Tablettenfabrikation und ihre maschinellen Hilfsmittel. Von Apotheker G. Arends, Medizinalrat. D r i t t e , durchgearbeitete Auflage. Mit 31 Textabbildungen. IV, 64 Seiten. 1926. RM 3.75

Arzneipflanzenkultur und Kräuterhandel. Rationelle Züchtung, Behandlung und Verwertung der in Deutschland zu ziehenden Arznei- und Gewürzpflanzen. Eine Anleitung für Apotheker, Landwirte und Gärtner. Von Theodor Meyer, Apotheker in Colditz i. Sa. V i e r t e , verbesserte Auflage. Mit 23 Textabbildungen IV, 190 Seiten. 1922. Gebunden RM 6.—

Freigegebene und nicht freigegebene Arzneimittel. Die Verordnung betreffend den Verkehr mit Arzneimitteln und die Rechtsprechung der höheren Gerichte. Von Ernst Urban, Redakteur der Pharmazeutischen Zeitung. S e c h s t e Auflage. Nach dem Stande vom 1. Juli 1928. 80 Seiten. 1928.   RM 2.—

Tabellen für das pharmakognostische Praktikum zugleich Repetitorium der Pharmakognosie. Von Dr. H. Zörnig, Professor an der Universität Basel. Z w e i t e , verbesserte und vermehrte Ausgabe. 151 Seiten. 1925.   RM 6.—

Tabelle zur mikroskopischen Bestimmung der offizinellen Drogenpulver. Bearbeitet von Dr. H. Zörnig, Professor an der Universität Basel. Z w e i t e , verbesserte und vermehrte Ausgabe. VI, 59 Seiten. 1925.   RM 3.60

Hagers Handbuch der pharmazeutischen Praxis. Für Apotheker, Ärzte, Drogisten und Medizinalbeamte. Unter Mitwirkung von zahlreichen Fachleuten. Vollständig neu bearbeitet und herausgegeben von Dr. **G. Frerichs,** o. Professor der Pharmazeutischen Chemie und Direktor des Pharmazeutischen Instituts der Universität Bonn, **G. Arends,** Medizinalrat, Apotheker in Chemnitz i. Sa., Dr. **H. Zörnig,** o. Professor der Pharmakognosie und Direktor der Pharmazeutischen Anstalt der Universität Basel. Erster Band. Mit 282 Abbildungen. XI, 1573 Seiten. 1. berichtigter Neudruck. 1930. Gebunden RM 63.—
Zweiter Band. Mit 426 Abbildungen. IV, 1579 Seiten. 1927.
Gebunden RM 63.—

Kommentar zum Deutschen Arzneibuch 6. Ausgabe 1926. Auf Grundlage der Hager-Fischer-Hartwichschen Kommentare der früheren Arzneibücher unter Mitwirkung von Fachgelehrten herausgegeben von Professor Dr. **O. Anselmino,** Oberregierungsrat, Mitglied des Reichsgesundheitsamts Berlin, und Professor Dr. **Ernst Gilg, b. a. o.** Professor der Botanik und Pharmakognosie an der Universität, Kustos und Professor am Botanischen Museum Berlin-Dahlem.. In zwei Bänden.
Erster Band: A—K. Mit zahlreichen in den Text gedruckten Abbildungen. III, 857 Seiten. 1928. Gebunden RM 58.—
Zweiter Band: L—Z. Mit zahlreichen in den Text gedruckten Abbildungen. II, 917 Seiten. 1928. Gebunden RM 60.—

Anleitung zur Erkennung und Prüfung der Arzneimittel des Deutschen Arzneibuches, zugleich ein Leitfaden für Apothekenrevisoren. Von Dr. **Max Biechele †.** Auf Grund der sechsten Ausgabe des Deutschen Arzneibuches neubearbeitet und mit Erläuterungen, Hilfstafeln und Zusammenstellungen über Reagenzien und Geräte sowie über die Aufbewahrung der Arzneimittel versehen von Dr. **Richard Brieger,** Wissenschaftlichem Redakteur der Pharmazeutischen Zeitung, Berlin. Sechzehnte Auflage. (Zweite Auflage der Neubearbeitung.) IV, 754 Seiten. 1929.
Gebunden RM 17.40; mit Schreibpapier durchschossen RM 19.50

Mylius-Brieger, Grundzüge der praktischen Pharmazie. Von Dr. Richard Brieger, Wissenschaftlichem Redakteur der „Pharmazeutischen Zeitung", Berlin. Sechste, völlig neubearbeitete Auflage der „Schule der Pharmazie, praktischer Teil von Dr. E. Mylius". Mit 160 Textabbildungen. VIII, 358 Seiten. 1926. Gebunden RM 14.70

Pharmazeutisch-chemisches Praktikum. Herstellung, Prüfung und theoretische Ausarbeitung pharmazeutisch-chemischer Präparate. Ein Ratgeber für Apothekenpraktikanten. Von Dr. **D. Schenk,** Apotheker und Nahrungsmittelchemiker. Zweite, verbesserte und erweiterte Auflage. Mit 49 Abbildungen im Text. VI, 223 Seiten. 1928. RM 10.—; gebunden RM 11.—

Pharmazeutische Synonyma. Unter Berücksichtigung des geltenden und älterer deutscher Arzneibücher, pharmazeutischer Kompendien sowie fremdsprachlicher Arzneibücher zusammengestellt. Von Dr. **Richard Brieger,** Wissenschaftlichem Redakteur der Pharmazeutischen Zeitung, Berlin. V, 276 Seiten. 1929. Gebunden RM 16.—

Anleitung zu medizinisch-chemischen Untersuchungen für Apotheker. Von Dr. **Ph. Horkheimer,** Apotheker des Städtischen Krankenhauses Nürnberg. Mit 16 Abbildungen im Text und auf 7 Tafeln. IV, 81 Seiten. 1930. Gebunden RM 6.—